高等学校教材·计算机科学与技术

计算机科学技术前沿选讲

张　凯　编著

清华大学出版社

北　京

内 容 简 介

本书从计算机硬件、软件、网络与安全、生物与智能、计算机应用五个方面介绍计算机科学技术及相关学科的发展前沿,内容涉及计算机发展、现代存储技术、集成电路与芯片、超级计算机、量子计算机、纳米器件、机器人、现代软件设计技术、软件产品线、网构软件、可信计算、演化计算、软件编程、软件进化、4GL、软件酶、知件与智幻体、光通信、卫星通信、超高速网络、网络生态、网格计算、人工免疫、分子机器、生物芯片、生物信息学、生物计算机、人工生命、人机一体化、"合成人"、计算可视化、核磁共振成像、普适计算、虚拟仪器、数字制造、数字地球与数字城市、智能交通等,共 40 个专题。

本书可作为高等院校计算机专业的教材或教学参考书,也可以作为软件、电子、通信、自动化等专业的教材或教学参考书,还可以作为相关专业技术人员的参考资料,也可供信息学科的爱好者阅读。

图书在版编目(CIP)数据

计算机科学技术前沿选讲/张凯编著. —北京:清华大学出版社,2010.2(2024.1重印)

(高等学校教材·计算机科学与技术)

ISBN 978-7-302-21307-9

Ⅰ. 计… Ⅱ. 张… Ⅲ. 电子计算机－高等学校－教材 Ⅳ. TP3

中国版本图书馆 CIP 数据核字(2009)第 182778 号

责任编辑:丁 岭 徐跃进
责任校对:李建庄
责任印制:沈 露

出版发行:清华大学出版社
网 址:https://www.tup.com.cn,https://www.wqxuetang.com
地 址:北京清华大学学研大厦 A 座 邮 编:100084
社 总 机:010-83470000 邮 购:010-62786544
投稿与读者服务:010-62776969,c-service@tup.tsinghua.edu.cn
质量反馈:010-62772015,zhiliang@tup.tsinghua.edu.cn
印 装 者:三河市龙大印装有限公司
经 销:全国新华书店
开 本:185mm×260mm 印 张:27 字 数:671 千字
版 次:2010 年 2 月第 1 版 印 次:2024 年 1 月第 3 次印刷
印 数:3501～4500
定 价:59.80 元

产品编号:031246-02

编审委员会成员

（按地区排序）

出版说明

改革开放以来,特别是党的十五大以来,我国教育事业取得了举世瞩目的辉煌成就,高等教育实现了历史性的跨越,已由精英教育阶段进入国际公认的大众化教育阶段。在质量不断提高的基础上,高等教育规模取得如此快速的发展,创造了世界教育发展史上的奇迹。当前,教育工作既面临着千载难逢的良好机遇,同时也面临着前所未有的严峻挑战。社会不断增长的高等教育需求同教育供给特别是优质教育供给不足的矛盾,是现阶段教育发展面临的基本矛盾。

教育部一直十分重视高等教育质量工作。2001 年 8 月,教育部下发了《关于加强高等学校本科教学工作,提高教学质量的若干意见》,提出了十二条加强本科教学工作提高教学质量的措施和意见。2003 年 6 月和 2004 年 2 月,教育部分别下发了《关于启动高等学校教学质量与教学改革工程精品课程建设工作的通知》和《教育部实施精品课程建设提高高校教学质量和人才培养质量》文件,指出"高等学校教学质量和教学改革工程"是教育部正在制定的《2003—2007 年教育振兴行动计划》的重要组成部分,精品课程建设是"质量工程"的重要内容之一。教育部计划用五年时间(2003—2007 年)建设 1500 门国家级精品课程,利用现代化的教育信息技术手段将精品课程的相关内容上网并免费开放,以实现优质教学资源共享,提高高等学校教学质量和人才培养质量。

为了深入贯彻落实教育部《关于加强高等学校本科教学工作,提高教学质量的若干意见》精神,紧密配合教育部已经启动的"高等学校教学质量与教学改革工程精品课程建设工作",在有关专家、教授的倡议和有关部门的大力支持下,我们组织并成立了"清华大学出版社教材编审委员会"(以下简称"编委会"),旨在配合教育部制定精品课程教材的出版规划,讨论并实施精品课程教材的编写与出版工作。"编委会"成员皆来自全国各类高等学校教学与科研第一线的骨干教师,其中许多教师为各校相关院、系主管教学的院长或系主任。

按照教育部的要求,"编委会"一致认为,精品课程的建设工作从开始就要坚持高标准、严要求,处于一个比较高的起点上;精品课程教材应该能够反映各高校教学改革与课程建设的需要,要有特色风格、有创新性(新体系、新内容、新手段、新思路,教材的内容体系有较高的科学创新、技术创新和理念创新的含量)、先进性(对原有的学科体系有实质性的改革和发展、顺应并符合新世纪教学发展的规律、代表并引领课程发展的趋势和方向)、示范性(教材所体现的课程体系具有较广泛的辐射性和示范性)和一定的前瞻性。教材由个人申报或各校推荐(通过所在高校的"编委会"成员推荐),经"编委会"认真评审,最后由清华大学出版社审定出版。

目前,针对计算机类和电子信息类相关专业成立了两个"编委会",即"清华大学出版社计算机教材编审委员会"和"清华大学出版社电子信息教材编审委员会"。首批推出的特色精品教材包括:

(1) 高等学校教材·计算机应用——高等学校各类专业,特别是非计算机专业的计算机应用类教材。

(2) 高等学校教材·计算机科学与技术——高等学校计算机相关专业的教材。

(3) 高等学校教材·电子信息——高等学校电子信息相关专业的教材。

(4) 高等学校教材·软件工程——高等学校软件工程相关专业的教材。

(5) 高等学校教材·信息管理与信息系统。

(6) 高等学校教材·财经管理与计算机应用。

清华大学出版社经过 20 多年的努力,在教材尤其是计算机和电子信息类专业教材出版方面树立了权威品牌,为我国的高等教育事业做出了重要贡献。清华版教材形成了技术准确、内容严谨的独特风格,这种风格将延续并反映在特色精品教材的建设中。

清华大学出版社教材编审委员会
E-mail:dingl@tup.tsinghua.edu.cn

清华大学出版社一直希望出版一本面向"计算机科学与技术"专业本科生的教材——《计算机科学技术前沿选讲》，这种想法与作者不谋而合。由于目前市面上这类教材的欠缺，作为一名高校计算机专业的教师，与同行一样，深感该课程教学的不便。

作者认为"计算机科学技术前沿选讲"这门课涉及的知识和相关信息，计算机专业的在校本科生应该了解和掌握。这一点与绝大多数该专业高校教师的想法一致。然而，由于计算机及相关信息学科发展很快，类似的教材非常少，也不好写。其结果是在师资力量较强的高校，学术水平较高的老师轮番上阵，而师资力量较弱的高校，只好勉强应付或干脆放弃这门课的教学。显然，这与规范化的教学工作是相违背的。

在与清华大学出版社的沟通中，作者介绍了本书在构思方面的三大特色，一是着眼于计算机专业本身，以该领域的知识为重点展开教学；二是放眼"大"信息学科，将计算机学科拓展到更广泛的信息学科领域；三是立足一般高等院校(非985高校之类的著名大学)计算机专业的本科生。这种构思源于目前全国不同高校"计算机科学技术前沿选讲"课程的教学现状。据了解，目前该课程的教学现状大致分为三类：一是国内著名大学，比如清华和北大等，师资力量雄厚，可以轻松解决问题；二是"985高校"，其高水平的师资力量也可以解决好这一问题；三是一般高校的教材和师资都相对比较困难。作者希望本书规范化的计算机科学技术前沿选讲"模块"对其他院校的计算机专业本科生和教师有一点点帮助。编者的想法得到清华大学出版社的认同。

这本书的内容共分五个部分，第一部分计算机硬件，第二部分计算机软件，第三部分网络与安全，第四部分生物与智能，第五部分计算机应用，共40讲。

第一部分包括电子计算机发明准备、电子计算机发展简史、计算机发展趋势、巨磁电阻效应与硬盘、有机光存储材料与光盘、集成电路与芯片、芯片设计与制造、超级计算机、量子计算机、纳米器件、机器人的发展，共11讲。

第二部分包括CMM与敏捷软件设计、软件产品线与网构软件、可信计算、演化计算与软件基因编程、软件进化论、4GL与软件开发工具酶、知件与智幻体，共7讲。

第三部分包括光通信与其他应用、全球卫星通信、超高速网络、网络生态与青少年上网、网格计算、人工免疫与计算机病毒、信息对抗，共7讲。

第四部分包括分子机器、生物芯片、生物信息学、生物计算机、人工生命、人工智能、人机接口与一体化、"合成人"计划，共8讲。

　　第五部分包括计算可视化与虚拟现实、核磁共振成像与CT、电子成像技术、普适计算、虚拟仪器与数字制造、数字地球与数字城市、智能交通,共7讲。

　　本书由中南财经政法大学计算机系的张凯教授编写,刘爱芳同志进行了全书的文字核对工作。该书的讲稿在本校3届本科生中进行过试讲,效果较好,学生学习和试读后提出了一些宝贵意见。在此,对所有关心本书的学者、同仁、学生表示感谢。

　　本书在编写过程中,参考和引用了大量国内外的著作、论文和研究报告。由于篇幅有限,本书各章节仅仅列举了主要文献。作者向所有被参考和引用论著的作者表示由衷的感谢,他们的辛勤劳动成果为本书提供了丰富的资料。如果有的资料没有查到出处或因疏忽而未列出,请原作者原谅,并请告知我们,以便于在再版时补上。最后,再一次感谢很多学者前期的研究成果为本书提供的支撑材料。

　　由于这本书是对"计算机科学与技术"专业本科生教材的一种新探索,望读者对本书的不足之处提出宝贵意见。

　　本教材的课件已经完成。全书100多道思考题将印在本书的最后,它可以作为学生课后的练习,也可供任课老师选作期末考试题。如果需要课件和思考题的电子版,请到清华大学出版社下载,或直接与作者联系,我们将尽量满足您的要求。谢谢!

　　编者联系方式：lifo@public. wh. hb. cn

编者　张凯

2009 年 11 月 20 日

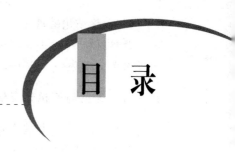

目 录

第一部分 计算机硬件

第二部分　计算机软件

第三部分　网络与安全

第四部分 生物与智能

第一部分

计算机硬件

电子计算机发明准备

1.1 机械计算机

1. 机械式加法机

算盘是人类最早的手动计算工具,机械式计算机则是在此之后出现的一种用机械技术来实现数学运算的计算工具。法国人帕斯卡于 17 世纪制造出一种机械式加法机,它成为世界上第一台机械式计算机。如今陈列在博物馆中,参见图 1-1。

世界上第一台机械式计算机的发明人帕斯卡(见图 1-2)生于 1623 年。他在 19 岁时,设计出了机械式加法机,这是世界上第一台机械式数字计算机。为了制作这台机器,帕斯卡花了 3 年时间。

图 1-1　世界上第一台机械式计算机

图 1-2　法国人帕斯卡(百度网)

这台加法机是利用齿轮传动原理,通过手工操作,来实现加、减运算的。机器中有一组轮子,每个轮子上刻着从 0 到 9 的 10 个数字。右边第一个轮子上的数字表示十位数字,以此类推。在两数相加时,先在加法机的轮子上拨出一个数,再按照第二个数在相应的轮子上转动对应的数字,最后就会得到这两个数的和。如果某一位两个数字之和超过了 10,加法机就会自动地通过齿轮进位。因为某一位的小轮转动了 10 个数字后,才迫使下一个小轮正好转动一个数字。计算所得的结果在加法机面板上的读数窗上显示,计算完毕后要把轮子重新恢复到零位。

帕斯卡的加法机在法国引起了轰动。这台机器在展出时,前往参观的人川流不息。帕斯卡的加法机向人们展示:用一种纯粹机械的装置去代替人们的思考和记忆,是完全可以做到的。

2. 机械式乘法机

德国人莱布尼兹发明了乘法计算机,他受中国易经八卦的影响,并最早提出二进制运算法则。作为德国著名的数学家和哲学家,莱布尼兹(见图1-3)对帕斯卡的加法机很感兴趣,于是,莱布尼兹也开始了对计算机的研究。

1672年1月,莱布尼兹制作了一个木制的机器模型,向英国皇家学会会员们做了演示。但这个模型只能说明原理,不能正常运行。此后,为了加快研制计算机的进程,莱布尼兹在巴黎定居4年。在巴黎,他与一位著名钟表匠奥利韦合作。他只需对奥利韦做一些简单的说明,实际的制造工作就全部由这位钟表匠独自去完成。1974年,最后定型的那台机器,就是由奥利韦一人装配而成的。莱布尼兹的这台乘法机长约1m,宽30cm,高25cm,由不动的计数器和可动的定位机构两部分组成,整个机器由一套齿轮系统来传动,它的重要部件是阶梯形轴,便于实现简单的乘除运算,如图1-4所示。

图1-3 德国的莱布尼兹

图1-4 乘法计算机

莱布尼兹设计的样机,先后在巴黎、伦敦展出。由于他在计算设备上的出色成就,被选为英国皇家学会会员。1700年,他被选为巴黎科学院院士。

莱布尼兹也是第一个认识到二进制记数法重要性的人,并系统地提出了二进制数的运算法则。二进制对200多年后计算机的发展产生了深远的影响。

莱布尼兹在法国定居时,同在华的传教士白晋有密切联系。白晋曾为康熙皇帝讲过数学课,他对中国的易经很感兴趣,曾在1701年寄给莱布尼兹两张易经图,其中一张就是有名的"伏羲六十四卦方位圆图"。莱布尼兹惊奇地发现,这六十四卦正好与64个二进制数相对应。莱布尼兹认为中国的八卦是世界上最早的二进制记数法。为此,他于1716年发表了《论中国的哲学》一文,专门讨论八卦与二进制,指出二进制与八卦有共同之处。

莱布尼兹非常向往和崇尚中国的古代文明,他把自己研制的乘法机的复制品赠送给中国皇帝康熙,以表达他对中国的敬意。

3. 差分机和分析机

英国人查尔斯·巴贝奇研制出差分机和分析机,为现代计算机设计思想的发展奠定基础。在计算机发展史上,差分机和分析机占有重要的地位。查尔斯·巴贝奇(见图 1-5)出生于 1771 年 12 月 26 日,19 岁时考入剑桥大学三一学院攻读数学与化学。

图 1-5 查尔斯·巴贝奇

18 世纪下半叶,法国政府决定在数学上采用十进制,因而大量数表,特别是三角函数表及有关的对数表,都要重新计算,这是一项浩繁的计算工程。法国政府的这一改革虽然没有得到全面实施,但却引起了英国人巴贝奇的兴趣。他认为可以用机器按照一定的程序去做一系列简单的计算,代替人去完成一些复杂、烦琐的计算工作。于是巴贝奇萌发出了采用机器来编制数表的想法。巴贝奇从用差分表计算数表的做法中得到启发,经过 10 年的努力,设计出一种能进行加减计算并完成数表编制的自动计算装置,他把它称为"差分机"。1822 年,他试制出了一台样机。

这台差分机可以保存 3 个 5 位的十进制数,并进行加法运算,还能打印结果。它是一种供制表人员使用的专用机。但是它的杰出之处是,能按照设计者的控制自动完成一连串的运算,体现了计算机最早的程序设计。这种程序设计思想的创见,为现代计算机的发展开辟了道路。

1834 年,巴贝奇又完成了一项新计算装置的构想。他考虑到,计算装置应该具有通用性,能解决数学上的各种问题。它不仅可以进行数字运算,而且还能进行逻辑运算。巴贝奇把这种装置命名为"分析机"。它是现代通用数字计算机的前身。按巴贝奇的方案,分析机以蒸汽为动力,通过大量齿轮来传动,它的内存储器的容量设计得比后来 20 世纪 40 年代出现的电子计算机 ENIAC 还要大一些,因为它太庞大了,所以它没有被制造出来,直到 1991 年,才仿制出第一台分析机。

巴贝奇的分析机由三部分构成。第一部分是保存数据的齿轮式寄存器,巴贝奇把它称为"堆栈",它与差分机中的相类似,但运算不在寄存器内进行,而是由新的机构来实现。第二部分是对数据进行各种运算的装置,巴贝奇把它命名为"工场"。第三部分是对操作顺序进行控制,并对所要处理的数据及输出结果加以选择的装置,它相当于现代计算机的控制器。图 1-6 是巴贝奇于 19 世纪 20 年代制造的差分机模型。

为了加快运算的速度,巴贝奇设计了先进的进位装置。他估计,使用分析机完成一次 50 位数的加减只要 1 秒钟,相乘则要 1 分钟。计算时间约为第一台电子计算机的 100 倍。

巴贝奇在分析机的计算设备上采用穿孔卡,这是人类计算技术史上的一次重大飞跃。巴贝奇曾在巴黎博览会上见过雅卡尔穿孔卡编织机。雅卡尔穿孔卡编织机要在织物上编织出各种图案,预先把经纱提升的程序在纸卡上穿孔记录下来,利用不同的穿孔卡程序织出许多复杂花纹的图案。巴贝奇受到启发,把这种新技术用到分析机上来,从而能对计算机下命令,让它按任何复杂的公式去计算。

图 1-7 是巴贝奇于 19 世纪 30 年代制造的分析机模型,现存英国伦敦科学博物馆。

图 1-6　差分机模型　　　　　　　　　　图 1-7　分析机模型

现代计算机的设计思想,与 100 多年前巴贝奇的分析机几乎完全相同。巴贝奇的分析机同现代计算机一样可以编程,而且分析机所涉及的有关程序方面的概念,也与现代计算机一致。

4. 手摇式机械计算机

手摇计算机是 1878 年由一位在俄国工作的瑞典发明家奥涅尔制造的,这是一种齿数可变的齿轮计算机。奥涅尔计算机的主要特点是,它利用齿数可变的齿轮,代替了莱布尼兹的阶梯形轴。其中,字轮与基数齿轮之间没有中间齿轮,数字直接刻在齿数可变齿轮上,置好的数在外壳窗口中显示出来。它是后来流行几十年的台式手摇计算机的前身。

奥涅尔后来在俄国批量生产他研制的计算机。国外的许多公司也在纷纷按照类似的结构原理生产计算机,其中最著名的是德国的布龙斯维加公司,他们从 1892 年起投产,到 1912 年,年产量已高达 2 万台。

在 20 世纪最初的二三十年间,手摇计算机已成为人类主要的一种计算装置。

在 19 世纪 80 年代,各种机械计算机都采用键盘置数的办法。键盘式计算机在进行除法运算时,要注意听信号铃声,当减去除数的次数过头时,就会响铃,提醒操作都将多减的次数补回来。1905 年,德国人加门开始在键盘置数的计算机中,采用"比例杠杆原理",计算机操作时噪声小,而且在作除法时不用去注意铃响了。这种计算机逐渐成为流传很广的一种机械计算机。

图 1-8 是 1936 年荷兰飞利浦公司制造的一种二进制手摇式机械计算机。手摇式机械计算机由于结构简单,操作方便,曾经普遍使用,并延续了较长的时间。

图 1-8　手摇式机械计算机

5. 畅销的机械计算机

1893 年,德国人施泰格尔研制出一种名为"大富豪"的计算机。这种计算机是在法国人伯列制作的计算机基础上发展而来的。在此之前的手摇计算机在操作时,乘数各位数字之和是多少,就要摇多少次手柄,当进行多位数的乘法运算时,既费劲又费时间。因此法国人伯列研制出一种能直接进行乘法的计算机,利用它作乘法运算时,手柄摇动次数等于乘数的有效位数。最初,施泰格尔在瑞士的苏黎世制造了"大富豪"计算机,由于它的速度及性能可靠,整个欧洲和美国的科学机构都竞相购买,直到1914年第一次世界大战爆发之前,这种"大富豪"计算机一直畅销不衰。

　　手摇台式计算机的缺点是必须摇手柄,作加减运算时速度很慢。为了提高计算速度,人们开始采用电动机,后来又采用了一种内部带发条的电动机来代替手摇的电动计算机,这种类型的计算机是用电驱动的机械计算机。

　　图1-9是第一台电穿孔卡片设备,配有计数器、打孔器、接触压力机和分类箱。

图1-9　畅销的机械计算机

6. 制表机与 IBM 公司

　　1884年,美国人赫勒里特获得了制表机的第一项专利权。

　　赫尔曼·赫勒里特,生于1860年,1879年毕业于哥伦比亚大学。他对数学和机械方面的问题有浓厚兴趣,并有显著的才能。因此,赫勒里特毕业后,参加了美国人口普查工作。

　　赫勒里特认为,人口普查统计资料的处理应该实现机械化。于是他用穿孔卡和电气控制技术来创造一种数据分析处理机。1888年,他制造出一台制表机,并送往巴黎国际博览会去展览。这台制表机采用机电式的自动计数装置,取代了纯机械的计数装置,加快了数据处理的速度,能避免手工操作引起的差错。于是,美国1890年人口普查的统计制表工作,就全部采用了赫勒里特制表机。赫勒里特的制表机除用于美国的人口普查处,还在奥地利、加拿大、挪威、俄国等许多国家的人口普查中使用。

　　1900年的美国人口普查,由于采用了制表机,全部统计处理工作只用了1年7个月的时间。如果采用原来的,仅进行性别、民族和职业三个项目的统计工作就需要100名职工作7年11个月。据估计,一台制表机可以代替500个人的劳动。

　　1896年,赫尔曼·赫勒里特在他的发明基础上,创办了当时著名的制表机公司。1911年,赫勒里特又组建了一家计算制表记录公司,该公司到1924年改名为"国际商用机器公司",这就是举世闻名的美国IBM公司。

　　图1-10是刚刚研制出来竖式穿孔卡电分类制表机的踌躇满志的赫尔曼·赫勒里特。

7. 微分分析仪

　　1930年,美国麻省理工学院和哈佛大学的博士V.布什,在一些工程技术人员的协助下,试制出一台微分分析仪的样机。这台用于计算的装置与现代的计算机很不一样,它没有键盘,占地约几十平方米,看起来有点像台球桌,又有点像印

图1-10　赫勒里特与制表机

刷机。分析仪有几百根平行的钢轴,安放在一个桌子一样的金属柜架上,一个个电动机通过齿轮使这些轴转动,通过轴的转动来进行数的模拟运算。参观过分析仪的人说,操作者要"一手拿扳手,一手拿齿轮"。即使用者必须手持改锥和锤子来为分析仪编制程序。在试制出第一台样机后,布什又采用电子元件来取代某些机械零件。但总的来说它仍然是一台机械式的计算装置,它就是"洛克菲勒微分分析仪 2 号"。在第二次世界大战中,美军曾广泛用它来计算弹道射击表。

电子模拟计算机和后来数字电子计算机的出现,使机械模拟计算装置完全无用了。布什研制的分析仪后来被麻省理工学院及伦敦科学博物馆收藏起来。

在图 1-11 中,布什发明的微分分析仪是一台用电机带动的计算机,运算装置由机械构成。

在图 1-12 中,布什博士和其他技术人员正在微分分析仪上进行工作,他们的操作与现代电子计算机的操作相去甚远。

图 1-11　微分分析仪　　　　　　　图 1-12　布什博士在微分分析仪上工作

8. 德国科学家朱斯于 20 世纪 30 年代开始研制著名的 Z 系列计算机

1934 年,德国人朱斯(见图 1-13)开始研制一种利用机械键盘的计算机。这与巴贝奇分析机原理相类似。巴贝奇曾经设想过采用在纸带上"穿孔"和"存储"的方式来记录保存数据,从而进行数字计算的方法。1938 年,朱斯制成第一台二进制计算机——Z-1 型计算机。Z-1 是一种纯机械式的计算装置,它有可存储 64 位数的机械存储器,朱斯设法把这个存储器同一个机械运算单元连接起来。他用钢锯把圆钢锯成数千片薄片,然后用螺栓把它们拧在一起,Z-1 就安装起来了。Z-1 性能并不理想,运算速度慢,可靠性也差。于是朱斯又采用能控制电路自动开关的电器元件——继电器对 Z-1 进行改造。1939 年,朱斯的第二台计算机研制完成,命名为 Z-2。1941 年,朱斯的 Z-3 型计算机开始运行。这台计算机是世界上第一台采用电磁继电器进行程序控制的通用自动计算机,它用了 2600 个继电器,采用浮点二进制数进行运算,采用带数字存储地址形式的指令,能进行数的四则运算和求平方根,进行一次加法用 0.3 秒的时间。Z-3 型机器的体积只有衣柜那么大,它有一块精巧的控制面板,只要按一下面板上的按钮就能完成操作。它是世界上第一台能自动完成一连串运算的计算机。Z-3 型计算机工作了 3 年,在 1944 年美军对柏林的空袭中毁于一旦,参见图 1-14。

1945 年,朱斯又完成了 Z-4 型计算机的研制,它是一种比 Z-3 型机更先进的机电式计算机,曾在德国 V-2 火箭的研制中发挥作用。战后,朱斯创办了计算机公司。Z-4 型机一直工作到 1958 年,并曾为法国国防部效劳。朱斯公司后来研制出 Z-22 型计算机和电子管通用计算机 Z-22R 型。1966 年,朱斯把他的公司出售给西门子公司。

图 1-13　德国人朱斯

图 1-14　Z-3 计算机

9. K 型计算机

K 型计算机是美国人斯蒂（见图 1-15）比兹发明的。斯蒂比兹在大学专攻物理学与数学，取得硕士学位后到贝尔实验室工作。他对继电器具有的逻辑功能感兴趣。他发现继电器的闭合或断开的"开关"操作，与二进制数之间有平行的对应关系，可以用"开关"操作来实现二进制数的加减运算。用继电器装配的机器能进行加减就能进行乘除，因为乘或除能分别转化为一系列的加或减。

1937 年 11 月，斯蒂比兹取了几个从实验室废料堆里回收来的继电器，在厨房里工作起来。他设想了几种电路，输入部件是从咖啡罐上剪下的两条铁片，输出部件是手电筒里的两个电珠，利用它的亮与不亮来表明二进制计算的结果。所有元件都装在一块像 8 开纸那样大的三合板上。把继电器与电池接通后，确实能进行二进制的加法。由于这台机器是在厨房的餐桌上装配起来的，英语"厨房"的第一个字母为 K，因此斯蒂比兹的妻子把它称为 K 型机。这项发明成为计算机时代到来的前奏，激起一场举世瞩目的计算机革命的浪潮，参见图 1-16。

图 1-15　发明 K 型计算机的斯蒂比兹

图 1-16　操作斯蒂比兹研制的 K 型计算机

10. M 型系列计算机

1939 年 9 月，美国贝尔实验室研制出 M-1 型计算机。这台计算机开始只能作复数的乘除，进行一次复数乘法大约需要 45 秒钟的时间。M-1 型机使用了 440 个二进制继电器，另外还采用了 10 个多位继电器作为数的存储器。

1940 年 9 月,贝尔实验室在达特默思大学演示 M-1 型机。他们用电报线把 M-1 型机和纽约与达特默思校园相连,当场把一个数学问题打印出来并传输到纽约。M-1 型机安放在贝尔实验室的一个房间里,人们在使用计算机时,可以在很远的地方利用与它相连的三台电传打字机进行操作。M-1 型机在达特默思大学的成功表演,首次实现了人类对计算机进行的远距离控制的梦想。

1943 年,贝尔实验室把 U 型继电器装入计算机设备中,制成了 M-2 型机,这是最早的编程计算机之一,它还能进行误差检测,是现代微电脑所具有的一项标准功能。

1944 年和 1945 年,贝尔实验室又先后研制出 M-3 与 M-4 型机,它们与 M-2 型机相类似,但存储器容量更大,能把描述目标飞机和一些防空火炮炮弹轨迹的弹道方程计算出来,在编程能力上具有一定程度的通用性,还具有搜索信息的功能。此后又推出了 M-5 型机,其中一台是为美国航空局设计的,另一台是为阿伯丁弹道实验室设计的。M-5 型机是占地 $200m^2$ 的庞然大物。每一台包含 9000 多个继电器,可靠性好,能够每天稳定地,无故障地工作 23 个小时。它的存储器能保存 30 个数,但没有存储程序带和数据带两种纸带,运算步骤和数据通过纸带阅读器输入。

1949 年,贝尔实验室又制造出了 M-6 型计算机,它是 M 系列中的最后一台计算机。此后,贝尔实验室就不再设计和制造计算机了。贝尔实验室于 20 世纪 40 年代所研制的 M 系列继电器计算机,是从机械计算机过渡到电子计算机的重要桥梁。

11. 英国的"巨人"计算机

1943 年 12 月,第一台"巨人"计算机在英国投入运行。它破译密码的速度快,性能可靠,内部有 1500 只电子管,配备 5 个以并行方式工作的处理器,每个处理器以每秒 5000 个字符的速度处理一条带子上的数据。"巨人"还使用了附加的移位寄存器,在运行时能同时读 5 条带子上的数据,纸带以每小时 50 千米以上的速度通过纸带阅读器。"巨人"没有键盘,它用一大排开关和话筒插座来处理程序,数据则通过纸带输入。

1944 年 6 月,第 2 台"巨人"计算机开始运转,它的速度比第一台"巨人"快 4 倍,它还包含一些特殊的电路,这些电路能自动更换它自身程序的顺序,从而提高破译密码的效率。"巨人"主机的面板上布满了电子管及有柄开关,还有插座式接线板。到 1945 年 5 月 8 日,第二次世界大战在欧洲结束时为止,英国共有 10 台"巨人"运行。从第 2 台起,一台"巨人"有 2400 个电子管,12 个旋转式开关和 800 个左右的继电器。

"巨人"的逻辑电路并不是用来完成通常的算术运算,而是实现一连串的逻辑运算。因此,"巨人"并不是一种数字计算机。但是它能在内部高速产生和存储数据,而且运算顺序可以通过开关的操作加以改变,能把待破译消息的某些特征通过插入电缆输入机器。它在继电器计算机和现代电子计算机之间填补了空白,参见图 1-17。

图 1-17 英国的"巨人"计算机

12. 美国的全机电式计算机

1944 年,"马克"1 号计算机问世,于哈佛大学投入运行。它是在美国麻省理工学院的物理学家艾肯的指导下完成研制的。"马克"1号是一种完全机电式的计算机。它长15m,高2.4m,有点像图书馆中的大书架,不过在架子上放的不是书,而是一排排继电器。在它运行时会发出咔嚓咔嚓的响声。它有15万个元件,还有800km导线。"马克"1号是世界上最早的通用型自动机电式计算机之一,一共使用了3000多个电话继电器代替齿轮传动的机械结构,机器采用十进制,对23位的数进行加减运算,一次需要0.3秒,乘法则需要6秒。指令通过穿孔纸带传送。它在许多方面可以说是巴贝奇分析机现代化的翻版,不同的只是用电代替了蒸汽传动。它的问世标志了现代计算机时代的开始。"马克"1号每秒只能进行3次运算。因此艾肯在1947年又研制出了速度较快的"马克"2号计算机。它同"马克"1号一样,仍是一种机械式继电器计算机。如图1-18所示,"马克"1号(MARK I)大型计算机于1944年8月7日正式投入运行。

1949年9月,艾肯研制出使用电子管的计算机"马克"3号。"马克"3号并没有完全实现电子化,它除了使用5000个电子管外,还使用机械部件——2000个继电器,参见图1-19。"马克"3号计算机是艾肯研制的第一台内存程序的大型计算机,他在这台计算机上首先使用了磁鼓作为数与指令的存储器。这是计算机发展史上的一项重大改进。从此磁鼓成为第一代电子管计算机中广泛使用的存储器。

图1-18 "马克"1号计算机

图1-19 "马克"3号计算机

1.2 电子计算机发明的理论准备

1. 图灵提出重要概念

1936年,年仅24岁的英国人图灵(见图1-20)发表了著名的《论应用于决定问题的可计算数字》一文,提出思考实验原理计算机概念。

图灵把人在计算时所做的工作分解成简单的动作,与人的计算类似,机器需要:

(1) 存储器,用于储存计算结果;

(2) 一种语言,表示运算和数字;

(3) 扫描;

(4) 计算意向,即在计算过程中下一步打算做什么;

(5) 执行下一步计算。

具体到一步计算,则分成:

(1) 改变数字可符号;

(2) 扫描区改变,如往左进位和往右添位等;

图1-20 图灵提出计算机概念

（3）改变计算意向等。

图灵还采用了二进位制，这样，他就把人的工作机械化了。这种理想中的机器被称为"图灵机"。图灵机是一种抽象计算模型，用来精确定义可计算函数。图灵机由一个控制器，一条可以无限延伸的带子和一个在带子上左右移动的读写头组成。这个概念如此简单的机器，理论上却可以计算任何直观可计算函数。图灵在设计了上述模型后提出，凡可计算的函数都可用这样的机器来实现，这就是著名的图灵论题。现在图灵论题已被当成公理一样在使用着，它不仅是数学的基础之一。

半个世纪以来，数学家提出的各种各样的计算模型都被证明是和图灵机等价的。1945年，图灵到英国国家物理研究所工作，并开始设计自动计算机。1950年，图灵发表了题为《计算机能思考吗？》的论文，给人工智能下了一个定义，而且论证了人工智能的可能性。1951年，他被选为英国皇家学会会员。

2. 信息论的创始人香农首次阐明了布尔代数在开关电路上的作用

香农是现代信息论的著名创始人。现代信息论的出现，对现代通信技术和电子计算机的设计，产生了巨大的影响。如果没有信息论，现代的电子计算机是无法研制成功的。

香农在美国密执安大学和麻省理工学院学习时，修过布尔代数课，并在布什的指导下使用微分分析仪，这使他对继电器电路的分析产生兴趣。他认为这些电路的设计可用符号逻辑来实现，并意识到分析继电器的有效数学工具正是布尔代数。

1938年，香农发表了著名的论文《继电器和开关电路的符号分析》，首次用布尔代数进行开关电路分析，并证明布尔代数的逻辑运算，可以通过继电器电路来实现，明确地给出了实现加、减、乘、除等运算的电子电路的设计方法。这篇论文成为开关电路理论的开端。

香农在贝尔实验室工作中进一步证明，可以采用能实现布尔代数运算的继电器或电子元件来制造计算机，香农的理论还为计算机具有逻辑功能奠定了基础，从而使电子计算机既能用于数值计算，又具有各种非数值应用功能，使得以后的计算机在几乎任何领域中都得到了广泛的应用。

参见图1-21，信息论的创始人香农对现代电子计算机的产生和发展有重要影响，是电子计算机理论的重要奠基人之一。

图1-21 信息论的创始人香农

3. 阿塔纳索夫提出了计算机的三原则

1939年10月，美国理论物理学家阿塔纳索夫与贝利合作，设计并试制成功一台世界上最早的电子数字计算机的样机，称为"ABC机"。在这台样机中，电容器能提供足够的电压去激励电子管，而电子管又提供充分的电压使电容器重新充电。它有两个存储器，能各自存入一个25位的二进制数。阿塔纳索夫把这两个存储器分别称为"键盘算盘"和"计数器算盘"。根据他著名的"再生存储"原理，键盘算盘上的数可以被再生电路恢复，即使充电漏泄也不会使所存储的内容丢失。

阿塔纳索夫用电子管来构成逻辑电路。现代计算机的逻辑电路做在芯片里，运算速度要比电子管逻辑电路快得多，但功能与阿塔纳索夫的设想是一样的。机电计算机能对两个数进行连续的加减乘除,大型计算机则在使用穿孔卡的制表机上进行,这些机器都只进行数字的运算。当时最先进的计算机就是布什的微分分析仪,它是一种以十进制为基础的机械式模拟计算装置。但是阿塔纳索夫提出了计算机的三条原则,与上述计算装置截然不同:

(1) 以二进制的逻辑基础来实现数字运算,以保证精度;

(2) 利用电子技术来实现控制、逻辑运算和算术运算,以保证计算速度;

(3) 采用把计算功能和二进制数更新存储的功能相分离的结构。

这也是现代电子计算机所依据的三条基本原则。阿塔纳索夫倡导用电子管作开关元件,这为实现高速运算创造了条件。他主张把数字存储和数字运算分开进行,这一思想一直贯穿到今天的计算机结构设计之中。因此,他的主张预示了一个计算机的新时代即将到来。

1911 年时使用的穿孔卡片设备是早期的一种计算装置。阿塔纳索夫(见图 1-22)提出的计算机原则与这种装置是完全不同的,因此它预示了一个新的计算机时代即将到来。

4. 维纳的计算机五原则

维纳在 1940 年写给布什的一封信中,对现代计算机的设计提出了几条原则:

(1) 不是模拟式,而是数字式;

(2) 由电子元件构成,尽量减少机械部件;

(3) 采用二进制,而不是十进制;

(4) 内部存放计算表;

(5) 在计算机内部存储数据。

这些原则是十分正确的(见图 1-23)。

图 1-22 阿塔纳索夫

图 1-23 维纳的计算机五原则

维纳于 1894 年生在美国密苏里州哥伦比亚市的一个犹太人的家庭中。他的父亲是哈佛大学的语言教授。维纳 18 岁时就获得了哈佛大学数学和哲学两个博士学位,随后他因提出了著名的"控制论"而闻名于世。1940 年,维纳开始考虑计算机如何能像大脑一样工作。他发现了二者的相似性。维纳认为计算机是一个进行信息处理和信息转换的系统,只要这个系统能得到数据,机器本身就应该能做几乎任何事情。而且计算机本身并不一定要用齿轮、导线、轴、电机等部件制成。麻省理工学院的一位教授为了证实维纳的这个观点,甚至用石块和卫生纸卷制造过一台简单的能运行的计算机。

背　景　材　料

1. 布莱士·帕斯卡

　　布莱士·帕斯卡(Blaise Pascal,1623 年 6 月 19 日—1662 年 8 月 19 日),法国数学家、物理学家、宗教哲学家。帕斯卡早期进行自然和应用科学的研究,对机械计算器的制造和流体的研究作出重要贡献,扩展托里切利的工作,澄清了压强和真空的概念。帕斯卡还有力地为科学方法辩护。数学上,帕斯卡促成了两个重要的新研究领域。他 16 岁写出一篇题为射影几何的论文,1654 年开始与皮埃尔·德·费马通信,讨论概率论,大大影响了现代经济学和社会科学的发展。

　　帕斯卡生于法国多姆山省奥弗涅地区的克莱蒙,从小体质虚弱,三岁丧母。父亲艾基纳(1588—1651)是一个小贵族,担任地方法官的职务,是一位数学家和拉丁语学者。布莱士·帕斯卡是杰奎琳·帕斯卡和另外两个姐妹(只有其中一位不幸童年夭折)的兄弟。母亲死后,父亲就辞去了法官职务。

　　1631 年帕斯卡全家移居巴黎。艾基纳自己教育帕斯卡并且常与巴黎一流的几何学家如马兰·梅森、伽桑狄、德扎尔格和笛卡儿等人交谈,小帕斯卡也在此时表现出在数学上很高的天赋。11 岁时小帕斯卡写了一篇关于振动与声音的关系的文章,这使得艾基纳担心儿子会影响希腊和拉丁文的学习,于是禁止他在 15 岁前学习数学。一天,艾基纳发现布莱士(当时 12 岁)用一块煤在墙上独立证明三角形各角和等于两个直角。从那时,帕斯卡被允许学习欧几里得几何。

　　1641 年考虑到作为税务官的父亲的工作,帕斯卡开始尝试制造计算机。最终制造出世界第一台手摇计算机,可以计算六位数的加减法。其后十年里他对此继续进行改进,共造出50 多台,现在还存有 8 台。为了纪念他的这项伟大发明,一种计算机语言 Pascal 语言就以他的名字命名。

2. 查尔斯·巴贝奇

　　查尔斯·巴贝奇(Charles Babbage,1792—1871):科学管理的先驱者。

　　巴贝奇出生于一个富有的银行家的家庭,曾就读于剑桥大学三一学院。1812 年他协助建立了分析学会,其宗旨是向英国介绍欧洲大陆在数学方面的成就。该学会推动了数学在英国的复兴。1814 年和 1817 年先后获得文学学士和硕士学位。1815 年至 1827 年期间在伦敦从事科学活动,1827 年至 1828 年期间在欧洲大陆考察工厂。1828 年至 1839 年期间在剑桥大学任卢卡斯数学教授(原为伊萨克·牛顿的教席)。

　　巴贝奇在 1812 年至 1813 年初次想到用机械来计算数学表;后来,制造了一台小型计算机,能进行 8 位数的某些数学运算。1823 年得到政府的支持,设计一台容量为 20 位数的计算机。它的制造要求有较高的机械工程技术。于是巴贝奇专心从事于这方面的研究。他于 1834 年发明了分析机(现代电子计算机的前身)的原理。在这项设计中,他曾设想根据储存数据的穿孔卡上的指令进行任何数学运算的可能性,并设想了现代计算机所具有的大多数其他特性,但因 1842 年政府拒绝进一步支援,巴贝奇的计算器未能完成。斯德歌尔摩的舒茨公司按他的设计于1855年制造了一台计算器,使真正的计算机则直到电子时代才制成。

巴贝奇在24岁时就被选为英国皇家学会会员。他参与创建了英国天文学会和统计学会,并且是天文学会金质奖章获得者。他还是巴黎伦理科学院、爱尔兰皇家学会和美国科学学院的成员。

参 考 文 献

1　邹海林,刘法胜等.计算机科学导论.北京:科学出版社,2008.

2　计算机的发展历史,百度网 http://zhidao.baidu.com/question/5498858.htm.

3　孙燕群主编.计算机史话.北京:中国海洋大学出版社,2003.

4　黄俊民,顾浩.计算机史话.北京:机械工业出版社,2009.

5　查尔斯·巴贝奇,http://baike.baidu.com/view/301371.htm.

6　查尔斯·巴贝奇,http://zh.wikipedia.org/wiki.

7　帕斯卡,http://baike.baidu.com/view/17673.htm.

第2讲

电子计算机发展简史

2.1 国外电子计算机发展简史

1. 第一台电子计算机

1946年2月15日,世界上第一台通用电子数字计算机"埃尼阿克"(ENIAC)宣告研制成功。"埃尼阿克"的成功,是计算机发展史上的一座纪念碑,是人类在发展计算技术的历程中,到达的一个新的起点。

"埃尼阿克"计算机的最初设计方案,是由36岁的美国工程师莫奇利于1943年提出的,计算机的主要任务是分析炮弹轨道。美国军械部拨款支持研制工作,并建立了一个专门研究小组,由莫奇利负责。总工程师由年仅24岁的埃克特担任,组员格尔斯是位数学家,另外还有逻辑学家勃克斯。"埃尼阿克"共使用了18 000个电子管,另加1500个继电器以及其他器件,其总体积约90m³,重达30t,占地170m²,需要用一间30多米长的大房间才能存放,是个地地道道的庞然大物。这台耗电量为140kW的计算机,运算速度为每秒5000次加法,或者400次乘法,比机械式的继电器计算机快1000倍。当"埃尼阿克"公开展出时,一条炮弹的轨道用20秒钟就能算出来,比炮弹本身的飞行速度还快。埃尼阿克的存储器是电子装置,而不是靠转动的"鼓"。它能够在一天内完成几千万次乘法,大约相当于一个人用台式计算机操作40年的工作量。它是按照十进制,而不是按照二进制来操作。但其中也用少量以二进制方式工作的电子管,因此机器在工作中不得不把十进制转换为二进制,而在数据输入、输出时再变回十进制。"埃尼阿克"最初是为了进行弹道计算而设计的专用计算机。但后来通过改变插入控制板里的接线方式来解决各种不同的问题,而成为一台通用机。它的一种改型机曾用于氢弹的研制。"埃尼阿克"程序采用外部插入式,每当进行一项新的计算时,都要重新连接线路。有时几分钟或几十分钟的计算,要花几小时或1~2天的时间进行线路连接准备,这是一个致命的弱点。它的另一个弱点是存储量太小,至多只能存20个10位的十进制数。英国无线电工程师协会的蒙巴顿将军把"埃尼阿克"的出现誉为"诞生了一个电子的大脑","电脑"的名称由此流传开来。

1996年2月15日,在"埃尼阿克"问世50周年之际,美国副总统戈尔在宾夕法尼亚大学举行的隆重纪念仪式上,再次按动了这台已沉睡了40年的庞大电子计算机的启动电钮。戈尔在向当年参加"埃尼阿克"的研制,如今仍健在的科学家发表讲话:"我谨向当年研制这台计算机的先驱者们表示祝贺。"埃尼阿克上的两排灯以准确的节奏闪烁到46,标志着它于1946年问世,然后又闪烁到96,标志着计算机时代开始以来的50年。

图2-1 第一台电子计算机"埃尼阿克"(ENIAC)

1946年"埃尼阿克"(ENIAC)在通用性、简单性和可编程方面取得的成功,使现代计算机成为现实,以往任何计算机都不能与它相比,参见图2-1。

2. 第一代电子计算机的发展

"埃迪瓦克"(EDVAC)是典型的第一代电子计算机。第一代电子计算机的主要特点是使用电子管作为逻辑元件。它的五个基本部分为运算器、控制器、存储器、输入器和输出器。运算器和控制器采用电子管,存储器采用电子管和延迟线,这一代计算机的一切操作,包括输出、输出在内,都由中央处理机集中控制。这种计算机主要用于科学技术方面的计算。"埃迪瓦克"电子计算机方案实际上在1945年就完成了,但直到1952年1月才制成。

1949年5月,英国剑桥大学数学实验室根据冯·诺依曼的思想,制成电子延迟存储自动计算机"埃迪萨克"(EDSAC),这是第一台带有存储程序结构的电子计算机,参见图2-2。

图2-2 英国"埃迪萨克"

随后,在1952年1月,由冯·诺依曼设计的IAS电子计算机问世。终于使冯·诺依曼的设想在这台机器上得到了圆满的体现。这台IAS计算机总共只采用了2300个电子管,但运算速度却比拥有18 000个电子管的"埃尼阿克"提高了10倍。因此IAS计算机被屡屡仿制,并成为诺依曼型电子计算机的鼻祖。

从1953年起,IBM公司开始批量生产应用于科研的大型计算机系列,从此电子计算机走上了工业生产阶段,参见图2-3。1955年,前苏联科学家也研制成快速大型电子计算机,该机占用机房面积达100m²,共用了5000多个电子管,平均计算速度达每秒7000～8000次,该机包括一个能存储1004个代码的专用内存储器。1958年,中国科学院也制成了中国第一台采用电子管的大型、快速计算机。

参见图2-4,这是在第一代电子计算机中使用的磁鼓。磁鼓被用来作为电子计算机中数据与指令的存储器,它的使用是计算机发展史上重大的技术进步。

图2-3 IBM的大型机——704电子管计算机

图2-4 磁鼓

3. 第二代电子计算机（晶体管）

第二代电子计算机是用晶体管制造的计算机。在 20 世纪 50 年代之前,计算机都采用电子管元件。电子管元件有许多明显的缺点。例如,在运行时产生的热量太多,可靠性较差,运算速度不快,价格昂贵,体积庞大,这些都使计算机发展受到限制。于是,晶体管开始被用作计算机的元件。晶体管不仅能实现电子管的功能,又具有尺寸小,重量轻,寿命长,效率高,发热少,功耗低等优点。使用了晶体管以后,电子线路的结构大大改观,制造高速电子计算机的设想也就更容易实现了。

1954 年,美国贝尔实验室研制成功第一台使用晶体管线路的计算机,取名"催迪克"(TRADIC),装有 800 个晶体管。1955 年,美国在阿塔拉斯洲际导弹上装备了以晶体管为主要元件的小型计算机。10 年以后,在美国生产的同一型号的导弹中,由于改用集成电路元件,重量只有原来的 1/100,体积与功耗减少到原来的 1/300。

1958 年,美国的 IBM 公司制成了第一台全部使用晶体管的计算机 RCA501 型。由于第二代计算机采用晶体管逻辑元件,及快速磁芯存储器,计算速度从每秒几千次提高到几十万次,主存储器的存储量,从几千提高到 10 万以上。1959 年,IBM 公司又生产出全部晶体管化的电子计算机 IBM 7090（见图 2-5）。1958年至 1964 年,晶体管电子计算机经历了大范围的发展过程。从印刷电路板到单元电路和随机存储器,从运算理论到程序设计语言,不断的革新使晶体管电子计算机日臻完善。1961 年,世界上最大的晶体管电子计算机 ATLAS 安装完毕。1964 年,中国制成了第一台全晶体管电子计算机 441-B 型。

图 2-5　IBM 7090 第二代晶体管电子计算机

第一代电子计算机使用的是"定点运算制",参与运算的绝对值必须小于 1;而第二代电子计算机则增加了浮点运算,使数据的绝对值可达到 2 的几十次方或几百次方,使电子计算机的计算能力实现了一次飞跃。同时,用晶体管取代了电子管使第二代电子计算机的体积大大减小,寿命延长,价格降低,为电子计算机的广泛应用创造了条件。

4. 第三代电子计算机（集成电路）

第三代电子计算机是使用了集成电路的计算机。1958 年,世界上第一个集成电路诞生时,只包括一个晶体管,两个电阻和一个电阻—电容网络。后来集成电路工艺日趋完善,集成电路所包含的元件数量以每 1～2 年翻一番的速度增长着。到 20 世纪 70 年代初期,大部分电路元件都已经以集成电路的形式出现。甚至,在约 $1cm^2$ 的芯片上,就可以集成上百万个电子元件。因为它看起来只是一块小小的硅片,因此人们常把它称为芯片。与晶体管相比,集成电路的体积更小,功耗更低,而可靠性更高,造价更低廉,因此得到迅速发展。

1964 年 4 月 7 日,美国 IBM 公司同时在 14 个国家,全美 63 个城市宣告,世界上第一个采用集成电路的通用计算机系列 IBM 360 系统研制成功,该系列有大、中、小型计算机,共 6 个型号,它兼顾了科学计算和事务处理两方面的应用,各种机器全都相互兼容,适用于各方面的用户,具有全方位的特点,正如罗盘有 360 度刻度一样,所以取名为 360。它的研制开发经费高达 50 亿美元,是研制第一颗原子弹的曼哈顿计划的 2.5 倍。

IBM 360 系统是最早使用集成电路元件的通用计算机系列,它开创了民用计算机使用集成电路的先例,计算机从此进入了集成电路时代。IBM 360 成为第三代计算机的里程碑,参见图 2-6～图 2-8。

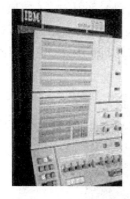  

图 2-6　中央控制部分　　　　图 2-7　中央存储器和外围存储器　　　　图 2-8　终端设备

随着半导体集成技术的快速发展,美国开始研究军用大规模集成电路计算机。1967 年,美国无线电有限公司制成了领航用的机载计算机 LIMAC,其逻辑部件采用双极性大规模集成电路,缓冲存储器用 MOS 大规模集成电路。1969 年,美国自动化公司制成计算机 D-200,采用了 MOS 场效应晶体管大规模集成电路,中央处理器由 24 块大规模集成电路做成;得克萨斯仪器公司也制成机载大规模集成电路计算机。军用机载大规模集成电路试验的成功,为过渡到民用大规模集成电路通用机积累了丰富的经验。1971 年,IBM 公司开始生产 IBM 370 系列机,它采用大规模集成电路做存储器,小规模集成电路做逻辑元件,被称为"第三代半电子计算机",与 IBM 360 一样著名。

5. 第四代计算机(超大规模集成电路)

进入 20 世纪 60 年代后,微电子技术发展迅猛。在 1967 年和 1977 年,分别出现了大规模集成电路和超大规模集成电路,并立即在电子计算机上得到了应用。由大规模和超大规模集成电路组装成的计算机,就被称为第四代电子计算机。

美国 ILLIAC-Ⅳ 计算机,是第一台全面使用大规模集成电路作为逻辑元件和存储器的计算机,它标志着计算机的发展已到了第四代。1975 年,美国阿姆尔公司研制成 470V/6 型计算机,随后日本富士通公司生产出 M-190 机,是比较有代表性的第四代计算机。英国曼彻斯特大学 1968 年开始研制第四代机。1974 年研制成功 DAP 系列机。1973 年,德国西门子公司,法国国际信息公司与荷兰飞利浦公司联合成立了统一数据公司,研制出 Unidata 7710 系列机。参见图 2-9,在英国国家航空管理局的控制中心,空中交通管制用 IBM 计算机进行控制。

6. 第五代电子计算机(智能计算机)

第五代电子计算机是智能电子计算机,它是一种有知识、会学习、能推理的计算机,具有能理解和处理自然语言、声音、文字和图像的能力,并且具有说话的能力,使人机能够用自然语言直接对话,它可以利用已有的和不断学习到的知识,进行思维、联想、推理,并得出结论,能解决复杂问题,具有汇集,记忆,检索有关知识的能力。智能计算机突破了传统的诺依曼式机器的概念,舍弃了二进制结构,把许多处理机并联起来,并行处理信息,速度大大提高。它的智能化人机接口使人们不必编写程序,只需发出命令或提出要求,计算机就会完成推理和判断,并且给出解释。1988年,世界上召开了第五代计算机国际会议。1991年,美国加州理工学院推出了一种大容量并行处理系统,用528台处理器并行进行工作,其运算速度可达到每秒320亿次浮点运算。图2-10是IBM公司制造的一种并行计算机试验床,可模拟各种并行计算机结构。

图2-9　IBM第四代计算机

图2-10　第五代智能计算机

7. 巨型电子计算机的应用

巨型电子计算机是相对于大型计算机而言的一种运算速度更高,存储容量更大,功能更完善的计算机。巨型机是指每秒能运算5000万次以上,存储容量超过百万个字的电子计算机。美国于1965年开始研制这种巨型机。1964年,控制数据公司制成大型晶体管机CDC 6600,1969年又制成每秒1000万次的CDC 7600机。

1973年,得克萨斯仪器公司制成ASC机。1973年,美国伊里诺大学与巴勒斯公司制造出巨型机ILLIAL-N,它由64台数据处理部件组成矩阵,整个系统由一台巴勒斯6500型计算机前置处理统一指挥,组成了高功能的多机系统,速度达每秒1.5亿次,是20世纪70年代运算速度最快的通用机。1976年,克雷公司研制成CRAY-1型机(见图2-11)。1983年,中国研制成功的"银河"亿次巨型

图2-11　CRAY-1巨型电子计算机

机。日本富士通公司和日立公司也研制出巨型机,与美国展开激烈竞争。

在军事上,巨型机主要应用在快速判明目标和辅助决策,在高速自动化指挥控制系统中心,在破译技术以及核武器、航天工具等装备的设计和模拟方面都是主力。在民用方面,巨型机的使用日渐广泛,已深入到机械、气象、电子、人工智能等几十个学科领域。在大型科学计算领域内,其他机种难以与之抗衡。

8. 巨型并行矢量计算机

矢量计算机的出现,是计算机工业中的一项新的技术进步。矢量计算机也被称为"向量计算机",它是一种能够进行矢量运算,以流水处理为主要特征的电子计算机。对多组数据

（每组一般为两个数据）成批地进行同样的运算,得到一批结果的运算方法,即被称为"矢量运算"。如一次将100个加数与100个被加数相加,同时得到100个和的运算,这就是所谓的"矢量运算"。如果一次只能对一组数据进行运算,则称为"标量运算"。显然,矢量运算的速度要比标量运算的速度快许多倍。以前的大中型计算机一般只能作标量运算。目前世界上运算速度超过一亿次以上的巨型计算机已经设计成了矢量计算机,例如中国研制的"银河"计算机就是矢量计算机。

进入20世纪90年代,采用并行矢量方式的超级电子计算机相继问世,速度越来越快。1991年6月,美国思维机公司宣布研制成速度最快的电子计算机。这种命名为CM-200的电子计算机的运算速度为每秒90亿次以上,可供100多位工程师和科学家同时使用。每台售价1000万美元,可应用于全球天气预报,石油勘探和汽车设计等领域。1991年11月,美国克雷研究公司宣布,已研制出来世界上功能最强的并行矢量(vector)式计算机系统克雷Y-mpc90。这种每台售价达3000万美元的超级计算机共有16个中央处理单元,其运算速度峰值为16京浮点(即每秒运算160亿次)。并行矢量式计算机是按指令顺序运行的,其处理问题的能力和速度可以与含有成千上万个微处理器的并行计算机相媲美。此后德国Parsytec公司又研制出了每秒能够进行4000亿次浮点运算的超级电子计算机。这种计算机使用16 384个Transputer处理器芯片,这种处理器芯片具有通信和存储能力,并用一种新方法把这些处理器连接起来,使运算能力得到突破。

9. 第六代神经计算机（模仿人类大脑功能）

第六代电子计算机(参见图2-12)是模仿人的大脑判断能力和适应能力,并具有可并行处理多种数据功能的神经网络计算机。与以逻辑处理为主的第五代计算机不同,它本身可以判断对象的性质与状态,并能采取相应的行动,而且它可同时并行处理实时变化的大量数据,并引出结论。以往的信息处理系统只能处理条理清晰,经络分明的数据。而人的大脑却具有能处理支离破碎、含糊不清信息的灵活性,第六代电子计算机将类似人脑的智慧和灵活性。

图2-12　第六代电子计算机

人脑有140亿神经元及10亿多神经键,每个神经元都与数千个神经元交叉相连,它的作用都相当于一台微型计算机。人脑总体运行速度相当于每秒1000万亿次的计算机功能。用许多微处理机模仿人脑的神经元结构,采用大量的并行分布式网络就构成了神经计算机。神经计算机除有许多处理器外,还有类似神经的节点,每个节点与许多点相连。若把每一步运算分配给每台微处理器,它们同时运算,其信息处理速度和智能会大大提高。

神经电子计算机的信息不是存在存储器中,而是存储在神经元之间的联络网中。若有节点断裂,计算机仍有重建资料的能力,它还具有联想记忆,视觉和声音识别能力。日本科学家已开发出神经电子计算机的大规模集成电路芯片,在1.5厘米正方的硅片上可设备400个神经元和40 000个神经键,这种芯片能实现每秒2亿次的运算速度。1990年,日本理光公司宣布研制出一种具有学习功能的大规模集成电路"神经LST"。这是依照人脑的神经细胞研制成功的一种芯片。它利用生物的神经信息传送方式,在一块芯片上载有一个神经元,然后把所有芯片连接起来,形成神经网络。它处理信息的速度为每秒90亿次。富士通研究所开发的神经电子计算机,每秒更新数据速度近千亿次。日本电气公司推出一种神经网络声音识别系统,能够识别出任何人的声音,正确率达99.8%。美国研究出左脑和右脑两个神经块连接而成的神经电子计算机。右脑为经验功能部分,有1万多个神经元,适于图像识别;左脑为识别功能部分,含有100万个神经元,用于存储单词和语法规则。现在,纽约、迈阿密和伦敦的飞机场已经用神经电脑来检查爆炸物,每小时可查600~700件行李,检出率为95%,误差率为2%。神经电子计算机将会广泛应用于各领域。它能识别文字、符号、图形、语言以及声呐和雷达收到的信号,判读支票,对市场进行估计,分析新产品,进行医学诊断,控制智能机器人,实现汽车和飞行器的自动驾驶,发展,识别军事目标,进行智能决策和智能指挥等。

2.2 中国电子计算机发展简史

1. 华罗庚和我国第一个计算机科研小组

华罗庚教授是我国计算技术的奠基人和最主要的开拓者之一。当冯·诺依曼开创性地提出并着手设计存储程序通用电子计算机 EDVAC 时,正在美国 Princeton 大学工作的华罗庚教授参观过他的实验室,并经常与他讨论有关学术问题,华罗庚教授 1950 年回国,1952年在全国大学院系调整时,他从清华大学电机系物色了闵乃大、夏培肃和王传英三位科研人员在他任所长的中国科学院数学所内建立了中国第一个电子计算机科研小组。1956 年筹建中科院计算技术研究所时,华罗庚教授担任筹备委员会主任。

2. 第一代电子管计算机研制(1958—1964)

我国从 1957 年开始研制通用数字电子计算机,1958 年 8 月 1 日该机可以表演短程序运行,标志着我国第一台电子计算机诞生。为纪念这个日子,该机定名为八一型数字电子计算机。该机在 738 厂开始小量生产,改名为 103 型计算机(即 DJS-1 型,见图 2-13),共生产 38 台。

1958 年 5 月我国开始了第一台大型通用电子计算机(104 机)的研制,以前苏联当时正在研制的 БЭСМ-Ⅱ 计算机为蓝本,在前苏联专家的指导帮助下,中科院计算所、四机部、七机部和部队的科研人员与 738 厂密切配合,于 1959 年国庆节前完成了研制任务,如图 2-14 所示。

在研制 104 机同时,夏培肃院士领导的科研小组首次自行设计于 1960 年 4 月研制成功一台小型通用电子计算机-107 机,如图 2-15 所示。

图 2-13　103 机

图 2-14　104 机

图 2-15　107 机

1964 年我国第一台自行设计的大型通用数字电子管计算机 119 机研制成功,平均浮点运算速度每秒 5 万次,参加 119 机研制的科研人员约有 250 人,有十几个单位参与协作,如图 2-16 所示。

图 2-16　119 机

3. 第二代晶体管计算机研制（1965—1972）

我国在研制第一代电子管计算机的同时,已开始研制晶体管计算机,1965 年研制成功的我国第一台大型晶体管计算机(109 乙机)实际上从 1958 年起计算所就开始酝酿启动。在国外禁运条件下要造晶体管计算机,必须先建立一个生产晶体管的半导体厂(109 厂)。

经过两年努力,109厂就提供了机器所需的全部晶体管(109乙机共用2万多支晶体管,3万多支二极管)。对109乙机加以改进,两年后又推出109丙机,为用户运行了15年,有效算题时间10万小时以上,在我国两弹试验中发挥了重要作用,被用户誉为"功勋机",参见图2-17。

图 2-17　109 机

我国工业部门在第二代晶体管计算机研制与生产中已发挥重要作用。华北计算所先后研制成功108机、108乙机(DJS-6)、121机(DJS-21)和320机(DJS-6),并在738厂等五家工厂生产。哈军工(国防科大前身)于1965年2月成功推出了441B晶体管计算机并小批量生产了40多台。

4. 第三代基于中小规模集成电路的计算机研制(1973年至20世纪80年代初)

我国第三代计算机的研制受到"文化大革命"的冲击。IBM公司1964年推出360系列大型机是美国进入第三代计算机时代的标志,我国到1970年初期才陆续推出大、中、小型采用集成电路的计算机。1973年,北京大学与北京有线电厂等单位合作研制成功运算速度每秒100万次的大型通用计算机。进入80年代,我国高速计算机,特别是向量计算机有新的发展。1983年中国科学院计算所完成我国第一台大型向量机——757机,计算速度达到每秒1000万次,见图2-18。

这一记录同年就被国防科大研制的银河-Ⅰ亿次巨型计算机打破。银河-Ⅰ巨型机是我国高速计算机研制的一个重要里程碑,它标志着我国文革动乱时期与国外拉大的距离又缩小到7年左右(银河-Ⅰ的参考机克雷-1于1976年推出),参见图2-19。

图 2-18　757 机　　　　　　　　　　　图 2-19　银河-Ⅰ

5. 第四代基于超大规模集成电路的计算机研制（20 世纪 80 年代中期至今）

和国外一样，我国第四代计算机研制也是从微机开始的。1980 年初我国不少单位也开始采用 Z80、X86 和 M6800 芯片研制微机。1983 年 12 电子部六所研制成功与 IBM PC 机兼容的 DJS-0520 微机。10 多年来我国微机产业走过了一段不平凡道路，现在以联想微机为代表的国产微机已占领一大半国内市场。

"银河"计算机从 1978 年开始研制，到 1983 年通过了国家鉴定。它是由中国国防科技大学自行设计的第一个每秒向量运算 1 亿次的巨型计算机系统。"银河"计算机研制成功后，中国电子计算机与大规模集成电路领导小组曾组织全国 29 个单位的 95 名计算机专家和工程技术人员，成立"银河计算机国家技术鉴定组"，并分成 7 个小组对"银河"机进行全面、严格的技术考核。结果表明：26 道在国民经济发展和科学研究方面具有广泛代表性的正确性考题，先后计算三遍，数据完全相同，结果正确，精度符合要求；在单道操作系统控制下，全系统和主机稳定可靠；硬件系统向量运算速度达到每秒 1 亿次以上；软件系统内容丰富，功能较强，使用方便，性能先进，图纸资料齐全。"银河"机的研制成功，对石油和地质勘探，天气数值预报，卫星图像处理，计算大型科研题目和国防建设等都有重要作用。

1992 年国防科大研究成功银河-Ⅱ通用并行巨型机，峰值速度达每秒 4 亿次浮点运算（相当于每秒 10 亿次基本运算操作），总体上达到 20 世纪 80 年代中后期国际先进水平。

从 20 世纪 90 年代初开始，国际上采用主流的微处理机芯片研制高性能并行计算机已成为一种发展趋势。国家智能计算机研究开发中心于 1993 年研制成功曙光一号全对称共享存储多处理机。1995 年，国家智能机中心又推出了国内第一台具有大规模并行处理机（MPP）结构的并行机曙光 1000（含 36 个处理机），峰值速度每秒 25 亿次浮点运算，实际运算速度上了每秒 10 亿次浮点运算这一高性能台阶。

1997 年国防科大研制成功银河-Ⅲ百亿次并行巨型计算机系统，采用可扩展分布共享存储并行处理体系结构，由 130 多个处理结点组成，峰值性能为每秒 130 亿次浮点运算，系统综合技术达到 20 世纪 90 年代中期国际先进水平。

国家智能机中心与曙光公司于 1997 年至 1999 年先后在市场上推出具有机群结构的曙光 1000A，曙光 2000-Ⅰ，曙光 2000-Ⅱ超级服务器，峰值计算速度已突破每秒 1000 亿次浮点运算，机器规模已超过 160 个处理机，2000 年推出每秒浮点运算速度 3000 亿次的曙光 3000超级服务器。2004 年上半年推出每秒浮点运算速度 1 万亿次的曙光 4000 超级服务器，参见图 2-20。

图 2-20　曙光 4000L

综观 40 多年来我国高性能通用计算机的研制历程，从 103 机到曙光机，走过了一段不平凡的历程。总的来讲，国内外标志性计算机推出的时间，其中国外的代表性机器为 ENIAC、IBM 7090、IBM 360、CRAY-1、Intel Paragon、IBM SP-2，国内的代表性计算机为 103、109 乙、150、银河-I、曙光 1000、曙光 2000。

2008 年 8 月 31 日消息：全国首台突破百万亿次运算速度的超级计算机"曙光 5000"近日由中国科学院计算技术研究所、曙光信息产业有限公司自主研制成功。其浮点运算处理能力可以达到 230 万亿次（交付用户使用能力 200 万亿次），Linpack 速度预测将达到 160 万亿次，这个速度将有望让中国高性能计算机再次跻身世界前十。除了超强计算能力，它还拥有全自主、超高密度、超高性价比、超低功耗以及超广泛应用等特点，参见图 2-21。

图 2-21　曙光 5000

2009 年 10 月 29 日第一台国产千万亿次超级计算机天河一号在湖南长沙亮相，天河每秒钟 1206 万亿次的峰值速度和每秒 563.1 万亿次的 Linpack 实测性能，它使中国成为继美国之后世界上第二个能够自主研制千万亿次超级计算机的国家。

2009 年 11 月 16 日全球超级计算机排名网站 Top500.org 发布了 34 届"全球超级计算机五百强"排行榜，美国超级计算机厂商 Cray 所制造的"美洲豹"（Jaguar）位居榜首；中国的"天河一号"排名第五，这也是中国超级计算机迄今为止获得的最高排名，参见图 2-22。

图 2-22　天河一号超级计算机

背 景 材 料

1. 计算机产业大事记

1945 年,世界第一台电子计算机 ABC 电子计算机在美国诞生。

1947 年,划时代的发明晶体管在美国诞生。

1956 年,麻省理工学院林肯实验室研制出世界上第一台晶体管计算机 TX-O。

1957 年,IBM 的雷诺·约翰逊设计出第一个硬盘:RAMAC350 计算机硬盘。

1958 年,美国人基尔比研制出世界上第一块集成电路。

1963 年,美国计算机奇才道格拉斯·恩格尔巴特获鼠标发明专利权。

1964 年,IBM 发布了 IBM System/360 计算机。

1965 年,DEC 推出世界上第一台标准小型计算机。

1967 年,IBM 推出世界上第一张软盘。

1969 年,IBM 宣布产品将明确区分为硬件和软件。真正意义上的软件行业诞生。第一个通用操作系统在贝尔实验室开发成功。

1974 年,施乐公司推出第一台工作站样机施乐 Alto。Intel 公司研制成功微计算机时代的基石 Intel8080 微处理器。美国微型仪器和遥感系统共同研制成世界首台微计算机,从而开始了 PC 时代。

1975 年,微软诞生。

1976 年,数据公司研制成功第一台商业巨型机 CRAY-1,运算速度达每秒 2.5 亿次。

1977 年,苹果公司研制的第一台带彩显的 PC 机在旧金山亮相。

1981 年,世界上第一台便携式计算机在美国西海岸计算机展销会上展出。首次以“个人计算机”命名的 IBMPCWC 公布,奠定了 PC 时代的主流机型。

1984 年,HP 推出面向个人的激光打印机,开始一场计算机输出的革命。

1985 年,字符操作系统的终结者 Windows 1.0 进入市场。

1987 年,英国人利用蛋白质和血红素分子制成世界上第一个生物晶片。

1992 年,Intel 公司推出它的第五代芯片 Pentium 处理器,即“奔腾”。

1994 年,美国人伦纳教授首次提出 DNA 生物计算机概念。

1995 年,微软公司推出 PC 操作系统代表作 Windows 95。

1998 年,苹果计算机精灵 iMac 横空出世,开始了个性化、家用化和简单化的 PC 新时代。

1999 年,微软公司推出“维纳斯计划”,其核心是 Windows CE,这是 Windows 的一个简化版本,主要用于家电,使普通家电能够上网,从而升级为信息家电。

2. 中国计算机发展大事记

1957 年,哈尔滨工业大学研制成功中国第一台模拟式电子计算机。

1958 年,中科院计算所研制成功我国第一台小型电子管通用计算机 103 机(八一型),运行速度每秒 1500 次。标志着我国第一台电子计算机的诞生。

1959 年,中国研制成功 104 型电子计算机,运算速度每秒 1 万次。

1960 年,中国第一台大型通用电子计算机-107 型通用电子数字计算机研制成功。

1963 年,中国第一台大型晶体管电子计算机-109 机研制成功。

1964 年,441B 全晶体管计算机研制成功。

1965 年,中科院计算所研制成功第一台大型晶体管计算机 109 乙,之后推出 109 丙机,该机为两弹试验中发挥了重要作用。

1967 年,新型晶体管大型通用数字计算机诞生。

1969 年,北京大学承接研制百万次集成电路数字电子计算机-150 机。

1970 年,中国第一台具有多道程序分时操作系统和标准汇编语言的计算机——441B-Ⅲ型全晶体管计算机研制成功。

1972 年,每秒运算 11 万次的大型集成电路通用数字电子计算机研制成功。

1973 年,中国第一台百万次集成电路电子计算机研制成功。

1974 年,清华大学等单位联合设计、研制成功采用集成电路的 DJS-130 小型计算机,运算速度达每秒 100 万次。

1976 年,DJS-183、184、185、186、1804 机研制成功。

1977 年,中国第一台微型计算机 DJS-050 机研制成功。

1979 年,中国研制成功每秒运算 500 万次的集成电路计算机-HDS-9,王选用中国第一台激光照排机排出样书。

1981 年,中国研制成功的 260 机平均运算速度达到每秒 100 万次。

1983 年,国防科技大学研制成功运算速度每秒上亿次的银河-Ⅰ巨型机,这是我国高速计算机研制的一个重要里程碑。

1984 年,联想集团的前身——新技术发展公司成立,中国出现第一次微机热。

1985 年,电子工业部计算机管理局研制成功与 IBM PC 机兼容的长城 0520CH 微机。

1985 年,华光Ⅱ型汉字激光照排系统投入生产性使用。

1986 年,中华学习机投入生产。

1987 年,第一台国产的 286 微机——长城 286 正式推出。

1988 年,第一台国产 386 微机——长城 386 推出,中国发现首例计算机病毒。

1990 年,中国首台高智能计算机——EST/IS4260 智能工作站诞生,长城 486 计算机问世。

1991 年,新华社、科技日报、经济日报正式启用汉字激光照排系统。

1992 年,国防科技大学研究出银河-Ⅱ通用并行巨型机,峰值速度达每秒 4 亿次浮点运算(相当于每秒 10 亿次基本运算操作),为共享主存储器的四处理机向量机,其向量中央处理机是采用中小规模集成电路自行设计的,总体上达到 20 世纪 80 年代中后期国际先进水平。它主要用于中期天气预报。

1993 年,国家智能计算机研究开发中心(后成立北京市曙光计算机公司)研制成功曙光一号全对称共享存储多处理机,这是国内首次以基于超大规模集成电路的通用微处理器芯片和标准 UNIX 操作系统设计开发的并行计算机。

1995 年,曙光公司又推出了国内第一台具有大规模并行处理机(MPP)结构的并行机曙光 1000(含 36 个处理机),峰值速度每秒 25 亿次浮点运算,实际运算速度上了每秒 10 亿次浮点运算这一高性能台阶。曙光 1000 与美国 Intel 公司 1990 年推出的大规模并行机体系结构与实现技术相近,与国外的差距缩小到 5 年左右。

1997 年,国防科大研制成功银河-Ⅲ百亿次并行巨型计算机系统,采用可扩展分布共享存储并行处理体系结构,由 130 多个处理结点组成,峰值性能为每秒 130 亿次浮点运算,系统综合技术达到 20 世纪 90 年代中期国际先进水平。

1997 年至 1999 年,曙光公司先后在市场上推出具有机群结构(cluster)的曙光 1000A,曙光 2000-Ⅰ,曙光 2000-Ⅱ超级服务器,峰值计算速度已突破每秒 1000 亿次浮点运算,机器规模已超过 160 个处理机。

1998 年,中国微机销量达 408 万台,国产占有率高达 71.9％。

1999 年,国家并行计算机工程技术研究中心研制的神威Ⅰ计算机通过了国家级验收,并在国家气象中心投入运行。系统有 384 个运算处理单元,峰值运算速度达每秒 3840 亿次。

2000 年,曙光公司推出每秒 3000 亿次浮点运算的曙光 3000 超级服务器。

2001 年,中科院计算所研制成功我国第一款通用 CPU——"龙芯"芯片。

2002 年,曙光公司推出完全自主知识产权的"龙腾"服务器,龙腾服务器采用了"龙芯-1"CPU,采用了曙光公司和中科院计算所联合研发的服务器专用主板,采用曙光 Linux 操作系统,该服务器是国内第一台完全实现自有产权的产品,在国防、安全等部门将发挥重大作用。

2003 年,百万亿次数据处理超级服务器曙光 4000L 通过国家验收,再一次刷新国产超级服务器的历史纪录,使得国产高性能产业再上新台阶。

参 考 文 献

1　邹海林,刘法胜等.计算机科学导论.北京:科学出版社,2008.
2　计算机的发展历史.百度网 http://zhidao.baidu.com/question/5498858.html.
3　孙燕群主编.计算机史话.北京:中国海洋大学出版社,2003.
4　黄俊民,顾浩.计算机史话.北京:机械工业出版社,2009.
5　我国的计算机发展历史.2007-09-11.http://hi.baidu.com/chenjianli8/blog/item/dccabf17bb29760ac93d6d03.html.
6　中国计算机发展历史.2008-06-04.http://hi.baidu.com/zhhtyf/blog/item/a71bfd7bebaae9f10bd1875c.html.

第3讲

计算机发展趋势

3.1 计算机小型化

1. 20世纪60年代的小型化

电子计算机发展到第三代,开始出现了小型化倾向。计算机开始普及到商业管理领域,自动控制行业和科研单位等。

第三代计算机由于采用集成电路,计算速度提高到几十万次,甚至上千万次,内存容量达几百KB,结构实现了积木化,磁芯存储器被大规模集成电路的半导体存储器取代。因而一台大型机就成为一个计算中心,中间为中央处理机,左边为打印机,右边是内存储器和外存储器,桌上的终端设备可对存储器的信息作检查或更改,并有控制整个计算机系统的功能。

小型机的发展成为第三代计算机的重点。集成电路的应用,有效地解决了计算机体积,重量与功能之间的矛盾。1960年,美国数据设备公司(DEC)生产了第一台速度为每秒3000次的小型集成电路计算机,以后又陆续生产出了POP-4、POP-5等型号;1965年又生产出了POP-8型机,这是当时最便宜的计算机。在它的影响下,小型机纷纷出现,如数据通用公司从1960年开始生产的NOVA系列。1970年,DEC公司又推出POP-11系列,首次在小型机中采用了大型机应用的堆栈技术,结构灵活,可以扩展。该公司1975年生产的POP-11/70机,内存容量已可扩充到200万字节,字长增加到64位,而售价还不到与其功能相当的大型机的1%。小型机推广速度每年递增20%。小型化的结果导致计算机进入人类生活的各个领域。

2. 20世纪70年代的微机和个人计算机

1971年,美国英特尔公司制成了一种单片式的中央处理器(CPU),即微处理器,微处理器加上半导体存储器(RAM与ROM),外围接口(I/O)和时钟发生器与其他部件,就组成了微型计算机。英特尔公司在1971年和1972年先后开始生产4004和8008微处理器,以及由它们构成的MCS-4和MCS-8微型计算机。微型计算机问世后,发展势头迅猛,几乎每隔两年就会换代一次。摩托罗拉公司1973年推出的MC 6800机和齐洛格(Zilog)公司1975

年推出的 Z280 机都是其中的著名机种。

由于微型机的发展,许多小公司如雨后春笋般涌现,其势不可阻挡。1976 年,美国硅谷的乔布斯和沃兹匹克这两个年仅 20 岁的青年设计成功了"苹果"微型机,为计算机进入家庭首开先河(参见图 3-1)。随后,又迅速以新产品"丽莎"投放市场。微型机获得了巨大的发展。1981 年 8 月 12 日,国际商用机器公司(IBM)推出第一代个人计算机,它的销售达到百万台以上。世界计算机产业从此获得迅猛发展。1981 年,美国所使用的计算机只有 23 万台左右,到 1991 年,美国已拥有计算机 5500 万台以上,全世界则有 1.1 亿台以上。

图 3-1　开发出"苹果"计算机并创立了苹果计算机公司的乔布斯(右)和沃兹匹克

计算机的能力在不断提高,大约每两年就会提高 1 倍。在仅仅 10 年的时间内,个人计算机的运算速度就发展为原来的 20 倍,内存储能力为原来的 64 倍,磁盘存储能力则提高了 500 倍。

3. 超小型智能化计算机

伴随着计算机普及到商业管理领域,自动控制行业和科学单位等,第三代计算机由于采用集成电路,计算速度提高到几十万次,甚至上千万次,内存容量达几百 KB,结构实现了积木化,磁芯存储器被大规模集成电路的半导体存储器取代。因而一台大型机就成为一个计算中心,包括中央处理机、打印机、内存储器和外存储器,桌上的终端设备可对存储器的信息作检查或更改,并有控制整个计算机系统的功能,参见图 3-2。

小型机的发展成为第三代计算机的重点。集成电路的应用,有效地解决了计算机体积,重量与功能之间的矛盾。1960 年,美国数据设备公司(DEC)生产了第一台速度为每秒 3000 次的小型集成电路计算机,以后又陆续生产出了 POP-4、POP-5 等型号;1965 年又生产出了 POP-8 型机,这是当时最便宜的计算机。在它的影响下,小型机纷纷出现,如数据通用公司从 1960 年开始生产的 NOVA 系列。1970年,DEC 公司又推出 POP-11 系列,首次在小型机中

图 3-2　电子计算机发展到第三代
出现小型化倾向

采用了大型机应用的堆栈技术,结构灵活,可以扩展。该公司 1975 年生产的 POP-11/70 机,内存容量已可扩充到 200 万字节,字长增加到 64 位,而售价还不到与其功能相当的大型机的 1%。小型机推广速度每年递增 20%。小型化的结果导致计算机进入人类生活的各个领域。

4. 介于大型计算机与个人电脑之间的工作站

工作站是 20 世纪 80 年代迅速发展起来的一种计算机系统,介于高档 PC 与小巨型机之间。工作站是一种新型高性能的计算机系统,它以其独特的计算能力,良好的用户界面,优异的图形功能和灵活的网络环境,成为计算机家族中的一名新成员。它的确切定义是:以个人计算环境和分布式网络环境为前提的高性能计算机,其中个人计算环境指为个人用户使用计算机提供的工作环境。这个环境应是:用户不必很精通计算机,只要了解该机器的性能,就可进行工作。而分布式网络环境体现的是一种集体计算环境,在该环境下不同地方的计算机用户可以交流信息,也可以共享系统资源。工作站的设计目标是面向广大工程技术人员,试图为工程技术人员提供一个称心、友好、高效的工作环境,使他们能够进行工程计算、程序编制、文章书写、对话作图、信息存放,与合作者通信和共享资源。工程工作站采用了超大规模集成电路技术,计算机图形技术和精简指令系统即 RISC 技术等,具有运算速度高,存储容量大,图形功能强,有较强的通信功能等优点。广泛应用于集成电路设计、机械设计、土木建筑设计、图形与图像处理、软件工程和人工智能等领域,见图 3-3。

5. 笔记本型计算机问世

进入 20 世纪 90 年代以来,个人计算机开始向膝上机发展,笔记本型计算机尤其受人欢迎。笔记本型计算机携带方便,重量较轻的仅 1000g 左右,而且功能齐全,使用与桌上型计算机通用的外存储软盘,与电话相连能够收发传真,特别适合外出旅行的公司经理,工程技术人员及作家等使用。一台笔记本型计算机可以把各种文件,数据,资料储存起来,在飞机、火车或旅馆中可以随时随地调用。因此,美国的国际商用机器公司、苹果公司、微软公司、坦迪公司,日本的东芝、电气和索尼等公司竞相投资开发笔记本型计算机。1992 年,东芝公司推出 T6400DX 型和 T6400SX 型便携式笔记本型计算机,有彩色液晶显示屏,存储扩展到 20MB,夏普推出的笔记型计算机采用 8.4 英寸的显示屏,功率损耗减少 1/2,可与 IBM 个人计算机兼容。夏普公司还推出一种笔记本式文字处理机,软件的功能有文字处理、表格统计、数据库、制图、通信以及管理个人记事、计划、住址录等。日本还推出了一种笔记本型翻译机,见图 3-4。

图 3-3　工作站

图 3-4　日本东芝公司生产的笔记本型计算机

6. 袖珍计算机

1992 年,美国一家计算机公司推出一种袖珍的计算机,大小与能装在口袋里的日历薄差不多。它使用 4 个 AA 型电池便能连续工作 8 小时。同其他计算机一样,它可同国际商用机器公司的 PC/XT 兼容,带有一个小键盘。这种计算机比波克特计算机公司的"掌上型"计算机和惠普公司的 95LX 计算机体积都小,重量也轻,旅行用很方便。韩国三星集团则研制出世界上第一台 A5 尺寸的手册式计算机,带有一个硬盘和 2MB 存储器。图 3-5 为日本卡西欧手册式计算机,这种计算机采用先进的电能利用技术,用 5 节 1 号碱性电池或可充电电池能运行 4 小时。它可以使用微软公司的软件,大小只有笔记本式计算机的一半,因此被人称为手册式计算机。

7. 手机计算机化

当计算机遭遇手机,结果会是怎样? 是手机吃掉计算机,还是计算机吞并手机? 英国《经济学家》杂志指出,在计算机和手机产业的碰撞中,可能会产生一种新型计算机。与此类似,世界上第一台手机的发明者,现任 Array Comm 首席执行官的马丁·库柏也曾经作出预测:"移动设备未来的发展趋势应是无线、宽带、便携的手持式设备和无线技术的日益融合。"手机由简单的通话工具演变为一个多媒体工具。而 Java 功能和智能手机的加入,则让手机的功能逐渐向计算机靠近,有一种计算机化的趋势。未来的手机会像计算机吗? 计算机可以组装,也可以自己安装操作系统和应用软件。手机可以 DIY 吗? 行业专家这样大胆地预测:"今后手机也是可以 DIY 的。"手机计算机化包括手机屏幕的计算机化、手机键盘的计算机化、手机软件的计算机化和手机应用的计算机化。目前,已经有很多计算机上的通信、娱乐、办公应用顺利地转移到手机上,参见图 3-6。

图 3-5 手册式计算机　　　　　　　　图 3-6 计算机化手机

3.2 计算机网络化

1. 计算机联网

早在 20 世纪 50 年代初,以单个计算机为中心的远程联机系统构成,开创了把计算机技术和通信技术相结合的尝试。这类简单的"终端——通信线路——面向终端的计算机"系统,构成了计算机网络的雏形。

从 20 世纪 60 年代中期开始,出现了若干个计算机主机通过通信线路互联的系统,开创了"计算机——计算机"通信时代,并呈现出多个中心处理机的特点。

20 世纪 60 年代后期,ARPANET 网是由美国国防部高级研究计划局 ARPA 提供经费,联合计算机公司和大学共同研制而发展起来的,主要目标是借助通信系统,使网内各计算机系统间能够相互共享资源,它最初投入使用的是一个有 4 个节点的实验性网络。ARPANET 网的出现,代表着计算机网络的兴起。人们称之为第二代计算机网络。

20 世纪 70 年代至 20 世纪 80 年代中期是计算机网络发展最快的阶段,通信技术和计算机技术互相促进,结合更加紧密。局域网诞生并被推广使用,网络技术飞速发展。为了使不同体系结构的网络也能相互交换信息,国际标准化组织(ISO)于 1978 年成立了专门机构并制定了世界范围内的网络互联标准,称为开放系统互联参考模型 OSI,人们称之为第三代计算机网络。

进入 20 世纪 90 年代,局域网技术发展成熟,局域网已成为计算机网络结构的基本单元。网络互联的要求越来越强烈,并出现了光纤及高速网络技术。随着多媒体、智能化网络的出现,整个系统就像一个对用户透明的大计算机系统,千兆位网络传输速率可达 1G/s,它是实现多媒体计算机网络互联的重要技术基础。

2. NC——网络计算机

1995 年,Oracle 公司提出 NC 概念,当时在计算机界和通信界引起了极大反响,它没有硬盘,没有软驱、光驱,所有数据存取运算都是通过网络来进行的。因此,NC 具有传统 PC 不可比拟的优点,比如低成本,易管理,安全性强。拉里·艾利森自豪地称:"NC 就是大型机、小型机、PC 纪元后的第四个浪潮⋯⋯NC 将无处不在,到 2000 年,它将像电视一样普及。"在甲骨文的鼓励之下,ORACLE、SUN、IBM、苹果等七十余家软硬件厂商加入了 NC 的阵营,成立了"网络计算机联盟"。1996 年,IBM、Apple、Netscape、Oracle 和 Sun 等国际著名公司联合公布了 NC 工业标准《网络计算机参考简要特征》(简称 NC-1 标准)。与此同时,一些厂商开展了一系列 NC 产品设计、生产、推出、应用的实践活动。到 1997 年,对 NC 的支持达到鼎盛,以至于 Wintel 体系不得不提出 NetPC 以回应当时的市场导向。但是,这场由国外厂商掀起了 NC 革命,由于当时的网络带宽的限制和商业模式的不成熟,最终不了了之。

3. 网格计算

网格计算是伴随着互联网技术而迅速发展起来的,专门针对复杂科学计算的新型计算模式。这种计算模式是利用互联网把分散在不同地理位置的电脑组织成一个"虚拟的超级计算机",其中每一台参与计算的计算机就是一个"节点",而整个计算是由成千上万个"节点"组成的"一张网格",所以这种计算方式叫网格计算。这样组织起来的"虚拟的超级计算机"有两个优势,一个是数据处理能力超强;另一个是能充分利用网上的闲置处理能力。简单地讲,网格是把整个网络整合成一台巨大的超级计算机,实现计算资源、存储资源、数据资源、信息资源、知识资源、专家资源的全面共享。

3.3 计算机多样化

1. 光计算机的研制

光计算机是利用光作为载体进行信息处理的计算机。1990 年,美国的贝尔实验室推出了一台由激光器、透镜、反射镜等组成的计算机。这就是光计算机的雏形。随后,英、法、比、德、意等国的 70 多名科学家研制成功了一台光计算机,其运算速度比普通的电子计算机快1000 倍。光计算机又叫光脑。计算机是靠电荷在线路中的流动来处理信息的,而光脑则是靠激光束进入由反射镜和透镜组成的阵列中来对信息进行处理的。与计算机相似之处是,光脑也靠产生一系列逻辑操作来处理和解决问题。计算机的功率取决于其组成部件的运行速度和排列密度,光在这两个方面都很理想。光子的速度即光速,为每秒 30 万千米,是宇宙中最快的速度。激光束对信息的处理速度可现有半导体硅器件的 1000 倍。光子不像电子那样需要在导线中传播,即使在光线相交时,它们之间也不会相互影响,并且在不满足干涉的条件下也互不干扰。光束的这种互不干扰的特性,使得光脑能够在极小的空间内开辟很多平行的信息通道,密度大得惊人。一块截面为 5 分硬币大小的棱镜,其通过能力超过全球现有全部电话电缆的许多倍。贝尔实验室研制成功的光学转换器,在字母 O 中可以装入 2000 个信息通道。因此科学家们早就设想使用光子了,见图 3-7,平行处理是光家计算机的优点,光脑的应用将使信息技术产生新飞跃。

图 3-7 光计算机

2. DNA 计算机

科学家研究发现,脱氧核糖核酸(DNA)有一种特性,能够携带生物体各种细胞拥有的大量基因物质。数学家、生物学家、化学家以及计算机专家从中得到启迪,正在合作研制未来的液体 DNA 计算机。这种 DNA 计算机的工作原理是以瞬间发生的化学反应为基础,通过和酶的相互作用,将反应过程进行分子编码,对问题以新的 DNA 编码形式加以解答。

和普通的计算机相比,DNA 计算机的优点首先是体积小,但存储的信息量却超过现代世界上所有的计算机。它用于存储信息的空间仅为普通计算机的几兆分之一。其信息可存储在数以兆计的 DNA 链中,一升的 DNA 溶液可包含信息量高达 10。其次,这种计算机运算速度极快。据估计,一台 DNA 计算机只需几天时间,就可以完成迄今为止所有计算机曾经进行过的运算。第三是最大限量的减少能耗,DNA 计算机的能耗,仅为普通计算机的十亿分之一。1995 年,科学家首次报道用"编程"DNA 链解数学难题取得突破。

DNA 计算机的功能之所以强大,就在于每个链本身就是一个微型处理器。科学家能够把 10^{17} 个链安排在 1000g 的水里,而每个链各干各的事情。它们各自进行计算。这意味着,DAN 计算机能同时"试用"巨大数量的可能的解决方案。与此形成对照的是,电子计算机对每个解决方案必须自始至终进行计算,直到试用下一个方案为止。

所以,电子计算机和 DNA 计算机是截然不同的。电子计算机一小时能进行许多次运算,但是一次只能进行一次运算,而 DNA 计算机进行一次运算需要大约一小时,但是一次能进行 10^{17} 次运算。

人脑的功能介于两者之间:一小时进行大约 10 万次运算,一次进行大约 10^{12} 次运算。DNA 计算机把二进制数翻译成遗传密码的片段,每个片段就是著名的双螺旋的一个链。科学家们希望把一切可能模式的 DNA 分解出来,并把它放在试管里。然后,他们将制造互补数字链。互补数字链不会解决某一个方程式,但是将会从一个解决方案中把互补数字链提取出来。

3. 利用蛋白质的开关特性开发出生物计算机

生物计算机主要是以生物电子元件构建的计算机。由于半导体硅芯片电路密集引起的散热问题难以解决,科学家便投入了生物计算机的研究与开发。生物电脑的性能是由元件与元件之间电流启闭的开关速度来决定的。科学家发现,蛋白质有开关特性,用蛋白质分子作元件制成集成电路,称为生物芯片。使用生物芯片的计算机称为蛋白质计算机,或称为生物计算机。已经研制出利用蛋白质团来制造的开关装置有合成蛋白芯片、遗传生成芯片、红血素芯片等。

用蛋白质制造的计算机芯片,在 $1mm^2$ 的面积上即可容纳数亿个电路。因为它的一个存储点只有一个分子大小,所以它的存储量可以达到普通计算机的 10 亿倍。由蛋白质构成的集成电路,其大小只相当于硅片集成电路的十万分之一,而且运转速度更快,只有 10^{-11} 秒,大大超过人脑的思维速度。生物计算机元件的密度比大脑神经元的密度高 100 万倍,传递信息的速度也比人脑思维的速度快 100 万倍。生物芯片传递信息时阻抗小,耗能低,且具有生物的特点,具有自我组织自我修复的功能。它可以与人体及人及结合起来,听从人脑指挥,从人体中吸收营养。把生物计算机植入人的脑内,可以使盲人复明,使人脑的记忆力成千万倍地提高;若是植入血管中,则可以监视人体内的化学变化,使人的体质增强,使残疾人重新站立起来,见图 3-8。

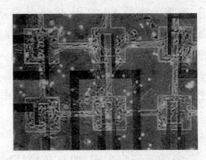

图 3-8 经过特殊培养后制成的生物芯片,可作为一种新型高速计算机的集成电路

美国的科技人员已研究出可以用于生物电脑的分子电路。它由有机物质的分子组成,由分子导线组成的显微电路,只有现代计算机电路的千分之一大小。

4. 高速超导计算机

超导计算机是使用超导体元器件的高速计算机。所谓超导,是指有些物质在接近绝对零度(相当于 -269 摄氏度)时,电流流动是无阻力的。1962 年,英国物理学家约瑟夫逊提出了超导隧道效应原理,即由超导体-绝缘体-超导体组成器件,当两端加电压时,电子便会像通过隧道一样无阻挡地从绝缘介质中穿过去,形成微小电流,而这一器件的两端是无电压的。约瑟夫逊因此获得诺贝尔奖。

用约瑟夫逊器件制成电子计算机,称为约瑟夫逊计算机,也就是超导计算机,又称超导电脑。这种电脑的耗电仅为用半导体器件制造的电脑所耗电的几千分之一,它执行一个指令只需十亿分之一秒,比半导体元件快 10 倍。日本电气技术研究所研制成世界上第一台完善的超导计算机,它采用了 4 个约瑟夫逊大规模集成电路,每个集成电路芯片只有 3～5mm³ 大小,每个芯片上有上千个约瑟夫逊元件,参见图 3-9。

图 3-9　约瑟夫逊超导元件

5. 研究中的量子计算机

加利福尼亚理工学院的物理学家已经证明,个体光子通常不相互作用,但是当它们与光学谐振腔内的原子聚在一起时,它们相互之间会产生强烈影响。光子的这种相互作用,能用于改进利用量子力学效应的信息处理器件的性能。这些器件转而能形成建造"量子计算机"的基础,量子计算机的性能能够超过基于常规技术的任何处理器件的性能。量子计算于 1994 年跃居科学前沿,当时研究人员发现了在量子计算机上分解大数因子的一种数学技术。这种数学技术意味着,在理论上,量子计算机的性能能够超过任何可以想象的标准计算机。

量子计算机潜在的用途将涉及人类生活的每一个方面,从工业生产线到公司的办公室,从军用装备到学生课桌,从国家安全到自动柜员机。科学家们在实验中已经证明,光子和光学谐振腔内的原子之间的相互作用,能为建造光学量子逻辑门奠定基础,参见图 3-10。

图 3-10　量子计算机试验

背 景 材 料

1. 斯蒂夫·乔布斯(Steve Paul Jobs)

"苹果"计算机的创始人之一,1985 年获得了由里根总统授予的国家级技术勋章。被评为最成功的管理者,"计算机狂人"。

1955 年 2 月 24 日,斯蒂夫·乔布斯出生在美国旧金山。19 岁那年,刚念大学一年级的乔布斯突发奇想,辍学成为雅达利电视游戏机公司的一名职员。

1976 年乔布斯、沃兹及乔布斯的朋友龙·韦恩三人签署了一份合同,决定成立苹果计算机公司。1976 年 7 月的一天,零售商保罗·特雷尔来到了乔布斯的车库,当看完乔布斯熟练地演示计算机后,决意冒险订购 50 台整机,但要求一个月内交货。这是乔布斯做成的第一笔"大生意"。

1977 年 4 月，美国有史以来的第一次计算机展览会在西海岸开幕了，乔布斯在展览会上弄到了最大最好的摊位，展示苹果Ⅱ号样机。1980 年 12 月 12 日，苹果公司股票公开上市，在不到一个小时内，460 万股全被抢购一空，当日以每股 29 美元收市。因为巨大的成功，乔布斯在 1985 年获得了由里根总统授予的国家级技术勋章。1985 年 4 月经董事会决议撤销了他的经营大权。乔布斯几次想夺回权力均未成功，便在 1985 年 9 月 17 日愤而辞去苹果公司董事长。

1996 年 12 月 17 日，全球各大计算机报刊几乎都在头版刊出了"苹果收购 Next，乔布斯重回苹果"的消息。此时的乔布斯，正因其公司成功制作第一部计算机动画片《玩具总动员》而名声大振，个人身价已暴涨逾 10 亿美元；而相形之下，苹果公司却已濒临绝境。

在乔布斯的改革之下，"苹果"终于实现盈利。乔布斯刚上任时，苹果公司的亏损高达 10 亿美元，一年后却奇迹般地赢利 3.09 亿美元。

2. IBM 公司

国际商业机器公司，总公司在纽约州阿蒙克市公司，1911 年创立于美国，是全球最大的信息技术和业务解决方案公司，目前拥有全球雇员 30 多万人，业务遍及 160 多个国家和地区。2006 年，IBM 公司的全球营业收入达到 914 亿美元。该公司创立时的主要业务为商用打字机，后转为文字处理机，然后是计算机及其有关的服务。IBM 创始人为老托马斯·沃森，后来公司在他的儿子小托马斯·沃森的率领下开创了计算机时代。IBM 现任 CEO 为 Samuel Palmisano，音译萨缪尔·帕米沙诺。

IBM 为计算机产业长期的领导者，在大型/小型机和便携机（ThinkPad，现归联想公司所有）方面的成就最为瞩目。其创立的个人计算机（PC）标准，至今仍被不断的沿用和发展。另外，IBM 还在大型机，超级计算机（主要代表有深蓝和蓝色基因），UNIX，服务器方面领先业界。软件方面，IBM 软件部（Software Group）整合有五大软件品牌，包括 Lotus，WebSphere，DB2，Rational，Tivoli，在各自方面都是软件界的领先者或强有力的竞争者。1999 年以后，微软的总体规模才超过 IBM 软件部。截至目前，IBM 软件部也是世界第二大软件实体。

参 考 文 献

1　郝玉洁. 人类与电脑. 西安：电子科技大学出版社，2007.

2　徐志伟. 电脑启示录（上、中、下）. 北京：清华大学出版社，2006.

3　邹海林，刘法胜等. 计算机科学导论，北京：科学出版社，2008.

4　计算机的发展历史. 百度网 http://zhidao.baidu.com/question/5498858.html.

5　孙燕群主编. 计算机史话. 北京：中国海洋大学出版社，2003.

6　黄俊民，顾浩. 计算机史话. 北京：机械工业出版社，2009.

7　手机的电脑化. http://www.neweasyppc.com/NeweasyPpc/NeweasyPpc/PhonePc.htm.

8　NC 网络计算机的发展. http://hi.baidu.com/muen/blog/item/a1c9b552db474a0f0cf3e3c1.htm.

9　史蒂夫·乔布斯. http://baike.baidu.com/view/226002.htm.

10　IBM. http://baike.baidu.com/view/1937.htm.

"巨磁电阻"效应与硬盘

4.1 "巨磁电阻"效应概述

众所周知,计算机硬盘是通过磁介质来存储信息的,由若干个磁盘片组成,磁盘片上的磁涂层是由数量众多的、体积极为细小的磁颗粒组成,若干个磁颗粒组成一个记录单元来记录 1 比特(bit)信息,即 0 或 1。每个磁盘面都相应有一个磁头。当磁头"扫描"过磁盘面的各个区域时,各个区域中记录的不同磁信号就被转换成电信号,电信号的变化进而被表达为"0"和"1",成为所有信息的原始译码。

人类历史上的第一个硬盘于 1956 年问世。美国国际商用机器公司(IBM)开发的这个庞然大物,直径超过半米,却只能存储 4.4MB 数据。最早的磁头是采用锰铁磁体制成的,该类磁头是通过电磁感应的方式读写数据。随着存储容量需求的不断提高,这类磁头难以满足实际需求。因为使用这种磁头,磁致电阻的变化仅为 1‰～2‰之间,读取数据要求一定的强度的磁场,且磁道密度不能太大,因此使用传统磁头的硬盘最大容量只能达到每平方英寸 20Mb。硬盘体积不断变小,容量却不断变大时,势必要求磁盘上每一个被划分出来的独立区域越来越小,这些区域所记录的磁信号也就越来越弱。

1988 年,费尔和格林贝格尔各自独立发现了一种特殊现象:非常弱小的磁性变化就能导致磁性材料发生非常显著的电阻变化。那时,法国的费尔在铁、铬相间的多层膜电阻中发现,微弱的磁场变化可以导致电阻大小的急剧变化,其变化的幅度比通常高十几倍,他把这种效应命名为巨磁阻效应(Giant Magneto-Resistive,GMR)。然而,就在此前 3 个月,德国优利希研究中心格林贝格尔教授领导的研究小组在具有层间反平行磁化的铁/铬/铁三层膜结构中也发现了完全同样的现象。

实际上,英国著名科学家开尔芬勋爵早在 1857 年就发现了磁阻效应,此后的 100 多年里人们还未在实验室观察到如此显著的磁阻效应。然而轰动效应过后一切归于平静,他们的发现并没有引起业界足够的重视。他们最初的实验是在低温强磁场环境下进行的,而所用材料也是实验室里一点点生成的,极为稀少和繁杂,很多人不看好这项技术的推广应用。

所谓巨磁阻效应,是指磁性材料的电阻率在有外磁场作用时较之无外磁场作用时存在巨大变化的现象。巨磁阻是一种量子力学效应,它产生于层状的磁性薄膜结构。这种结构是由铁磁材料和非铁磁材料薄层交替叠合而成。当铁磁层的磁矩相互平行时,载流子与自旋有关的散射最小,材料有最小的电阻。当铁磁层的磁矩为反平行时,与自旋有关的散射最强,材料的电阻最大。上下两层为铁磁材料,中间夹层是非铁磁材料。铁磁材料磁矩的方向是由加到材料的外磁场控制的,因而较小的磁场也可以得到较大电阻变化的材料。

4.2　2007 年诺贝尔物理学奖

1. 2007 年诺贝尔物理学奖

瑞典皇家科学院 2007 年 10 月 9 日宣布,法国科学家阿尔贝·费尔和德国科学家彼得·格林贝格尔共同获得 2007 年诺贝尔物理学奖,分享 1000 万瑞典克朗(1 美元约合 7 瑞典克朗)的奖金。

瑞典皇家科学院在评价这项成就时表示,2007 年的诺贝尔物理学奖主要奖励"用于读取硬盘数据的技术"。这项技术被认为是"前途广阔的纳米技术领域的首批实际应用之一"。

目前,根据这一效应开发的小型大容量计算机硬盘已得到广泛应用。两位科学家此前已经因为发现"巨磁电阻"效应而获得多个科学奖项。两位科学家 1988 年发现"巨磁电阻"效应时意识到,这一发现可能产生巨大影响。格林贝格尔为此还申请了专利。

2. 应用研究

如果不是一次偶然,"巨磁电阻"效应也许会被埋没更久。一天,国际商用机器公司(IBM)阿尔马登研究中心的一位研究员斯图尔特·帕金在浏览旧报纸时看到了他们的成果,公司总部十分重视,立即组成了两个研究小组着手研究。为节省成本,帕金不想用昂贵的机器去制造纳米薄膜。他运用特殊的喷涂技术制备了由普通磁介质材料组成了薄膜,令他意想不到的是,竟然也观察到了"巨磁电阻"效应。

要真正地将"巨磁电阻"效应应用于硬盘读取技术,就必须让其发生条件不再那么苛刻——在室温、常规磁场下也能发生。同时为了大规模生产的需要,对膜材料的选择也是千里挑一。最重要的一点当然是,能在常规环境下精确地读出硬盘的磁信息;其次是材料必须易于制得并且价格经济合理;再次是材料的化学性质要稳定,不能轻易地发生腐蚀或降解。

研究人员共进行了 3 万多次试验,对数万种不同的磁介质及其他金属材料进行了一一组合,终于研制出了一种特殊的膜结构。这种膜结构共分为 4 层,前 3 层是两层磁介质夹一层非磁性材料膜的"三明治"结构,第 4 层则是一层由强反铁磁体组成的膜材料。当外界施加一个很弱的磁场时,第一层膜即自由层的磁排列会发生有规律的震荡,在平行排列和反平行排列间轮流变化,引起整个结构电阻的显著变化。在物理学上这种结构被称为"自旋阀(SV)"。

帕金和同事们经过了数年的努力,不但对巨磁阻多层膜进行改进,终于研制出了可作商用的数据读出头。1994 年 IBM 研制出了一种全新的 16.8GB 硬盘存储器,将磁盘记录密度一下子提高了 17 倍,达到了 5 吉比特/平方英寸(1 平方英寸约合 6.45 平方厘米),引起业界强烈关注。1997 年 IBM 公司正式推出基于 GMR 的 16.8GB 的高密度硬盘驱动器。从1997 年到现在,硬盘的存储密度由每平方英寸 2.4GB 提高到 70GB,使基于 GMR 的高密度硬盘成为大家使用的主流产品。

此后基于"巨磁电阻"效应的硬盘更是风光无限,成为计算机、音乐播放器、移动存储设备的标准组件。据统计,从1997年真正的商用巨磁阻磁头问世到如今,每年超过10亿个使用这种技术的硬盘和MP3涌入市场。以美国苹果公司畅销的iPod音乐播放器为例,如果没有帕金及同事们的艰苦努力,这种存储量大而又"身材小巧"的音乐播放器恐怕就不会诞生了。正如法新社(AFP)在报道中指出,"巨磁电阻"效应使iPod成为可能。

3. 诺贝尔奖外的趣闻

说到这里,应为这次诺贝尔物理奖遗漏了斯图尔特·帕金博士而不平。瑞典皇家科学院评价这次物理奖时说,基于"巨磁电阻"效应开发的"用于读取硬盘数据的技术",被认为是"前途广阔的纳米技术领域的首批实际应用之一"。然而他们只重视了GMR的发现,而忽视了把它转化为应用技术的意义。没有后者,这个全球电子化进程中的重要一环能够成功吗?因此,如果能让这三位科学家分享今年的诺贝尔物理奖,那就更公平、更和谐了。1981年,帕金作为交换学者曾在南巴黎大学费尔的固体物理实验室工作。1982年加盟IBM的Almaden研究中心。

4.3　硬盘介质存储原理

1. 超顺磁效应

盘体由多张盘片组成,而盘片是在铝制合金或者玻璃基层的超平滑表面上依次涂敷薄磁涂层、保护涂层和表面润滑剂等形成的。盘片以4200r/mm～15 000r/mm的转速转动,磁头则做往复的直线运动,而可以在盘片上的任何位置读取或者写入信息。微观的来看,盘片上的薄磁涂层是由数量众多的、体积极为细小的磁颗粒组成。多个磁颗粒(约100个左右)组成一个记录单元来记录1b的信息——0或者1。

这些微小的磁颗粒极性可以被磁头快速的改变,而且一旦改变之后可以较为稳定的保持,磁记录单元间的磁通量或者磁阻的变化来分别代表二进制中的0或者1。磁颗粒的单轴异向性和体积会明显的磁颗粒的热稳定性,而热稳定性的高低则决定了磁颗粒状态的稳定性,也就是决定了所储存数据的正确性和稳定性。但是,磁颗粒的单轴异向性和体积也不能一味地提高,它们受限于磁头能提供的写入场以及介质信噪比的限制。当磁颗粒的体积太小的时候,能影响其磁滞的因素就不仅仅是外部磁场了,些许的热量就会影响磁颗粒的磁滞(譬如室温下的热能),从而导致磁记录设备上的数据丢失,这种现象就是"超顺磁效应",参见图4-1。

2. 垂直磁化存储技术的奥秘

为了尽可能地降低"超顺磁效应",业界通过提高磁颗粒异向性、增加热稳定性来解决。磁颗粒异向性的提高固然使得磁记录介质更加稳定,但是必须同时提高写入磁头的写入能力。另外,磁颗粒体积的缩小,也需要进一步提高读取磁头的灵敏度,于是MR(磁阻)磁头和GMR(巨磁阻)磁头相继应运而生。GMR磁头技术的水平记录区域密度已经达到了

- 记录介质由很多微小的磁粒所构成。
- 数据(±1)被写入这些磁粒,每个比特大约需要100个磁粒。

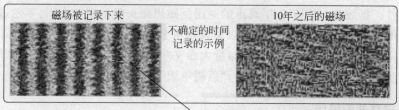

磁场被记录下来　　　　　　　　10年之后的磁场

不确定的时间
记录的示例

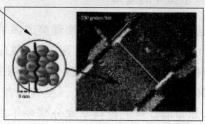

- 为了提高磁录密度,比特和磁粒本身
  必须很小——因此只需要很小的能量
  就可以将其翻转!
- 如果磁粒过小,它们会因为室温下的热能
  自动反转磁路!

图 4-1　超顺磁效应图解

133GB 以上,然而 133GB 还远远不够,为了实现更大的存储密度,必须再缩小磁颗粒,此时"超顺磁效应"就成为最头疼的问题。

　　垂直磁化记录从微观上看,磁记录单元的排列方式有了变化,从原来的"首尾相接"的水平排列,变为了"肩并肩"的垂直排列。磁头的构造也有了改进,并且增加了软磁底层。这一改变直接解决了"超顺磁效应",并且可以将硬盘的单碟容量提高到 400GB 左右,这为今后的容量突破提供了充足的空间,参见图 4-2。

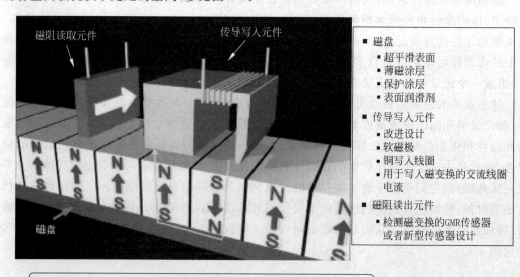

- 磁盘在一个滑轨下旋转,该滑轨在尾端有一个内置读写磁头
- 在滑轨和磁盘表面之间保持很近的距离对于高分辨率记录具有重要意义
- 信息被存储在磁盘的薄磁涂层中写入的磁变换中
- 磁路垂直于磁盘表面

图 4-2　垂直磁化存储技术的图解

垂直记录的另一个好处是相邻的磁单元磁路方向平行,磁极的两端都挨在一起,而纵向记录相邻的磁单元只在磁极一端相接,因此这项技术对于稳定性的改进也是颇有成效的。另外值得庆兴的是,垂直磁化技术的出现对于硬盘速度是有巨大贡献的。仅仅是单碟容量的提升就足以令人欢欣鼓舞,可因此而期待更高的内部传输率。此外,垂直磁化技术要求磁头在技术上有所改进,此时也能加强寻道能力。不过更为重要的还是垂直磁化与高转速技术相结合。据悉,在磁盘存储密度大幅度提高之后,高转速变得更有实际意义。此前 SCSI 硬盘尽管实现了 15 000r/min,但是实际持续内部传输率却并不高。而当垂直磁化技术普及应用之后,有望看到桌面硬盘顺利迈向 10 000r/min 级别,并且展现出更加完美的性能。

3. 硬盘容量知识

硬盘的容量由盘面数(磁头数)、柱面数和扇区数决定,其计算公式为:
$$硬盘容量=盘面数×柱面数×扇区数×512 字节$$
关于硬盘容量的大小,经常有人感到迷惑,为什么同一块硬盘,有时显示 40GB,有时却只有 37GB,这主要是表示方法不标准造成的,如 1MB 到底代表 1 000 000 字节还是代表 1 048 576 字节。有些软件把 1 000 000 字节作为 1MB,如 DM 等,硬盘上标称容量一般也按 1MB=1 000 000 字节计算;而在另一些软件中,1MB 是 1 048 576 字节。一些书籍或报纸杂志上发表的论文,硬盘容量的单位也不统一,有以 1 000 000 字节为 1MB 的,也有把 1 048 576 字节作为 1MB 的。依据计算机表示数据的特点、数制的表示方式及计算机本身的发展,硬盘容量单位应该以 2 的多少次方表示比较符合实际情况,即以 KB,MB,GB,TB,PB,EB 为单位,各种单位之间的换算关系如下:

$1KB=2^{10}B=1024B$

$1MB=2^{10}KB=2^{20}B=1\ 048\ 576B$

$1GB=2^{10}MB=2^{20}KB=2^{30}B=1\ 073\ 741\ 824B$

$1TB=2^{10}GB=2^{20}MB=2^{30}KB=2^{40}B=1\ 099\ 511\ 627\ 776B$

$1PB=2^{10}TB=2^{20}GB=2^{30}MB=2^{40}KB=2^{50}B=1\ 125\ 899\ 906\ 842\ 624B$

$1EB=2^{10}PB=2^{20}TB=2^{30}GB=2^{40}MB=2^{50}KB=2^{60}B=1\ 152\ 921\ 504\ 606\ 846\ 976B$

4.4　大硬盘中的应用

目前,采用 SPIN-VALVE 材料研制的新一代硬盘读出磁头,已经把存储密度提高到 560 亿位/平方英寸,该类型磁头已占领磁头市场的 90%～95%。随着低电阻高信号的 TMR 的获得,存储密度达到了 1000 亿位/平方英寸。

2007 年 9 月 13 日,全球最大的硬盘厂商希捷科技(Seagate Technology)在北京宣布,其旗下被全球最多数字视频录像机(DVR)及家庭媒体中心采用的第四代 DB35 系列硬盘,现已达到 1TB(1000GB)容量,足以收录多达 200 小时的高清电视内容。正是依靠巨磁阻材料,才使得存储密度在最近几年内每年的增长速度达到 3～4 倍。由于磁头是由多层不同材料薄膜构成的结构,因而只要在巨磁阻效应依然起作用的尺度范围内,未来将能够进一步缩小硬盘体积,提高硬盘容量。

除读出磁头外,巨磁阻效应同样可应用于测量位移、角度等传感器中,可广泛地应用于数控机床、汽车导航、非接触开关和旋转编码器中,与光电等传感器相比,具有功耗小、可靠性高、体积小、能工作于恶劣的工作条件等优点。目前,我国国内也已具备了巨磁阻基础研究和器件研制的良好基础。中国科学院物理研究所及北京大学等高校在巨磁阻多层膜、巨磁阻颗粒膜及巨磁阻氧化物方面都有深入的研究。中国科学院计算技术研究所在磁膜随机存储器、薄膜磁头、MIG 磁头的研制方面成果显著。北京科技大学在原子和纳米尺度上对低维材料的微结构表征的研究及对大磁矩膜的研究均有较高水平。

4.5　研究历史与热点

早在 1856 年英国著名物理学家汤姆逊发现了磁致电阻现象,1857 年他又发现了铁磁多晶体中各向异性磁电阻效应,这是由磁电阻研究向巨磁电阻研究的一个重大的转变,但由于当时的理论知识和技术的限制,磁电阻现象一直未得到重视。直到 1971 年 Huont 提出利用磁电阻制作磁盘系统,1985 年美国 IBM 公司在技术上实现这一构想,1991 年日本的日立公司成功制作出这一产品。这些成果才开始引起人们的注目,尤其是在 1988 年,法国的费尔在铁、铬相间的多层膜中第一次发现多层膜巨磁电阻效应(缩写为 GMR)巨磁电阻效应就是磁有序材料在一定结构和外磁场作用下,其电阻会随外磁场的改变而发生巨大的变化。这一发现不仅让世人终于认识到巨磁电阻效应,而且更重要的是大大激发了人们研究巨磁电阻效应的热情,人们纷纷从理论和实验的层面对多层膜的巨磁电阻进行研究,研究队伍不断扩大,研究成果日渐丰厚,1995 年美国物理学会将 GMR 效应列为当年凝聚态物理中五个热点的首位。

1. 纳米颗粒膜巨磁电阻效应

纳米颗粒膜是纳米材料中的一种,它是指纳米尺寸的颗粒镶嵌于薄膜中所构成的复合材料体系,如 Fe、Co、Ni、NiFe 镶嵌于 Ag、Cu 薄膜中而构成,颗粒和基质元素在制备及应用条件下互不相溶,形成一种非均匀相,处于相分离状态。

2. 隧道结巨磁电阻效应(TMR)

在两层金属薄膜之间夹一层 10~40nm 厚的绝缘薄膜就构成一个隧道结 FMPIPFM 在两层金属薄膜之间加上偏压就有电子隧穿通过绝缘层势垒形成隧穿电流。

3. 金属多层膜巨磁电阻效应

金属多层膜是由磁性金属膜与非磁性金属膜交叠而成的周期性膜,金属多层膜的类型有人工超晶格、多层膜、三明治膜、自旋阀型膜等,现在制备多层膜用的物理方法主要有两种:

（1）蒸镀法（直接加热蒸镀、电子枪加热蒸镀、分子束外延等）；

（2）溅射法（高频溅射、离子束溅射、磁控溅射等）。

4. 氧化物薄膜巨磁电阻效应

氧化物薄膜巨磁电阻效应的着眼点是 ABO3 型钙钛矿结构的掺杂稀土锰氧化物,主要研究的内容是氧化物不同位置的掺杂特性,以研究不同物质的掺入对氧化物薄膜的巨磁电阻效应的影响;制造包含锰氧化物的多层膜以研究对锰氧化物的巨磁电阻的影响。

4.6 量子化磁盘

量子化磁盘(QMD)的基本概念是在非磁性盘基中独立地埋入若干单畴磁性元件,每个元件都有精确规定的形状和预先指定的位置。最重要的是,这些元件有强的磁化。这种磁化和 MRAM 一样,是不加外磁场的磁化,并且只有两个稳定的状态:数量相等而方向相反的状态。每个单畴元件的磁化方向代表 1 个二进制信息位"0"或者"1"。根据磁化方向,QMD 可以有两种模式:垂直磁化 QMD 和横向磁化 QMD。前者用磁柱,后者用磁条带。这些磁性柱子或条带,采用 X 射线或电子束平版印刷,辅以反应离子刻蚀而成。最近,还开发出 1 种高效低成本的 nanoimprit lithography 印刷术。开关(转换)磁化方向需要的磁场,通过精心设计的元件尺寸和形状来控制。

和传统的 HDD 比较,QMD 有如下几个优点:每位的磁化会自行量子化;量化写入过程,可以消除对写入头高精度定位的要求;细小而平滑的分立转变层,允许高密度数据堆积,存储密度在 100Gbpi 以上,而开关噪声可接近零;有内置的读/写位置精密跟踪机构;克服了现有磁存储器存在的超顺磁性极限的一大缺点。nanoimprit lithography 印刷术的开发成功,为 QMD 的商品化开辟了光明的前景。

背 景 材 料

1. 阿尔贝·费尔

阿尔贝·费尔(见图 4-3)1938 年 3 月 7 日出生于法国的卡尔卡松,已婚并有两个孩子。1962 年,费尔在巴黎高等师范学院获数学和物理硕士学位。1970 年,费尔从巴黎第十一大学获物理学博士学位。

阿尔贝·费尔目前为巴黎第十一大学物理学教授。费尔从 1970 年到 1995 年一直在巴黎第十一大学固体物理实验室工作。后任研究小组组长。1995 年至今则担任国家科学研究中心-Thales 集团联合物理小组科学主管。1988 年,费尔发现巨磁电阻效应,同时他对自旋电子学做出过许多贡献。

费尔在获得诺贝尔奖之前已经取得多种奖项,包括 1994 年获美国物理学会颁发的新材料国际奖,1997 年获欧洲物理协会颁发的欧洲物理学大奖,以及 2003 年获法国国家科学研究中心金奖。

2. 彼得·格林贝格尔

德国科学家彼得·格林贝格尔(见图 4-4)1939 年 5 月 18 日出生。从 1959 年到 1963 年,格林贝格尔在法兰克福约翰-沃尔夫冈-歌德大学学习物理,1962 年获得中级文凭,1969 年在达姆施塔特技术大学获得博士学位。

1988 年,格林贝格尔在尤利西研究中心研究并发现巨磁电阻效应;1992 年被任命为科隆大学兼任教授；2004 年在研究中心工作 32 年后退休，但仍在继续工作。格林贝格尔在学术方面获奖颇丰，包括 1994 年获美国物理学会颁发的新材料国际奖（与阿尔贝·费尔、帕克林共同获得）；1998 年获由德国总统颁发的德国未来奖；2007 年获沃尔夫基金奖物理奖（与阿尔贝·费尔共同获得）。

图 4-3　阿尔贝·费尔（新华社）

图 4-4　彼得·格林贝格尔（新华社）

参 考 文 献

1　巨磁阻效应应用.百度网,http://baike.baidu.com/view/1299393.htm.

2　池晴佳.他们使硬盘有了"肚量"——解读 2007 诺贝尔物理学奖.青年参考,2007-10-20.

3　马昌贵.磁电子器件及其应用.电子元器件应用,2003 年 1 月第 5 卷第 1 期.

4　刘瑞挺.GMR 的发现与应用.CHIP 新电脑,2007-12.

5　岳玉荣.近十年来国内多层膜巨磁电阻效应研究.连云港师范高等专科学校学报,2003 年 12 月第 4 期.

6　温戈辉,蔡建旺,赵见高.自旋极化输运及隧道巨磁电阻效应.物理,1997,(11).

7　卢正启.磁隧道巨磁电阻效应及应用.大自然探索,1998,(65).

8　王军华.磁性多层膜的发展概况[J].昌潍师专学报,2000,(5).

9　卢正启.自旋阀巨磁电阻效应及其应用.物理,1998,(6).

10　卢正启.两步法制备的自旋阀巨磁电阻效应研究.物理学报,2002,(2).

11　熊光成,戴道生,吴思诚.掺杂稀土氧化物的巨磁电阻效应.物理,1997,(8).

12　戴道生.磁性薄膜研究的现状和未来.物理,2000,(5).

13　李佐宜,彭子龙.金属颗粒薄膜巨磁电阻效应的影响因素.物理学报,1998,(6).

14　都有为.巨磁电阻效应[J].自然杂志,1996,(2).

15　李键,胡杜军.离子束改性对颗粒膜巨磁电阻效应的影响.重庆师范学院学报（自然科学版）,2002,(2).

16　舒启清.巨磁电阻效应.深圳大学学报（理工版）,1997,(6).

第5讲

光盘与有机光存储材料

5.1　光盘与有机光存储材料简介

传统的信息存储是以磁学为基础的,计算机的磁盘、家庭用的录音带、录像带的写、读或者录、放过程都离不开磁。

20世纪60年代末开始步入光信息存储研究阶段,1982年Sony公司造出了第一张小型激光唱盘CD(compact disc),这不仅动摇了以磁学为基础的信息存储技术,为光数据存储打下了基础,而且刺激了其他光存储技术的发展。

在光信息存储中,有些材料受激光束的照射就能发生物理或化学的变化,达到信息存储的目的。光盘是近代发展起来不同于磁性载体的光学存储介质,用聚焦的氢离子激光束处理记录介质的方法存储和再生信息。光盘包括盘基、保护层、活泼层等主要部分。光记录材料主要用于光盘。

有机光数据存储材料(organic materials for optical data storage)是指活泼层材料或记录层材料。目前,研究最多的是萘酞菁类化合物,酞菁类化合物及斯夸啉类染料。

较早的CD光盘的最大容量大约是650MB,现在的DVD盘片单面容量大约为4.7GB(双面8.5GB),蓝光光盘则比较大,其中HD DVD单面单层15GB、双层30GB;BD单面单层25GB、双面50GB。在2002年3月13日,东芝在CeBIT大展上就发表过容量达110GB的光盘系统。2006年7月3日,日立Maxell开发全新940GB光盘。随着技术的不断提高,光盘的容量还会增加(见图5-1)。

图 5-1　光盘

5.2　光盘的种类

1. 绿盘

绿盘是最早开发生产出的 CD-R 光盘,绿盘采用的是日本 Taiyo Yuden 公司发明的花菁染料 Cyanine。Cyanine 染料目前主要运用在照相彩色底片中的感光色素中,具有分解度适中、无毒、高溶解度、有金属光泽等特性。尽管具有这么多优点,但却有一个天生的毛病,就是怕强光。于是,为了改善此缺点,光盘制造商都会往染料中填充一定的稳定剂来延长 CD-R 盘片的寿命。同样,由于 Cyanine 光敏性强、耐光性差,就需要在它的基础上加入一定量的铁,来降低它的感光能力。保存年限为 75 年。

2. 金盘

金盘采用了三井公司开发的 Phthalocyanine(酞菁)染料,这种染料最早应用在室内外的涂料内,抗光、抗热能力极佳,本身又具有抗氧化的能力,因此不需要加入稳定剂;经过适当的改良,是 CD-R 盘片理想的选择。酞菁染料本身呈淡黄色,与反射层的金色混合后,使 CD-R 光盘的记录面呈黄金色,因此使用金反射层的酞菁染料 CD-R 光盘被称为金盘。为了降低金盘的生产成本,目前许多 CD-R 盘生产厂使用银反射层,使酞菁染料的淡黄色与反射层的银色混合后,使记录面呈白金色,因此这种 CD-R 盘被称为白金盘。

金盘适应能力强,品质不错,保存时间比绿盘长,理论上可以保存 100 年。这也就是为什么都普遍认为金盘质量比较好的原因。但是金盘一个比较明显的缺点是成本较高。目前制造金盘的公司主要有 Kodak(柯达)与 MitsuiToatsu(三井)。

3. 蓝盘

为了降低 CD-R 绿盘和金盘的成本,三菱化学公司开发生产出了一种金属化的 AZO 有机染料,并使用成本较低的银作反射层材料。AZO 本身为深蓝色,因此与反射层的银白色混合后,使 CD-R 光盘的记录面呈蓝色,因此使用 AZO 染料的 CD-R 光盘就被称为蓝盘。

4. 紫盘(CD-RW)

紫盘采用特殊材料制成,只有类似紫玻璃的一种颜色。CD-RW 以相变式技术来生产结晶和非结晶状态,分别表示 0 和 1,并可以多次写入,也称为可复写光盘。

5.3　光盘读写机理

光存储是由光盘表面的介质影响的,光盘上有凹凸不平的小坑,光照射到上面有不同的反射,再转化为 0、1 的数字信号就成了光存储。当然光盘外面还有保护膜。

1. 光盘结构

根据光盘结构,光盘主要分为 CD、DVD、蓝光光盘等几种类型,这几种类型的光盘,在结构上有所区别,但主要结构原理是一致的。而只读的 CD 光盘和可记录的 CD 光盘在结构上没有区别,它们主要区别在材料的应用和某些制造工序的不同,DVD 方面也是同样的道理。现在,我们就以 CD 光盘为例进行讲解。

常见的 CD 光盘非常薄,它只有 1.2mm 厚,分为五层,其中包括基板、记录层、反射层、保护层、印刷层等。

(1) 基板:是各功能性结构(如沟槽等)的载体,其使用的材料是聚碳酸酯(PC),冲击韧性极好、使用温度范围大、尺寸稳定性好、耐候性、无毒性。一般来说,基板是无色透明的聚碳酸酯板,在整个光盘中,它不仅是沟槽等的载体,更是整体光盘的物理外壳。CD 光盘的基板厚度为 1.2mm、直径为 120mm,中间有孔,呈圆形,它是光盘的外形体现。光盘之所以能够随意取放,主要取决于基板的硬度。

(2) 记录层(染料层):这是烧录时刻录信号的地方,其主要的工作原理是在基板上涂抹上专用的有机染料,以供激光记录信息。由于烧录前后的反射率不同,经由激光读取不同长度的信号时,通过反射率的变化形成 0 与 1 信号,借以读取信息。目前市场上存在三大类有机染料:花菁(Cyanine)、酞菁(Phthalocyanine)及偶氮(AZO)。

目前,一次性记录的 CD-R 光盘主要采用有机染料(酞菁),当此光盘在进行烧录时,激光就会对在基板上涂的有机染料,进行烧录,直接烧录成一个接一个的“坑”,这样有“坑”和没有“坑”的状态就形成了“0”和“1”的信号,这一个接一个的“坑”是不能回复的,也就是当烧成“坑”之后,将永久性地保持现状,这也就意味着此光盘不能重复擦写。这一连串的“0”、“1”信息,就组成了二进制代码,从而表示特定的数据。

(3) 反射层:是光盘的第三层,它是反射光驱激光光束的区域,借反射的激光光束读取光盘片中的资料。其材料为纯度为 99.99% 的纯银金属。

这个比较容易理解,它就如同我们经常用到的镜子一样,此层就代表镜子的银反射层,光线到达此层,就会反射回去。一般来说,光盘可以当镜子用,就是因为有这一层的缘故。

(4) 保护层:它是用来保护光盘中的反射层及染料层防止信号被破坏。材料为光固化丙烯酸类物质。现在市场使用的 DVD+/-R 系列还需在以上的工艺上加入胶合部分。

(5) 印刷层:印刷盘片的客户标识、容量等相关资讯的地方,这就是光盘的背面。其实,它不仅可以标明信息,还可以起到一定的保护光盘的作用。

2. 光盘读取技术

(1) CLV 技术:(Constant-Linear-Velocity)恒定线速度读取方式。在低于 12 倍速的光驱中使用的技术。它是为了保持数据传输率不变,而随时改变旋转光盘的速度。读取内沿数据的旋转速度比外部要快许多。

(2) CAV 技术:(Constant-Angular-Velocity)恒定角速度读取方式。它是用同样的速度来读取光盘上的数据。但光盘上的内沿数据比外沿数据传输速度要低,越往外越能体现光驱的速度,倍速指的是最高数据传输率。

(3) PCAV 技术:(Partial-CAV)区域恒定角速度读取方式。是融合了 CLV 和 CAV 的一种新技术,它是在读取外沿数据采用 CLV 技术,在读取内沿数据采用 CAV 技术,提高整体数据传输的速度。

5.4　光存储的发展历史

荷兰飞利浦(Philips)公司的研究人员开始使用激光光束来进行记录和重放信息的研究。1972 年,他们的研究获得了成功,1978 年投放市场。最初的产品就是大家所熟知的激光视盘(LD,Laser Vision Disc)系统。

1. 光盘经历了三个阶段

(1) LD-激光视盘:它就是通常所说的 LCD,直径较大,为 12 英寸,两面都可以记录信息,但是它记录的信号是模拟信号。模拟信号的处理机制是指模拟的电视图像信号和模拟的声音信号都要经过 FM(Frequency Modulation)频率调制、线性叠加,然后进行限幅放大。限幅后的信号以 0.5 微米宽的凹坑长短来表示。

(2) CD-DA 激光唱盘:LD 虽然赢得了成功,但由于事先没有制定统一的标准,使它的开发和制作一开始就陷入昂贵的资金投入中。1982 年,由飞利浦公司和索尼(Sony)公司制定了 CD-DA 激光唱盘的红皮书(Red Book)标准。由此,一种新型的激光唱盘诞生了。CD-DA 激光唱盘记录音响的方法与 LD 系统不同,CD-DA 激光唱盘系统首先把模拟的音响信号进行 PCM(脉冲编码调制)数字化处理,再经过 EFM(8～14 位调制)编码之后记录到盘上。数字记录代替模拟记录的好处是:对干扰和噪声不敏感;由于盘本身的缺陷、划伤或沾染尘垢而引起的错误可以校正。

(3) CD-ROM:CD-DA 系统取得成功以后,这就使飞利浦公司和索尼公司很自然地想到,利用 CD-DA 作为计算机大容量只读存储器。

2. 标准系列

ISO 9660 标准:High Sierra 标准很快被国际标准化组织(ISO)选定,并在此基础上经过少量修改,1987 年将其作为 ISO 9660,成为 CD-ROM 的数据格式编码标准。ISO 9660 和 1993 年提出、并于 1995 年成为 ISO 13490 的"信息技术——信息交换用只读和可写一次紧凑光盘媒体的卷和文件结构(Information technology——Volume and file structure of read-only and write-once compact disk media for information interchange)"是各种 CD 光盘的重要逻辑标准。

绿皮书:在 CD-DA 基础上发展起来的 CD-I(CD-Interactive),更适于基于 CD 的展现。相应的物理格式标准称为绿皮书(Green Book,1986 年)。

白皮书:照片 CD(Photo CD)技术由 Kodak 和 Philips 联合开发,并由 Kodak 在 1990 年公布。利用这种技术 35mm 影片可以数字化在一张 CD-ROM 上,这种 CD-ROM 光盘称为照片 CD 光盘,更一般的形式是 CD-bridge。在 CD-I 和 CD-bridge 等的基础上发展起来的 Video CD(VCD),致力于视频,相应的 VCD 标准称为白皮书(White Book,1993 年)。

橙色书:另一类 CD 是可记录(Recordable)CD,由橙色书(Orange Book,1992 年)定义,包括 CD-MO 和 CD-WO 等。

橙色书和红皮书、黄皮书、绿皮书、白皮书等一道组成了 CD 的主要标准。

5.5 光存储技术的发展趋势

以光学、集成光学、光子效应、体全息技术、光感生或磁感生超分辨率等原理为基础的新一代光存储技术快速发展。

1. 应用技术的发展

1) 实现低价位 DVD 系列光盘及驱动器的规模生产

直径为 120mm 的 DVD 光盘单面容量 4.7GB,双面容量 9.4GB,如果改成双面双层,容量可达到 18GB,组成了标称容量为 5GB、9GB、10GB、18GB 的 DVD-5、DVD-9、DVD-10、DVD-18 的光盘系列,只要这种光盘及光盘机的生产成本能降低到当今 CD-ROM 或 CD-R 光盘及光盘机的价位,就足够满足一般信息系统及家用电器的需求。

2) 进一步提高 DVD 光盘质量、成品率及功能

目前,DVD 光盘的成品率,无论是母盘制作还是最终产品的成品率都低于普通 CD 光盘,从而也影响其生产成本。各种生产光盘的专用加工和测试设备还需要进一步更新,将深紫外超分辨率曝光技术、电子束曝光技术、多层光致抗蚀剂技术、无显影曝光技术、4X 或更高速的刻录技术等引入母盘制作,以便进一步提高母盘质量和成品率。DVD 光盘及光盘机将在功能上进行改进,首先是多功能化,包括光盘机和盘片的多功能化。为了使光盘机使用更方便,其另一改进方向是光盘机的智能,使人-机界面更加简单,操作更为简便。

3) 在记录密度不变的条件下提高系统性能

无论是 VCD 或 DVD 光盘都可以利用自动换盘系统,组成光盘库、光盘塔、光盘阵列,实现提高整个系统的容量、数据传输率及多数据存储的可靠性。如果将光盘库、光盘塔及光盘阵列与自动换盘系统有机结合,可以大大提高系统容量、数据传输率和显著改善存储数据的可靠性。目前最大的光盘库容量已可达到 TB 量级(即 1024GB)。

2. 新技术发展趋势

采用新技术和新材料,研究开发出新一代高密度、高速光存储技术和系统。虽然目前所进行的研究尚处于实验室阶段。许多理论问题、实验技术问题及工程问题还待深入研究,但从所取得的初步成果中能看出其发展方向包括:

(1) 利用光学非辐射场与光学超衍射极限分辨率的研究成果,进一步减小记录信息符尺寸,以提高系统的分辨率。

(2) 采用近场光学原理设计超分辨率的光学系统,使数值孔径超过 1.0,相当于探测器进入介质的辐射场,从而能够得到超精细结构信息,突破衍射极限,获得更高的分辨率,可使经典光学显微镜的分辨率提高两个数量级,面密度提高 4 个数量级。

(3) 以光量子效应代替目前的光热效应实现数据的写入与读出,从原理上将存储密度提高到分子量级甚至原子量级,而且由于量子效应没有热学过程,其反应速度可达到皮秒量级($10 \sim 12$ 秒),另外,由于记录介质的反应与其吸收的光子数有关,可以使记录方式从目前的二存储变成多值存储,使存储容量提高许多倍。

(4) 三维多重体全息存储,利用某些光学晶体的光折变效应记录全息图形图像,包括二

值的或有灰阶的图像信息,由于全息图像对空间位置的敏感性,这种方法可以得到极高的存储容量,并基于光栅空间相位的变化,体全息存储器还有可能进行选择性擦除及重写。

(5) 利用当代物理学的其他成就,包括光子回波时域相干光子存储原理、光子俘获存储原理、共振荧光、超荧光和光学双稳态效应、光子诱发光致变色的光化学效应、双光子三维体相光致变色效应,以及借助许多新的工具和技术,诸如扫描隧道显微镜(STM)、原子力显微镜(AFM)、光学集成技术及微光纤阵列技术等,提高存储密度和构成多层、多重、多灰阶、高速、并行读写海量存储系统。实验已证明目前的技术可使光存储密度达到 40～100 吉比特/平方英寸。

5.6　我国光存储的发展

在国家自然科学基金的连续支持下,中国科学院北京真空物理开放实验室、中国科学院化学研究所和北京大学等单位的研究人员,应用与国外研究不同的独特存储原理和实验方法,以有机分子为信息存储材料,取得了信息存储密度比当前国外相关研究高一个数量级的重要成果,为超高密度信息存储材料与器件的发展提供了新材料和新技术。

1996 年,他们采用自行设计、合成和制备的全有机复合薄膜作为电学信息存储材料并利用扫描隧道显微镜(STM)成功地得到了信息点直径为 1.3nm 的信息存储点阵,信息点直径较国外报道的研究结果小近一个数量级,是现已实用化的光盘信息存储密度的千万倍以上,奠定了我国在该领域研究的国际领先地位。之后他们制备了多种新型有机薄膜,做出了信息点大小分别为 0.7nm 和 0.8nm 的信息图案,两个信息点的最小间距分别为 1.2nm 和 0.6nm,仅为国外信息存储密度的几十分之一且非常稳定,在连续 2000 次的读取过程中没有发生可观察到的变化。

1999 年,他们在新型有机复合薄膜上写入信息记录点图案"A",在薄膜表面施加反向电压脉冲可以进行信息点的擦除,信息记录点的写入和擦除机理是薄膜在纳米尺度的晶体结构变化,其结果为实验和理论计算所证实。该工作还被美国《科学》杂志的编辑推荐,在 2000 年《科学新闻》上做了专题报道,被评论"是非常诱人的工作,基于有机材料的信息存储具有潜在应用前景"。

2000 年,他们在一种新型有机分子薄膜上成功地实现了目前最小点径(0.6nm)信息点阵的写入,相应的存储密度比国外 1998 年的结果又提高了一个数量级,是目前世界上信息存储密度最高的材料。在两个小时的扫描过程中,信息记录图案非常稳定,没有发生可观察到的变化。同时他们在从小面积信息点阵向信息存储器件发展方面,成功实现了较大面积晶态有序有机材料薄膜的制备问题,为有机信息存储材料应用于信息存储器件迈出了重要的一步。

这项基础性、前沿性的研究成果,有望对新一代信息存储光盘的发展产生深刻影响,为我国在该领域形成自己的理论,发展具有自主知识产权的信息存储材料和技术打下了基础。

背 景 材 料

中国科学院物理研究所纳米物理与器件实验室的前身是中国科学院北京真空物理开放实验室,成立于 1985 年。实验室的目标是达到该领域的国际一流水平。二十多年来,实验室致力于纳米材料及其在信息器件和能源器件中应用的基础和应用基础研究,取得了一系列具有国际前沿水平的成果,曾四次荣获"中国十大科技进展/新闻",并于2008年荣获国家自然科技二等奖。

　　1991年,美国斯坦福大学在氮化硅-氧化硅-硅结构上得到了点径为75nm的存储。1993年,美国得克萨斯大学在光导材料上得到了点径为40nm的存储。1995年,日本电气公司在无机有机玻璃材料上把点径缩小到10nm。1996年,日本佳能公司在一种有机薄膜上得到10nm的信息存储点径;北京真空物理开放实验室在有机复合电荷转移体系上将点径缩小到1.3nm。1998年,日本在光导材料上将点径缩小到6nm;北京大学获得了点径为6nm的坑存储材料;北京真空物理开放实验室获得0.8nm的有机单体材料。1999年,北京真空物理开放实验室将点径缩小到0.7nm。2000年,北京真空物理开放实验室将点径缩小到0.6nm,并实现了擦除。中国科学院北京真空物理开放实验室高鸿钧研究员领导的小组在世界上率先研制出了信息存储密度最高的材料。

参 考 文 献

1　金石.透视"彩色光盘".光盘技术,2001年02期.

2　李铭.CD-R介质绿盘与金盘之争.缩微技术,1998年04期.

3　李军,陈萍.有机光存储材料及其进展.功能材料,1996-1.

4　姚华文,陈仲裕.作为光存储材料的有机光致聚合物材料研究进展.物理学进展,2001年4期.

5　钟少锋,涂海洋.有机光存储材料二芳乙烯化合物研究的发展.感光科学与光化学,2003年3期.

6　李瑛,谢明贵.有机光致变色存储材料进展.功能材料,1998,29(2),113-120.

7　周莹,袁筱先.新一代无机相变光存储材料研究进展.信息记录材料,2005(03).

8　田君,尹敬群,王晓非.稀土电子俘获光存储材料研究进展.信息记录材料,2005年4期.

9　王欣姿,王永生,孙力,孟宪国.电子俘获光存储材料的最新研究进展.光电子技术与信息,2005(2).

10　孙力,王永生.电子俘获得光存储材料的研究进展.激光与红外,2005年4期.

11　朱裕生,孙维平.光存储材料的发展.信息记录材料,2005,(1).

12　刘学东,蒲守智,张复实.有机近场存储材料的合成及其应用.中国激光,2004,31(12):1460-1464.

13　从LD到IID-DVD:光存储发展史.http://forum.51stor.net/read-htm-tid-1399.html.

14　光盘.http://baike.baidu.com/view/5103.htm.

15　CD-R读写机理.http://post.baidu.com/f? kz=35322680.

16　光存储.http://baike.baidu.com/view/983913.htm.

17　有机超高密度信息存储材料是下一代电子器件的重要发展方向.http://www.nsfc.gov.cn/nsfc/desktop/jbo.aspx@infoid=3318&moduleid=470.htm.

第 **6** 讲

集成电路、芯片及其发展历史

6.1　集成电路与芯片

1. 集成电路

集成电路(integrated circuit)是一种微型电子器件或部件。采用一定的工艺,把一个电路中所需的晶体管、二极管、电阻、电容和电感等元件及布线互连一起,制作在一小块或几小块半导体晶片或介质基片上,然后封装在一个管壳内,成为具有所需电路功能的微型结构;其中所有元件在结构上已组成一个整体,这样,整个电路的体积大大缩小,且引出线和焊接点的数目也大为减少,从而使电子元件向着微小型化、低功耗和高可靠性方面迈进了一大步。

集成电路具有体积小,重量轻,引出线和焊接点少,寿命长,可靠性高,性能好等优点,同时成本低,便于大规模生产。它不仅在工、民用电子设备如收录机、电视机、计算机等方面得到广泛的应用,同时在军事、通信、遥控等方面也得到广泛的应用。用集成电路来装配电子设备,其装配密度比晶体管可提高几十倍至几千倍,设备的稳定工作时间也可大大提高,参见图 6-1。

图 6-1　集成电路

2. 芯片

芯片是计算机基本的电路元件的载体,也就是说,计算机中的许许多多半导体晶体管、电阻、电容等元件都得装在芯片上面,形成集成电路。它的功能是对输入的信息进行加工。芯片尺寸越小,计算机的体积就越小,装置的晶体管等元件越多,计算机的功能就越先进。举例说吧,20 世纪 70 年代初出现的第四代计算机中,一片几平方毫米大的芯片上可以容纳100 个以上的电路或 1000 多个以上的晶体管。这就是大规模集成电路。20 世纪 70 年代中期,又出现了超大规模集成电路,即在一粒米大小的芯片上有 32 000 个电路。20 世纪 80 年代初,又进一步包含了 156 000 个晶体管,从而使计算机得以成为真正的微计算机。

电子产品，如计算机、智能系统、电视、DVD、移动通信工具中的"芯片"就像是人的"大脑"。芯片设计简单地讲就是设计出符合自己应用需要的电路，将非常复杂的电路集成在一枚很小的芯片上。百万门级的芯片意味着这个芯片可以视为高端芯片，是逻辑功能强大的标志。

"芯片"通常分为三大类。第一类是 CPU 芯片，就是指计算机内部对数据进行处理和控制的部件，也是各种数字化智能设备的"主脑"。第二类是存储芯片，主要是用于记录电子产品中的各种格式的数据。第三类是数字多媒体芯片，数码相机、手机铃声就是通过此类芯片实现的。20 世纪 90 年代直径只有一根头发 1/300 粗细的芯片，而它能容纳 6000 打印页的信息。

3. 半导体材料及芯片的历史

（1）第一代半导体材料是硅，目前仍然是最主要的半导体器件材料。但是硅材料带隙（禁带）较窄和击穿电场较低等物理属性的特点限制了其在光电子领域和高频高功率器件方面的应用。

（2）第二代半导体材料是砷化镓（GaAs）和磷化铟（InP）。20 世纪 90 年代以来，随着无线通信的飞速发展和以光纤通信为基础的信息高速公路与互联网的兴起，第二代半导体材料崭露头角，目前 GaAs 几乎垄断了手机制造中的功放器件市场。

（3）第三代半导体材料是以 GaN（氮化镓）材料 P 型掺杂的突破为起点，以高亮度蓝光发光二极管（LED）和蓝光激光器研制成功为标志的。GaN（氮化镓）半导体材料的商业应用研究开始于 1970 年，其在高频和高温条件下能够激发蓝光的独特性质，从一开始就吸引了半导体开发人员的极大兴趣。但是 GaN 的生产技术和器件制造工艺直到近几年才取得了商业应用的实质进步和突破。氮化镓在电流通过时可发出较强蓝光，在加入适量铟元素后还可改变其发光颜色，使之可用于照明。利用其制成可于照明芯片。

4. 集成电路的分类

1）按功能结构分类

集成电路按其功能、结构的不同，可以分为模拟集成电路和数字集成电路两大类。模拟集成电路用来产生、放大和处理各种模拟信号（例如半导体收音机的音频信号、录放机的磁带信号等），而数字集成电路用来产生、放大和处理各种数字信号（指在时间上和幅度上离散取值的信号。例如 VCD、DVD 重放的音频信号和视频信号）。

2）按制作工艺分类

集成电路按制作工艺可分为半导体集成电路和薄膜集成电路。膜集成电路又分类厚膜集成电路和薄膜集成电路。

3）按集成度高低分类

集成电路按集成度高低的不同可分为小规模集成电路、中规模集成电路、大规模集成电路和超大规模集成电路。

4）按导电类型不同分类

集成电路按导电类型可分为双极型集成电路和单极型集成电路。双极型集成电路的制作工艺复杂，功耗较大，代表集成电路有 TTL、ECL、HTL、LST-TL、STTL 等类型。单极型集成电路的制作工艺简单，功耗也较低，易于制成大规模集成电路，代表集成电路有 CMOS、NMOS、PMOS 等类型。

5）按用途分类

集成电路按用途可分为电视机用集成电路、音响用集成电路、影碟机用集成电路、录像机用集成电路、计算机（微机）用集成电路、电子琴用集成电路、通信用集成电路、照相机用集成电路、遥控集成电路、语言集成电路、报警器用集成电路及各种专用集成电路。

6）按大小分

有小规模集成电路，大规模集成电路，超大规模集成电路。

5. 摩尔定律

摩尔在 1965 年指出，芯片中的晶体管和电阻器的数量每年会翻番，原因是工程师可以不断缩小晶体管的体积。这就意味着，半导体的性能与容量将以指数级数增长，并且这种增长趋势将继续延续下去。1975 年，摩尔又修正了摩尔定律，他认为，每隔 18 个月，晶体管的数量将翻番。当时，芯片上的元件大约只有 60 种，而现在，英特尔最新的 Itanium 芯片上有 17 亿个硅晶体管。

尽管很多分析师与企业的官员已经放言摩尔定律将过时，但它可能仍然发挥作用。惠普实验室的 Stan Williams 与 Phil Kuekes 认为，到 2010 年，晶体管的收缩将成为一个问题。因此，厂商需要找到新的替代材料，比如惠普的交叉开关（crossbar switches）。而英特尔的科技战略部主任 Paolo Gargini 则宣称，到 2015 年，制造商们才开始转向混合芯片（hybrid chips），比如结合了传统晶体管元素与新出现材料，比如纳米线芯片。到 2020 年，新型芯片才会完全投入使用。

从理论的角度讲，硅晶体管还能够继续缩小，直到 4nm 级别生产工艺出现为止，时间可能在 2023 年左右。到那个时候，由于控制电流的晶体管门（transistor gate）以及氧化栅极（gate oxide）距离将非常贴近，因此，将发生电子漂移现象（electrons drift）。如果发生这种情况，晶体管会失去可靠性，原因是晶体管会由此无法控制电子的进出，从而无法制造出 1 和 0 出来。

如果替代晶体管的材料永远找不到，摩尔定律便会失效。如果替代材料出现了，那么类似摩尔定律的规律将仍然有效。

6.2　CPU 的结构

1. CPU

CPU 是中央处理单元（central processing Unit）的缩写，它可以被简称做微处理器（microprocessor），也有人称其为处理器（processor）。CPU 是计算机的核心，和大脑更相似，因为它负责处理、运算计算机内部的所有数据，而主板芯片组则更像是心脏，它控制着数据的交换。CPU 的种类决定了使用的操作系统和相应的软件。CPU 主要由运算器、控制器、寄存器组和内部总线等构成，是 PC 的核心，再配上储存器、输入输出接口和系统总线组成为完整的 PC,参见图 6-2。

2. CPU 新技术

1) Core(酷睿)

英特尔 2006 年 7 月份将推出的是 65nm 的"Merom 用于移动计算机 T","Conroe 用于桌面计算机 E","Woodcrest 用于服务器 XEON ITANIUM"双内核处理。Core 是英特尔最新的一种处理器微架构,参见图 6-3。

图 6-2 CPU

图 6-3 Core(酷睿)

Core 微架构是由 Intel 位于以色列海法的研发团队负责设计的,而 Intel 最新的 X86 微架构 Yonah 同样出自该设计团队之手,事实上,可以说 Core 微架构是在 Yonah 微架构基础之上改进而来的。Core 微架构拥有双核心、64 位指令集、4 发射的超标量体系结构和乱序执行机制等技术,使用 65nm 制造工艺生产,支持 36 位的物理寻址和 48 位的虚拟内存寻址,支持包括 SSE4 在内的 Intel 所有扩展指令集。而且它采取共享式二级缓存设计,2 个核心共享 4MB 或 2MB 的二级缓存。

（1）缩短后的 14 级流水线:基于 Core 核心的 Conroe 处理器的流水线从 Prescott 核心的 31 级缩短为 14 级,与目前的 Pentium M 相当。大幅度缩短后的流水线,虽然频率提升潜力会有所下降,但这使得延迟时间大大减低,效率也高得多。

（2）超强的四组指令编译器:Core 微架构的最大变化之一,就是采用了四组指令编译器,也就是四组解码单元。这四组解码单元由三组简单解码单元(simple decoder)与一组复杂解码单元(complex decoder)组成。

（3）更强大的内存 I/O 能力:Core 微架构采用大容量的共享式二级缓存。这种设计不仅减少了缓存访问延迟,提高了缓存的利用率,而且还可以使单个核心享用完全的 4MB 缓存。一级缓存和二级缓存的总线位宽都是 256b,从而可以给核心提供最大的存储带宽。这些都有效地提高了系统的内存 I/O 能力。

（4）改善的智能电源管理能力:Core 微架构具有智能电源管理能力(intelligent power capability),在处理器内各功能单元并非随时保持启动状态,而是根据预测机制,仅启动需要的功能单元。在 Core 微架构上,新采用的分离式总线(split buses)、数字热感应器(digital thermal sensor)以及平台环境控制接口(platform environment control interface)等技术将带来明显的省电效果,这将大大降低功耗。

2) Nehalem(迅驰)

2008 年 1 月 8 日,英特尔公司发布了首批基于英特尔 Nehalem(迅驰)处理器技术笔记本上的 45nm 处理器,参见图 6-4。

图 6-4　Nehalem(迅驰)

Nehalem 是用于服务器的双路 CPU。Nehalem 是 4 核心、8 线程、64b、4 超标量发射、乱序执行的 CPU,有 16 级流水线、48b 虚拟寻址和 40b 物理寻址。Nehalem 还是基本建立在 Core 微架构(Core Microarchitecture)的骨架上,外加增添了 SMT、3 层 Cache、TLB 和分支预测的等级化、IMC、QPI 和支持 DDR3 等技术。比起从 Pentium 4 的 NetBurst 架构到 Core 微架构的较大变化来说,从 Core 微架到 Nehalem 架构的基本核心部分的变化则要小一些,因为 Nehalem 还是 4 指令宽度的解码/重命名/撤销。

(1) QPI 总线技术:Nehalem 使用的 QPI 总线是基于数据包传输(packet-based)、高带宽、低延迟的点对点互连技术(point to point interconnect),速度达到 6.4GT/s(每秒可以传输 6.4 吉次数据)。

(2) IMC:Nehalem 的 IMC(integrated memory controller,整合内存控制器),可以支持 3 通道的 DDR3 内存,运行在 1.33GT/s(DDR3-1333),这样总共的峰值带宽就可以达到 32GB/s(3×64b×1.33GT/s÷8)。

(3) SMT:Nehalem 的同步多线程(Simultaneous Multi-Threading,SMT)是 2-way 的,每核心可以同时执行 2 个线程。

(4) 前端部分(指令拾取和解码):在 Nehalem 的指令拾取单元(instruction fetch unit)中包含有相关指令指针(relative instruction point,RIP),每个线程状态(thread context)各有一个。Nehalem 都有 4 个解码器,一个复杂解码器和 3 个简单解码器。

(5) 乱序引擎和执行部分(Out-of-Order Engine and Execution Units):Nehalem 的乱序引擎显著地扩大了,除了性能原因,还有就是为了提供 SMT,因为 SMT 需要资源共享。

(6) 缓存结构:Nehalem 可以同时运行的读取和存储量增加了 50%,读取缓冲由 32 项增加到了 48 项,而存储缓冲由 20 项增加到了 32 项(增量还略多于 50%)。

(7) TLB 虚拟化性能:Nehalem 则建立起了真正意义上的两级 TLB 体系,可以动态分配给 SMT 的活跃线程状态(thread context)。

在 Core 和 Nehalem 架构之后,新的 Gesher 将会于 2010 年问世。

6.3　集成电路发展历史

1947 年:贝尔实验室肖特莱等人发明了晶体管,这是微电子技术发展中第一个里程碑。

1950 年:结型晶体管诞生。

1950 年:R.Ohl 和肖特莱发明了离子注入工艺。

1951 年:场效应晶体管发明。

1956 年:C.S.Fuller 发明了扩散工艺。

1958 年:仙童公司 Robert Noyce 与德仪公司基尔比间隔数月分别发明了集成电路,开创了世界微电子学的历史。

1960 年:H.H.Loor 和 E.Castellani 发明了光刻工艺。

1962 年：美国 RCA 公司研制出 MOS 场效应晶体管。

1963 年：F. M. Wanlass 和 C. T. Sah 首次提出 CMOS 技术，今天，95％以上的集成电路芯片都是基于 CMOS 工艺。

1964 年：Intel 摩尔提出摩尔定律，预测晶体管集成度将会每 18 个月增加 1 倍。

1966 年：美国 RCA 公司研制出 CMOS 集成电路，并研制出第一块门阵列（50 门）。

1967 年：应用材料公司（Applied Materials）成立，现已成为全球最大的半导体设备制造公司。

1971 年：Intel 推出 1Kb 动态随机存储器（DRAM），标志着大规模集成电路出现。

1971 年：全球第一个微处理器 4004 由 Intel 公司推出，采用的是 MOS 工艺，这是一个里程碑式的发明。

1974 年：RCA 公司推出第一个 CMOS 微处理器 1802。

1976 年：16Kb DRAM 和 4Kb SRAM 问世。

1978 年：64Kb 动态随机存储器诞生，不足 $0.5\,\text{cm}^2$ 的硅片上集成了 14 万个晶体管，标志着超大规模集成电路（VLSI）时代的来临。

1979 年：Intel 推出 5MHz 8088 微处理器，之后，IBM 基于 8088 推出全球第一台 PC。

1981 年：256Kb DRAM 和 64Kb CMOS SRAM 问世。

1984 年：日本宣布推出 1Mb DRAM 和 256kb SRAM。

1985 年：80386 微处理器问世，20MHz。

1988 年：16M DRAM 问世，$1\,\text{cm}^2$ 大小的硅片上集成有 3500 万个晶体管，标志着进入超大规模集成电路（ULSI）阶段。

1989 年：1Mb DRAM 进入市场。

1989 年：486 微处理器推出，25MHz，$1\mu\text{m}$ 工艺，后来 50MHz 芯片采用 $0.8\mu\text{m}$ 工艺。

1992 年：64M 位随机存储器问世。

1993 年：66MHz 奔腾处理器推出，采用 $0.6\mu\text{m}$ 工艺。

1995 年：Pentium Pro，133MHz，采用 $0.6\sim0.35\mu\text{m}$ 工艺。

1997 年：300MHz 奔腾Ⅱ问世，采用 $0.25\mu\text{m}$ 工艺。

1999 年：奔腾Ⅲ问世，450MHz，采用 $0.25\mu\text{m}$ 工艺，后采用 $0.18\mu\text{m}$ 工艺。

2000 年：1Gb RAM 投放市场。

2000 年：奔腾 4 问世，1.5GHz，采用 $0.18\mu\text{m}$ 工艺。

2001 年：Intel 宣布 2001 年下半年采用 $0.13\mu\text{m}$ 工艺。

6.4　我国集成电路发展史

我国集成电路产业诞生于 20 世纪 60 年代，共经历了三个发展阶段。

（1）第一阶段（1965—1978 年）：以计算机和军工配套为目标，以开发逻辑电路为主要产品，初步建立集成电路工业基础及相关设备、仪器、材料的配套条件。

（2）第二阶段（1978—1990 年）：主要引进美国二手设备，改善集成电路装备水平，在"治散治乱"的同时，以消费类整机作为配套重点，较好地解决了彩电集成电路的国产化。

（3）第三阶段（1990—2000 年）：以 908 工程、909 工程为重点，以 CAD 为突破口，抓好科技攻关和北方科研开发基地的建设,为信息产业服务,集成电路行业取得了新的发展。

背 景 材 料

1. 英特尔公司

全球最大的半导体芯片制造商,英特尔公司(Intel Corporation),成立于1968年,总部位于美国加利福利亚州圣克拉拉。由罗伯特·诺宜斯、高登·摩尔、安迪·葛洛夫,以集成电路之名(integrated electronics)共同创办 Intel 公司。现董事长是克雷格·贝瑞特(见图 6-5),总裁兼执行长为保罗·欧德宁。

1971年,英特尔推出了全球第一个微处理器。这一举措不仅改变了公司的未来,而且对整个工业产生了深远的影响。微处理器所带来的计算机和互联网革命,改变了整个世界。

1955年,"晶体管之父"威廉·肖克利,离开贝尔实验室创建肖克利半导体实验室并吸引了许多才华年轻科学家加入,但很快,肖克利的管理方法和怪异行为引起员工的不满。其中被肖克利称为八叛逆的罗伯特·诺宜斯、高登·摩尔、朱利亚斯·布兰克、尤金·克莱尔、金·赫尔尼、杰·拉斯特、谢尔顿·罗伯茨和维克多·格里尼克,联

图 6-5　英特尔首席执行官
克雷格·贝瑞特

合辞职并于1957年10月共同创办了仙童半导体公司。安迪·葛洛夫于1963年在高登·摩尔的邀请下加入了仙童半导体公司。

由于仙童半导体快速发展,导致内部组织管理与产品问题日亦失衡。1968年7月仙童半导体其中两位共同创办人罗伯特·诺宜斯、高登·摩尔请辞,并于7月16日,以集成电路之名(integrated electronics)共同创办 Intel 公司。而安迪·葛洛夫也志愿跟随高登·摩尔的脚步,成为英特尔公司第3位员工。

2005年1月,在达沃斯召开的"世界经济论坛"上,英特尔被评为"全球 Top 100 最具持续性发展的企业"之一。2006年英特尔全球年收入为354亿美元,英特尔2007年的销售收入为380亿美元。英特尔2008年的销售收入为376亿美元。

2. AMD 公司

AMD(超威半导体)是一家业务遍及全球的集成电路供应商,成立于1969年,总部位于加利福尼亚州桑尼维尔。AMD 公司专门为计算机、通信和消费电子行业设计和制造各种创新的微处理器、闪存和低功率处理器解决方案。

AMD 在全球各地设有业务机构,在美国、中国、德国、日本、马来西亚、新加坡和泰国设有制造工厂,并在全球各大主要城市设有销售办事处,拥有超过1.6万名员工。2005年 AMD 销售额是58亿美元。2007年 AMD 年收入60亿美元 AMD 有超过70%的收入都来自于国际市场,是一家真正意义上的跨国公司。

迄今为止,全球已经有超过 2000 家软硬件开发商、OEM 厂商和分销商宣布支持 AMD64 位技术。在福布斯全球 2000 强中排名前 100 位的公司中,75% 以上在使用基于 AMD 皓龙™ 处理器的系统运行企业应用,且性能获得大幅提高。

参 考 文 献

1 集成电路. http://baike.baidu.com/view/1355.htm.
2 英特尔简介. http://it.sohu.com/20060426/n243010934.shtml.
3 英特尔公司简介. http://tech.QQ.com,2008 年 6 月 13 日.
4 http://tech.sina.com.cn/focus/AMD_Ruiz/.
5 集成电路. http://iask.sina.com.cn/b/2250235.html.
6 什么是半导体芯片. http://www.cs.com.cn/ssgs/02/t20040402_51747.htm.
7 CPU 的功能和结构. http://www.cdrtvu.com/media_file/2005_09_14/20050914213207.doc.
8 半导体芯片. http://iask.sina.com.cn/.
9 什么是芯片. http://hi.baidu.com/xuxuon/blog/item/f9d2e201e527acd3267fb5e4.html.

第 7 讲

芯片设计与制造

7.1 SoC

集成电路现已进入深亚微米阶段。由于信息市场的需求和微电子自身的发展,引发了以微细加工(集成电路特征尺寸不断缩小)为主要特征的多种工艺集成技术和面向应用的系统级芯片的发展。随着半导体产业进入超深亚微米乃至纳米加工时代,在单一集成电路芯片上就可以实现一个复杂的电子系统,诸如手机芯片、数字电视芯片、DVD 芯片等。在未来几年内,上亿个晶体管、几千万个逻辑门都可望在单一芯片上实现。

SoC(System-on-Chip)设计技术始于 20 世纪 90 年代中期,随着半导体工艺技术的发展,IC 设计者能够将愈来愈复杂的功能集成到单硅片上,SoC 正是在集成电路(IC)向集成系统(IS)转变的大方向下产生的。由于 SoC 可以充分利用已有的设计积累,显著地提高了 ASIC 的设计能力,因此发展非常迅速,引起了工业界和学术界的关注。SOC 是集成电路发展的必然趋势。

1. SoC 基本概念

SoC 的定义多种多样,很难给出准确定义。一般说来,SoC 称为系统级芯片,也称片上系统,意指它是一个产品,是一个有专用目标的集成电路,其中包含完整系统并有嵌入软件的全部内容。同时它又是一种技术,用以实现从确定系统功能开始,到软/硬件划分,并完成设计的整个过程。从狭义角度讲,它是信息系统核心的芯片集成,是将系统关键部件集成在一块芯片上;从广义角度讲,SoC 是一个微小型系统,如果说中央处理器(CPU)是大脑,那么 SoC 就是包括大脑、心脏、眼睛和手的系统。国内外学术界一般倾向将 SoC 定义为将微处理器、模拟 IP 核、数字 IP 核和存储器(或片外存储控制接口)集成在单一芯片上,它通常是客户定制的,或是面向特定用途的标准产品。

20 世纪 90 年代中期,因使用 ASIC 实现芯片组受到启发,萌生应该将完整计算机所有不同的功能块一次直接集成于一颗硅片上的想法。这种芯片,初始起名叫 System on a Chip(SoC),直译的中文名是系统级芯片。

SoC 定义的基本内容主要表现在两方面:其一是它的构成,其二是它形成过程。系统级芯片的构成可以是系统级芯片控制逻辑模块、微处理器/微控制器 CPU 内核模块、数字信号处理器 DSP 模块、嵌入的存储器模块、和外部进行通信的接口模块、含有 ADC/DAC 的模拟前端模块、电源提供和功耗管理模块，对于一个无线 SoC 还有射频前端模块、用户定义逻辑(它可以由 FPGA 或 ASIC 实现)以及微电子机械模块，更重要的是一个 SoC 芯片内嵌有基本软件(RDOS 或 COS 以及其他应用软件)模块或可载入的用户软件等。系统级芯片形成或产生过程包含以下三个方面：

(1) 基于单片集成系统的软硬件协同设计和验证；

(2) 再利用逻辑面积技术使用和产能占有比例有效提高即开发和研究 IP 核生成及复用技术，特别是大容量的存储模块嵌入的重复应用等；

(3) 超深亚微米(UDSM)、纳米集成电路的设计理论和技术。

2. SoC 设计的关键技术

具体地说，SoC 设计的关键技术主要包括总线架构技术、IP 核可复用技术、软硬件协同设计技术、SoC 验证技术、可测性设计技术、低功耗设计技术、超深亚微米电路实现技术等，此外还要做嵌入式软件移植、开发研究，是一门跨学科的新兴研究领域。

用 SoC 技术设计系统芯片，一般先要进行软硬件划分，将设计基本分为两部分：芯片硬件设计和软件协同设计。芯片硬件设计包括：

(1) 功能设计阶段。设计产品的应用场合，设定一些诸如功能、操作速度、接口规格、环境温度及消耗功率等规格，以作为将来电路设计时的依据。更可进一步规划软件模块及硬件模块该如何划分，哪些功能该整合于 SOC 内，哪些功能可以设计在电路板上。

(2) 设计描述和行为级验证。设计完成后，可以依据功能将 SOC 划分为若干功能模块，并决定实现这些功能将要使用的 IP 核。此阶段将接影响了 SOC 内部的架构及各模块间互动的信号，及未来产品的可靠性。决定模块之后，可以用 VHDL 或 Verilog 等硬件描述语言实现各模块的设计。接着，利用 VHDL 或 Verilog 的电路仿真器，对设计进行功能验证(function simulation，或行为验证 behavioral simulation)。注意，这种功能仿真没有考虑电路实际的延迟，但无法获得精确的结果。

(3) 逻辑综合。确定设计描述正确后，可以使用逻辑综合工具(synthesizer)进行综合。综合过程中，需要选择适当的逻辑器件库(logic cell library)，作为合成逻辑电路时的参考依据。硬件语言设计描述文件的编写风格是决定综合工具执行效率的一个重要因素。事实上，综合工具支持的 HDL 语法均是有限的，一些过于抽象的语法只适于作为系统评估时的仿真模型，而不能被综合工具接受。逻辑综合得到门级网表。

(4) 门级验证(gate-level verification)。门级功能验证是寄存器传输级验证。主要的工作是要确认经综合后的电路是否符合功能需求，该工作一般利用门电路级验证工具完成。注意，此阶段仿真需要考虑门电路的延迟。

(5) 布局和布线。布局指将设计好的功能模块合理地安排在芯片上，规划好它们的位置。布线则指完成各模块之间互连的连线。注意，各模块之间的连线通常比较长，因此，产生的延迟会严重影响 SOC 的性能，尤其在 0.25 微米制程以上，这种现象更为显著。

3. SoC 的发展趋势及存在问题

当前芯片设计业正面临着一系列的挑战，系统芯片 SoC 已经成为 IC 设计业界的焦点，

SoC 性能越来越强,规模越来越大。SoC 芯片的规模一般远大于普通的 ASIC,同时由于深亚微米工艺带来的设计困难等,使得 SoC 设计的复杂度大大提高。在 SoC 设计中,仿真与验证是 SoC 设计流程中最复杂、最耗时的环节,约占整个芯片开发周期的 $50\% \sim 80\%$,采用先进的设计与仿真验证方法成为 SoC 设计成功的关键。SoC 技术的发展趋势是基于 SoC 开发平台,基于平台的设计是一种可以达到最大限度系统重用的面向集成的设计方法,分享 IP 核开发与系统集成成果,不断重整价值链,在关注面积、延迟、功耗的基础上,向成品率、可靠性、EMI 噪声、成本、易用性等转移,使系统级集成能力快速发展。

7.2 CMOS

CMOS(complementary metal oxide semiconductor),指互补金属氧化物(PMOS 管和 NMOS 管)共同构成的互补型 MOS 集成电路制造工艺,它的特点是低功耗。由于 CMOS 中一对 MOS 组成的门电路在瞬间看,要么 PMOS 导通,要么 NMOS 导通,要么都截至,比线性的三极管(BJT)效率要高得多,因此功耗很低。

在计算机领域,CMOS 常指保存计算机基本启动信息(如日期、时间、启动设置等)的芯片。有时人们会把 CMOS 和 BIOS 混称,其实 CMOS 是主板上的一块可读写的 RAM 芯片,是用来保存 BIOS 的硬件配置和用户对某些参数的设定。CMOS 可由主板的电池供电,即使系统掉电,信息也不会丢失。CMOS RAM 本身只是一块存储器,只有数据保存功能。而对 BIOS 中各项参数的设定要通过专门的程序。BIOS 设置程序一般都被厂商整合在芯片中,在开机时通过特定的按键就可进入 BIOS 设置程序,方便地对系统进行设置。因此 BIOS 设置有时也被叫做 CMOS 设置。

早期的 CMOS 是一块单独的芯片 MC146818A(DIP 封装),共有 64 个字节存放系统信息。386 以后的微机一般将 MC146818A 芯片集成到其他 IC 芯片中(如 82C206,PQFP 封装),586 以后主板上更是将 CMOS 与系统实时时钟和后备电池集成到一块叫做 DALLDA DS1287 的芯片中。随着微机的发展、可设置参数的增多,现在的 CMOS RAM 一般都有 128 字节及至 256 字节的容量。为保持兼容性,各 BIOS 厂商都将自己的 BIOS 中关于 CMOS RAM 的前 64 字节内容的设置统一与 MC146818A 的 CMOS RAM 格式一致,而在扩展出来的部分加入自己的特殊设置,所以不同厂家的 BIOS 芯片一般不能互换,即使是能互换的,互换后也要对 CMOS 信息重新设置以确保系统正常运行。

在今日,CMOS 制造工艺也被应用于制作数码影像器材的感光元件,尤其是片幅规格较大的单反数码相机。虽然在用途上与过去 CMOS 电路主要作为固件或计算工具的用途非常不同,但基本上它仍然是采取 CMOS 的工艺,只是将纯粹逻辑运算的功能转变成接收外界光线后转化为电能,再透过芯片上的数码一类比转换器(ADC)将获得的影像信号转变为数码信号输出。

7.3 芯片的封装技术

所谓封装就是指安装半导体集成电路芯片用的外壳,它不仅起着安放、固定、密封、保持芯片和增强电热性能的作用,而且芯片上的接点用导线连接到封装外壳的引脚上,这些引脚又通过印制板上的导线与其他器件建立连接,从而实现内部芯片与外部电路的连接。因为芯片必须与外界隔离,以防止空气中的杂质对芯片电路的腐蚀而造成电气性能下降。另一方面,封装后的芯片也更便于安装和运输。由于封装技术的好坏还直接影响到芯片自身性能的发挥和与之连接的 PCB(印制电路板)的设计和制造,因此它是至关重要的。因此,封装对 CPU 以及其他芯片都有着重要的作用。

封装时主要考虑的因素:

- 芯片面积与封装面积之比为提高封装效率,尽量接近 1∶1。
- 引脚要尽量短以减少延迟,引脚间的距离尽量远,以保证互不干扰,提高性能。
- 基于散热的要求,封装越薄越好。

下面是一些比较有代表性的封装技术:

1. CPU 的封装方式

1) 早期 CPU 封装方式

CPU 封装方式可追溯到 8088 时代,这一代的 CPU 采用的是 DIP(DualIn-line Package)双列直插式封装,参见图 7-1。而 80286、80386CPU 则采用了 QFP(Plastic Quad Flat Package)塑料方型扁平式封装和 PFP(Plastic Flat Package)塑料扁平组件式封装,参见图 7-2。

图 7-1 早期内存条　　　　　　　　　　图 7-2 80286 CPU

2) PGA(Pin Grid Array)引脚网格阵列封装

PGA 封装也叫插针网格阵列封装技术(Ceramic Pin Grid Arrau Package),在芯片下方围着多层方阵形的插针,每个方阵形插针是沿芯片的四周,间隔一定距离进行排列的,根据管脚数目的多少,可以围成 2～5 圈,参见图 7-3。

3) SEEC(单边接插卡盒)封装

SEEC 是 Single Edge Contact Cartridge 缩写,是单边接触卡盒的缩写。为了与主板连接,处理器被插入一个插槽。它不使用针脚,而是使用"金手指"触点,处理器使用这些触点来传递信号。SECC 被一个金属壳覆盖,这个壳覆盖了整个卡盒组件的顶端。卡盒的背面是一个热材料镀层,充当了散热器。SECC 内部,大多数处理器有一个被称为基体的印刷电路板连接起处理器、二级高速缓存和总线终止电路,参见图 7-4。

2. 内存芯片封装方式

内存颗粒的封装方式最常见的有 SOJ、Tiny-BGA、BLP 等封装,而未来趋势则将向 CSP 发展。

图 7-3　486 CPU　　　　　　　　　　　　　　图 7-4　奔腾Ⅱ

1) SOJ(Small Out-Line J-Lead)小尺寸 J 形引脚封装

SOJ 封装方式是指内存芯片的两边有一排小的 J 形引脚,直接黏着在印刷电路板的表面上。它是一种表面装配的打孔封装技术,针脚的形状就像字母 J,由此而得名。SOJ 封装一般应用在 EDO DRAM,参见图 7-5。

2) Tiny-BGA(Tiny Ball Grid Array)小型球栅阵列封装

属于是 BGA 封装技术的一个分支,是 Kingmax 公司于 1998 年 8 月开发成功的,其芯片面积与封装面积之比不小于 1∶1.14,可以在体积不变的情况下使内存容量提高 2～3 倍。

3) BLP(Bottom Lead Package)底部引交封装

樵风(ALUKA)金条的内存颗粒采用特殊的 BLP 封装方式,该封装技术在传统封装技术的基础上采用一种逆向电路,由底部直接伸出引脚,参见图 7-6。

图 7-5　EDO 内存条　　　　　　　　　　　图 7-6　樵风内存条

3. 芯片组的封装方式

芯片组的南北桥芯片、显示芯片以及声道芯片等,主要采用的封装方式是 BGA 或 PQFP 封装。

1) BGA(Ball Grid Array)球状矩阵排列封装

BGA 封装的 I/O 端子以圆形或柱状焊点按阵列形式分布在封装下面,参见图 7-7。

2) PQFP(Plastic Quad Flat Package)塑料方型扁平式封装

PQFP 封装的芯片的四周均有引脚,其引脚数一般都在 100 以上,而且引脚之间距离很小,管脚也很细,一般大规模或超大规模集成电路采用这种封装形式。用这种形式封装的芯片必须采用 SMD(表面安装设备技术)将芯片边上的引脚与主板焊接起来,参见图 7-8。

图 7-7　PT880 芯片

图 7-8　VT6421 芯片

7.4　国内芯片设计制造的研究现状

　　龙芯(英语：Loongson,旧称 GODSON)是中国科学院计算所自主开发的通用 CPU,采用简单指令集,类似于 MIPS 指令集。第一型的速度是 266MHz,最早在 2002 年开始使用。龙芯 2 号速度最高为 1GHz。龙芯 3 号还未有成品,而设计的目标则在多核心的设计。目前中科院有研发以龙芯为处理器的超级计算机计划。国产 CPU,2002 年 8 月 10 日,首片龙芯 1 号芯片 X1A50 流片成功。龙芯最初的英文名字是 Godson,后来正式注册的英文名为 loongson。龙芯 CPU 由中国科学院计算技术所龙芯课题组研制。

　　龙芯一号 CPU IP 核是兼顾通用及嵌入式 CPU 特点的 32 位处理器内核,采用类 MIPS III 指令集,具有七级流水线、32 位整数单元和 64 位浮点单元。龙芯一号 CPU IP 核具有高度灵活的可配置性,方便集成的各种标准接口。

　　龙芯二号 CPU 采用先进的四发射超标量超流水结构,片内一级指令和数据高速缓存各 64KB,片外二级高速缓存最多可达 8MB,最高频率为 1000MHz,功耗为 3～5 瓦,远远低于国外同类芯片,其 SPEC CPU2000 测试程序的实测性能是 1.3GHz 的威盛处理器的 2~3 倍,已达到中等 Pentium 4 水平。

　　龙芯 3 号正在预研。据悉"龙芯 3 号"将是一款多核处理器,至少也是一款四核的产品,并增加专门服务于 Java 程序的协处理器,以提高 Linux 环境下 Java 程序的执行效率,指令缓存追踪技术等。"龙芯 3 号"最终将实现对内峰值每秒 500～1000 亿次的计算速度。

背 景 材 料

1. 龙芯课题组

　　龙芯课题组隶属于中国科学院计算技术研究所,成立于 2001 年,经过五年的发展,龙芯课题组不仅在处理器的研制上取得重大成果:先后研制出龙芯 1 号、龙芯 2 号和龙芯 2 号增强型处理器(简称龙芯 2E),目前正进行多核龙芯 3 号的研制。

2. 龙芯大事记

(1) 2001 年 5 月,在中科院计算所知识创新工程的支持下,龙芯课题组正式成立。

(2) 2001 年 8 月 19 日,龙芯 1 号设计与验证系统成功启动 Linux 操作系统,10 月 10 日通过由中国科学院组织的鉴定。

(3) 2002 年 8 月 10 日,首片龙芯 1 号芯片 X1A50 流片成功。

(4) 2002 年 9 月 22 日龙芯 1 号通过由中国科学院组织的鉴定。9 月 28 日举行龙芯 1 号发布会,人大常委会副委员长路甬祥、全国政协副主席周光召参加了龙芯 1 号发布会。

(5) 2003 年 10 月 17 日,龙芯 2 号首片 MZD110 流片成功。

(6) 2004 年 1 月,龙芯技术服务中心前身龙芯实验室成立。

(7) 2004 年 9 月 28 日,经过多次改进后的龙芯 2C 芯片 DXP100 流片成功。

(8) 2004 年 11 月,国务院总理温家宝视察中科院计算所听取龙芯研发情况汇报。

(9) 2005 年 2 月,国家主席胡锦涛等党和国家领导人在参观中科院建院 55 周年展览时参观了龙芯处理器展览。

(10) 2005 年 1 月 31 日举行了由中国科学院组织的龙芯 2 号鉴定会,2005 年 4 月 18 日在人民大会堂召开了由科技部、中科院和信息产业部联合举办的龙芯 2 号发布会,人大常委会副委员长顾秀莲参加了龙芯 2 号发布会。

(11) 2005 年 5 月,龙芯课题组派出骨干成员赴江苏参与组建龙芯产业化基地(龙梦科技前身)。

(12) 2006 年 3 月 18 日,龙芯 2 号增强型处理器 CZ70 流片成功,9 月 13 日通过科技部组织的鉴定,徐冠华部长亲临鉴定会现场。

(13) 2006 年 10 月,中法两国在北京签署了关于中国科学院与意法半导体公司合作研发龙芯多核处理器的框架协议,中国国家主席胡锦涛与法国总统希拉克共同出席了协议的签字仪式。

(14) 2007 年 3 月 28 日,中国科学院计算所与意法半导体公司(ST)在北京人民大会堂召开龙芯处理器技术合作及产品发布会,全国人大常委会副委员长许嘉璐、信息产业部副部长娄勤俭、中国科学院秘书长李志刚参加了会议。

参 考 文 献

1　SOC 设计流程. http://baike. baidu. com/view/1371112. htm.

2　什么是 SoC. http://www. gz112. cn,2008-4-8.

3　什么是 SoC. http://www. ic160. com/bbs/info/20071114101354. htm,2007 年 11 月 14 日.

4　CMOS. http://www. webopedia. com/TERM/C/CMOS. html .

5　CMOS. http://baike. baidu. com/view/22318. htm.

6　阿特. 浅谈芯片的封装技术. http://www. it. com. cn,2005-5-13.

7　百度. http://zhidao. baidu. com/question/469107. html? fr=qrl.

超级计算机

8.1 超级计算机概述

什么是"超级计算机"？在《计算机科学技术百科辞典》中做了如下简短的解释：具有非常高的运算速度，有非常快而容量又非常大的主存储器和辅助存储器，并充分使用并行结构软件的计算机。

通俗点讲，超级计算机是计算机中功能最强、运算速度最快、存储容量最大的一类计算机。超级计算机通常是指由数百数千甚至更多的处理器（机）组成的、能计算普通 PC 机和服务器不能完成的大型复杂课题的计算机。

8.2 超级计算机的结构

1. 超级计算机的结构

根据 Top500 的分类方法，当前超级计算机的体系结构有以下几种。

1）对称多处理（SMP）

SMP(Symmetric Multi-Processor)结构的计算机一般在单个机柜中包含两个以上处理器，各处理器完全相同，平等地访问软硬件资源，处理器间通过总线或者交叉开关相连，共享存储器，但有各自独立的 Cache。SMP 的优势在于其透明的编程模式，串行程序一般可不加修改直接运行于 SMP 之上。缺点是由于对公共内存和 I/O 的竞争，加上维护 Cache 一致性的开销，导致扩展能力有限。

2）大规模并行处理（MPP）

MPP(Massively Parallel Processing)，指在同一地点由大量处理器构成的并行计算机，一般以通用 64 位微处理器作为处理节点，多为分布存储方式，节点间通信用消息传递方式，其规模可扩展到数千节点。MPP 系统的优点是峰值速度高，并有良好的可扩展性。主要缺点是消息传递能力与节点运算能力难以匹配。

3）机群

机群（cluster）系统是互相连接的多个独立计算机的集合，cluster 是用高速互连网络连

接起来的一组微机或工作站,各节点都是独立的(有独立完整的内存和操作系统)计算机。机群系统包括下列组件:

- 高性能的计算节点机(PC、工作站或 SMP);
- 具有较强网络功能的微内核操作系统;
- 高效的网络/交换机(如 G 位以太网);
- 网卡;快速传输协议和服务;
- 中间件层;
- 并行程序设计环境与工具。

4)群聚集(Constellations)

Constellations 指以大型 SMP(处理器数目不少于 16 个)为节点构成的 Cluster,各节点间通过高速专用网络互联,也称为机群 SMP(Cluster-SMP 或 CSMP)。新近的巨型机多采用这种结构,如 IBM ASCI White 系统由 512 个节点机构成,每个节点含 16 个 Power3 处理器,节点内共享存储,节点间由交叉开关互连。

2. 超级计算机最新技术

新一代的超级计算机采用涡轮式设计,每个刀片就是一个服务器,能实现协同工作,并可根据应用需要随时增减。单个机柜的运算能力可达 460.8 千亿次/秒,理论上协作式高性能超级计算机的浮点运算速度为 100 万亿次/秒,实际高性能运算速度测试的效率高达 84.35%,是名列世界最高效率的超级计算机之一。通过先进的架构和设计,它实现了存储和运算的分开,确保用户数据、资料在软件系统更新或 CPU 升级时不受任何影响,保障了存储信息的安全,真正实现了保持长时、高效、可靠的运算并易于升级和维护的优势。

8.3 顶级超级计算机

截至 2008 年 11 月的顶级超级计算机排行见表 8-1。

表 8-1 2008 年 11 月顶级超级计算机(1~10 名)排序[①]

排　名	地　　　区	计　算　机
1	DOE/NNSA/LANL United States	Roadrunner-BladeCenter QS22/LS21 Cluster,PowerXCell 8i 3.2Ghz/Opteron DC 1.8GHz,Voltaire Infiniband,IBM
2	Oak Ridge National Laboratory United States	Jaguar-Cray XT5 QC 2.3 GHz Cray Inc.
3	NASA/Ames Research Center/NAS United States	Pleiades-SGI Altix ICE 8200EX,Xeon QC 3.0/2.66 GHz,SGI

[①] 2009 年 4 月 12 日查 http://www.top500.org/.

排　名	地　区	计　算　机
4	DOE/NNSA/LLNL United States	BlueGene/L-eServer Blue Gene Solution,IBM
5	Argonne National Laboratory United States	Blue Gene/P Solution,IBM
6	Texas Advanced Computing Center/ Univ. of Texas United States	Ranger-SunBlade x6420,Opteron QC 2.3GHz,Infiniband, Sun Microsystems
7	NERSC/LBNL United States	Franklin-Cray XT4 QuadCore 2.3GHz,Cray Inc.
8	Oak Ridge National Laboratory United States	Jaguar-Cray XT4 QuadCore 2.1GHz,Cray Inc.
9	NNSA/Sandia National Laboratories United States	Red Storm-Sandia/ Cray Red Storm,XT3/4,2.4/2.2 GHz dual/quad core,Cray Inc.
10	中国上海超级计算中心	Dawning 5000A-Dawning 5000A,QC Opteron 1.9GHz, Infiniband,Windows HPC 2008(曙光 5000)

8.4　国外大/巨型机的发展

1. 发展历史

现代巨型机经历了三个发展阶段。

（1）第一阶段，出现美国 ILLIAC-Ⅳ（1973 年）、STAR-100（1974 年）和 ASC（1972 年）等巨型机。ILLIAC-Ⅳ 机是一台采用 64 个处理单元在统一控制下进行处理的阵列机，后两台都是采用向量流水处理的向量计算机。

（2）第二阶段，1976 年研制成功的 CRAY-1 机标志着现代巨型机进入第二阶段。这台计算机设有向量、标量、地址等通用寄存器，有 12 个运算流水部件，指令控制和数据存取也都流水线化；机器主频达 80 兆赫，每秒可获得 8000 万个浮点结果；主存储器容量为 100～400 万字（每字 64 位），外存储器容量达 $10^9 \sim 10^{11}$ 字；主机柜呈圆柱形，功耗达数百千瓦；采用氟利昂冷却。图中为这种机器的逻辑结构。中国的银河亿次级巨型计算机（1983 年）也是多通用寄存器、全流水线化的巨型机。运算流水部件有 18 个，采用双向量阵列结构，主存储器容量为 200～400 万字（每字 64 位），并配有磁盘海量存储器。这些巨型机的系统结构都属于单指令流多数据流（SIMD）结构。

（3）第三阶段，20 世纪 80 年代以来，采用多处理机（多指令流多数据流 MIMD）结构、多向量阵列结构等技术的第三阶段的更高性能巨型机相继问世。例如，美国的 CRAY-XMP、CDCCYBER205，日本的 S810/10 和 20、VP/100 和 200，S×1 和 S×2 等巨型机，均采用超高速门阵列芯片烧结到多层陶瓷片上的微组装工艺，主频高达 50～160MHz 以上，最高速度有的可达每秒 5～10 亿个浮点结果，主存储器容量为 400～3200 万字（每字 64 位），外存储器容量达 1012 字以上。

2. 美国开发出全球运算速度最快的超级计算机

据 2008 年 6 月 10 日报道：美国 IBM 公司（国际商用机器公司）与美国能源部科研人员展示了他们最新开发的超级计算机"走鹃"，运算速度可达每秒 1000 万亿次，是迄今全球运算速度最快的超级计算机。如图 8-1 所显示的是 IBM 公司工程师唐·格赖斯在位于美国纽约州波基普西的工厂检查"走鹃"超级计算机。

图 8-1　超级计算机"走鹃"

"走鹃"造价 1 亿多美元，占地 $557m^2$，重 226.8T，包括 6948 个双核计算机芯片。每秒 1000 万亿次。这台超级计算机一天的计算量相当于地球上 60 亿人每周 7 天、每天 24 小时不间断用计算器算 46 年。由 IBM 公司和隶属美国能源部的洛斯阿拉莫斯国家实验室的科研人员耗时 6 年联合开发而成。它将主要用于美国核武器等政府机密研发项目，除了军事领域，"走鹃"还可以应用于民用工程和医药等诸多领域，例如用于研发生物燃料、设计高能效汽车、寻找新型药物以及为金融业提供服务等。

8.5　国内大/巨型机的发展

我国的高端计算机系统研制起步于 20 世纪 60 年代。到目前为止，大体经历了三个阶段：第一阶段，自 20 世纪 60 年代末到 20 世纪 70 年代末，主要从事大型机的并行处理技术研究；第二阶段，自 20 世纪 70 年代末至 20 世纪 80 年代末，主要从事向量机及并行处理系统的研制；第三阶段，自 20 世纪 80 年代末至今，主要从事 MPP 系统及工作站集群系统的研制。经过几十年不懈地努力，我国的高端计算机系统研制已取得了丰硕成果，"银河"、"曙光"、"神威"、"深腾"等一批国产高端计算机系统的出现，使我国继美国、日本之后，成为第三个具备研制高端计算机系统能力的国家。

最初，我国从事高端计算机系统研制只有国防科技大学等少数几家单位。1983 年，国防科技大学研制的银河 I 型亿次巨型机系统成功问世，标志着我国具备了研制高端计算机系统的能力。1994 年银河 II 在国家气象局投入正式运行，性能达每秒 10 亿次。1997 年银河 III 峰值达每秒 130 亿浮点运算。2000 年银河 IV 峰值性能达到每秒 1.0647 万亿次。

20 世纪 80 年代中期以后,国家更加重视高端计算机系统的研制和发展,在国家高技术研究发展计划(863 计划)中,专门确立了智能计算机系统主题研究。国家智能中心于 1993 年 10 月推出曙光一号,紧接着推出曙光 1000、曙光 2000、曙光 3000 和曙光 4000A。其中,曙光 4000A 峰值为 11.2Tflops。

1996 年国家并行计算机工程技术中心正式挂牌成立,开始了神威系列大规模并行计算机系统的研制。1999 年神威系列机的第一代产品——神威Ⅰ型巨型机落户北京国家气象局,系统峰值为 3840 亿次浮点运算。现已成功推出 A、P 两个系列的"新世纪"集群系统,已广泛地应用于石油、物探、生物、气象和材料分析等各个领域。

20 世纪 90 年代末联想集团加入高端计算机系统行列。2002 年深腾 1800 每秒 1.046 万亿次。2003 年联想深腾 6800 超级机群系统,峰值达 5.324Tflops。此外,1999 年由清华大学研制的"探索 108"大型群集计算机系统及高效能网络并行超级计算机 THNPSC-1 问世,每秒 300 亿次;2000 年由上海大学研制的集群式高性能计算机系统——自强 2000-SUHPCS 每秒 3 千亿次浮点运算。

1983 年,由国防科技大学研制的银河Ⅰ型亿次巨型机系统的成功问世,标志着我国具备了研制高端计算机系统的能力。

1992 年,曙光投入 200 万元研制曙光一号。随后,曙光一号、曙光 1000、曙光 2000、曙光 3000、曙光 4000 相继问世。14 年后,曙光高性能计算机已经成为国内市场上一支可以与国外大公司相抗衡的重要力量。

1994 年银河Ⅰ的换代产品——银河Ⅱ在国家气象局投入正式运行,其系统性能达每秒 10 亿次,大大缩短了我国与先进国家的差距。1997 年银河Ⅲ并行巨型计算机在北京通过国家鉴定,峰值性能为每秒 130 亿浮点运算。银河Ⅲ的研制成功,对我国国防、经济建设和科学技术的发展产生了重大的推动作用。

1999 年,首台"神威Ⅰ"计算机通过了国家级验收,并在国家气象中心投入运行。"神威Ⅰ"计算机系统采用了可缩放平面格栅网体系结构等多种先进的并行计算机技术,在设计中坚持了通用、实效、可靠、友善、经济的设计思想。

2000 年,第二台"神威Ⅰ"计算机落户上海超级计算中心。

2000 年由 1024 个 CPU 组成的银河Ⅳ超级计算机系统问世,峰值性能达到每秒 1.0647 万亿次浮点运算,其各项指标均达到当时国际先进水平,它使我国高端计算机系统的研制水平再上一个新台阶。

2002 年 8 月,世界上第一个万亿次机群系统——联想深腾 1800 出世,该机作为世界机群计算潮流的领导者,获得 2004 年国家科技进步二等奖。

2003 年 11 月,联想深腾 6800 问世把世界机群计算推向新的高峰。从 2002 年到 2005 年,联想深腾 1800 和 6800 对世界机群计算技术的发展功不可没。它们因推动世界和我国科技进步而获得国家科技进步奖,是近年来获得国家科技进步奖的唯一高端计算机系列。

2004 年 5 月,浪潮天梭 20000 以 56180phH(每小时复合查询的处理能力)的测试成绩打破并刷新了全球商业智能计算世界纪录。2004 年 12 月,浪潮天梭 20000 再次以 1638.97TOPS 的成绩打破了此前由惠普创造的 1574TOPS 的商用事务处理(SPEC)世界纪录。

2004 年我国第一台每秒 11 万亿次的超级计算机曙光 4000A 的成功研制以及成功应用,使中国成为继美国、日本之后第三个能研制 10 万亿次商品化高性能计算机的国家。虽然从资产和管理规模上,曙光公司还不到国外大公司的百分之一,但曙光高性能服务器已在市场上占有一席之地,并且对我国经济发展、国家安全起到了不可替代的作用。

2005 年,天梭荣获了国务院颁发的国家计算机硬件领域的最高奖项——"国家科学技术进步二等奖",而浪潮"面向事务处理的高性价比、高性能服务器体系结构设计和优化技术"项目也获得信息产业部颁发的"信息产业重大技术发明"奖。

2006 年,浪潮作为国内唯一应邀参加 Oracle VC(Oracle VC 系统可信认证是 Oracle 公司今年 6 月中旬发布的最新测试规范)认证的高性能服务器厂商,凭借其产品及系统的综合性能卓越表现在全球率先通过测试。

背 景 材 料

1. 上海超级计算中心

1) 中心简介

上海超级计算中心(SSC)成立于 2000 年 12 月,是 2000 年上海市一号工程——上海信息港主体工程之一,由上海市政府投资建设,坐落于浦东张江高科技开发园区内。上海超级计算中心是国内第一个面向社会开放,资源共享、设施一流、功能齐全的高性能计算公共服务平台。

2) 中心配置

上海超级计算中心是由市政府投资建设的重要信息基础设施,是国内首家面向社会开放的、资源可共享的高端计算平台。该项目列入 2000 年上海一号重大工程,于 2000 年年底正式建成并投入运行。中心目前已配有神威 I、神威 64P 和曙光 4000A 三台高性能计算机,总计算能力近 11 万亿次/秒(见图 8-2)。

图 8-2 上海超级计算中心

2. 中国科学院计算机网络信息中心

1) 中心简介

中国科学院计算机网络信息中心(CNIC)是中国科学院下属的科研事业单位,CNIC 成立于 1995 年 4 月,是在中国科技网(CSTNET)和科学数据库的建设过程中发展起来的科研支撑服务机构。CNIC 拥有七个业务中心,其中包括中国科技网网络中心、科学数据中心、超级计算中心、ARP 运行支持中心、中国互联网络信息中心(CNNIC)、协同工作环境研究中心和网络科普教育中心。

2)计算资源

超级计算机从几十亿次的 SGI(1996 年)、到近百亿次的日立(1998 年)和逾千亿次的国产曙光 2000 II(2000 年),直至今天 5 万亿次的国产联想深腾 6800 超级计算机(2003 年)、SGI 高性能可视化计算机系统(2004 年)及 IBM CellBE 计算集群(2007 年),计算能力大幅提高。

3. 慈云桂:中国巨型计算机之父

1983 年 5 月以来,国务院电子计算机与大规模集成电路领导小组组织全国 29 个单位的 95 名计算机专家和工程技术人员,成立银河计算机国家技术鉴定组,并分成 7 个小组对"银河—Ⅰ"机进行全面、严格的技术考核。1983 年 12 月 22 日,"银河—Ⅰ"通过专家组鉴定,正式宣布研制成功。时任项目总指挥和总设计师的慈云桂抑制不住幸福的泪水,挥笔写下七绝《银河颂》:银河疑是九天来,妙算神机费剪裁。跃马横刀多壮士,披星戴月育雄才(见图 8-3)。

4. 金怡濂获 2002 年度国家最高科技奖

金怡濂,男,汉族,1929 年 9 月出生于天津市,原籍江苏常州,中共党员。1951 年毕业于清华大学电机系;1956—1958 年在苏联科学院精密机械与计算技术研究所进修电子计算机技术;1994 年当选为中国工程院首批院士;1994—2000 年当选为中国工程院主席团成员和中国工程院信息与电子工程学部主任。现任国家并行计算机工程技术研究中心主任、研究员,中国计算机学会名誉理事(见图 8-4)。

图 8-3 慈云桂

图 8-4 金怡濂

中国国家最高科学技术奖于 2000 年设立,获奖者奖金为 500 万元人民币。此前已颁发两届,共有四名科学家获此殊荣,他们分别是著名数学家吴文俊、杂交水稻专家袁隆平、计算机应用专家王选和物理学家黄昆。

5. 超级计算机之父西摩·克雷

西摩·克雷(Seymour Cray)是当之无愧的超级计算机之父。时至今日,全世界400多台超级计算机中,有220台出自克雷公司(见图8-5)。

1925年,克雷出生于威斯康星州。1943年,克雷高中毕业,投笔从戎。回国后,他继续学业,进入明尼苏达大学。1950年获明尼苏达大学电气工程学士学位,1951年获得应用数学硕士学位。1957年,克雷与比尔·诺利斯,创办了控制数据公司(CDC)。1963年8月,CDC抢在IBM360之前,出人意料地发布CDC6600。其研制费用只用了700万,运算速度达每秒300万次。1969年,改进型CDC7600推出,每秒运行1000万次,订单纷至沓来。从此,克雷成了举世闻名的大型和巨型计算机总体设计专家。在整个60年代,CDC几乎独霸了超级计算机市场,公司收入达到6000万美元。1972年,克雷自立门户,创办了克雷研究公司。

图8-5　西摩·克雷

1975年,享誉全球的CRAY-1完成,速度达到每秒2.4亿次运算,相当于IBM370电脑的40倍。1985年,功能比CRAY-1强5倍的Cray-2问世,首次安装在美国国家航天局模拟航天飞机的风洞实验。到了20世纪80年代,克雷公司的超级计算机已站到全球总量的70%。1995年,克雷计算机公司宣布破产。1996年9月22日克雷因车祸去世,享年71岁。1996年12月,克雷研究公司以7.5亿美元的价格被SGI收购。

6. SGI公司

美国硅图公司成立于1982年,是一个生产高性能计算机系统的跨国公司,总部设在美国加州旧金山硅谷MOUNTAIN VIEW的SGI公司是业界高性能计算系统、复杂数据管理及可视化产品的重要提供商。它提供世界上最优秀的服务器系列以及具有超级计算能力的可视化工作站。SGI公司是美国Fortune杂志所列美国最大500家公司/生产企业之一,年产值超过40亿美元。近五年公司平均增长率为40%~50%,是世界上发展最快的一家计算机公司。公司在业界率先集成了RISC技术、均衡多重处理技术、数字化媒体技术、计算机图形技术、UMA及CCNUMA体系结构等计算机领域的核心科技,形成了自己的独特风格,开创了视算科技及信息处理的新方向。目前SGI已经是一个具有各档工作站、服务器、超巨型机、Internet/Intranet等全线产品的大型计算机公司,1996年收购了世界最尖端的巨型机公司——克雷公司之后,SGI在超级计算领域更是取得了世界上500台最大超级计算机中半数以上的市场份额。

SGI现在已成为一个具有IRIX、Linux平台的工作站、服务器和存储系统以及媒体商务解决方案的公司。采用SGI服务器,你就可利用其非凡的计算能力帮助你解决最为棘手的问题。SGI的图形工作站可以用更形象化的方式观看、操作和使用数据。在电信、媒体、政府、科学技术、制造、能源等市场领域,SGI一直占据领先地位,是技术计算和可视化计算的佼佼者。

公司简史:

1982 年——公司成立,创始人 James Clark 博士,他发明了几何图形发生器。

1983 年——推出第一批图形终端。

1984 年——推出第一批图形工作站。

1986 年——开始在纽约股票交易所公开发行股票。

1987 年——推出第一批 RISC 工作站,成为全球最早一批 RISC 工作站。

1992 年——并购了著名的 RISC 芯片厂家 MIPS 公司,成立 MTI(MIPS 技术公司)。

1993 年——与 Time Warner 合作开发全球第一个全功能交互式网络系统。

1995 年——并购了著名的动画软件公司 ALIAS WAVEFRONT 公司。

1996 年——SGI 推出 cc-NUMA 结构的新一代服务器。

1997 年——SGI Internet 多媒体宽带网技术取得显著的发展。

1998 年——推出 Fahrenheit 计划,SGI 与 Microsoft 和 Intel 结成战略联盟。

1999 年——SGI 推出基于 Intel 架构的 Windows NT 及 Linux 工作站和服务器。

2000 年——SGI 推出第三代 NUMA 服务器和超级计算机。

参 考 文 献

1 车永刚,柳佳,王正华,李晓梅. 超级计算机体系结构及应用情况. 计算机工程与科学,2003-6.

2 王广益. 浅析超级计算机体系结构. 电子计算机,2002 年 1 期.

3 http://www.top500.org/.

4 曙光 5000. http://baike.baidu.com/view/1646841.htm.

5 西摩·克雷. http://baike.baidu.com/view/656296.htm.

量子计算机

9.1 量子计算机概述

1. 量子计算机定义

量子计算机是一类遵循量子力学规律进行高速数学和逻辑运算、存储及处理量子信息的物理装置。当某个装置处理和计算的是量子信息,运行的是量子算法时,它就是量子计算机。量子计算机也是利用处于奇异的多现实态下的数据进行运算的计算机,量子计算机的概念源于对可逆计算机的研究。研究可逆计算机的目的是为了解决计算机中的能耗问题。

量子计算机科学打破了传统计算机的限制,使用单独的硬件可以同时进行多项计算,并将"量子比特"代替电子比特。很多年前人们就认识到,创建一台量子计算机是可能的。

2. 量子计算机的优势

1)解题速度快

传统的电子计算机用1和0表示信息,而量子粒子可以有多种状态,使量子计算机能够采用更为丰富的信息单位,从而大大加快了运行速度。例如,电子计算机使用的 RSA 公钥加密系统是以巨大数的质因子非常难以分解为基础设计的一种多达 400 位长的"天文数字",如果要对其进行因子分解,即使使用目前世界上运算速度最快的超级计算机,也需要耗时 10 亿年。如果用量子计算机来进行因子分解,则只需 10 个月左右。

2)存储量大

电子计算机用二进制存储数据,量子计算机用量子位存储,具有叠加效应,有 m 个量子位就可以存储 2^m 个数据。因此,量子计算机的存储能力比电子计算机大得多。

3)搜索功能强劲

量子计算机能够组成一种量子超级网络引擎,可轻而易举地从浩如烟海的信息海洋中快速搜寻出特定的信息。其方法是采用不同的量子位状态组合,分别检索数据库里的不同部分,其中必然有一种状态组合会找到所需的信息。

4)安全性较高

科学家们发现,如果过往的原子因发生碰撞而导致信息丢失时,量子计算机能自动扩展信息,与家族伙伴成为一体,于是系统可以从其家族伙伴中找到替身而使丢失的信息得以恢复。

3. 量子计算机的障碍

研究人员开发量子计算机面临的主要障碍是确保量位保持叠加状态,即为1与0,或者是1或0。对量子计算机的观察处理会带来外部的干扰,如光或噪声会对量位产生一些影响,迫使它们崩溃和离开基于1与0的普通计算机状态。

为了让量子态存储信息,量子计算机不能与环境发生交互作用。但在同时,它必须是受控的,以允许进行计算。

量子计算机在密码领域大有前途。量位是不能被复制的或者被克隆的,所以黑客想破译用量子计算机加密的编码事实上是不可能的。但是,如果黑客拥有量子计算机,安全将受到威胁,因为他或她能破译常规计算机的编码。

9.2 量子计算机原理

1. 量子理论

1901年,德国著名的物理学家普朗克创立了量子论。他大胆地假设:频率为υ的谐振子只能以某个基本单位的能量$E\upsilon$(或量子)一份一份地吸收或放射电磁辐射,好像电磁辐射是一颗一颗的粒子,即量子,谐振子只能一颗一颗地吸收或放射它。在这个假设的基础上,普朗克得出了与经验分布曲线非常吻合的结果,这个关于量子的假设就是量子理论。量子理论的建立为今天科学家们研制量子计算机打下了良好的基础。目前,采用超大规模集成电路的第五代计算机,其晶体类线路元件已经细微到仅有人头发的1%那么细小,尽管最先进的现代高级表层处理技术还能够将现在这种元件的体积再缩小至1%左右,但是,集成电路的功能正在迅速接近极限。因此,为了再继续缩小计算机的体积,必须朝着量子计算机的方向发展。

2. 量子编码

在量子计算机中,原子的特异能阶状态可以用来记录信息。每一个原子就是一个点,基态E_0代表一个0点,E_1能态的原子就代表一个1点,一串氢原子就可以用来记录一串信息。原子的能量状态只能呈阶梯式,能量的状态变化只能由一个能阶跳入另一个能阶,而不能连续地升或降。原子的这种特异能阶状态被用来记录信息,每个原子就是一个点,一串原子就可用来记录一串信息。

在量子计算机中,"写"功能是这样实现的:对于一个氢原子,写一个0就是不作任何输入,仍维持在E_0的状态。如果要写一个1,就是将氢原子的能态提升到E_1的能阶。为了实现这种操作,需要用激光来照射这颗氢原子,而且激光光子的能量必须等于E_1-E_0;反之,如果一个能态为E_1的氢原子被同样的激光照射之后,由于谐振的关系,就会放出一粒光子,而降回到基态E_0,也就是将1改写为0。

量子计算机的"读"功能与"写"相似,仅稍有不同。由于读了一个点之后,这个点仍然保留在记忆里,不会马上消失,如果改为用具备另外一种能量 $E_2 - E_1$ 的激光照射在氢原子上,而这个氢原子还存储着 1 的信号,也就是说它的能量处于 E_1 的状态,那么,它就会吸收一个光子而上升到 E_2 的能态。然而,E_2 能态是一个极不稳定的阶层,它会立即跌回到 E_1 状态,与此同时,它还放射出一个光子。当光子计算机读到这个新的光子之时,也就读到了 1 的信号。如果氢原子原来在 E_0 基态,激光不能将氢原子从基态升至 E_1,那么,氢原子将没有任何反应,于是,光子计算机会读到 0 的信号,同时也不会改变该原子在此时的能态。

基于量子物理的计算机可以同时让这些开关或量子位(Qbits)处于开和关的状态。在通常的情况下,一串这样的量子位即可提供一切可能的开/关组合,同时完成计算机所需要的各种计算,使计算机的存储功能和计算能力得以大大提高。不过,如果要保持一定数量的超态,即保持缠结状态则是相当困难的,这是由于量子的缠结状态极容易溃散,而且粒子数量越多,越难实现量子的缠结。科学家们以前仅能维持 2~3 个量子位系统,使这少得可怜的 2~3 个粒子处于缠结状态。但仅依靠这几个量子比特难以进行任何稍微复杂一些的运算,因此,如果想研制实用的量子计算机,首先必须使更多的粒子能够实现缠结。

3. 量子表达

量子计算机的输入用一个具有有限能级的量子系统来描述,如二能级系统(称为量子比特),量子计算机的变换(即量子计算)包括所有可能的幺正变换。因此量子计算机的特点为:

(1) 量子计算机的输入态和输出态为一般的叠加态,其相互之间通常不正交;

(2) 量子计算机中的变换为所有可能的幺正变换。得出输出态之后,量子计算机对输出态进行一定的测量,给出计算结果。

量子计算最本质的特征为量子叠加性和相干性。量子计算机对每一个叠加分量实现的变换相当于一种经典计算,所有这些经典计算同时完成,并按一定的概率振幅叠加起来,给出量子计算机的输出结果。这种计算称为量子并行计算。

9.3　量子计算机发展现状与趋势

1. 发展历史

1982 年,美国的 Feynman 提出了把量子力学和计算机结合起来的可能性,首次提出了量子计算机的概念。他指出,量子计算机比经典计算机更能有效的模拟量子系统,同时他建立了一个能显示如何利用量子系统执行计算的抽象模型。

1985 年,牛津大学的 Deutsch 提出任何物理过程原则上都能很好地被量子计算机模拟的方案,这种方案被普遍认为是量子计算机的第一个蓝图,他的工作在量子计算机发展中具有里程碑的意义。1992 年 Deutsch 在量子力学迭加性原理的基础上提出了 D-J 算法。

1994 年,Shor 博士提出了基于量子傅里叶变换的大数因子分解算法。该算法引出了计算机科学中的大数因子分解的核心问题。Shor 算法巨大地挑战了 RSA 公共密钥系统。如 1994 年,人们用了 1600 台计算机,耗时 8 个月,分解了长度为 129 位的数。按这个速度分解 1000 位的数,需要 1025 年。而利用 Shor 算法则只需要几分之一秒。Shor 算法的出现同时也掀起了量子计算机研究的高潮。

在 1994 年美国电话电报公司研究人员彼得·肖尔发现量子计算机可以处理的第一种实际事务。数学上有一个较为棘手的问题是找出超大数字的素数因子。理论上,一台具有 5000 个左右量子位的量子计算机可以在大约 30 秒内解决传统超级计算机需要 100 亿年才能解决的素数问题。贝尔实验室的研究员罗佛·戈罗夫在 1996 年发现了量子计算另一个重要的应用领域——数据库查找。

1995 年 Grover 提出了"在一组无序数中找出满足条件的一个数"的量子 Grover 算法。Grover 算法适合解决从 N 个未分类的客体中寻找某个特定的客体的问题,Grover 算法比 Shor 算法更容易理解,用途也更加广泛。如用 Grover 搜索算法破解通用的 56 位加密标准(DES),只需要 $2^{28} \approx 2.68 \times 10^8$ 步;而经典算法则约需要 $2^{55} \approx 3.6 \times 10^{16}$。若每秒钟计算 10 亿次,经典计算需 11 年,而 Grover 量子搜索算法只需 3 秒钟。

1996 年,LloydS 证明了 Feynman 的猜想,他指出模拟量子系统的演化将成为量子计算机的一个重要用途,量子计算机可以建立在量子图灵机的基础上。由于量子计算机具有巨大的应用前景和市场潜力,使得量子计算机的发展开始进入了新的时代,各国政府和各大公司也纷纷制定了针对量子计算的一系列的研究开发计划。

1996 年美国《科学》周刊报道,量子计算机引起了计算机理论领域的革命。同年,量子计算机的先驱之一,Bennett 在英国《自然》杂志新闻与评论栏声称,量子计算机将进入工程时代。

2000 年 3 月美国科学家在《自然》杂志中宣布,他们已成功地实现了 4 量子位逻辑门,为今后量子信息技术的发展做出了新的贡献。传统的计算机以二进制"开关",或位的开、关作为计算基础。量子理论认为,原子等实体无法决定其处于开或关状态,除非用其他物体进行测量或发生相互作用。在非相互作用下,原子在某一时刻处于两种状态,称为量子超态。因此,基于量子物理的计算机可同时让这些开关或"量子位"(Qbits)处于开和关的状态。一串这样的量子位便可提供一切可能的开/关组合,同时完成计算机所需要的各种计算,大大提高了计算机的计算能力和存储功能。当然,保持一定数量的超态,即缠结状态,是困难的,到目前为止只能维持 2~3 个量子位的系统,直到美国国家标准和技术研究所(NIST)研究员缠结了 4 个量子粒子。

2000 年 10 月日本开始为期 5 年的量子计算与信息计划,重点研究量子计算和量子通信的复杂性、设计新的量子算法、开发健壮的量子电路、找出量子自控的有用特性以及开发量子计算模拟器。

2001 年 1 月 19 日美国国家标准与技术研究所(NIST)的卡思·萨基特和其他科学家们已经能够缠结 4 个锂离子,使它们被束缚在电磁场里,并成功地采用激光脉冲使这 4 个锂离子处于缠结状态。

2001 年美国 IBM 的科学家已建构了 7 位的核磁共振(NMR)量子计算机。IBM 的实验把原子变为离子,并使用离子的两个内部自转状态作为一个量子位,然后使用微波脉冲作为地址。这种通过使用核磁共振技术测量和控制单原子自旋建立的量子计算机,通过改变原子能级使该原子在可控制的方式下和其他原子互相影响,利用无线电波的脉冲使计算机开始计算处理。

2002 年 12 月和 2004 年 4 月美国的高级研究计划局先后制定了一个名为"量子信息科学

和技术发展规划"的研究计划的 1.0 版以及 2.0 版,该计划详细介绍了美国发展量子计算的主要步骤和时间表,该计划中美国将争取在 2007 年研制成 10 个物理量子位的计算机,到 2012 年研制成 50 个物理量子位的计算机。美国陆军也计划到 2020 年在武器上装备量子计算机。

欧洲在量子计算及量子加密方面也作了积极的研究开发已经完成了第五个框架计划中对不同量子系统(如原子、离子和谐振)的离散和纠缠的研究以及对量子算法及信息处理的研究。同时在第六个框架计划中,着重进行研究于量子算法和加密技术,并预计到 2008 年研制成功高可靠、远距离量子数据加密技术。

2004 年 9 月,日本电信电话株式会社物性科学基础研究所试制出最有希望成为量子计算机基本组件的/超导磁束量子位 0,在通过微波照射大幅度提高比特控制自由度的同时,组件的工作频率也成功地提高到了原来的 10～100 倍。与其他基本单元相比,超导磁束量子位具有量子状态容易持续保持、易于集成等优势。这样一来,就有望实现利用多个组件同时处理多项信息的量子纠缠,进而实现构成与或等基本电路的控制非门。此次用于比特控制的是能量比光更低的微波,但仍能很好地控制能量跃迁的幅度,因此也为光控制的应用开辟了道路,即将光通信与此次开发的单元组合起来,如通过光纤网络就可以实现量子计算机间的协作。

2. 美国科学家在量子计算机领域方面获得新突破

2005 年 4 月 25 日美国俄亥俄州立大学研究人员说,他们成功地使相干激光在玻璃芯片上构成了一个个"原子陷阱",理论上每个"原子陷阱"能捕捉一个气态铷原子。研究人员说,这一进展向将来设计建造量子计算机前进了一大步。

俄亥俄州立大学副教授格雷格·拉菲亚蒂斯等人在《物理评论 A》杂志上发表论文说,当前制造量子计算机的一个思路是首先将原子捕捉住,这样就能通过激光操作来读写量子状态。其他研究人员在实现这一思路时,都试图用自由空间的一个封闭"笼子"来捕捉原子,但目前在实践上要操作"笼子"中的原子有一定困难。

拉菲亚蒂斯等人通过另一种方式来捕捉原子。他们用两束相干激光在一块玻璃芯片的表面涂层内纵横相交,由于光的相干作用,芯片上形成肉眼看不到的激光的波峰和波谷,犹如一个个"鸡蛋格","鸡蛋格"的最中央是一个大小相当于原子、被电场包围的空洞。研究人员说,每个空洞可以捕捉住一个铷原子,然后用单束的激光就可以操纵原子,实现量子计算。

这一设计与目前激光唱片存储数据的方式非常相似。拉菲亚蒂斯说,用平面芯片上的激光"陷阱"捕捉原子比用空间中的"笼子"更具有可操作性。他们已经制造出了这样的芯片,并使用磁场成功地使 10 亿个铷原子形成豌豆大小的原子云。目前,他们正试图操作原子云运动到芯片上方,理论上,当铷原子云到达芯片上方时就会自动落入"激光陷阱"。

3. 量子计算机现状

迄今为止,世界上还没有真正意义上的量子计算机。但是,世界各地的许多实验室正在以巨大的热情追寻着这个梦想。如何实现量子计算,方案并不少,问题是在实验上实现对微观量子态的操纵确实太困难了。目前已经提出的方案主要利用了原子和光腔相互作用、冷阱束缚离子、电子或核自旋共振、量子点操纵、超导量子干涉等。现在还很难说哪一种方案更有前景,只是量子点方案和超导约瑟夫森结方案更适合集成化和小型化。将来也许现有的方案都派不上用场,最后脱颖而出的是一种全新的设计,而这种新设计又是以某种新材料为基础,就像半导体材料对于电子计算机一样。研究量子计算机的目的不是要用它来取代现有的计算机。量子计算机使计算的概念焕然一新,这是量子计算机与其他计算机如光计算机和生物计算机等的不同之处。量子计算机的作用远不止是解决一些经典计算机无法解决的问题。

9.4 量子技术的应用

1. 量子通信

量子通信系统的基本部件包括量子态发生器、量子通道和量子测量装置。按其所传输的信息是经典还是量子而分为两类。前者主要用于量子密钥的传输,后者则可用于量子隐形传态和量子纠缠的分发。所谓隐形传送指的是脱离实物的一种"完全"的信息传送。从物理学角度,可以这样来想象隐形传送的过程:先提取原物的所有信息,然后将这些信息传送到接收地点,接收者依据这些信息,选取与构成原物完全相同的基本单元,制造出原物完美的复制品。但是,量子力学的不确定性原理不允许精确地提取原物的全部信息,这个复制品不可能是完美的。因此长期以来,隐形传送不过是一种幻想而已。

1993年,6位来自不同国家的科学家提出了利用经典与量子相结合的方法实现量子隐形传态的方案:将某个粒子的未知量子态传送到另一个地方,把另一个粒子制备到该量子态上,而原来的粒子仍留在原处。其基本思想是:将原物的信息分成经典信息和量子信息两部分,它们分别经由经典通道和量子通道传送给接收者。经典信息是发送者对原物进行某种测量而获得的,量子信息是发送者在测量中未提取的其余信息;接收者在获得这两种信息后,就可以制备出原物量子态的完全复制品。该过程中传送的仅仅是原物的量子态,而不是原物本身。发送者甚至可以对这个量子态一无所知,而接收者是将别的粒子处于原物的量子态上。

1997年在奥地利留学的中国青年学者潘建伟与荷兰学者波密斯特等人合作,首次实现了未知量子态的远程传输。这是国际上首次在实验上成功地将一个量子态从甲地的光子传送到乙地的光子上。实验中传输的只是表达量子信息的"状态",作为信息载体的光子本身并不被传输。随后潘建伟及其合作者在如何提纯高品质的量子纠缠态的研究中又取得了新突破。

2. 量子密码术

量子密码术是密码术与量子力学结合的产物,它利用了系统所具有的量子性质。量子密码术并不用于传输密文,而是用于建立、传输密码本。根据量子力学的不确定性原理以及量子不可克隆定理,任何窃听者的存在都会被发现,从而保证密码本的绝对安全,也就保证了加密信息的绝对安全。最初的量子密码通信利用的都是光子的偏振特性,目前主流的实验方案则用光子的相位特性进行编码。

首先想到将量子物理用于密码术的是美国科学家威斯纳。他于1970年提出,可利用单量子态制造不可伪造的"电子钞票"。但这个设想的实现需要长时间保存单量子态,不太现实。

1984年贝内特和布拉萨德在研究中发现,单量子态虽然不好保存但可用于传输信息,他们提出了第一个量子密码术方案,称为 BB84 方案,由此迎来了量子密码术的新时期。1992 年,贝内特又提出一种更简单,但效率减半的方案,即 B92 方案。

在量子密码术实验研究上进展最快的国家为英国、瑞士和美国。英国国防研究部于 1993 年首先在光纤中实现了基于 BB84 方案的相位编码量子密钥分发,光纤传输长度为 10km。这项研究后来转到英国通信实验室进行,到 1995 年,经多方改进,在 30km 长的光纤传输中成功实现了量子密钥分发。与偏振编码相比,相位编码的好处是对光的偏振态要求不那么苛刻。在长距离的光纤传输中,光的偏振性会退化,造成误码率的增加。然而,瑞士日内瓦大学 1993 年基于 BB84 方案的偏振编码方案,在 1.1km 长的光纤中传输 1.3 微米波长的光子,误码率仅为 0.54%,并于 1995 年在日内瓦湖底铺设的 23km 长民用光通信光缆中进行了实地表演,误码率为 3.4%。1997 年,他们利用法拉第镜消除了光纤中的双折射等影响因素,使得系统的稳定性和使用的方便性大大提高,被称为"即插即用"的量子密码方案。美国洛斯阿拉莫斯国家实验室,创造了目前光纤中量子密码通信距离的新纪录。他们采用类似英国的实验装置,通过先进的电子手段,以 B92 方案成功地在长达 48km 的地下光缆中传送量子密钥,同时他们在自由空间里也获得了成功。1999 年,瑞典和日本合作,在光纤中成功地进行了 40km 的量子密码通信实验。

3. 量子信息学

量子力学的研究进展导致了新兴交叉学科"量子信息学"的诞生,为信息科学展示了美好的前景。另一方面,量子信息学的深入发展,遇到了许多新课题,反过来又有力地促进量子力学自身的发展。当前量子信息学无论在理论上,还是在实验上都在不断取得重要突破,从而激发了研究人员更大的研究热情。但是,实用的量子信息系统是宏观尺度上的量子体系,人们要想做到有效地制备和操作这种量子体系的量子态目前还是十分困难的。其应用主要在下面三个方面:

(1) 保密通信。由于量子态具有事先不可确定的特性,而量子信息是用量子态编码的信息,同时量子信息满足"量子态不可完全克隆(No-Cloning)定理",也就是说当量子信息在量子信道上传输时,假如窃听者截获了用量子态表示的密钥,也不可能恢复原本的密钥信息,从而不能破译秘密信息。因此,在量子信道上可以实现量子信息的保密通信。目前,美国和英国已实现在 46km 的光纤中进行点对点的量子密钥传送,而且美国还实现在 1km 以外的自由空间传送量子密钥,瑞士则实现了在水底光缆传送量子密钥。此外,A. K. Pati 等人利用量子力学的线性证明密码攻击者不能破坏量子信息传输的完整性。

(2) 量子算法。对于一个足够大的整数,即使是用高性能超级并行计算机,要在现实的可接受的有限时间内,分解出它是由哪两个素数相乘的是一件十分困难的工作,所以多年来人们一直认为 RSA 密码系统在计算上是安全的。然而,Shor 博士的大整数素因子分解量子算法表明,在量子计算机上只要花费多项式的时间即可以接近于 1 的概率成功分解出任意的大整数,这使得 RSA 密码系统安全性极大地受到威胁。因此,Shor 算法的发现给量子计算机的研究注入新活力,并引发了量子计算研究的热潮。

(3) 快速搜索。众所周知,要在经典计算机上从 N 个记录的无序的数据库中搜索出指定的记录,算法的时间复杂性为 $O(N)$。因为搜索数据库是在外存进行的,所以当记录数 N 充分大时,搜索工作犹如"大海捞针"一样的困难与烦琐。Grover 于 1997 年在物理学界顶尖杂志 Physics Review Letters 上发表了一个乱序数据库搜索的量子算法,其时间复杂性为 $O(N)$。此量子搜索算法与经典搜索算法相比达到 N 数量级的加速,特别适用于求解那些需要用穷举法对付的 NP 类问题。

9.5 国内量子计算机发展

在中国,量子密码通信的研究刚刚起步,中科院物理所于 1995 年以 BB84 方案在国内首次做了演示性实验,华东师范大学用 B92 方案做了实验,但也是在距离较短的自由空间里进行的。2000 年,中科院物理所与研究生院合作,在 850 纳米的单模光纤中完成了 1.1km 的量子密码通信演示性实验。总的来说,比起国外目前的水平,我国还有较大差距。

2008 年 8 月 13 日新华社报道,8 月 12 日出版的国际著名综合性科学期刊美国《国家科学院院刊》,以长文的形式发表了中国科学技术大学微尺度物质科学国家实验室的潘建伟教授和他的同事杨涛、陆朝阳等关于量子容失编码实验验证的研究成果。

在该研究中,潘建伟小组首次在国际上原理性地证明了利用量子编码技术可以有效克服量子计算过程中的一类严重错误——量子比特的丢失,为光量子计算机的实用化发展扫除了一个重要障碍。

近年来,由于量子特性带来的高效存储和超快并行计算能力,量子计算的研究成为国际热点。然而,学术界公认的困扰这项研究的最大问题是所谓的"消相干效应",即量子计算机与环境不可避免的耦合而产生的各种噪声会使计算过程产生各种各样的错误。在各种量子体系中,有一类关键性的消相干效应来源于量子比特的丢失。这种现象在光学系统中最为显著,可直接发生在由于光子被环境吸收或者未被光子探测器测量到等情况下。

为了解决这一问题,潘建伟小组经过近两年的努力,设计了巧妙的多光子容失编码网络,证明了即使在量子计算机内出现量子比特的丢失,这种编码仍然可以很好地保护量子逻辑信息,从而使整个计算过程仍然可以成功完成。这一实验工作很快吸引了国际学术界的广泛关注。

背 景 材 料

潘建伟(见图 9-1),男,1970 年 3 月出生,汉族,浙江省东阳市人,理学博士,1992 年 7 月参加工作,现任中国科学技术大学教授,博士生导师,第 15 届中国十大杰出青年。

潘建伟在量子信息论和量子论基本问题等世界学术前沿领域取得了开创性的重要成果,将我国多粒子纠缠态研究领入国际领先水平。他在世界上系统地开创了量子通信的实验研究领域;首次成功地制备了三光子、四光子、五光子纠缠态,并由此首次完成了三光子和四光子 GHz 定理的实验验证;在连续变量的 Bell 定理、两粒子 GHz 定理的证明以及多粒子纠缠分类等理论研究方面取得了重要进展。其成果被国际权威学术杂志广泛关注,被引用 1500 多次。

图 9-1 潘建伟教授

　　潘建伟的工作先后于1997年底被欧洲物理学会和美国物理学会评选为1997年度世界物理学的十大进展之一；1998年底，被《科学》杂志评选为1998年度全球十大科技进展之一；1999年底，入选国家科技部年度基础科学研究十大新闻之一，并入选《自然》杂志百年以来物理学中21篇经典性论文；1999年底，他的关于多光子纠缠态的一系列实验工作被美国物理学会评为1999年度世界物理学的十大进展。2001年入选"中科院引进国外杰出人才"，在中国科技大学负责主建了量子物理和量子信息实验室。该实验室近两年来在量子信息实验和理论两个领域都得到了重大的成果，在物理评论快报上发表文章6篇。由于潘建伟同志对量子信息科学发展的贡献，2002年被教育部聘为长江学者。2003年他被奥地利科学院授予Erich Schmid奖。此奖为奥地利科学院授予四十岁以下的青年物理学家的最高奖，两年一度，每次一人。他领导的中国科技大学研究组关于纠缠浓缩和量子中继器的实验实现的研究成果也被中国科学院和中国工程院评为2003年度中国十大科技进展，多粒子纠缠的实验研究被教育部评为2003年度中国高校十大科技进展。2004年7月1日，国际最权威的学术刊物《自然》杂志发表了潘建伟教授五粒子纠缠态以及终端开放的量子态隐形传输的实验实现，该成果表明我国在多粒子纠缠态的研究方面成功地超越了美、法和奥地利等发达国家，进入国际领先水平。

参 考 文 献

1　钟诚,陈国良.量子计算及其应用.广西大学学报(自然科学版),2002,27(1)：83-85.
2　赵红敏,林家逊.量子计算机原理及问题.大学物理,2001,20(10)：1-7.
3　李承祖等.量子通信和量子计算.长沙：国防科技大学出版社,2000.
4　何湘初,李继容.量子计算机的研究与应用.微型电脑应用,2006年第22卷第11期.
5　夏培肃,量子计算.计算机研究与发展,2001(10).
6　王勇,谭新莲,刘冰.量子计算机与经典计算机,创新科技,2002(5).
7　陈洪光,沈振康.量子计算及量子计算机.光电子技术与信息,2003(2).
8　周熠,高峰.量子计算机研究进展.衡阳师范学院学报,2006(6).
9　王士元.量子计算改变未来.软件世界,2006(21).
10　吴楠,宋方敏.量子计算与量子计算机.计算机科学与计算机探索,2007(1).
11　刘科伟,黄建国.量子计算与量子计算机.计算机工程与应用2002-5：1-2.
12　郑伟强.量子计算机的量子力学基础.甘肃科技,2006-1,22卷.
13　刘科伟,黄建国.量子计算与量子计算机.计算机工程与应用杂志,2002-5,8卷：1-2.
14　陆晓亮,童军利,胡苏太.量子计算的现状及发展趋势.高性能计算技术,2005-2,172卷.
15　张镇九,张昭理.量子计算机进展.计算机工程,2004-8.
16　苏晓琴,郭光灿.量子通信与量子计算.量子电子学报,2004-6,1卷：6-13.
17　李承祖.量子通信和量子计算.长沙：国防科技大学出版社,2000.

第10讲

纳 米 器 件

10.1 纳米器件概述

1. 纳米科技的概念

1959 年物理学家理查德·费恩曼在一次题目为《在物质底层有大量的空间》的演讲中提出：将来人类有可能建造一种分子大小的微型机器,可以把分子甚至单个的原子作为建筑构件在非常细小的空间构建物质,这意味着人类可以在最底层空间制造任何东西。

纳米是尺寸或大小的度量单位,10^{-9} m,4 倍原子大小,万分之一头发粗细。纳米技术就是研究在千万分之一米(10^{-7} m)到亿分之一米(10^{-9} m)内原子、分子和其他类型物质进行操纵和加工的技术。

2. 纳米电子器件的概念

纳米电子器件对应三个英文名称,即 nano/scale electronic devices、nanoscale electronic devices 和 nano-electric devices。纳米电子器件在学术文献中的解释是器件和特征尺寸进入纳米范围后的电子器件,也称为纳米器件。纳米技术可以使芯片集成度进一步提高,电子元件尺寸、体积缩小,使半导体技术取得突破性进展,大大提高了计算机的容量和运行速度,参见图 10-1。

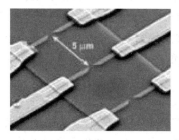

图 10-1 纳米电子器件

3. 纳米器件的研究目标

材料和制备：更轻、更强和可设计；长寿命和低维修费；以新原理和新结构在纳米层次上构筑特定性质的材料或自然界不存在的材料；生物材料和仿生材料；材料破坏过程中纳米级损伤的诊断和修复。

微电子和计算机技术：2010 年实现 100nm 的芯片，纳米结构的微处理器，效率提高一百万倍；10 倍带宽的高频网络系统；太比特的存储器（提高 1000 倍）；集成纳米传感器系统。

医学与健康：快速、高效的基因团测序和基因诊断和基因治疗技术；用药的新方法和药物"导弹"技术；耐用的人体友好的人工组织和器官；复明和复聪器件；疾病早期诊断的纳米传感器系统。

航天和航空：低能耗、抗辐照、高性能计算机；微型航天器用纳米测试、控制和电子设备；抗热障、耐磨损的纳米结构涂层材料。

环境和能源：发展绿色能源和环境处理技术，减少污染和恢复被破坏的环境；孔径为 1nm 的纳孔材料作为催化剂的载体；MCM-41 有序纳孔材料（孔径 10～100nm）用来祛除污物。

生物技术和农业：在纳米尺度上，按照预定的大小、对称性和排列来制备具有生物活性的蛋白质、核糖、核酸等。在纳米材料和器件中植入生物材料产生具有生物功能和其他功能的综合性能。生物仿生化学药品和生物可降解材料，动植物的基因改善和治疗，测定 DNA 的基因芯片等。

纳米材料：纳米颗粒是纳米材料基元。用物理、化学及生物学的方法制备出只包含几百个或几千个原子、分子的颗粒。这些颗粒的尺寸只有几个纳米。

10.2　纳米器件的技术原理

1. 纳米器件的技术原理

宏观世界上经典物理、化学、力学等已经取得了巨大成就：计算机和网络、宇宙飞船、飞机、汽车、机器人等改变了人们的生活方式。与之相对应的是微观世界，即原子分子级为主体的世界，被称为纳米世界。几十个原子分子或成千个原子分子组合在一起时，表现出既不同于单个原子分子的性质，也不同于大块物体的性质。这种组合被称为超分子或人工分子。超分子的性质，如熔点、磁性、电容性、导电性、发光性和染、颜色及水溶性有重大变化。当"超分子"继续长大或以通常的方式聚集成大块材料时，奇特的性质又会失去。在 10nm 尺度内，由数量不多的电子、原子或分子组成的体系中新规律的认识和如何操纵或组合应用则是属于纳米科学技术的问题。

微观纳米级别的机械是由未来学家 K. Reic Drexler 提出的一种新型的机械，它可以制造任何结构，包括它自身，通过原子尺度的"抓取和放置"：一套纳米尺度的钳子将会从环境中抓取单个原子，然后把它放在适当的位置。Drexler 的设想预示着社会将因为微型机械而永远改变，这些机械可以在几个小时内制造一台电视机或者一台电脑。然而它也有危险的一面。自我复制的潜力导致了所谓的"灰色黏质"产生的可能性，即无数自我复制纳米装配工制造了无数它们自身的复制品，这个过程将会毁灭地球。

纳米器件生产组装的关键是"抓取和放置"的纳米钳子和被操作的原子分子。首先是钳子或者叫做装配工的爪子,它要能够灵巧的抓取原子或分子,便可消除装配纳米器件的困难。其次是原子或分子的本性,它要与相邻的原子分子紧密结合。当从某处拿走一个原子的时候需要能量(能量提供的问题),而把它安放的时候又会放出能量(能量释放的问题)。

2. 纳米电子器件的特点

以纳米技术制造的电子器件,其性能大大优于传统的电子器件。

(1) 工作速度快。纳米电子器件的工作速度是硅器件的 1000 倍,因而可使产品性能大幅度提高。功耗低,纳米电子器件的功耗仅为硅器件的 1/1000。信息存储量大,在一张不足巴掌大的 5 英寸光盘上,至少可以存储 30 个北京图书馆的全部藏书。体积小、重量轻,可使各类电子产品体积和重量大为减小。

(2) 纳米金属颗粒易燃易爆。几个纳米的金属铜颗粒或金属铝颗粒,一遇到空气就会产生激烈的燃烧,发生爆炸。因此,纳米金属颗粒的粉体可用来做成烈性炸药,做成火箭的固体燃料可产生更大的推力。用纳米金属颗粒粉体做催化剂,可以加快化学反应速率,大大提高化工合成的产出率。

(3) 纳米金属块体耐压耐拉。将金属纳米颗粒粉体制成块状金属材料,强度比一般金属高十几倍,又可拉伸几十倍。用来制造飞机、汽车、轮船,重量可减小到原来的十分之一。

(4) 纳米陶瓷刚柔并济。用纳米陶瓷颗粒粉末制成的纳米陶瓷具有塑性,为陶瓷业带来了一场革命。将纳米陶瓷应用到发动机上,汽车会跑得更快,飞机会飞得更高。

(5) 纳米氧化物材料五颜六色。纳米氧化物颗粒在光的照射下或在电场作用下能迅速改变颜色。用它做士兵防护激光枪的眼镜再好不过了。将纳米氧化物材料做成广告板,在电、光的作用下,会变得更加绚丽多彩。

(6) 纳米半导体材料法力无边。纳米半导体材料可以发出各种颜色的光,可以作成小型的激光光源,还可将吸收的太阳光中的光能变成电能。用它制成的太阳能汽车、太阳能住宅有巨大的环保价值。用纳米半导体做成的各种传感器,可以灵敏地检测温度、湿度和大气成分的变化,在监控汽车尾气和保护大气环境上将得到广泛应用。

(7) 纳米药物材料的毫微。把药物与磁性纳米颗粒相结合,服用后,这些纳米药物颗粒可以自由地在血管和人体组织内运动。再在人体外部施加磁场加以导引,使药物集中到患病的组织中,药物治疗的效果会大大提高。还可利用纳米药物颗粒定向阻断毛细血管,"饿"死癌细胞。纳米颗粒还可用于人体的细胞分离,也可以用来携带 DNA 治疗基因缺陷症。目前已经用磁性纳米颗粒成功地分离了动物的癌细胞和正常细胞,在治疗人的骨髓疾病的临床实验上获得成功,前途不可限量。

(8) 纳米材料的加工性。在纳米尺寸按照人们的意愿,自由地剪裁、构筑材料,这一技术被称为纳米加工技术。该技术可以使不同材质的材料集成在一起,它既具有芯片的功能,又可探测到电磁波(包括可见光、红外线和紫外线等)信号,同时还能完成电脑的指令,这就是纳米集成器件。将这种集成器件应用在卫星上,可以使卫星的重量、体积大大减小,发射更容易,成本也更便宜。

10.3　纳米器件的现状与发展

1. 典型的纳米器件发展

1) 美发现可采用量子力学研制微型纳米机械

2009 年 1 月 19 日报道,美国科学家发现一种用量子力学的神奇作用力使很小的物体漂浮起来的方法。研究人员用彼此排斥的某些分子组合,发现并检测了一种在分子水平中扮演重要角色的力。研究人员们说,这种排斥力可被用于使分子停留在高处,实际上就是让它们漂浮起来,可据此为微型设备研制无摩擦力的部件。美国马萨诸塞州哈佛大学应用物理学家费德里克·卡巴索在《自然》杂志上发表了他的研究成果。

2) 纳米发电机

2004 年 4 月出版的英国《科学》报道,美国佐治亚理工学院教授、中国国家纳米科学中心海外主任王中林等成功地在纳米尺度范围内将机械能转换成电能,研制出世界上最小的纳米发电机,参见图 10-2。

图 10-2　纳米发电机

专家预测,纳米发电机在生物医学、军事、无线通信和无线传感等领域将有广泛的应用前景。这项发明可以整合纳米器件,实现真正意义上的纳米系统;可以收集机械能、震动能、流体能量,并将这些能量转化为电能提供给纳米器件;纳米发电机产生的电能足够让纳米器件或纳米机器人实现能量自供。

3) DNA 可望充当纳米级"电线"

据 2007-07-09 新华社报道:脱氧核糖核酸(DNA)不仅是生命遗传信息的承载者,未来还可能充当纳米级"电线",用于制造超微电子设备。日本大阪大学产业科学研究所的研究小组在实验中确认,他们发现电流可以通过 DNA 流动。

4) 纳米电子隐形眼镜

据 2008-01-18"科学现场"网站报道,美国科学家正在利用纳米技术,开发一种能拉近并分析远处目标的电子隐形眼镜。美国桑迪亚国家实验室研究人员哈维·何在由美国电气和电子工程师学会主办的一个国际会议上宣布,研究人员首次成功地把一个电路和照明体植入普通隐形眼镜中。植入隐形眼镜的电路由几纳米薄的金属制成。

5) 世界最小纳米收音机问世

据 2007-11-2《科技日报》报道,美国加州大学伯克利分校成功研制出迄今为止世界上最小的收音机:它由单一的、尺寸仅为头发丝直径万分之一的碳纳米管构成,人们加上电池和耳机就能用它收听到自己中意的广播节目。在纳米收音机中,碳纳米管集天线、调谐器、放大器和解调器于一身。伯克利分校亚历克斯·泽托教授称,他们研制的纳米收音机比人类首批商业化的收音机要小 1000 亿倍。

6) 超立方体可充当未来纳米计算机构架

据 2008-04-16《科技日报》报道:美国俄克拉荷马大学的塞缪尔·李与劳埃德·胡克提出一种 M 维超立方体结构,它有可能成为搭建纳米计算机的结构框架。该研究结果刊登在美国《计算机学报》上。在实验中,一个 M 维超立方体可以拆成两个平行连接的超立方体,也可以同另一个超立方体结合,因此它就能像积木一样,搭建任意大小和复杂度的逻辑门。

2. 纳米器件的现状

随着纳米技术日新月异的发展,2008 年电子加工精度已达 10 纳米,从而进入纳米时代。鉴于纳米研究领域接连取得一连串实质性的突破,一个崭新的纳米电子时代可望提前到来。美国科学促进协会最近的调查报告指出,用比现有硅芯片集成度高上万倍的纳米元件,在分子水平上制造更小、更快、更轻的计算机很可能在不久的将来成为现实。这实际上意味着,纳米电子技术将成为以硅等为基础的微米级集成电路技术的"接班人"。

1) 纳米晶体管技术的突破

为了发展超微型晶体管,美国新泽西州 Lucent technologies 公司贝尔实验室的研究人员正在从事这种超大规模集成电路的研究并获得突破。至此,目前最新的纳米晶体管研究成果已使晶体管尺寸缩小到 100nm 以下,使开关速度显著提高,功耗大减。科学家认为,这一进展开辟了一个在硅芯片上集成数十亿个晶体管的高性能集成电路的发展道路。

2) 生产纳米导线

研制纳米导线是制造大多数纳米器件和装置的关键因素。美国加州大学伯克利分校最近在改进纳米导线特性方面获得重大进展,被公认为纳米导线的先驱。为了制成纳米导线,该校采用能融化金薄膜或其他金属的特殊小室,小室中金属形成纳米尺寸的微滴,在微滴上空喷发诸如硅烷等化学蒸汽,其分子会被分解。短时间内,这些分子在融化的微滴上达到超饱和,形成纳米晶体。随着更多的蒸汽分子在金属微滴上被分解,晶体则长成树状。如果在几百万个金属微滴上同时发生这一过程,则能形成大量的纳米线,参见图 10-3。

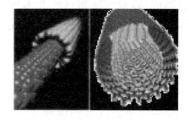

图 10-3　纳米导线

3) 开发纳米计算机

纳米计算机指的是它的基本元器件尺寸在几到几十纳米范围。随着晶体管元器件尺寸的缩小,芯片上集成的元器件越来越多,计算机处理器的功能也越来越强。但科学家们发现,当晶体管的尺寸进一步缩小,达到 $0.1\mu m \sim 100nm$ 以下时,半导体晶体管赖以工作的基本原理将受到较大的限制,甚至严重到使器件不能正常工作。研究人员需要另辟蹊径,突破0.1 微米界,实现纳米级器件。

科学家们一直在研究以不同的原理实现纳米级计算,目前提出了四种不同的工作机制,它们有可能发展成为未来纳米计算机技术的基础。这四种工作机制是:电子式纳米计算技术,基于 DNA 的纳米计算机,机械式纳米计算机以及量子波相干计算。

4) 硅纳米线传感器

硅纳米线的表面积大、表面活性高,对温度、光、湿气等环境因素的敏感度高,外界环境的改变会迅速引起表面或界面离子价态电子输运的变化,利用其电阻的显著变化可制成纳米传感器,并具有响应速度快、灵敏度高、选择性好等特点,可实现硅纳米线在化学、生物传感中的应用。近两年来,硅纳米线在检测细胞、葡萄糖、过氧化氢、牛类血清蛋白和DNA杂交方面取得了很大进展。利用硅纳米线制成的微米级针状结构传感器可以用于生物化学检测,由于这种细胞检测用传感器尺寸小、灵敏度高,所以通过显示pH值或者酶的活性而在检测单个细胞方面很有应用潜力,参见图10-4。

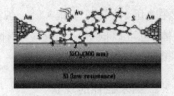

图10-4　聚苯乙炔自组装纳米器件

5) 技术的不足

虽然目前已初步实现了纳米晶体管、传感器等纳米器件的部分功能,但是硅纳米线纳米器件的研究仍处于起始阶段,离纳米器件的大规模集成还有相当大的距离。硅纳米线由于表面原子比例大,具有很强的表面活性,所以需对其表面进行改性处理,可望取得普通硅材料不可能实现的应用。从目前的研究来看,利用掺杂硅纳米线制备纳米器件还存在一定问题,如对掺杂硅纳米线的掺杂机理、特性的研究还不够深入,而且采用硅纳米线制备的纳米器件还只是处于初期阶段,其重复性较差,这就需要人们深入研究硅纳米线的掺杂机理,改进掺杂硅纳米线的制备工艺,减少后处理过程,制得容易测试的样品,并逐步实现可重复、大规模化生产工艺。

3. 纳米技术的威胁可能

自从纳米技术兴起后,关于纳米材料毒性的争论就从未停止过。一些研究发现,纳米管有剧毒,而另一些研究则并未得到明显的结论。相比而言,纳米科学技术可能给人类造成的危害,不像对转基因技术那样表示出太多的担忧。但是,纽约州立大学材料科学和工程系主任拉费洛维奇教授指出,人类的细胞对于10纳米大小的粒子不具备保护能力,因此,需要了解更多与纳米粒子有关的细胞生物学知识,探讨使用这些材料的合理性。

据2007-11-19《科学时报》报道,英国剑桥大学的Alexandra Porter和英国Daresbury实验室同事首次利用两种类型的显微设备对碳纳米管进入人类细胞全过程进行了直接观测。相关论文发表于《自然—纳米技术》上。研究人员将巨噬细胞浸入不同浓度的碳纳米管溶液中,从零到每毫升10微克。结果发现,两天后,单壁碳纳米管进入了细胞的溶酶体,4天后,碳纳米管会熔合到一起,其中一些进入了细胞质甚至细胞核。即使是浸入浓度较低溶液中的巨噬细胞生存能力和活性也会显著降低。

美国赖斯(Rice)大学生物和环境纳米技术研究中心主任阿斯曼教授则认为,纳米本身并不安全,问题是我们如何安全地使用。

10.4　纳米器件的典型应用

世上每一个现实存在的物体都是由分子组成的,在理论上,纳米机器可以构建所有的物体。当然从理论到真正实现应用是不能等同的,但纳米机械专家已经表明,实现纳米技术的应用是可行的。在扫描隧道电子显微镜帮助下,纳米机械专家已经能将独立的原子安排成自然界从未有的结构。纳米机械专家设计出了只由几个分子组成的微小齿轮和马达。纳米技术的大胆应用设想包括：利用纳米机器将获取的碳原子逐个组织起来，变成精美的金刚石；将二氧化物分子重新分解为原来的组成部分；在人的血管中放入纳米"潜水艇"，用于清除血管壁上的胆固醇……

1. 血管纳米"潜水艇"

2009 年 1 月 22 日报道，澳大利亚墨尔本莫纳什大学在鞭毛的启发下研制出了一种微型马达，此马达在实验室已经成功航行于人体血液中，但是科学家希望它能够进入狭窄的大脑动脉中。这一研究成果发表在《微型力学和微型工程学杂志》上。目前世界上最小的马达，直径只有四分之一毫米（即 $250\mu m$），不到二根头发粗。

澳大利亚墨尔本莫纳什大学微/纳米物理学研究实验室副主任詹姆斯·弗伦德希望，它有足够的动力来驱使微型机器人进入人体内甚至大脑里，去帮助医生观察患者的病情。通过自我装备的摄像机，此遥控装置能将关键的图片传送给外科医生，并取出活组织来进行活检，同时还能将药物直接送达身体所需要的部位。图 10-5 展示了未来的血管纳米"潜水艇"。

图 10-5　未来的血管纳米"潜水艇"

2. 纳米机器人

"纳米机器人"的研制属于分子仿生学的范畴，它根据分子水平的生物学原理为设计原型，设计制造可对纳米空间进行操作的"功能分子器件"。纳米生物学的近期设想，是在纳米尺度上应用生物学原理，发现新现象，研制可编程的分子机器人，也称纳米机器人。

纳米生物学涉及的内容可归纳为以下三个方面：

① 在纳米尺度上了解生物大分子的精细结构及其与功能的联系。

② 在纳米尺度上获得生命信息，例如，利用扫描隧道显微镜获取细胞膜和细胞表面的结构信息等。

③ 纳米机器人的研制。纳米机器人是纳米生物学中最具有诱惑力的内容，第一代纳米机器人是生物系统和机械系统的有机结合体，这种纳米机器人可注入人体血管内，进行健康检查和疾病治疗。还可以用来进行人体器官的修复工作、做整容手术、从基因中除去有害的DNA，或把正常的 DNA 安装在基因中，使机体正常运行。第二代纳米机器人是直接从原子或分子装配成具有特定功能的纳米尺度的分子装置，第三代纳米机器人将包含有纳米计算机，是一种可以进行人机对话的装置。这种纳米机器人一旦问世将彻底改变人类的劳动和生活方式。图 10-6 展示了未来的纳米机器人。

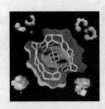

图 10-6　纳米机器人

据 2005 年 3 月 15 日报道，一台能够在纳米尺度上操作的机器人系统样机由中国科学院沈阳自动化所研制成功，并通过了国家"863"自动化领域智能机器人专家组的验收。在一个演示中，沈阳自动化所的研究人员操纵"纳米微操作机器人"，在一块硅基片上 $1 \times 2\mu m$ 的区域上清晰刻出 SIA 三个英文字母（沈阳自动化所的缩写）；另一个演示显示，在一个 $5 \times 5\mu m$ 的硅基片上，操作者将一个 $4\mu m$ 长、100nm（纳米）粗细的碳纳米管准确移动到一个刻好的沟槽里，参见图 10-7。

图 10-7　我国成功研制纳米操作机器人

3. 未来战场纳米"小精灵"

由于纳米技术的飞速发展，可控制、可运动的微型机械电子装置正逐渐成为现实。微机电系统的发展与应用，将会使人们早已熟悉的大型机电设备成为历史。目前，由纳米技术催生的可应用于未来战场的"小精灵"，主要有以下几种。

1）易潜伏的蚂蚁机器兵

这是一种通过声音加以控制的微型机器人，如果让这些蚂蚁机器兵背上微型探测器，就可在敌方敏感军事区内充当不知疲倦的全天候侦察兵，长期潜伏，不断将敌方情报传回控制站。若它再与微型地雷配合使用，还能实施战略打击。如果把这种蚂蚁机器兵事先潜伏在敌方关键设备中，平时相安无事，一旦交战，就可通过指令遥控激活它们，让它们充当杀手，去炸毁或"蚕食"敌方设备，特别是破坏信息系统和电力设备等基础设施。

2）易突防的袖珍飞机

这种袖珍飞机长度只有几毫米到几十毫米，甚至连肉眼几乎都看不到。由于体积太小，它的能量消耗非常低，但活动能力却很强，本领也很大，可以几小时甚至几天不停地在敌方空域飞行，通过机载微传感器将战场信息传回己方指挥所。这一类袖珍侦察机使用非常方便，既可由间谍带入敌国，也可通过其他方式散布，一般雷达根本无法发现它们。对于它们，现有的防空武器则只能望空兴叹。

3）像种草一样布放"间谍"

利用纳米技术制造微探测器并组网使用，形成分布式战场传感器网络。这种微探测器由战机、直升机或人员实施布放，就像在敌方军事区内种草一样简单，一经布防即自动进入工作状态，能源源不断地送回情报。这些纳米探测器依赖电子、声音、压力、磁性等传感器，可探测 200m 范围内的人员和装备活动情况，对敏感区实施不间断的连续监视。同时在纳米探测器上还可以安装微型驱动装置，让其具备一定的机动能力。另外，把间谍草传感器网络与战场打击系统连成一体，就可在战场透明化的基础上实施"点穴式"的精确打击。

10.5　纳米器件的展望

1. 复合动力车

晚上将120V插头直接插入家里的电源插座上,给电池充电,这样就能减少加油次数,减少温室气体的排放。复合动力车,利用先进的动力电子装置和计算机控制装置,与传统和电力传动系统结合起来。复合动力型车分为几种类型。"全面型"复合型动力车利用多种技术节省汽油;"适度型"复合动力车采用的节油技术较少,避免增加额外成本;而"低端"复合动力车仅在停车时关闭发动机,适度改善燃油效率。

2. 纳米电池

中国科学院国家纳米科学中心唐智勇研究员表示,国内纳米电池技术研究正在各种科研机构内开展。纳米电池微小、环保、未使用时不会丧失电能。它能保持休眠状态至少15年之久,并随时被唤醒。有了纳米电池,电源最终能与其他电子元件一起微型化,添加到各种设备的芯片上。

3. 数字记忆

近年来,微软研究部的开发团队着手用数字手段,按时间顺序逐一记录个人生活的方方面面。这项研究课题名为MyLifeBits(我人生的每一刻),它为打造终生数字档案提供了必要工具。在图像和声音的配合下,数字记忆能让往事浮现在人们的脑海中。另外,便携式传感器可以测量各种人体状况指标和环境参数,电脑通过检视测量数据找出规律。

4. 零能耗房子

位于阿姆斯特丹的荷兰银行世界总部,安装了数字式微气候调节器和照明装置,它能根据光线和房间占用的变化情况,进行自动调节。澳大利亚墨尔本的一家公司大楼,采用了陶瓷燃料电池,不仅能为大楼提供电力,而且还为大楼中的热水系统提供热量,这栋大楼比常规办公楼节能70%。如今,"零能耗"的房子也呼之欲出。

5. 家庭气象站

美国的戴维斯仪器仪表公司推出了个人气象站。即便是被放在拥挤繁华的街道上,这个小小的气象站也能通过无线电波,不断地为我们发送最新的气象报告。个人气象站主要包括传感器集成件和显示控制台两部分。传感器集成件由风速计、温度计、湿度计组成,可以随时收集天气情报。然后通过显示控制台接受传感器发射过来的情报,将它们显示出来。

10.6　国内纳米器件的研究

在纳米科技国际竞争的大环境中,我国在某些方面具有相对优势。第一,纳米科技的研究力量基本形成;我国是世界上少数几个从20世纪90年代就重视纳米材料研究的国家之一,已形成了一支在国际上有影响的、高水平的研究队伍,也形成了几个具有一定水平的研究基地。第二,我国具有若干种发展纳米材料的矿物资源和生物资源。第三,我国具有巨大的潜在市场。这些因素将有利于提高我国的竞争力。

与国外的纳米科技发展的情况相比,我国纳米材料及应用的产业化方面也有一定的特色和规模。一类是由科研部门和企业共建的,如中国科学院纳米工程中心、清华—富士康共建纳米科技中心(投资 3.5 亿)、天津泰达国家纳米工程产业化基地(泰达工业园区投资 3 亿);另外一类是地方政府与大学、研究所共建的,如南京市高聚物纳米复合材料工程技术中心、江苏纳米科技与应用开发中心、浙江省纳米应用工程技术中心、四川成都西部微珠纳米技术研究发展中心、安徽省纳米材料及应用工程技术研究中心、贵州纳米材料工程中心等。还有大学自建的,如西安交大国家大学科技园纳米技术应用工程中心、上海交大纳米科学与技术工程中心。

但是,我国在纳米科技的竞争力的不利方面主要有:

第一,发展纳米科技需要大量的,长期的经费投入,而纳米科技又是高风险的投资领域。世界发达国家对纳米技术投入的特点为政府引导,地方、企业参与,并以各种形式吸纳风险投资。相比之下,中国在纳米科技的投入实在太低,仅为美国的 1%～3%。

第二,国外政府对纳米科技领域的投资集中在长期的、战略性的研究项目,如纳米电子与器件、纳米生物等高风险领域,特别是集中建设基础设施和发展基础技术。从我国在纳米科技不同的领域的投资来看,纳米材料方面的投入明显高于其他领域的投资,而且目前在建设基础设施和发展基础技术方面的投资极少。

第三,我国在纳米科技的主流科技方面,如纳米电子与器件、纳米生物、纳米探测的仪器和技术等领域的科学基础和工业科学基础薄弱,缺乏竞争力。

为了克服这方面的不利因素,近年来,国内有关部门、大学和地区纷纷建立纳米研究与开发中心。我国的纳米科技研发机构在数量上与发达国家已建的研究开发基地相当,但缺少国家级的公共平台。

背 景 材 料

1. 国家纳米科学中心

国家纳米科学中心是中国科学院与教育部共建并具有独立事业法人资格的全额拨款直属事业单位,编制 155 人。中心于 2003 年 3 月 22 日在北京成立,由中国科学院纳米科技中心、北京大学和清华大学联合发起并组建。国家纳米科学中心的组织机构主要包括纳米加工与纳米器件实验室、纳米材料与纳米结构实验室、纳米医学与纳米生物技术实验室、纳米结构表征与检测实验室、国家纳米科学中心协作实验室、纳米网站及数据库。

2. 纳米器件物理与化学教育部重点实验室

纳米器件物理与化学教育部重点实验室成立于 2003 年 10 月,由北京大学的纳米物理和纳米化学的研究力量组成,主要研究发展与微电子工艺可能结合的纳米加工技术、探索新型纳电子材料、新型纳电子器件的工作原理及量子调控手段、研究新型纳电子器件可能的集成方式及相应的信号提取和处理方式、增强纳米元器件的功能化,发展集纳电子、光电子和传感器功能为一体的纳米器件结构;发展纳米表征和测量方法。

3. 纳米器件领域的领军人物

王中林教授(见图10-8)于1982年毕业于西安电子科技大学,并于同年考取中美联合招收的物理研究生(CUSPEA),1987年获亚利桑那州立大学物理学博士学位,现任美国佐治亚理工学院纳米科学和技术中心主任,是国内外著名的纳米技术专家。王中林教授已在国际一流刊物上发表期刊论文400余篇,会议论文140余篇,拥有专利8项,出版4本专著和15本编辑书籍。王中林教授因其对"纳米技术领域的材料科学以及基础发展做出的杰出及持续的贡献",2002年当选为欧洲科学院院士,2004年当选为世界创新基金会院士,2005年当选为美国物理学会院士。王中林教授是从1992年到2002年的10年中纳米科技论文被引用次数世界个人排名前25位作者之一。他的研究小组一直致力于以氧化锌为基础的纳米材料的合成和应用研究。2001年他们在《科学》杂志上报告首次合成氧化锌半导体材料带,这篇论文已被引用1100多次。随后他们开始研制纳米环、纳米螺旋等器件。

图10-8　王中林教授

参 考 文 献

1　裴立宅,唐元洪,郭池等.一维硅纳米材料的光学特性.人工晶体学报,2006,35(1):36-41.

2　裴立宅,唐元洪,郭池等.硅纳米线的电学特性.电子器件,2005,28(4):949-953.

3　艾飞,刘岩,周燕飞等.一维Si纳米材料的研究进展.材料导报,2004,18(专辑Ⅲ):93-97.

4　卢晓敏,汪雷,杨青等.一维硅纳米材料的研究进展[J].材料导报,2004,18(9):72-75.

5　陈扬文,唐元洪,裴立宅.硅纳米线制成的纳米传感器[J].传感器技术,2004,23(12):1-3.

6　裴立宅,唐元洪,陈扬文等.硅纳米线纳米电子器件及其制备技术.电子元件与材料,2004,23(10).

7　纳米发电机,http://baike.baidu.com/view/741446.htm.

8　什么是纳米科技? 国家纳米科学中心 http://www.nanoctr.cn/info/1048.html.

9　田学科,新技术给人类生存造成了威胁? 科技日报 2005-06-09.

10　刘林森.电子工业迎来纳米时代,2004-09-29,http://www.nanoctr.cn/moban/list71_100.jsp? cid=info.

11　国家纳米科学中心,中国纳米科技的当务之急 http://www.nanoctr.cn/info/102.html.

12　胡望宇.未来纳米电子器件的构筑基元,科学时报 2007-2-15.

13　胡望宇.未来纳米电子器件的构筑基元,科学时报 2007-2-15.

14　纳米电子器件的特点.ic160.com,2007年11月20日.

15　超立方体可充当未来纳米计算机构架.科技日报,2008-4-16.

16　美国科学家利用纳米技术研发电子隐形眼镜.新华网,2008-1-21.

17　世界最小纳米收音机问世.科技日报,2007-11-2.

18　DNA可望充当纳米级"电线".科技日报,2007-7-9.

19　裴立宅. 硅纳米线纳米器件的研究进展. 半导体光电,2007 年 4 月第 28 卷第 2 期.

20　奉贤. 纳米技术与未来战场"小精灵". 中青在线,2006-12-25.

21　世界最小发电机—纳米发电机. http://baike. baidu. com/view/95093. htm.

22　科学家首次成功观测碳纳米管进入细胞全过程. 科学时报,2007-11-19.

23　科技之谜:30 年后人类怎样生活? 科技日报,2007-07-25.

24　纳米机器人,http://baike. baidu. com/view/95093. htm.

25　发现可采用量子力学研制微型纳米机械. 中国机械网,2009-1-19.

26　柯南. 纳米机械的过去和未来. 大洋网,2001 年 9 月 27 日.

机 器 人

11.1 机器人简介

1. 概念引入

1920 年捷克斯洛伐克作家雷尔·卡佩克发表了科幻剧《罗素姆的万能机器人》。在剧本中,卡佩克把捷克语 Robota 写成了 Robot,Robota 是农奴的意思。该剧预告了机器人的发展对人类社会的悲剧性影响,引起了大家的广泛关注,被当成了机器人的起源。剧情是:罗素姆公司把机器人作为人类生产的工业产品推向市场,让它去充当劳动力。机器人按照其主人的命令默默地工作,没有感觉和感情,以呆板的方式从事繁重的不公平的劳动。

后来,罗素姆公司取得了成功,使机器人具有感情,导致机器人的应用部门迅速增加。在工厂和家务劳动中,机器人成了必不可少的成员。机器人发觉人类十分自私和不公正,终于造反了,开始屠杀人类。最后,一对感知能力优于其他机器人的男女机器人相爱了。这时机器人进化为人类,世界又起死回生了。

2. 发展机器人的理由

发展机器人有三个理由:一个是机器人干人不愿意干的事,把人从有毒的、有害的、高温的或危险的等此类环境中解放出来,同时机器人可以干不好干的活,比方说在汽车生产线上,工人天天拿着一百多公斤的焊钳、一天焊几千个点,做重复性的劳动,一方面很累,但是产品的质量仍然很低;另一方面机器人干人干不了的活,这也是机器人发展的非常重要的一个理由,比方说人们对太空的探索,人上不去的时候,叫机器人上天、上月球,以及到海洋;还有进入到人体的小机器人以及在微观环境下对原子分子进行搬迁的机器人,都是做人们做不了的工作。上述方面的三个问题,也就是说机器人发展的三个理由。

3. 机器人的概念

机器人是具有一些类似人的功能的机械电子装置或者叫自动化装置。

机器人有三个特点:一个是有类人的功能,比如说作业功能;感知功能;行走功能;还能完成各种动作,它还有一个特点是根据人的编程能自动工作,其中一个显著的特点就是它可以编程,可以改变它的工作、动作、工作的对象和工作的一些要求。它是人造的机器或机械电子装置,所以这个机器人仍然是个机器。

一般来说,机器人是计算机控制的可以编程的目前能够完成某种工作或可以移动的自动化机械,这是美国工程师协会定的一个定义,但日本和其他国家也对机器人有不同的看法,他们认为从完整的更为深远的机器人定义来看,应该更强调机器人智能,所以人们又提出来机器人的定义是能够感知环境,能够学习、有情感和进行逻辑判断思维的机器,参见图 11-1。

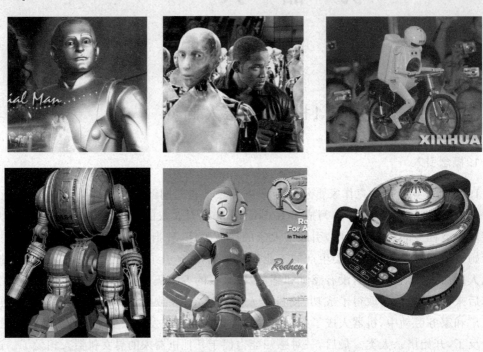

图 11-1　机器人

判断一个机器人是否是智能机器人可以依据下面三个基本特点:

(1) 具有感知功能,即获取信息的功能。机器人通过"感知"系统可以获取外界环境信息,如声音、光线、物体温度等。

(2) 具有思考功能,即加工处理信息的功能。机器人通过"大脑"系统进行思考,它的思考过程就是对各种信息进行加工、处理、决策的过程。

(3) 具有行动功能,即输出信息的功能。机器人通过"执行"系统(执行器)来完成工作,如行走、发声等。

4. 机器人三原则

美国科幻小说家阿西莫夫总结出了著名的"机器人三原则"。

第一:机器人不可伤害人或眼看着人将遇害而袖手不管。

第二:机器人必修服从人给它的命令,当该命令与第一条抵触时,不予服从。

第三:机器人必须在不违反第一、第二项原则的情况下保护自己。

11.2　机器人的发展阶段

罗伯特这样一个名词体现了人类长期的一种愿望,这种愿望就是创造出一种机器,能够代替人进行各种工作。这种想法是机器人产生的一种客观的要求,那么真正机器人的发展是在1947年,美国橡树岭国家实验室在研究核燃料的时候,大家知道核燃料,它有X射线对人体是有伤害的,必须有一台机器来完成像搬运和核燃料的处理这样的工作。在1947年产生了世界上第一台主从遥控的机器人,1947年以后是计算机电子技术发展比较迅速的时期,因此各国已经开始利用当时的一些现代的技术,进行了机器人研究。那么在1962年美国研制成功PUMA通用示教再现型机器人,那么这就标志着机器人走向成熟,应该说第一台可用的机器人在1947年产生,真正意义的机器人在1962年产生。相继不久,在英国等国家,也相继研究出一些机器人,到了20世纪60年代末,日本人将它的国民经济的汽车工业与机器人进行结合,它购买了美国的专利,在日本进行了再次开发和生产机器人。到20世纪70年代的时候,日本已经将这种示教再现型的机器人进行了工业化,出现了很多公司,现在的像ABB、MOTOMAN,还有安川公司,还有很多机器人公司像OTC等。它们都已经将机器人进行了工业化,进行了批量生产,而且成功地用于了汽车工业,使机器人正式地走向应用。

在20世纪70年代到20世纪80年代初期,工业机器人变成产品,得到全世界的普遍应用以后,很多研究机构开始研究第二代具有感知功能的机器人,出现了瑞典的ABB公司,德国的KUKA机器人公司,日本几家公司例如FUNAC公司,在工业机器人方面都有很大的作为,同时机器人的应用在不断拓宽,它已经从工业上的一些应用,扩展到了服务行业,扩展了它的作业空间,如海洋空间和服务医疗等行业的使用。机器人的发展有三个阶段。

1. 第一阶段

第一代机器人,也叫示教再现型机器人,它是通过一个计算机来控制一个多自由度的机械,通过示教存储程序和信息,工作时把信息读取出来,然后发出指令,这样的话机器人可以重复地根据人当时示教的结果,再现出这种动作,比方说汽车的点焊机器人,它只要把这个点焊的过程示教完以后,它总是重复这样一种工作,它对于外界的环境没有感知,操作力的大小,工件存在不存在,焊的好与坏,它并不知道,参见图11-2。

图 11-2　第一代机器人

2. 第二阶段

在 20 世纪 70 年代后期，人们开始研究第二代机器人，叫带感觉的机器人，这种带感觉的机器人具有类似人的某种感觉，比如说力觉、触觉、滑觉、视觉、听觉和人进行相类比，有了各种各样的感觉，比方说在机器人抓一个物体的时候，它实际上能感觉出力的大小，它能够通过视觉去感受和识别形状、大小、颜色。例如抓一个鸡蛋，它能通过一个触觉，知道它的力的大小和滑动的情况，参见图 11-3。

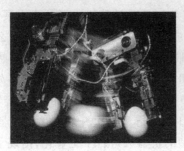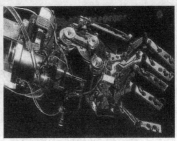

图 11-3 第二代机器人

3. 第三阶段

第三代机器人，也是机器人学中一个理想的人们所追求的最高级的阶段，叫智能机器人，那么只要告诉它做什么，不用告诉它怎么去做，它就能完成运动，具有感知思维和人机通信的功能和机能，不过目前的发展还只是在局部有这种智能的概念和含义，真正完整意义的这种智能机器人实际上并不存在，随着科学技术的不断发展，智能的概念越来越丰富，其内涵越来越宽，参见图 11-4。

图 11-4 第三代机器人

11.3 机器人分类

世界上第一台工业机器人问世之后，不同功能的机器人也相继出现并且活跃在不同的领域，从天上到地下，从工业拓展到农、林、牧、渔，甚至进入寻常百姓家。机器人的种类之多，应用之广，影响之深，是人们始料未及的。从机器人的用途来分，可以分为两大类：军用机器人和民用机器人。

1. 军用机器人

1）地面军用机器人

地面机器人主要是指智能或遥控的轮式和履带式车辆。地面军用机器人又可分为自主车辆和半自主车辆。自主车辆依靠自身的智能自主导航,躲避障碍物,独立完成各种战斗任务;半自主车辆可在人的监视下自主行驶,在遇到困难时操作人员可以进行遥控干预,参见图11-5。

图 11-5 地面军用机器人

2）无人机

被称为空中机器人的无人机是军用机器人中发展最快的家族,从1913年第一台自动驾驶仪问世以来,无人机的基本类型已达到300多种,目前在世界市场上销售的无人机有40多种。美国几乎参加了世界上所有重要的战争。由于它的科学技术先进,国力较强,因而80多年来,世界无人机的发展基本上是以美国为主线向前推进的。美国是研究无人机最早的国家之一,今天无论从技术水平还是无人机的种类和数量来看,美国均居世界首位。这种机器人真正令世人刮目相看是在 20 世纪 80 年代中期,可用来巡查森林、防治火灾,参见图 11-6。

图 11-6　无人飞机

3) 水下机器人

水下机器人分为有人机器人和无人机器人两大类:其中有人潜水器机动灵活,便于处理复杂的问题,操作人员的生命可能会有危险,而且价格昂贵。

无人潜水器就是人们所说的水下机器人,近 20 年来,水下机器人有了很大的发展,它们既可军用又可民用。随着人对海洋进一步地开发,21 世纪它们必将会有更广泛的应用。按照无人潜水器与水面支持设备(母船或平台)间联系方式的不同,水下机器人可以分为两大类:一种是有缆水下机器人,习惯上把它称为遥控潜水器,简称 ROV;另一种是无缆水下机器人,潜水器被称做自治潜水器,简称 AUV。有缆机器人都是遥控式的,按其运动方式分为拖曳式、(海底)移动式和浮游(自航)式三种;无缆水下机器人还只能是自治式的,参见图 11-7。

图 11-7　水下机器人

4) 空间机器人

国际上空间机器人研究很热,包括像欧洲十六国在联合空间计划,面向未来太空的这种太空舱这样一个整个计划,其中有一点就是空间机器人,它的主要意义在于开发宇宙。像空间生产和科学实验,卫星和航天器的维修和修理,以及空间建筑的装配等都是必要的,因为人在太空舱里生存一天的费用,将近是一百万美金,而且也很危险,那么其实有些动作是很简单的,人通过在地面上,通过卫星进行控制机器人,再定期地完成某种预定的动作,实际是很简单的,还有包括像太空舱进行控制一些实验,一些开关、按钮、法兰简单的维修维护,都可以由机器人来完成,参见图 11-8。

图 11-8 空间机器人

2. 民用机器人

1）工业机器人

工业机器人是指在工业中应用的一种能进行自动控制的、可重复编程的、多功能的、多自由度的、多用途的操作机，能搬运材料、工件或操持工具，用以完成各种作业。且这种操作机可以固定在一个地方，也可以在往复运动的小车上。到目前为止，工业机器人是最成熟且应用最广泛的一类机器人，参见图 11-9。

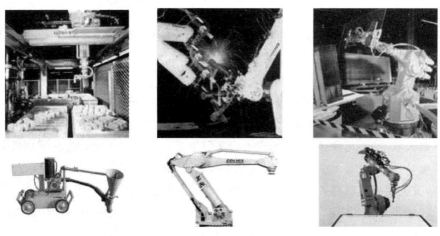

图 11-9 工业机器人

2）服务机器人

服务机器人是机器人家族中的一员，到目前为止尚没有一个严格的定义，不同国家对服务机器人的认识也有一定差异。服务机器人的应用范围很广，主要从事维护、保养、修理、运输、清洗、保安、救援、监护等工作。德国生产技术与自动化研究所所长施拉夫特博士给服务机器人下了这样一个定义：服务机器人是一种可自由编程的移动装置，它至少应有三个运动轴，可以部分地或全自动地完成服务工作。这里的服务工作指的不是为工业生产物品而从事的服务活动，而是指为人和单位完成的服务工作，参见图 11-10。

图 11-10　服务机器人

3）娱乐机器人

娱乐机器人以供人观赏、娱乐为目的，具有机器人的外部特征，可以像人，像某种动物，像童话或科幻小说中的人物等，同时具有机器人的功能，可以行走或完成动作，可以有语言能力，会唱歌，有一定的感知能力。

美国特种机器人协会曾举办了一场别开生面的音乐会，演唱者是世界男高音之王"帕瓦罗蒂"。这位"帕瓦罗蒂"并不是意大利著名的歌唱家帕瓦罗蒂，而是美国依阿华州州立大学研制的机器人歌手"帕瓦罗蒂"。这场音乐会实际上是一场机器人验收会。听众席上不仅有机器人领域的专家，更有不少音乐家以及众多慕名而来的听众。

目前，受关注的是机器人玩具，它实际是一种智能玩具，能够开发儿童的智能，让儿童在玩耍中学到一些高技术知识。我国机器人玩具还比较少，而在美国、日本等国，机器人玩具则已非常普遍。日本是机器人玩具发展较早的国家，参见图 11-11。

图 11-11　娱乐机器人

11.4　各国的机器人发展

1. 美国

美国是现代机器人的故乡。20 世纪 50 年代,发明家英格伯格和德沃尔成立了"尤尼梅特"公司,并生产出了第一台工业机器人"尤尼梅特"。1962 年,机械与铸造公司研制出了"沃尔萨特兰"工业机器人。这两种机器人是世界上最早、最有名的机器人。至今,它们仍在使用,参见图 11-12 和图 11-13。

美国比起号称"机器人王国"的日本起步至少要早五六年。经过 30 多年的发展,美国现已成为世界上的机器人强国之一,基础雄厚,技术先进。综观它的发展史,道路是曲折的,不平坦的。

由于美国政府从 20 世纪 60 年代到 20 世纪 70 年代中的十几年期间,并没有把工业机器人列入重点发展项目,只是在几所大学和少数公司开展了一些研究工作。对于企业来说,在只看到眼前利益,政府又无财政支持的情况下,宁愿错过良机,固守在使用刚性自动化装置上,也不愿冒着风险,去应用或制造机器人。加上,当时美国失业率高达 6.65%,政府担心发展机器人会造成更多人失业,因此不予投资,也不组织研制机器人,这不能不说是美国

图 11-12　世界上第一台工业机器人"尤尼梅特"　　　图 11-13　机器人开赴伊拉克

政府的战略决策错误。20世纪70年代后期,美国政府和企业界虽有所重视,但在技术路线上仍把重点放在研究机器人软件及军事、宇宙、海洋、核工程等特殊领域的高级机器人的开发上,致使日本的工业机器人后来居上,并在工业生产的应用上及机器人制造业上很快超过了美国,产品在国际市场上形成了较强的竞争力。

进入20世纪80年代之后,美国才感到形势紧迫,政府和企业界才对机器人真正重视起来,政策上也有所体现,一方面鼓励工业界发展和应用机器人,另一方面制订计划、提高投资,增加机器人的研究经费,把机器人看成美国再次工业化的特征,使美国的机器人迅速发展。

20世纪80年代中后期,随着各大厂家应用机器人的技术日臻成熟,第一代机器人的技术性能越来越满足不了实际需要,美国开始生产带有视觉、力觉的第二代机器人,并很快占领了美国60%的机器人市场。

尽管美国在机器人发展史上走过一条重视理论研究,忽视应用开发研究的曲折道路,但是美国的机器人技术在国际上仍一直处于领先地位。其技术全面、先进,适应性也很强。具体表现在:性能可靠,功能全面,精确度高;机器人语言研究发展较快,语言类型多、应用广,水平高居世界之首;智能技术发展快,其视觉、触觉等人工智能技术已在航天、汽车工业中广泛应用;高智能、高难度的军用机器人、太空机器人等发展迅速,主要用于扫雷、布雷、侦察、站岗及太空探测方面。

2. 日本

日本在20世纪60年代末正处于经济高度发展时期,年增长率达11%。第二次世界大战后,日本的劳动力本来就紧张,而高速度的经济发展更加剧了劳动力严重不足的困难。为此,日本在1967年由川崎重工业公司从美国Unimation公司引进机器人及其技术,建立起生产车间,并于1968年试制出第一台川崎的"尤尼曼特"机器人。

正是由于日本当时劳动力显著不足,机器人在企业里受到了"救世主"般的欢迎。日本政府一方面在经济上采取了积极的扶植政策,鼓励发展和推广应用机器人,从而更进一步激发了企业家从事机器人产业的积极性。尤其是政府对中、小企业的一系列经济优惠政策,如由政府银行提供优惠的低息资金,鼓励集资成立"机器人长期租赁公司",公司出资购入机器人后长期租给用户,使用者每月只需付较低廉的租金,大大减轻了企业购入机器人所需的资金负担；政府把由计算机控制的示教再现型机器人作为特别折扣优待产品，企业除享受新设备通常的 40％折扣优待外，还可再享受 13％的价格补贴。另一方面，国家出资对小企业进行应用机器人的专门知识和技术指导，等等。

这一系列扶植政策，使日本机器人产业迅速发展起来，经过短短的十几年，到 20 世纪 80 年代中期，已一跃而为"机器人王国"，其机器人的产量和安装的台数在国际上跃居首位。按照日本产业机器人工业会常务理事米本完二的说法："日本机器人的发展经过了 20 世纪 60 年代的摇篮期，20 世纪 70 年代的实用期，到 20 世纪 80 年代进入普及提高期。"并正式把 1980 年定为"产业机器人的普及元年"，开始在各个领域内广泛推广使用机器人。

日本在汽车、电子行业大量使用机器人生产，使日本汽车及电子产品产量猛增，质量日益提高，而制造成本则大为降低。从而使日本生产的汽车能够以价廉的绝对优势进军号称"汽车王国"的美国市场，并且向机器人诞生国出口日本产的实用型机器人。此时，日本价廉物美的家用电器产品也充斥了美国市场……这使"山姆大叔"后悔不已。日本由于制造、使用机器人，增大了国力，获得了巨大的好处，迫使美、英、法等许多国家不得不采取措施，奋起直追，参见图 11-14。

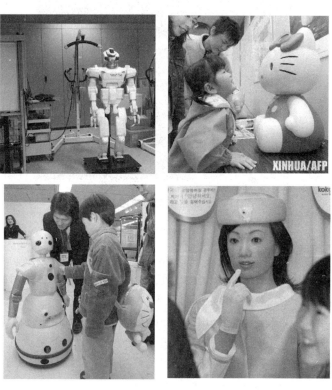

图 11-14　日本机器人

3. 德国

德国工业机器人的总数占世界第三位，仅次于日本和美国。这里所说的德国，主要指的是原联邦德国。它比英国和瑞典引进机器人大约晚了五六年。其所以如此，是因为德国的机器人工业一起步，就遇到了国内经济不景气。但是德国的社会环境却是有利于机器人工业发展的。因为战争，导致劳动力短缺，以及国民技术水平高，都是实现使用机器人的有利条件。到了 20 世纪 70 年代中后期，政府采用行政手段为机器人的推广开辟道路；在"改善劳动条件计划"中规定，对于一些有危险、有毒、有害的工作岗位，必须以机器人来代替普通人的劳动。这个计划为机器人的应用开拓了广泛的市场，并推动了工业机器人技术的发展。日耳曼民族是一个重实际的民族，他们始终坚持技术应用和社会需求相结合的原则。除了像大多数国家一样，将机器人主要应用在汽车工业之外，突出的一点是德国在纺织工业中用现代化生产技术改造原有企业，报废了旧机器，购买了现代化自动设备、电子计算机和机器人，使纺织工业成本下降、质量提高，产品的花色品种更加适销对路。到 1984 年终于使这一被喻为"快完蛋的行业"重新振兴起来。与此同时，德国看到了机器人等先进自动化技术对工业生产的作用，提出了 1985 年以后要向高级的、带感觉的智能型机器人转移的目标。经过近十年的努力，其智能机器人的研究和应用方面在世界上处于公认的领先地位，参见图 11-15。

图 11-15　德国机器人使用自来水笔

4. 英国

早在 1966 年，美国 Unimation 公司的尤尼曼特机器人和 AMF 公司的沃莎特兰机器人就已经率先进入英国市场。1967 年英国的两家大机械公司还特地为美国这两家机器人公司在英国推销机器人。接着，英国 Hall Automation 公司研制出自己的机器人 RAMP。20世纪 70 年代初期，由于英国政府科学研究委员会颁布了否定人工智能和机器人的Lighthall 报告，对工业机器人实行了限制发展的严厉措施，因而机器人工业一蹶不振，在西欧差不多居于末位。

但是，国际上机器人蓬勃发展的形势很快使英政府意识到：机器人技术的落后，导致其商品在国际市场上的竞争力大为下降。于是，从 20 世纪 70 年代末开始，英国政府转而采取支持态度，推行并实施了一系列支持机器人发展的政策和措施，如广泛宣传使用机器人的重要性、在财政上给购买机器人企业以补贴、积极促进机器人研究单位与企业联合等，使英国机器人进入了广泛应用及大力研制的兴盛时期，参见图 11-16。

图 11-16　英国机器人研究

5. 法国

法国不仅在机器人拥有量上居于世界前列,而且在机器人应用水平和应用范围上处于世界先进水平。这主要归功于法国政府一开始就比较重视机器人技术,特别是把重点放在开展机器人的应用研究上。

法国机器人的发展比较顺利,主要原因是通过政府大力支持的研究计划,建立起一个完整的科学技术体系。即由政府组织一些机器人基础技术方面的研究项目,而由工业界支持开展应用和开发方面的工作,两者相辅相成,使机器人在法国企业界很快发展和普及。

6. 俄罗斯

在前苏联(主要是在俄罗斯),从理论和实践上探讨机器人技术是从 20 世纪 50 年代后半期开始的。到了 20 世纪 50 年代后期开始了机器人样机的研究工作。1968 年成功地试制出一台深水作业机器人。1971 年研制出工厂用的万能机器人。早在前苏联第九个五年计划(1970—1975)开始时,就把发展机器人列入国家科学技术发展纲领之中。到 1975 年,已研制出 30 个型号的 120 台机器人,经过 20 年的努力,前苏联的机器人在数量、质量水平上均处于世界前列地位。国家有目的地把提高科学技术进步当作推动社会生产发展的手段,来安排机器人的研究制造;有关机器人的研究生产、应用、推广和提高工作,都由政府安排,有计划、按步骤地进行。

11.5　中国的机器人发展

中国机器人的研究是从 20 世纪 70 年代开始的,至今已有 30 多年。到目前为止大体分为三个时期:摇篮期、规划发展期及拓广发展期。

1. 摇篮期(20 世纪 70 年代至 1985 年)

20 世纪 70 年代初期至 1976 年,此段时间一些中国知识分子从图书馆外文杂志中零星了解到机器人技术的出现,自发地去探讨机器人的性能、特点、结构和应用场合,出现研究期望的萌动。这一时期的特点是对国外机器人技术无法系统地了解,信息闭塞,学术交流停滞,研发工作是在压抑、无序的环境下,零星自发地进行。

2. 规划发展期(1986—2000)

20 世纪 80 年代中期,技术革命第三次浪潮冲击全世界,在这个浪潮中,机器人技术位于浪潮的前列。当时全国有大大小小 200 多个单位自发进行研究与开发,从事低水平的重复研究和不同角度的切入研发,虽然没有机器人产品出现,但也初步形成了一支机器人技术与应用的队伍,为我国的机器人技术发展奠定了基础。

3. 拓广发展期(2001 年至现在)

经过 1986 年到 2000 年国家 863 计划的实施,我国机器人技术与自动化工艺装备等方面取得了突破性进展,缩短了同发达国家之间的差距。但在 2001 年国家"十五"863 计划启动时,同发达国家相比,我国在机器人与自动化装备原创技术研究、高性能工艺装备自主设计和制造、重大成套装备系统集成与开发、高性能基础功能部件批量生产与应用等方面,仍存在较大差距。

从"十五"开始,863 机器人技术主题对机器人技术发展作了重要战略调整,从单纯的机器人技术研发向机器人技术与自动化工业装备扩展,将中心任务定义为"研发和开发面向先进制造的机器人制造单元及系统、自动化装备、特种机器人,促进传统机器的智能化和机器人产业的发展,提高我国自动化技术的整体水平"。

目前主要单位像中科院沈阳自动化所,原机械部的北京自动化所,像哈尔滨工业大学,北京航空航天大学,清华大学,还包括中科院北京自动化所等的一些单位都做了非常重要的研究工作,也取得了很多的成果,而且从这几年来看,我们国家在高校里边,有很多单位从事机器人研究,很多研究生和博士生都在从事机器人方面的研究,我国比较有代表性的研究有工业机器人、水下机器人、空间机器人、核工业的机器人,都应该在国际上处于领先水平。虽然在总体上我们国家与发达国家相比,还存在很大的差距,主要表现在,我国在机器人的产业化方面还没有固定的成熟的产品,但是在水下、空间、核工业,一些特殊机器人方面,取得了很多有特色的研究成就,参见图 11-17。

图 11-17 我国机器人

11.6　现代机器人发展

现在科技界研究机器人大体上是沿着三个方向前进：一是让机器人具有更强的智能和功能，二是让机器人更具人形，也就是更像人，三是微型化，让机器人可以做更多细致的工作。

1. 现在的发展特点

目前，机器人正在进入"类人机器人"的高级发展阶段，即无论从相貌到功能还是从思维能力和创造能力方面，都向人类"进化"甚至在某些方面大大超过人类，如计算能力和特异功能等。类人型机器人技术集自动控制、体系结构、人工智能、视觉计算、程序设计、组合导航、信息融合等众多技术于一体。专家指出，未来的机器人在外形方面将大有改观，如目前的机器人大都为方脑袋、四方身体以及不成比例的粗大四肢，行进时要靠轮子或只作上下、前后左右的机械运动，而未来的机器人从相貌上来看与人无区别，它们将靠双腿行走，其上下坡和上下楼梯的平衡能力也与人无异，有视觉、有嗅觉、有触觉、有思维，能与人对话，能在核反应堆工作，能灭火，能在所有危险场合工作，甚至能为人治病，还可克隆自己和自我修复自己。总之，它们能在各种非常艰难危险的工作中，代替人甚至超过人类去从事各种工作，参见图 11-18。

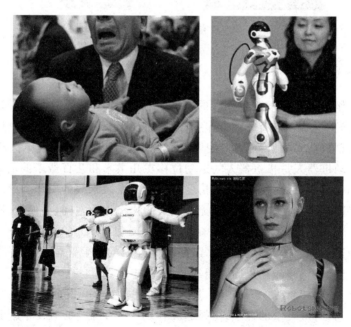

图 11-18　类人型机器人

2. 生化机器人将成未来人类形态

美国、德国、英国等国的科学家都纷纷表示，人类的终极形态将是生化机器人。甚至有科学家表示,未来的人类和机器人的界限将逐渐消失,人类将拥有机器人一样强壮的身体,机器人将拥有人类一样聪明的大脑。随着生化机器人技术的逐步成熟,人脑机器人可能是人类的终极形态,而肉身机器人可能是机器人的终极形态。

有了生化机器人技术后,机器器官和人类大脑能够"对话",让身体的免疫系统接受这个外来的器官,这样就不会产生不良的排斥反应。人类到死亡的时候,往往大脑中的大部分细胞还是活的。如果把这些细胞移植到一个机器身体内,制造一个具有人类大脑的机器人,人类就有望实现永生的梦想。日本本田公司的机器人研究中心正在制订一个庞大的研究计划,希望在20年的时间里能成功地制造出具有完美肉身的机器人,让这些机器人在工厂、宾馆、商场、医院、家政服务领域得到广泛使用。这些肉身机器人将比普通的金属骨架机器人具有更大的亲和力,也就具有更大的市场竞争力,参见图11-19。

图 11-19   具有人造皮肤的生化机器人

3. 微型机器人

微型机器人作为人们探索微观世界的技术装备,在微机械零件装配、MEMS 的组装和封装、生物工程、微外科手术、光纤耦合作业、超精密加工及测量等方面具有广阔的应用前景和研究价值。微型机器人的研究方向包括纳米级微驱动机器人、微操作机器人和微小型机器人。纳米微驱动机器人是指机器人的运动位移在几微米和几百微米的范围内;微操作机器人是指对微小物体的整体或部分进行精度在微米或亚微米级的操作和处理;微小型机器人体积小、耗能低,能进入一般机械系统无法进入的狭窄作业空间,方便地进行精细操作。

韩国 Chonnam National 大学的科学家 2007 年 10 月 26 日称:研制出一种微型机器人,他可以很轻松地进入人体的动脉血管,清除一些血栓内的疾病。研究人员研制出的微型机器人可以进入人体血管,并能在里面停留约 3 周,行走大约 54 米,参见图 11-20。

中国新闻网 2008 年 4 月 18 日报道,加拿大多伦多大学开发的新型微型机器手是一对微型的机器钳子,具有最灵敏的抓握,可抓起和移动一个细胞,而不破坏这个细胞。此微型机器手可用于组装细胞到人造组织结构中,或制造微米级和纳米级的装置。此机器钳子可施展小到 20 纳牛顿的力,1 纳牛顿是十亿分之一牛顿。加拿大多伦多大学负责开发此项目的研究人员孙余(音译)表示,这是机器人首次能感受到它们如此轻微地抓握物体的力量。相比之下,先前的钳子要逊色得多,没有这么好的力量感觉,参见图 11-21。

图 11-20　韩国微型机器人

图 11-21　加拿大新型微型机器人

背 景 材 料

1. 机器人之父

加腾一郎是日本早稻田大学机械系主任。他研制出了国际著名的"华鲍脱"机器人。这个机器人重 130 公斤，有一双很精致的手，而且像人一样长着两条腿，能接受人们用日语下达的命令。

为了让机器人更好地为人类谋福利，加腾一郎成功地研制出了"腺癌诊治机器人"。他为日本工业自动化和机器人的发展做出了卓越的贡献，受到了日本人民和各国同行们的赞扬，参见图 11-22。

图 11-22　加腾一郎

2. 机器人元老

英格伯格，1925 年 7 月出生于美国的布鲁克林，毕业于哥伦比亚大学，第二次世界大战后，在一家公司工作。1956 年以后，他开始与德沃尔密切合作，共同设计了一台工业机器人。他们筹集了足够的资金，1959 年开始制造，终于造出了世界上第一台工业机器人，名叫"尤尼梅特"，意思是"万能自动"。

英格伯格和德沃尔筹办了"尤尼梅特"公司，这是世界上第一家专门生产机器人的工厂。

为了推广机器人，英格伯格于 1967 年到日本宣传介绍机器人。日本 600 多人听了他的演讲。从此，英格伯格被人们誉为"美国机器人的元老"。

参 考 文 献

1　孝文.机器人发展的三大趋势.科技潮,2008 年 06 期.

2　世界工业机器人产业发展动向.今日科技,2001(11).

3　晨光.奇幻多姿的机器人世界.今日科苑,2006(11).

4　李微.工业机器人.全球科技经济瞭望,1987(03).

5　机器人保姆.科学大众(小学版),2003(04).

6　机器人发展简史.机械工程师,2008 年 07 期.

7　毕胜.国内外工业机器人的发展现状.机械工程师,2008 年 07 期.

8　李瑞峰.新一代工业机器人系列产品开发.机器人,2001(S1).

9　谢涛,徐建峰,张永学,强文义.仿人机器人的研究历史、现状及展望.机器人,2002(04).

10　刘英卓,张艳萍.仿人机器人发展状况和挑战.辽宁工学院学报,2003(04).

11　罗斾咺,张永德,宋继良.机器人仿生面部系统研究综述.机器人,2003(03).

12　国外仿人机器人发展概况.机器人,2005 年 06 期.

13　工业机器人发展现状浅谈.自动化博览,2007 年 02 期.

14　李穗平.军用机器人的发展及其应用.电子工程师,2007 年 05 期.

15　机器人发展简史.世界科学,2007 年 03 期.

16　曹祥康,谢存禧.我国机器人发展历程.机器人技术与应用,2008 年 05 期.

17　李育文,王红卫,李芳.机器人发展概况及展望.河南科技,2002 年 01 期.

18　朱力.目前各国机器人发展情况.中国青年科技,2003 年 11 期.

19　机器人.http://baike.baidu.com/view/2788.htm.

20　中国机器人网.http://www.robotschina.com/.

21　机器人发展史.http://zhidao.baidu.com/question/19502646.html.

22　杨先碧.生化机器人将成未来人类终极形态.新民晚报,2009-02-06.

第二部分

计算机软件

第12讲　CMM与敏捷软件设计

第13讲　软件产品线与网构软件

第14讲　可信计算

第15讲　演化计算与软件基因编程

第16讲　软件进化论

第17讲　4GL与软件开发工具酶

第18讲　知件与智幻体

CMM与敏捷软件设计

12.1 软件危机与软件工程方法学

1. 软件发展的三个阶段

第一个阶段是 20 世纪 50 年代到 20 世纪 60 年代,是程序设计阶段,该阶段是个体手工劳动的生产方式。这个时期,一个程序是为一个特定的目的而编制的,软件的通用性很有限。软件往往带有强烈的个人色彩。早期的软件开发没有什么系统的方法可以遵循,软件设计是在某个人的头脑中完成的一个隐藏的过程。而且,除了源代码往往没有软件说明书等文档,因此这个时期尚无软件的概念,基本上只有程序、程序设计概念,不重视程序设计方法,主要是用于科学计算,规模很小、采用简单的工具(基本上采用低级语言),硬件的存储容量小、运行可靠性差。

第二阶段是 20 世纪 60 年代到 20 世纪 70 年代,是软件设计阶段,采用小组合作生产方式,出现了"软件作坊"。这个阶段,基本采用高级语言开发工具,开始提出结构化方法。硬件的速度、容量、工作可靠性有明显提高,而且硬件的价格降低。人们开始使用产品软件(可购买),从而建立了软件的概念。程序员数量猛增,但是开发技术没有新的突破,软件开发的方法基本上仍然沿用早期的个体化软件开发方式,软件需求日趋复杂,维护的难度越来越大,开发成本令人吃惊地高,开发人员的开发技术不适应规模大、结构复杂的软件开发,失败的项目越来越多。

第三个阶段是从 20 世纪 70 年代至今,为软件工程时代,是工程化的生产方式。这个阶段的硬件向超高速、大容量、微型化以及网络化方向发展,第三、四代语言出现。数据库、开发工具、开发环境、网络、分布式、面向对象技术等工具方法都得到应用。软件开发技术有很大进步,但未能获得突破性进展。

2. 软件危机

第一个写软件的人是 Ada(Augusta Ada Lovelace),在 19 世纪 60 年代她尝试为 Babbage(Charles Babbage)的机械式计算机写软件。尽管她的努力失败了,但她的名字永远载入了计算机发展的史册,现在有人称她是"软件奶奶"。

早期的软件问题很多。20 世纪 60 年代,北约(NATO)就提出了软件危机这一概念。在那个时代,很多软件的结局都很惨。很多的软件项目开发时间大大超出了规划的时间表。一些项目导致了财产的流失,甚至某些软件导致了人员伤亡。同时软件开发人员也发现软件开发的难度越来越大。

1968 年秋季,NATO(北约)的科技委员会召集了近 50 名一流的编程人员、计算机科学家和工业界巨头,讨论和制定摆脱"软件危机"的对策。在那次会议上第一次提出了软件工程(software engineering)这个概念。

软件工程是一门研究如何用系统化、规范化、数量化等工程原则和方法去进行软件的开发和维护的学科。软件工程包括两方面内容:软件开发技术和软件项目管理。软件开发技术包括软件开发方法学、软件工具和软件工程环境。软件项目管理包括软件度量、项目估算、进度控制、人员组织、配置管理、项目计划等。软件工程的目标是研制开发与生产出具有良好的软件质量和费用合算的产品。费用合算是指软件开发运行的整个开销能满足用户要求的程度,软件质量是指该软件能满足明确的和隐含的需求能力有关特征和特性的总和。软件质量可用六个特性来评价,即功能性、可靠性、易使用性、效率、维护性和易移植性。20 世纪 70 年代风靡一时的结构化开发方法,即面向过程的开发或结构化方法以及结构化的分析、设计和相应的测试方法。

欧洲阿里亚娜火箭的爆炸就是一个最为惨痛的教训。美国 IBM 公司于 1963 年至 1966 年开发的 IBM360 系列机的操作系统 OS 360 被认为是一个典型的案例,它使用了 1000 名左右的程序员,最后失败了。IBM 大型电脑之父 Fred Brooks 在随后他的大作《人月神话》(The Mythical Man-Month)中曾经承认,在他管理这个项目的时候,他犯了一个价值数百万美元的错误。

在《人月神话》一书中,软件开发则被喻为让众多史前巨兽痛苦挣扎,却无力摆脱的焦油坑。随着需求和应用的日趋深入与复杂化,软件开发的难度和遇到的问题以几何级数形式增长,焦油坑也由此变得更深、更大。

复杂程度高,开发周期长,结果无保证,这是软件开发的通病。从软件危机被提出以来,人们一直在寻找解决它的方法。针对问题,人们创造了 n 种方法,比如结构化的程序设计、面向对象的开发、CMM、UML 等,也由此产生了软件工程方法学。

面向对象的分析和设计方法(OOA 和 OOD)的出现使传统的开发方法发生了翻天覆地的变化。随之而来的是面向对象建模语言(以 UML 为代表)、软件复用、基于组件的软件开发等新的方法和领域。

12.2   软件过程管理与 CMM

1. CMM 的起步阶段

信息时代,软件质量的重要性越来越为人们所认识。软件是产品、是装备、是工具,其质量使得顾客满意是产品市场开拓、事业得以发展的关键。而软件工程领域在 1992 年至 1997 年取得了前所未有的进展,其成果超过软件工程领域过去 15 年来的成就总和。

　　软件管理工程引起广泛注意源于 20 世纪 70 年代中期。当时美国国防部曾立项专门研究软件项目做不好的原因,发现 70％的项目是因为管理不善而引起,而并不是因为技术实力不够,进而得出一个结论,即管理是影响软件研发项目全局的因素,而技术只影响局部。到了 20 世纪 90 年代中期,软件管理工程不善的问题仍然存在,大约只有 10％的项目能够在预定的费用和进度下交付。软件项目失败的主要原因有:需求定义不明确;缺乏一个好的软件开发过程;没有一个统一领导的产品研发小组;子合同管理不严格;没有经常注意改善软件过程;对软件构架很不重视;软件界面定义不善且缺乏合适的控制;软件升级暴露了硬件的缺点;关心创新而不关心费用和风险;适用标准太少且不够完善等。在关系到软件项目成功与否的众多因素中,软件度量、工作量估计、项目规划、进展控制、需求变化和风险管理等都是与工程管理直接相关的因素。由此可见,软件管理工程的意义至关重要。

　　1987 年,美国卡内基·梅隆大学软件研究所(SEI)受美国国防部的委托,率先在软件行业从软件过程能力的角度提出了软件过程成熟度模型(CMM),随后在全世界推广实施的一种软件评估标准,用于评价软件承包能力并帮助其改善软件质量的方法。它主要用于软件开发过程和软件开发能力的评价和改进。它侧重于软件开发过程的管理及工程能力的提高与评估。CMM 自 1987 年开始实施认证,现已成为软件业最权威的评估认证体系。CMM 包括 5 个等级,共计 18 个过程域,52 个目标,300 多个关键实践。

2. CMM

　　CMM(Capability Maturity Model)即软件能力成熟度模型,最早的工作始于 1986 年 11 月,该模型由美国卡内基·梅隆大学的软件工程研究所(简称 SEI)研制,在 Mitre 公司协助下,于 1987 年 9 月发布了一份能力成熟度框架(Capability Maturity Framework)以及一套成熟度问卷(Maturity Questionnaire),初始的主要目的是为了评价美国国防部的软件合同承包组织的能力,后因为在软件企业应用 CMM 模型实施过程改进取得较大的成功,所以在全世界范围内被广泛使用。

　　CMM 的思想来源于已有多年历史的产品质量管理和全面质量管理。Watts Humphrey 和 Ron Radice 在 IBM 公司将全面质量管理的思想应用于软件工程过程,收到了很大的成效。SEI 的软件能力成熟度框架就是在以 Humphrey 为主的软件专家实践经验的基础上发展而来的。软件能力成熟度模型中融合了全面质量管理的思想,以不断进化的层次定量控制中项目管理和项目工程的基本原则。CMM/CMMI/SPCA 所依据的想法是只要不断地对企业的工程过程的基础结构和实践进行管理和改进,就可以克服软硬件生产中的困难,增强开发制造能力,从而能按时地、不超预算地制造出高质量的软件产品。

　　CMM 于 1991 年研究制定并建立了主任评估师评估制度,CMM 的评估方法为 CBA-IPI。CMMI 是 SEI 于 2000 年发布的 CMM 的新版本。CMMI 不但包括了软件开发过程改进,还包含系统集成、软硬件采购等方面的过程改进内容。CMMI 纠正了 CMM 存在的一些缺点,使其更加适用企业的过程改进实施。CMMI 适用 SCAMPI 评估方法。需要注意的是,SEI 没有废除 CMM 模型,只是停止了 CMM 评估方法:CBA-IPI。现在如要进行 CMM 评估,需使用 SCAMPI 方法,但 CMMI 模型最终代替 CMM 模型的趋势不可避免。

3. CMM 的基本思想

CMM 明确地定义了五个不同的"成熟度"等级,一个组织可按一系列小的改良性步骤向更高的成熟度等级前进。

(1) 初始级(initial)。处于这个最低级的组织,基本上没有健全的软件工程管理制度。每件事情都以特殊的方法来做。如果一个特定的工程碰巧由一个有能力的管理员和一个优秀的软件开发组来做,则这个工程可能是成功的。然而通常的情况是,由于缺乏健全的总体管理和详细计划,时间和费用经常超支,结果,大多数的行动只是应付危机,而非事先计划好的任务。处于这一成熟度等级的组织,由于软件过程完全取决于当前的人员配备,所以具有不可预测性,人员变化了,过程也跟着变化。结果,要精确地预测产品的开发时间和费用之类重要的项目,是不可能的。

(2) 可重复级(repeatable)。在这一级,有些基本的软件项目的管理行为、设计和管理技术是基于相似产品中的经验,故称为"可重复"。在这一级采取了一定措施,这些措施是实现一个完备过程所必不可缺少的第一步。典型的措施包括仔细地跟踪费用和进度。不像在第一级那样,在危机状态下方行动,管理人员在问题出现时便可发现,并立即采取修正行动,以防它们变成危机。关键的一点是,如没有这些措施,要在问题变得无法收拾前发现它们是不可能的。在一个项目中采取的措施也可用来为未来的项目拟定实现的期限和费用计划。

(3) 已定义级(defined)。在这一级,已为软件生产的过程编制了完整的文档。软件过程的管理方面和技术方面都明确地做了定义,并按需要不断地改进过程,而且采用评审的办法来保证软件的质量。在这一级,可引用 CASE 环境来进一步提高质量和产生率。而在第一级过程中,"高技术"只会使这一危机驱动的过程更混乱。

(4) 已管理级(managed)。处于这一级的公司对每个项目都设定质量和生产目标。这两个量将被不断地测量,当偏离目标太多时,就采取行动来修正。利用统计质量控制,管理部门能区分出随机偏离和有深刻含义的质量或生产目标的偏离(统计质量控制措施的一个简单例子是每千行代码的错误率,相应的目标就是随时间推移减少这个量)。

(5) 优化级(optimizing)。本级组织的目标是连续地改进软件过程。这样的组织使用统计质量和过程控制技术作为指导。从各个方面中获得的知识将被运用在以后的项目中,从而使软件过程融入了正反馈循环,使生产率和质量得到稳步的改进。

CMM 为软件的过程能力提供了一个阶梯式的改进框架,它指出一个软件组织在软件开发方面需要哪些主要工作,这些工作之间的关系,以及开展工作的先后顺序,一步一步地做好这些工作而使软件组织走向成熟。

4. 重量级与轻量级的方法

软件设计方法可以区别为重量级的方法和轻量级的方法。重量级的方法中产生大量的正式文档,著名的重量级开发方法包括 CMM,ISO 9000 和统一软件开发过程(RUP);轻量级的开发过程没有对大量正式文档的要求,著名的轻量级开发方法包括极限编程和敏捷流程。

新方法学认为:重量级方法呈现的是一种"防御型"的姿态。在应用"重量级方法"的软件组织中,由于软件项目经理不参与或者很少参与程序设计,无法从细节上把握项目进度,因而会对项目产生"恐惧感",不得不要求程序员不断撰写很多"软件开发文档"。而轻量级方法则呈现"进攻型"的姿态,这一点从极限编程(XP)方法特别强调的四个准则——"沟通、简单、反馈和勇气"上有所体现。目前有一些人认为,"重量级方法"适合于大型的软件团队(数十人以上)使用,而"轻量级方法"适合小型的软件团队(几人、十几人)使用。当然,关于重量级方法和轻量级方法的优劣存在很多争论,而各种方法也在不断进化中。

12.3　敏捷软件设计

1. 敏捷软件开发宣言

2001 年 2 月 11—13 日,在犹他州 Wasateh 山的滑雪胜地 Snowbird 的一幢大楼中,17 个人(Kent Beck,Mike Beedle,Arie van Bennekum,Alistair Cockburn,Ward Cunningham,Martin Fowler,James Grenning,Jim Highsmith,Andrew Hunt,Ron Jeffries,Jon Kern,Brian Marick,Robert C. Martin,Steve Mellor,Ken Schwaber,Jeff Sutherland,Dave Thomas)聚在一起交谈、滑雪、休闲,试图找到某些共同话题。

在两天的聚会中,他们尽情地放松自己,享受滑雪和美食的乐趣。当然,他们也没有忘记这次聚会最重要的使命,是为当时"离经叛道"的"轻量级"软件开发方法,找到一块可以安身立命的阵地。经过两天的讨论,"敏捷"(agile)这个词为全体聚会者所接受,用以概括一套全新的软件开发价值观。这套价值观,通过一份简明扼要的《敏捷宣言》传递给世界,宣告了敏捷开发运动的开始。17 名与会者签署的"敏捷软件开发宣言"(The Manifesto for Agile Software Development),宣告:

"我们通过实践寻找开发软件的更好方法,并帮助其他人使用这些方法。通过这一工作我们得到以下结论:

个体和交流胜于过程和工具。

工作软件胜于综合文档。

客户协作胜于洽谈协议。

回应变革胜于照计划行事。"

这次会议形成了敏捷软件开发系列方法,其中包括极限编程(eXtreme Programming,XP)、SCRUM、动态系统开发方法(Dynamic Systems Development Method,DSDM)、自适应软件开发(Adaptive Software Development,ASD)、Crystal 方法、特性驱动开发(Feature-Driven Development,FDD)、实用程序设计等。这些方法可满足对不同于文档驱动的、严格的软件开发过程的新方法的需要。

2. 敏捷开发系列方法

敏捷过程(agile process)来源于敏捷开发。敏捷开发是一种应对快速变化的需求的一种软件开发能力。相对于"非敏捷"更强调沟通,变化,产品效益。也更注重作为软件开发中人的作用。敏捷开发包括一系列的方法,主流的有如下七种。

1) XP 极限编程

XP(极限编程)的思想源自 Kent Beck 和 Ward Cunningham 在软件项目中的合作经历。XP 注重的核心是沟通、简明、反馈和勇气。因为知道计划永远赶不上变化，XP 无需开发人员在软件开始初期做出很多的文档。XP 提倡测试先行，为了将以后出现 bug 的几率降到最低。

2) SCRUM 方法

SCRUM 是一种迭代的增量化过程，用于产品开发或工作管理。它是一种可以集合各种开发实践的经验化过程框架。SCRUM 中发布产品的重要性高于一切。该方法由 Ken Schwaber 和 Jeff Sutherland 提出，旨在寻求充分发挥面向对象和构件技术的开发方法，是对迭代式面向对象方法的改进。

3) Crystal Methods 水晶方法

Crystal Methods(水晶方法族)由 Alistair Cockburn 在 20 世纪 90 年代末提出。之所以是个系列，是因为他相信不同类型的项目需要不同的方法。虽然水晶系列没有 XP 那样的产出效率，但会有更多的人能够接受并遵循它。

4) FDD 特性驱动开发

FDD(Feature-Driven Development，特性驱动开发)由 Peter Coad、Jeff de Luca、Eric Lefebvre 共同开发，是一套针对中小型软件开发项目的开发模式。此外，FDD 是一个模型驱动的快速迭代开发过程，它强调的是简化、实用、易于被开发团队接受，适用于需求经常变动的项目。

5) ASD 自适应软件开发

ASD(Adaptive Software Development，自适应软件开发)由 Jim Highsmith 在 1999 年正式提出。ASD 强调开发方法的适应性(adaptive)，这一思想来源于复杂系统的混沌理论。ASD 不像其他方法那样有很多具体的实践做法，它更侧重为 ASD 的重要性提供最根本的基础，并从更高的组织和管理层次来阐述开发方法为什么要具备适应性。

6) DSDM 动态系统开发方法

DSDM(动态系统开发方法)是众多敏捷开发方法中的一种，它倡导以业务为核心，快速而有效地进行系统开发。实践证明 DSDM 是成功的敏捷开发方法之一。在英国，由于其在各种规模的软件组织中的成功，它已成为应用最为广泛的快速应用开发方法。DSDM 不但遵循了敏捷方法的原理，而且也适合那些成熟的传统开发方法有坚实基础的软件组织。

7) 轻量型 RUP 框架

轻量型 RUP 其实是个过程的框架，它可以包容许多不同类型的过程，Craig Larman 极力主张以敏捷型方式来使用 RUP。他的观点是：目前如此众多的努力以推进敏捷型方法，只不过是在接受能被视为 RUP 的主流 OO 开发方法而已。

3. 敏捷开发的工作方式

前面提到的 4 个核心价值观会导致高度迭代式的、增量式的软件开发过程，并在每次迭代结束时交付经过编码与测试的软件。敏捷开发小组的主要工作方式，包括增量与迭代式开发、作为一个整体工作、按短迭代周期工作、每次迭代交付一些成果、关注业务优先级、检查与调整。

1）增量与迭代

增量开发,意思是每次递增的添加软件功能。每一次增量都会添加更多的软件功能。迭代式开发允许在每次迭代过程中需求可能有变化,通过不断细化来加深对问题的理解。

2）敏捷小组的整体工作

项目取得成功的关键在于,所有的项目参与者都把自己看作朝向一个共同目标前进的团队的一员。一个成功的敏捷开发小组应该具有"我们一起参与其中"的思想。虽然敏捷开发小组是以小组整体进行工作,但是小组中仍然有一些特定的角色。有必要指出和阐明那些在敏捷估计和规划中承担一定任务的角色。

3）敏捷小组的短迭代周期

迭代是受时间框(timebox)限制的,意味着即使放弃一些功能,也必须按时结束迭代。时间框一般很短。大部分敏捷开发小组采用2~4周的迭代,但也有一些小组采用长达3个月的迭代周期仍能维持敏捷性。大多数小组采用相对稳定的迭代周期长度,但是也有一些小组在每次迭代开始的时候选择合适的周期长度。

4）敏捷小组每次迭代交付

在每次迭代结束的时候让产品达到潜在可交付状态是很重要的。实际上,这并不是说小组必须全部完成发布所需的所有工作,因为他们通常并不会每次迭代都真的发布产品。由于单次迭代并不总能提供足够的时间来完成足够满足用户或客户需要的新功能,因此需要引入更广义的发布(release)概念。一次发布由一次或以上(通常是以上)相互接续,完成一组相关功能的迭代组成。最常见的迭代一般是2~4周,一次发布通常是2~6个月。

5）敏捷小组的优先级

敏捷开发小组从两个方面显示出他们对业务优先级的关注。首先,他们按照产品所有者所制定的顺序交付功能,而产品所有者一般会按照使机构在项目上的投资回报最大化的方式来确定功能的优先级,并将它们组织到产品发布中。要达到这一目的,需要根据开发小组的能力和所需新功能的优先级建立一个发布计划。其次,敏捷开发小组关注完成和交付具有用户价值的功能,而不是完成孤立的任务(任务最终组合成具有用户价值的功能)。

6）敏捷小组的检查和调整

在每次新迭代开始的时候,敏捷开发小组都会结合在上一次迭代中获得的所有新知识作出相应的调整。如果小组认识到一些可能影响到计划的准确性或是价值的内容,他们就会调整计划。小组可能发现他们过高或过低地估计了自己的进展速度,或者发现某项工作比原来以为的更耗费时间,从而影响到计划的准确性。

4. 敏捷过程的局限性

1）缺乏对分布式开发环境的支持

敏捷过程提倡的强调在实践中协作。如果团队成员和客户在地理上分布的开发环境可能无法支持敏捷过程提倡的面对面交流。

2）缺乏对转包合同的支持

承包商在制定标书时,会制定详细的计划,计划包括一个规定了里程碑和可交付产品的过程,以进行成本评估。这个过程可能采用一个迭代的、增量的方法,但是为了能完成,承包商必须通过详细说明迭代的次数和每次迭代的交付产品使过程可预言。如果转包,则是很困难的。

3) 缺乏对大型团队开发的支持

敏捷过程支持"小规模管理"的过程，其中采用的协调、控制、交流机制适应于小型到中等规模的团队。大团队强调控制文档变化和以架构为中心的开发，应用敏捷过程是有一定困难的。

4) 缺乏对开发有严格安全性要求的软件的支持

有严格安全性要求的软件是指一旦失败会导致对人类造成直接伤害或是引起重大经济损失的软件。当前敏捷过程支持的质量控制机制（非正式的审查，结对编程）并没有证明来说服使用者软件是安全的。实际上，单独这些技术是否是足够的还有些值得怀疑。

5) 缺乏对开发大型、复杂的软件的支持

大型、复杂系统的架构在系统核心服务中起重要作用，且很难进行变更。这种情况，变更的代价会很高，因此需要早期花费精力预期此类变更。依赖代码重构对这类系统也是有问题的。这类软件的复杂性和规模会导致严格的代码重构代价过高而且容易出错。

12.4 我国的敏捷开发

我国软件人员了解、尝试敏捷始于 2002 年前后国内引进的一批 XP 敏捷系列图书和早期相关的报道。敏捷过程在我国发展得比较慢。当前采用敏捷方法的企业以外资、成熟、领导型企业居多，大部分国内企业目前可能还处在了解、观望的阶段，对敏捷过程、方法的认知接受程度也偏低。这种媒体热、企业冷的犹豫现象一方面可能与 CMM 考级热有关，另一方面也可能与市场上某些对 XP 极端做法、敏捷功效神乎其神的夸大宣传有关。

软件过程改进是我国软件企业提升竞争力、获得可持续发展的一条重要途径。一方面，大多数以快速短迭代为特征的敏捷过程有助于消除错误实施 ISO、CMM 带来的官僚主义、形式主义等消极后果。另一方面，许多软件客户和技术主管们对有些 XP 拥护者鼓吹几乎不留设计文档、主要依赖源代码说明的做法存有很大的疑虑，这种工作方式与强调过程文档化、数字化的 ISO 9000、CMM 理念有着显著差别。关于国内企业具体采用的典型过程种类，虽然有 XP 案例的报道，但实际采用类 RUP/UP 过程的远比 XP 多，采用 FDD 和SCRUM 的更少。

目前国内已有 500 多家软件企业通过了各级 CMM 评估，而 2005 年标志着 CMM 时代的结束，取而代之的是 CMMI（集成的过程能力成熟度模型）。CMMI 框架相比 CMM 更加成熟、更加健全，也更加灵活和敏捷。这类软件企业的敏捷化是一个不错的方向。

2006 年 6 月第一届"敏捷中国"技术大会在北京举行，敏捷宣言的创建人之一 Martin Fowler 为数百位现场听众做了关于敏捷方法的演讲。2007 年 7 月 14 日第二届"敏捷中国"技术大会在北京召开，多位开源社区和 Thought Works 公司的技术人员则进行了交流。2008 年 7 月 14 日第三届"敏捷中国"软件技术大会在北京举行，全国近千名软件从业人士到现场参加了大会。Martin Fowler 与技术人员进行了交流。

背 景 材 料

1. 马丁·福勒（Martin Fowler）

毕业于伦敦大学学院电子工程与计算机科学专业的、现任思特沃克（Thought Works）公司首席科学家的马丁·福勒先生是当今世界软件开发领域最具影响力的五位大师之一。

作为一位敏捷软件开发方法的早期开拓者，从 20 世纪 80 年代开始，他就一直从事软件开发的工作。在 20 世纪 80 年代中期，他对面向对象开发这个新领域发生了兴趣。他擅长在商业信息系统中加入面向对象的思想。一开始，他在两家公司工作过；后来作为独立顾问，他继续进行这项工作。在早期，他使用 SmallTalk 和 C++，现在使用 JAVA 和 Internet。他在面向对象分析和设计、UML、模式以及快速开发方法领域都是世界顶尖的专家，所以，1999 年春天，离开了原来的公司，转而为 ThoughtWorks 公司工作。

在福勒先生的职业生涯中，他大力倡导业内最先进的软件开发技术，如统一建模语言 UML（Unified Modeling Language）、极限编程 XP（Extreme Programming）、重构（Refactoring）与分析模式（Analysis Patterns）等。

福勒先生经常在许多国际软件开发会议上发表演讲。他曾担任 XP 2005 与 2001 年的 Agile Universe 大会的议程主席。他是 IEEE 软件杂志的专栏作家，也是敏捷联盟（Agile Alliance）的创建人及《敏捷软件开发宣言》（Manifesto for Agile Software Development）的作者之一。

福勒先生的著作包括《重构——改善既有代码的设计》（Refactoring：Improving the Design of Existing Code），荣获多个奖项的《UML 精粹：标准对象建模语言简明指南》（UML Distilled：A Brief Guide to the Standard Object Modeling）第二版、《分析模式：可重用的对象模型》（Analysis Patterns：Reusable Object Models）、《规划极限编程》（Planning Extreme Programming）和《企业应用架构模式》（Patterns of Enterprise Application Architecture）。

2. 瓦茨·S.汉弗莱（Watts S.Humphrey）

瓦茨·S. 汉弗莱，卡内基·梅隆大学软件工程研究所科学家，在软件工程领域享有盛誉，被美国国防软件工程杂志 CrossTalk 评为近几百年来影响软件发展的十位大师之一。被软件界人士尊称为"CMM 之父"。Watts S. Humphrey 在 IBM 工作了 27 年，负责管理 IBM 全球产品研发。离任后，受美国国防部委托，建立卡内基·梅隆大学软件工程研究所（SEI），领导 SEI 过程研究计划，并提出了能力成熟模型（CMM）思想。在 CMM 浪潮席卷软件工业界之时，他又力推个人软件过程（Personal Software Process，PSP）和团队软件过程（Team Software Process，TSP），成为软件开发人员和开发团队的自修宝典，著有《软件工程规范》、《个体软件过程》、《小组软件开发过程》、《软件过程管理》、《技术人员管理》、《软件制胜之道》等。他将 CMM、TSP 和 PSP 统一在一个框架中，并把它们分别定位为：CMM 用于改进一个（软件）企业的管理能力，TSP 以提高一个开发团队的有效性，PSP 则是增强个人的技能与纪律性。

参 考 文 献

1　王博然,苏钢.软件工程的历史与发展趋势.北京工业职业技术学院学报,2008-3.
2　肖锟.从软件开发的历史探讨其发展趋势.电脑开发与应用,2005年18卷11期.
3　宁德军.软件工程发展趋势分析.程序员,2008年2期.
4　潘加宇.软件工程2006回顾.程序员,2007,(01).
5　杨艳,王德江.软件工程的发展动态.信息技术,2001年2期.
6　查良钿.国内外软件工程发展.中国科学院院刊,1990年2期.
7　软件工程.http://wiki.keyin.cn.
8　CMM.http://baike.baidu.com/view/8110.htm.
9　周之英.现代软件工程(第1~3册).北京:科学出版社,1999.

第13讲

软件产品线与网构软件

13.1 软件产品线的历史

1. 软件工程发展历程

为了应对软件危机,1968年,在 NATO 会议上首次提出了"软件工程"这一概念,使软件开发开始了从"艺术"、"技巧"和"个体行为"向"工程"和"群体协同工作"转化的历程。30多年来,软件工程的研究和实践取得了长足的进步,其中一些具有里程碑意义的进展包括:

20世纪60年代末至20世纪70年代中期,在一系列高级语言应用的基础上,出现了结构化程序设计技术,并开发了一些支持软件开发的工具。

20世纪70年代中期至20世纪80年代,计算机辅助软件工程(CASE)成为研究热点,并开发了一些对软件技术发展具有深远影响的软件工程环境。

20世纪80年代中期至20世纪90年代,出现了面向对象语言和方法,并成为主流的软件开发技术;开展软件过程及软件过程改善的研究;注重软件复用和软件构件技术的研究与实践。

构件技术是影响整个软件产业的关键技术之一。1998年在日开召开的国际软件工程会议上,基于构件的软件开发模式成为当时会议研讨的一个热点。美国总统信息顾问委员会也在1998年美国国家白皮书上,提出了解决美国软件产业脆弱问题的五大技术,其中之一就是建立国家级的软件构件库。目前,美国已有不少软件企业采用构件技术生产软件。我国在构件技术的应用上也是走在国际前沿的。

构件技术的出现是对传统软件开发过程的一次变革。构筑在"构件组装"模式之上的构件技术,使软件技术人员摆脱了"一行行写代码"的低效编程方式,直接进入"集成组装构件"的更高阶段。基于构件的软件开发,不仅使软件产品在客户需求吻合度、上市时间、软件质量上领先于同类产品,提高了项目的成功率,而且对软件的开发和维护变得简单易行,用户可以随时随地地应对商业环境变化和 IT 技术变化,实现"敏捷定制"。从最终用户的角度来看,采用基于构件技术开发的系统,在遇到业务流程变化或系统升级等问题时,不再需要对系统进行大规模改造或推倒重来,只需通过增加新的构件或改造原来的构件来实现。

2. 软件产品线

软件产品线是一组具有共同体系构架和可复用组件的软件系统,它们共同构建支持特定领域内产品开发的软件平台。软件产品线的产品则是根据基本用户需求对产品线架构进行定制,将可复用部分和系统独特部分集成而得到。软件产品线方法集中体现一种大规模、大粒度软件复用实践,是软件工程领域中软件体系结构和软件重用技术发展的结果。

软件产品线的起源可以追溯到 1976 年 Parnas 对程序族的研究。软件产品线的实践早在 20 世纪 80 年代中期就出现。最著名的例子是瑞士 Celsius Tech 公司的舰艇防御系统的开发,该公司从 1986 年开始使用软件产品线开发方法,使得整个系统中软件和硬件在总成本中所占比例之比从使用软件产品线方法之前的 65∶35 下降到使用后的 20∶80,系统开发时间也大幅度下降。据 HP 公司 1996 年对 HP、IBM、NEC、AT&T 等几个大型公司分析研究,他们在采用了软件产品线开发方法后,使产品的开发时间减少 30%～50%,维护成本降低 20%～50%,软件质量提升 5～10 倍,软件重用达 50%～80%,开发成本降低 12%～15%。

虽然软件工业界已经在大量使用软件产品线开发方法,但是正式的软件产品线理论研究到 20 世纪 90 年代中期才出现。早期的研究主要以实例分析为主,到了 20 世纪 90 年代后期,软件产品线的研究已经成为软件工程领域最热门的研究领域。得益于丰富的实践和软件工程、软件体系结构、软件重用技术等坚实的理论基础,对软件产品线的研究发展十分迅速,目前软件产品线的发展已经趋向成熟。很多大学已经锁定了软件产品线作为一个研究领域,有的大学已经开设软件产品线相关的课程。一些国际著名的学术会议也设立了相应的产品线专题学术讨论会,如 OOPSLA(conference on Object-Oriented Programming, Systems,Languages,and Applications)、ECOOP(European Conference on Object-Oriented Programming)、ICSE(International Conference of Software Engineering)等。第一次国际产品线会议于 2000 年 8 月在美国 Denver 召开。

与软件体系结构的发展类似,软件产品线的发展也很大地得益于军方的支持。如美国国防部支持的两个典型项目:基于特定领域软件体系结构的软件开发方法的研究项目(DSSA)和关于过程驱动、特定领域和基于重用的软件开发方法的研究项目(STARS)。这两个项目在软件体系结构和软件重用两方面极大地推动了软件产品线的研究和发展。

3. 软件产业

2000 年,Gartner Group 预测到 2003 年至少 70% 的新应用将主要建立在软件构件之上。随着 Web Services 等技术的发展,将会进一步地推动构件技术的发展,而基于构件的软件开发方式也成为软件开发的主流技术。

实际上,早在 1997 年,由北京大学主持的国家重大科技攻关项目"青鸟工程"中,采用软件构件技术开发的"青鸟Ⅲ型系统"通过了技术鉴定。至今,"青鸟工程"一直在研究开发软件构件库体系,继续推进基于构件的软件开发技术。随着我国软件产业的发展,联想、神州数码等软件企业得到了长足的发展,已从求生存阶段走向求发展阶段,迫切需要改变原来手工作坊式的软件开发方式,从根本上提高软件产品质量,从而改善企业的生产过程,提升软件生产效率,使企业迈上一个新台阶。

当前我国软件企业面临着日益激烈的国际市场竞争,如果仅仅依靠软件技术人员,采用手工作坊式的生产模式，当需求稍有变动，就得重新开发系统。基于构件的软件开发技术是当前软件生产的世界潮流，只有掌握这样的技术，才能造就具有国际竞争力的软件企业。

2004年3月，由北京软件产业促进中心、软件工程国家工程研究中心启动了"软件构件库系统应用示范"项目。同年5月，北京软件行业协会、北京软件产业促进中心、软件工程国家工程研究中心和北京软件产品质量检测检验中心，共同组织开展了"北京第一届优秀软件构件评选活动"，进一步推行基于构件的软件开发方法，丰富了公共构件库系统的资源，并取得了显著的成效。构件化已成为软件企业的需求，软件构件市场已现端倪，软件工业化生产模式正在推进软件产业的规模化发展。

杨芙清院士认为，未来的软件产业将划分为三种业态：一是构件业。类似于传统产业的零部件业，这些构件是商品，有专门的构件库储存和管理。二是集成组装业。它犹如汽车业的汽车工厂，根据市场的需求先设计汽车的款型，然后到市场上采购通用零部件，对特别需要，还可委托专门生产零部件的企业去设计生产，最后把这些零部件在组装车间按设计框架集成组装成汽车。三是服务业。基于互联网平台上的软件服务，已经是当前正在推行的一种软件应用模式，未来这种应用将更加普遍。以上是软件产业发展需求，而且不很遥远，也许几年之内就可能逐步实现。

4. 网构软件

进入21世纪，以Internet为代表的网络逐渐融入人类社会的方方面面，极大地促进了全球化的进程，为信息技术与应用扩展了发展空间。另一方面，Internet正在成长为一台由数量巨大且日益增多的计算设备所组成的"统一的计算机"，与传统计算机系统相比，Internet为应用领域问题求解所能提供的支持在量与质上均有飞跃。为了适应这些应用领域及信息技术方面的重大变革，软件系统开始呈现出一种柔性可演化、连续反应式、多目标自适应的新系统形态。从技术的角度看，在面向对象、软件构件等技术支持下的软件实体以主体化的软件服务形式存在于Internet的各个节点之上，各个软件实体相互间通过协同机制进行跨网络的互连、互通、协作和联盟，从而形成一种与WWW相类似的软件Web(software Web)。将这样一种Internet环境下的新的软件形态称为网构软件(Internetware)。传统软件技术体系由于其本质上是一种静态和封闭的框架体系，难以适应Internet开放、动态和多变的特点。一种新的软件形态——网构软件适应Internet的基本特征，呈现出柔性、多目标和连续反应式的系统形态，将导致现有软件理论、方法、技术和平台的革命性进展。

网构软件包括一组分布于Internet环境下各个节点的、具有主体化特征的软件实体，以及一组用于支撑这些软件实体以各种交互方式进行协同的连接子。这些实体能够感知外部环境的变化，通过体系结构演化的方法(主要包括软件实体与连接子的增加、减少与演化以及系统拓扑结构的变化等)来适应外部环境的变化，展示上下文适应的行为，从而使系统能够以足够满意度来满足用户的多样性目标。网构软件这种与传统软件迥异的形态，在微观上表现为实体之间按需协同的行为模式，在宏观上表现为实体自发形成应用领域的组织模式。相应地，网构软件的开发活动呈现为通过将原本"无序"的基础软件资源组合为"有序"的基本系统，随着时间推移，这些系统和资源在功能、质量、数量上的变化导致它们再次呈现出"无序"的状态,这种由"无序"到"有序"的过程往复循环,基本上是一种自底向上、由内向外的螺旋方式。

网构软件理论、方法、技术和平台的主要突破点在于实现如下转变,即从传统软件结构到网构软件结构的转变,从系统目标的确定性到多重不确定性的转变,从实体单元的被动性到主动自主性的转变,从协同方式的单一性到灵活多变性的转变,从系统演化的静态性到系统演化的动态性的转变,从基于实体的结构分解到基于协同的实体聚合的转变,从经验驱动的软件手工开发模式到知识驱动的软件自动生成模式的转变。建立这样一种新型的理论、方法、技术和平台体系具有两个方面的重要性,一方面,从计算机软件技术发展的角度,这种新型的理论、方法和技术将成为面向 Internet 计算环境的一套先进的软件工程方法学体系,为 21 世纪计算机软件的发展构造理论基础;另一方面,这种基于 Internet 计算环境上软件的核心理论、方法和技术,必将为我国在未来 5～10 年建立面向 Internet 的软件产业打下坚实的基础,为我国软件产业的跨越式发展提供核心技术的支持。

13.2 软件产品线的结构与框架

1. 软件产品线的基本概念

目前,软件产品线没有一个统一的定义,常见的定义有如下几种。

定义 1:将利用了产品间公共方面,预期考虑了可变性等设计的产品族称为产品线。

定义 2:产品线就是由在系统的组成元素和功能方面具有共性和个性的相似的多个系统组成的一个系统族。

定义 3:软件产品线就是在一个公共的软件资源集合基础上建立起来的,共享同一个特性集合的系统集合。

定义 4:一个软件产品线由一个产品线体系结构、一个可重用构件集合和一个源自共享资源的产品集合组成,是组织一组相关软件产品开发的方式。

相对而言,卡耐基·梅隆大学软件工程研究所(CMU/SEI)对产品线和软件产品线的定义,更能体现软件产品线的特征:"产品线是一个产品集合,这些产品共享一个公共的、可管理的特征集,这个特征集能满足选定的市场或任务领域的特定需求。这些系统遵循一个预描述的方式,在公共的核心资源基础上开发。"

根据 SEI 的定义,软件产品线主要由两部分组成:核心资源、产品集合。核心资源是领域工程的所有结果的集合,是产品线中产品构造的基础,也有组织将核心资源库称为"平台"。核心资源必定包含产品线中所有产品共享的产品线体系结构,新设计开发的或者通过对现有系统的再工程得到的、需要在整个产品线中系统化重用的软件构件;与软件构件相关的测试计划、测试实例以及所有设计文档,需求说明书,领域模型和领域范围的定义也是核心资源;采用 COTS 的构件也属于核心资源。产品线体系结构和构件是用于软件产品线中的产品的构建和核心资源最重要的部分。

2. 软件产品线的结构

软件产品线的开发有 4 个技术特点:过程驱动、特定领域、技术支持和架构为中心。与其他软件开发方法相比,选择软件产品线的宏观原因有:对产品线及其实现所需的专家知识领域的清楚界定,对产品线的长期远景进行了策略性规划。软件生产线的概念和思想,将软件的生产过程分别对应三类不同的生产车间,即应用体系结构生产车间、构件生产车间和基于构件、体系结构复用的应用集成(组装)车间,从而形成软件产业内部的合理分产,实现软件的专业化生产。软件生产线如图 13-1 所示。

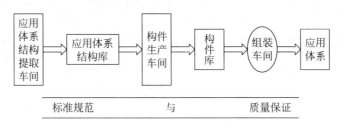

图 13-1　软件生产线

1) 软件产品线工程

软件产品线是一种基于架构的软件复用技术,它的理论基础是:特定领域(产品线)内的相似产品具有大量的公共部分和特征,通过识别和描述这些公共部分和特征,可以开发需求规范、测试用例、软件组件等产品线的公共资源。而这些公共资产可以直接应用或适当调整后应用于产品线内产品的开发,从而不再从草图开始开发产品。因此典型的产品线开发过程包括两个关键过程:领域工程和应用工程。

2) 软件产品线的组织结构

软件产品线开发过程分为领域工程和应用工程,相应的软件开发的组织结构也有两个部分:负责核心资源的小组和负责产品的小组。在 EMS 系统开发过程中采用的产品线方法中,主要有三个关键小组:平台组、配置管理组和产品组。

3) 软件产品线构件

产品线构件是用于支持产品线中产品开发的可复用资源的统称。这些构件远不是一般意义上的软件构件,它们包括领域模型、领域知识、产品线构件、测试计划及过程、通信协议描述、需求描述、用户界面描述、配置管理计划及工具、代码构件、性能模型与度量、工作流结构、预算与调度、应用程序生成器、原型系统、过程构件(方法、工具)、产品说明、设计标准、设计决策、测试脚本等,在产品线系统的每个开发周期都可以对这些构件进行精化。

3. 青鸟的结构

青鸟工程“七五”期间,已提出了软件生产线的概念和思想,其中将软件的生产过程分成三类不同的生产车间,即应用构架生产车间、构件生产车间和基于构件、构架复用的应用集成组装车间。

由上述软件生产线概念模式图(见图 13-1)中可以看出,在软件生产线中,软件开发人员被划分为三类:构件生产者、构件库管理者和构件复用者。这三种角色所需完成的任务是不同的,构件复用者负责进行基于构件的软件开发,包括构件查询、构件理解、适应性修改、构件组装以及系统演化等。图 13-2 给出了与上述概念图相对应的软件生产线——青鸟软件生产线系统。

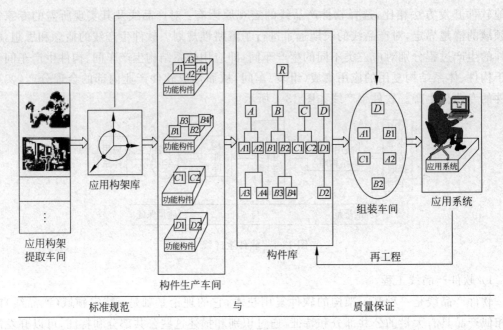

图 13-2　青鸟软件生产线系统

从图 13-2 中可以看出,软件生产线以软件构件/构架技术为核心,其中的主要活动体现在传统的领域工程和应用工程中,但赋予了它们新的内容,并且通过构件管理、再工程等环节将它们有机地衔接起来。另外,软件生产线中的每个活动皆有相应的方法和工具与之对应,并结合项目管理、组织管理等管理问题,形成完整的软件生产流程。

13.3　国内网构软件研究

近 5 年来(2002—2007),在国家重点基础研究发展规划(973)的支持下,北京大学、南京大学、清华大学、中国科学院软件研究所、中国科学院数学研究所、华东师范大学、东南大学、大连理工大学、上海交通大学等单位的研究人员以我国软件产业需支持信息化建设和现代服务业为主要应用目标,提出了“Internet 环境下基于 Agent 的软件中间件理论和方法研究”,并形成了一套以体系结构为中心的网构软件技术体系。主要包括三个方面的成果:一种基本实体主体化和按需协同结构化的网构软件模型,一个实现网构软件模型的自治式网构软件中间件,以及一种以全生命周期体系结构为中心的网构软件开发方法。

在网构软件实体模型方面,剥离对开放环境以及其他实体的固化假设,以解除实体之间以及实体与环境之间的紧密耦合,进而引入自主决策机制来增强实体的主体化特性;在网构软件实体协同方面,针对面向对象方法调用受体固定、过程同步、实现单一等缺点,对其在开放网络环境下予以按需重新解释,即采用基于软件体系结构的显式的协同程序设计,为软件实体之间灵活、松耦合的交互提供可能;在网构软件运行平台(中间件)方面,通过容器和运行时软件体系结构分别具体化网构软件基本实体和按需协同,并通过构件化平台、全反射框架、自治回路等关键技术实现网构软件系统化的自治管理;在网构软件开发方法方面,提出了全生命周期软件体系结构以适应网构软件开发重心从软件交付前转移到交付后的重大变化,通过以体系结构为中心的组装方法支持网构软件基本实体和按需协同的开发,采用领域建模技术对无序的网构软件实体进行有序组织。

1. 网构软件模型

基于面向对象模型,提出了一种基于 Agent、以软件体系结构为中心的网构软件模型,如图 13-3 所示。

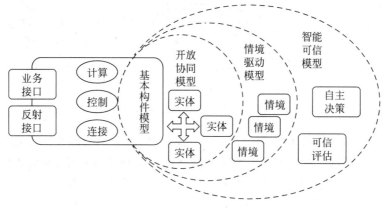

图 13-3 网构软件模型

2. 网构软件中间件

网构软件中间件模型参见图 13-4。

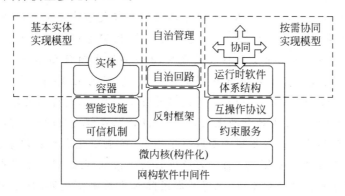

图 13-4 网构软件中间件模型

3. 网构软件开发方法

网构软件开发方法体系如图 13-5 所示。

4. 进一步的工作

进一步的工作主要是加强现有成果的深度和广度。在深度方面,完善以软件体系结构为中心的网构软件技术体系,重点突破网构软件智能可信模型、网构中间件自治管理技术以

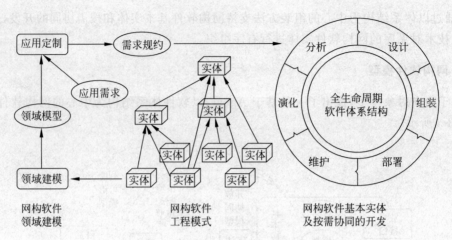

图 13-5　网构软件开发方法体系

及网构软件开发方法的自动化程度。在广度方面,多网融合的大趋势使得软件将运行在一个包含 Internet、无线网、电信网等多种异构网络的复杂网络环境中,网构软件是否需要以及能否从 Internet 延伸到这种复杂网络环境成为下一步的主要工作。

背 景 材 料

1. 吕建

吕建,1960 年 3 月生,山东省人,1982 年毕业于南京大学计算机系,1988 年在南京大学获博士学位,现为南京大学计算机软件研究所副所长、国家重点实验室主任、教授、博士生导师。他先后承担了多项国家重点科技攻关项目,863 高技术项目和攀登计划项目的研究工作,在软件自动化领域进行了系统性和创造性研究,撰写论文 40 篇,先后发表在《中国科学》、"Journal of Systems and Software"等国内外核心刊物上,获得国内外同行专家的好评。由他具体负责完成的"算法设计自动化系统 NDADAS",在解决"做什么"到"如何做"自动转换这一软件自动化领域的核心难题方面取得了进展,该项研究成果获国家教委科技进步一等奖。他作为项目第二完成人,在"自学习软件自动化系统 NDSAIL"研究中,创造性地将机器学习技术应用于软件自动化系统,取得具有国际水平的研究成果,获 1993 年度国家教委科技进步一等奖。他于 1995 年获"国家杰出青年科学基金"资助。

2. 梅宏

梅宏,男,1963 年 5 月出生。1992.12—1994.10 在北京大学计算机科学技术系计算机软件专业从事博士后研究,1997 年获霍英东基金青年教师奖(研究类),1997 年获中创软件人才奖,1998 年获中国博士后基金会"国氏"博士后奖(现更名为中国优秀博士后奖),现任北京大学信息科学技术学院院长、软件研究所所长。

2000 年获政府特殊津贴,2001 年获国家杰出青年科学基金,2004 年获第八届中国青年科技奖,参与研制的"大型软件开发环境——青鸟系统"获国家"八五"科技攻关重大科技成果及1996年电子工业部科技进步特等奖(排名9),1998年获国家科技进步二等奖(排名3)。

　　1992年至1999年,梅宏作为核心骨干和技术负责人之一参加了杨芙清院士主持的国家重点科技攻关项目青鸟工程的研究开发。"八五"期间,作为项目集成组长,解决了大量关键技术问题,为这项由全国20多所大学、研究所和企业单位承担的大型科研项目的顺利集成和最终完成做出了突出贡献。"九五"期间,作为项目技术负责人之一和青鸟软件生产线系统的主要设计者之一,在第一线组织项目的实施工作,配合杨芙清院士提出的软件生产线技术的思想,提出了青鸟构件模型,制定了青鸟构件技术规范。青鸟系统已产生了很好的经济和社会效益,促进了国内CASE市场的形成和发展以及软件工程思想和技术的推广。

参 考 文 献

1　杨芙清,吕建,梅宏.网构软件技术体系:一种以体系结构为中心的途径.中国科学E辑:信息科学2008年第38卷第6期:818~828.

2　朱国防,李建东.软件产品线技术简介.信息技术与信息化,2006-2.

3　杨芙清.构件技术引领软件开发新潮流.中国计算机用户,2005年06期.

4　杨芙清,梅宏,吕建等.浅论软件技术发展,电子学报,2002年12月.

5　杨芙清.软件工程技术发展思索.软件学报,2005,16(1).

6　覃征等编著.软件体系结构.西安:西安交通大学出版社2002年12月P10-11.

7　杨芙清,梅宏,吕建等.浅论软件技术发展.电子学报,2002,30(12A):1901~1906.

8　王立福,张世琨,朱冰.软件工程——技术、方法和环境.北京:北京大学出版社,1997.

9　杨芙清,梅宏,李克勤.软件复用与软件构件技术.电子学报,1999,27(2):68~75.

10　杨芙清.软件复用及相关技术.计算机科学,1999,26(5):1~4.

11　杨芙清.青鸟工程现状与发展——兼论我国软件产业发展途径.第6次全国软件工程学术会议论文集,软件工程进展——技术、方法和实践.北京:清华大学出版社,1996.

12　杨芙清,梅宏,李克勤等.支持构件复用的青鸟III型系统概述.计算机科学,1999,26(5):50~55.

13　杨芙清,梅宏,吕建等.浅论软件技术发展.电子学报,2003,26(9):1104~1115.

14　吕建,马晓星,陶先平等.网构软件的研究与进展.中国科学,E辑:信息科学,2006,36(10):1037~1080.

15　吕建,陶先平,马晓星等.基于Agent的网构软件模型研究.中国科学,E辑:信息科学,2005,35(12):1233~1253.

16　黄罡,王千祥,曹东刚等.一种面向领域的构件运行支撑平台.电子学报,2002,30(12Z):39~43.

17　黄涛,陈宁江,魏峻等.OnceAS/Q:一个面向QoS的Web应用服务器.软件学报,2004,15(12):1787~1799.

18　梅宏,曹东刚.ABC-S2C:一种面向贯穿特性的构件化软件关注点分离技术.计算机学报.

19　谭国真,李程旭,刘浩等.交通网格的研究与应用.计算机研究与发展,2004,41(12):206.

20　张伟,梅宏.一种面向特征的领域模型及其建模过程.软件学报,14(8):1345~1356.

第14讲

可 信 计 算

14.1 可信计算的事故

1. 事故案例

下面几个事例说明可信计算技术在传媒界受到的挑战，这些例子当然是对整个可信计算技术的，但与传媒界特别有关系。

(1) 1994年，英特尔公司刚刚推出奔腾处理器。一位加拿大的教授发现，奔腾芯片浮点运算有出错的情况。不过，出错概率很小，约在90亿次除法运算中可能出现1次错误。英特尔为此损失了5亿美元。微处理器现在是到处都用，在传媒界就更不用说了。

(2) 1996年6月4日，欧洲阿丽亚娜5型火箭在首次发射中，由于软件数据转换错误导致火箭发射40秒后爆炸，经济损失25亿美元。

(3) 2001年4月，在美国，一个操作错误引起一个网络自治系统(AS)通告从它到9177个地址前缀都不可达。这个错误的通告又被通知到其他自治系统。要走这些路由的包就全部被踢掉。

(4) 2002年9月，覆盖中国全国的鑫诺卫星多次遭到非法电视信号攻击，一再以非法信号持续攻击正常的卫星通信。这也提出了如何从技术上保证传媒可信性的问题。

(5) 2003年5月，由于飞船的导航软件设计错误，俄罗斯"联盟-TMA1"载人飞船返回途中偏离了降落目标地点约460公里。

(6) 2003年8月14日，在美国电力系统中，由于分布系统软件运行失效，造成了美国东北部大面积停电，损失超过60亿美元。

(7) 2005年7月，北京部分地区出现上网中断问题，很多ADSL以及宽带用户断网超过30分钟。通信线路中断故障不时出现。美国1990年一次电话网故障引起整个东部地区电话不通。

(8) 2004年9月14日，由于空管软件中的缺陷，美国洛杉矶机场400余架飞机与机场一度失去联系，给几万名旅客的生命安全造成严重威胁。

(9) 2005年11月1日，日本东京证券交易所由于软件升级出现系统故障，导致股市停摆。

（10）2006 年 4 月 20 日,中国银联跨行交易系统出现故障,整个系统瘫痪约 8 小时。

（11）2006 年 6 月初我国某验证飞机因软件缺陷坠毁。

（12）2006 年,中航信离港系统发生了三次软件系统故障,造成近百个机场登机系统瘫痪。

2. 典型事故分析

1）美国"猛禽"战机

据 2007 年 3 月 5 日美国《国防新闻》网站报道,2 月 11 日,12 架"猛禽"战机（见图 14-1）从夏威夷飞往日本,在穿越国际日期变更线时出现了软件问题,飞机失去了所有的导航和通信资料,飞机只能借助目视导航以及基本的无线电通信手段才得以返航。当时,飞机上的全球定位系统纷纷失灵,多个电脑系统发生崩溃,多次重启均告失败。飞行员们无法正确辨识战机的位置、飞行高度和速度,随时面临着"折戟沉沙"的厄运。最后,他们不得不掉头返航,折回到夏威夷的希卡姆空军基地。

图 14-1 F-22 战机

另据美联社 2 月 28 日报道,在飞往日本的 F-22A 中,有多架飞机的导航及飞行控制软件系统出现问题,导致飞行数据运算差错以及飞行指令误报。据美国空军官员透露,至少有 3 架战机的飞行员通过触摸式显示屏,发现座机导航系统提供的目标信息不大对劲,特别是在飞越东太平洋马绍尔群岛上空时,导航系统显示的时间与地理方位坐标都出现大量错误信息,明明是白天（AM）时间,显示屏上却报出晚间（PM）时间,幸亏飞行员始终与地面指挥中心保持实时沟通,没有造成大的差错。另外,F-22A 战机的飞行控制系统也不稳定,有飞行员反映在跨洋飞行过程中,飞控系统显示的飞机高度值与实际高度有较大差距。这是一个可怕的问题,因为飞行员所能看到的空间几乎都是海天一色,没有任何坐标参照物,一旦飞机控制系统自身报错数据,飞行员很容易误判,导致机毁人亡。

随后,事故分析原因得出的结论是:"战机在飞越国际日期变更线时,机载软件故障导致卫星失灵。"尽管 48 小时内生产商交付了补丁程序,但这件事引发的思考是深沉的。这种造价 3.3 亿美元、"第四代"最先进战机,按理说不应该出样的问题,因为它有软件代码 170 万条,设计和测试绝对严格,可问题偏偏出现了,而且是一起因微小设计缺陷导致的严重质量事故。

现在网络受到攻击的事件层出不穷,不胜枚举。电视信号偶然中断或不清晰,用户也常有感知。据美国卡内基·梅隆大学统计,在互联网上,2001 年出现 52 655 次入侵事件,而 2002 年前三季度已达 73 359 次,可见增长速度之快。

所有这些问题技术上无非是由于硬设备故障、线路故障、软件故障或人为故障。可信计算技术就是要在有故障的情况下,仍然让系统能正常工作,或者有紧急预案,自动处理。

2）法国兴业银行

2008 年 1 月 24 日,法国兴业银行在一份公开电子邮件声明中自揭家丑:该行旗下巴黎的一名交易员盖维耶尔（Jerome Kerviel）秘密建立了欧洲股指期货相关头寸,此举超出了其职务允许范围,造成兴业银行 49 亿欧元损失。检察机构指控他"滥用信用"、"伪造及使用虚

假文书"以及"侵入数据信息系统"。法兰西银行行长克里斯蒂安·努瓦耶说,盖维耶尔是
"计算机天才",他居然通过了银行"5道安全关"获得使用巨额资金的权限。此事说明兴业
银行的内控监管机制和信息系统出现了严重的漏洞,参见图14-2。

图 14-2　法国兴业银行的危机与交易员盖维耶尔

据报道,自10年前巴林银行事件以来,各家银行都安装了黑匣子,任何款项的操作都有
详细记录,所有金融动作都在其严密监控下。然而,为了防止特殊情况发生,一般的银行都
有一个后台操作系统,一些数据在后台是可以改动的。这是银行信息系统的漏洞和缺陷。

14.2　可信计算的重要概念

1. 可信计算

"可信计算"的英语有多个词,trusted computing,trustworthy computing,dependable
computing。学术界把可信计算(dependable computing)定义为"系统提供可信赖的计算服
务的能力,而这种可信赖性是可以验证的"。从行为角度,可信计算组织(Trusted
Computing Group,TCG)定义可信计算为:一个实体是可信的,则它的行为总是可预期的。
可信计算的核心思想是:构造"信任链"和"信任度量"的概念,如果从初始的"信任根"出发,
在平台环境的每一次转换时,这种信任可以通过"信任链"传递的方式保持下去不被破坏,那
么平台计算环境就始终是可信的。

2. 可信性

可信性(dependability)用来定义计算机系统的这样一种性质,即能使用户有理由认为
系统所提供的各种服务确实是可以充分信赖的。因此可信性不仅包含了可靠性、可用性、
健壮性(robustness)、可测试性(testability)、可维护性(maintainability)等内容,而且强调可
存活性(survivability)、保险性(safety)、安全性(security),它体现了对开放式网络环境下
分布计算系统整体性能质量的评价。并侧重于数据完整性(integrity)和软件保护能力的
度量。

3. 可信计算平台(TCP)

可信计算平台(Trusted Computing Platform,TCP)是能够提供可信计算服务的计算机
软硬件实体,它具有可靠性、可用性和信息的安全性。可信计算平台以 TPM(Trusted
Platform Module)为信任根,为计算机系统信任验证提供了一种可行机制。可信计算机系
统是由硬件平台、操作系统、应用程序、网络系统多个层次组成的。目前的 TCP 只是以
TPM 为核心提供了可信硬件平台。

4. 可信计算基 TCB 与 TPM

安全操作系统是通过可信计算基(Trusted Computing Base,TCB)实现安全功能的。所谓可信计算基,是指系统内保护装置的总体,包括硬件、固件、软件和负责执行安全策略的组合体。国标 GB17859 要求最高等级安全操作系统的可信计算基 TCB 必须满足访问监控器需求,应能仲裁主体对客体的全部访问,应防篡改,足够小,能够分析和测试。

TPM 可作为安全操作系统 TCB 的一个重要组成部分,其物理可信和一致性验证功能为安全操作系统提供了可信的安全基础。TPM 是一个可信硬件模块,由执行引擎、存储器、I/O、密码引擎、随机数生成器等部件组成,主要完成加密、签名、认证、密钥产生等安全功能,一般是一个片上系统(system on chip),是物理可信的。TPM 提供可信的度量、度量的存储和度量的报告。

5. TCG 规范

可信计算组织 TCG 通过定义一系列的规范来描述建立可信机制需要使用的各种功能和接口,主要包括 TPM 主规范、TSS 主规范、可信 PC 详细设计规范、针对 CC 的保护轮廓等。由于 TCG 具有强烈的商业背景,其真正的用意在于数字版权保护。

14.3　可信计算的发展历程

可信计算的形成有一个历史过程。在可信计算的形成过程中,容错计算、安全操作系统和网络安全等领域的研究使可信计算的含义不断拓展,由侧重于硬件的可靠性、可用性,到针对硬件平台、软件系统服务的综合可信,适应了 Internet 应用系统不断拓展的发展需要。

1. 容错计算阶段

在计算机领域,对于"可信"的研究,可追溯到第一台计算机的研制。那时人们就认识到,不论怎样精心设计,选择多么好的元件,物理缺陷和设计错误总是不可避免的,所以需要各种容错技术来维持系统的正常运行。计算机研制和应用的初期,对计算机硬件比较关注。但是,对计算机高性能的需求使得时钟频率大大提高,因而降低了计算机的可靠性。随着元件可靠性的大幅度提高,可靠性问题有所改善。此后人们还关注设计错误、交互错误、恶意推理、暗藏入侵等人为故障造成的各种系统失效状况,研发了集成故障检测技术、冗余备份系统的高可用性容错计算机。

1999 年 IEEE 太平洋沿岸容错系统会议改名为 IEEE 可信计算会议。2000 年 IEEE 国际容错计算会议与国际信息处理联合会工作组主持的关键应用可信计算工作会议合并,并从此改名为 IEEE 可信系统与网络国际会议。2000 年 12 月美国卡内基·梅隆大学与美国国家宇航总署(NASA)的 Ames 研究中心为主成立了高可信计算联盟(High Dependability Computing Consortium),包括康柏、惠普、IBM、微软、Sybase、SUN 在内的 12 家信息产业公司,麻省理工学院、乔治亚理工学院和华盛顿大学等都加入了该联盟,对高可信性计算进行基础研究、实验研究和工程研究。不过,容错计算领域的可信性包括可用性、可靠性、可维护性、安全性、健壮性和可测试性等。

2. 安全操作系统阶段

从计算机产生开始，人们就一直在研究将"容错计算"技术用于操作系统。1967 年计算机资源共享系统的安全控制问题引起了美国国防部的高度重视，国防科学部旗下的计算机安全任务组的组建，拉开了操作系统安全研究的序幕。在探索如何研制安全计算机系统的同时，人们也在研究如何建立评价标准，衡量计算机系统的安全性。1983 年，美国国防部颁布了历史上第一个计算机安全评价标准，这就是著名的可信计算机系统评价标准，简称 TCSEC1331，又称橙皮书。1985 年，美国国防部对 TCSEC 进行了修订。TCSEC 标准是在基于安全核技术的安全操作系统研究的基础上制定出来的，标准中使用的可信计算基就是安全核研究成果的表现，与当前的可信计算有极大的联系。

3. 网络安全阶段

随着网络技术的不断发展和 Internet 的日益普及，人们对 Internet 的依赖也越来越强，互联网已经成为人们生活的一个部分。然而，Internet 是一个面向大众的开放系统，对于信息的保密和系统安全考虑不完善。从技术角度来说，保护网络的安全包括两个方面的技术内容：

（1）开发各种网络安全应用系统，包括身份认证、授权和访问控制、IPSec、电子邮件安全、认证与电子商务安全、防火墙、VPN、安全扫描、入侵检测、安全审计、网络病毒防范、应急响应以及信息过滤技术等，这些系统一般可独立运用运行于网络平台之上；

（2）将各种与网络安全相关的组件或系统组成网络可信基，内嵌在网络平台中，受网络平台保护。从这两方面的技术发展来看，前者得到了产业界的广泛支持，并成为主流的网络安全解决方案。后者得到学术界的广泛重视，学术界还对"可信系统（trusted system）"和"可信组件（trusted component）"进行了广泛的研究。1987 年，美国国家计算机安全中心提出的可信网络解释就是这一技术的标志性成果。

1995 年 IEEE Fellow，A. Avizienis 教授等人提出了可信计算（dependable computing）的概念。2002 年 1 月比尔·盖茨提出可信计算（trustworthy computing）的概念，用通信方式发送给微软所有员工。现在，微软、英特尔和有 190 家公司参加的可信计算平台联盟（TCPA）都在致力于数据安全的可信计算，包括研制密码芯片、特殊的 CPU 或母板，或操作系统安全内核。

14.4　国外可信计算的研究进展

国外的可信计算研究最近发展很快。国外的可信计算组织 TCG 比较松散，他们更多的代表的是各公司自身的利益，但是可信计算平台毕竟给他们带来了可观的经济利益，尽管 AMD 和 Intel 是相互竞争的公司，在可信计算这块他们却结合在一起，不能小看了这些跨国公司的力量。因此，我们应该看看他们现在在做些什么？这些跨国公司是非常有野心的，他们想独霸整个市场，从最近的发展就可以看出来。

1. 发展概述

可信计算组织 TCG 的结构主要包括 TPM 工作组、TSS 工作组、移动电话工作组、外设工作组、服务器工作组、PC 工作组、基础设施工作组、硬拷贝工作组、存储设备工作组。

TCG 的远景目标是：TPM 规范继续完善，包括 PC、服务器、手持设备等硬件平台的规范，存储设备、输入设备、认证设备等外设的规范，操作系统、WEB 服务、应用程序等软件层次的相关规范，信任状等基础设施的规范。

目前的状况是规范沿两个方向进行：以建立基于硬件的可信平台的角度，从底层硬件规范开始，由底向上逐渐推进，由终端开始扩散；以建立可信计算环境的角度，基于但不限于可信平台硬件，从上层定义可信计算自身及与其他安全技术交互时的基础设施规范。

2. 可信平台主规范发展趋势

（1）主规范的组成及总体规范制订情况：可信平台主规范由 TPM 规范、TSS 规范、PC 客户平台规范组成，这三个规范定义了整个可信平台技术的主体轮廓。

（2）可信平台技术的发展趋势：TPM 在 2005 年推出了其 1.2 版本的规范，规范除在内容方面进行了扩充及调整外，在形式上也进行了调整，被分为四个部分：设计原理、TPM 数据结构、TPM 命令、TPM Compliance。在 TPM1.2 规范发布的同时，也发布了 PC 客户机平台规范，规范从形式上也被划分为两个部分，即 PC 平台上 TPM 接口规范和 PC 可信平台实现规范。2006 年 6 月，根据 TPM1.2 版本规范 TCG 又发布了 TSS1.2 规范。

3. 硬件平台相关规范的发展趋势

（1）相关规范的范围及总体发展趋势：除了 PC 工作组以外，TCG 新建立了服务器工作组。此外，不同类型的外设划分得也很细，成立了硬拷贝工作组、存储设备工作组。

（2）PC 平台相关规范的发展：PC 工作组基本上是一个范例，服务器工作组基本上是参照 PC 工作组来做的，PC 平台的规范相对完整，是其他平台规范的范例，因为它做得最早、最全，投的精力也最多。

（3）Server 平台相关规范的发展：现已公布的规范一个是 TCG 服务器通用平台的规范，包括一些相关的术语，它有一些专用的名词，服务器平台下对 TPM 的一些特殊要求，对主规范的一些要求提供的功能进行分析。另外一个是 TCG 基于 Itanium 体系结构的服务器规范，这种基于服务器平台通用规范如何进行定义，对 Itanium 结构下的可信引导流程及 PCR 的使用进行了定义。

（4）移动平台相关规范的发展：TCG 的目标是要把移动电话的整个安全、无线的安全提高几个数量级，所以近年来，移动电话工作组的规范制订工作较为活跃，2006 年初推出使用案例，年底推出了 MTM（Mobile Trusted Module）规范，它的工作目标是显著提升整体的移动电话安全保护强度，提供硬软件解决方案间的可互操作性，为终端用户提供可信的移动计算生态环境。

（5）基于标准接口的可信平台规范：包括 TCG EFI Protocol Specification（协议规范）、TCG EFI Platform Specification（平台规范）、TCG ACPI General Specification（一般规范）。随着硬件技术的发展，PC 平台与 Server 平台之间的差别越来越小，而 Server 平台自身差别

很大。基于标准硬件接口定义可信平台标准应该更有代表性。

（6）外设可信计算规范的发展：现在，外部设备越来越活跃，信息安全绝对离不开外部设备，如 U 盘、光盘等是重要的信息载体，过去讲的双向认证指的是人和人之间的认证，现在扩展到人和主机，和终端的认证，未来会扩展到与外部存储设备的认证。2006 年以来，存储设备工作组的工作日益活跃，这也许是可信平台相关外设规范制订的开端。

4. 建立可信的生态环境

目前 TCG 的工作重心向建立可信的生态环境转移，重点开始转移到基础设施工作组（IWG）。IWG 下面的子工作组叫 TNC(Trusted Network Connect)可信网络互联。与其他工作组相比，基础设施工作组及其 TNC 子工作组的工作进展迅速，每年都要发布一系列规范，而且规范已经形成体系，并且基础设施工作组的系列规范都可以很好地支持以 TPM 为核心的可信平台，但它们又不限制于包含 TPM 的平台，可以和其他安全可信机制有机结合，最近 TCG 宣布其 TNC 可以和微软的 NAP(网络接入保护)有效结合。基础设施工作组的文档路线图是 TCG 可信计算由以 TPM 为核心的可信平台向建立可信生态环境转换的标志，提出了可信平台服务(PTS)。

1) TNC 体系结构中的三个实体

TNC 体系结构中的三个实体分别是：AR(访问请求者)，即需要访问被保护网络的实体；PDP(策略决策点)，即根据访问策略决定 AR 的请求是否被允许的实体；PEP(策略实施点)，即实施是否允许 AR 访问决定的实体。

2) 微软的 NAP 与 TCG 的 TNC 的结合

基于 IF-TNCCS-SOH 协议实现结合(健康状态)，提高了互操作性，简化了网络访问控制框架和协议，以及网络访问控制客户端。

14.5　我国的可信计算

我国有关部门早在 20 世纪 90 年代便研制了微机安全保护卡，目的就是监控终端所有的安全事故。2000 年起，国家密码管理委员会办公室开始对可信计算技术的研究进行立项，武汉瑞达科技有限公司较早申请了立项研究。该公司依托武汉大学的技术力量，独立进行了"安全计算机"的体系机构和关键技术的研究与实践。其研究思路同 TCG 非常相似，也是在主板上增加安全控制芯片 ESM 以及从 BIOS 入手来增强平台的安全性，建立信任链，所不同的是在具体设计上没有照搬 TCG 规范。

2004 年 6 月，瑞达公司推出了国内首款自主研发的具有 TPM 功能的可信安全计算机。当月，中国首届 TCP 技术论坛在武汉召开。同年 9 月，国家相关领导机构召开了一次专门的 TCP 技术研讨会，首次将全球 TCP 相关技术专家、厂商召集在一起，探讨可信计算的未来。10 月份，我国第一届可信计算与信息安全学术会议在武汉大学召开。随后，由武汉瑞达公司研制的我国第一款可信计算平台 SQY14 嵌入密码型计算机通过了国家鉴定。

总体而言，我国企业对可信计算技术的关注和投入研发是比较及时的。2005 年 4 月，联想和兆日科技基于可信计算技术的 PC 安全芯片(TPM)安全产品正式推出。此后不久，采用联想"恒智"安全芯片的联想开天 M400S 以及采用兆日 TPM 安全芯片(SSX35)的清华同方超翔 S4800、长城世恒 A 和世恒 S 系列安全 PC 产品纷纷面世。2005 年 12 月 10 日,在北京召开的第七届信息与通信安全国际会议上,国内有关安全产品在会上进行了展示。为了交流国内可信计算研究领域的研究成果和经验,促进可信计算技术的发展,展示在可信计算领域的最新科研成果、应用技术及产品,我国于 2008 年 10 月举办了第三届全国可信计算学术会议。

经过近几年的不懈努力,"安全 PC"产业链在我国已初步形成。目前,不少厂商除研究可信终端外,还在研究可信网络设备、可信服务器等,旨在所有的网络节点中建立可信机制,最终形成一个全国性的可信网络。

我国已跻身于世界上少数研制出可信 PC 的国家之列,但由于我国信息安全技术整体水平的限制,加之企业规模小、缺乏足够的经济实力,可信计算技术目前尚未实现规模性和产业化,市场也未成熟。

从国家层面看,2005 年出台的国家"十一五"规划和"863"计划都将"可信计算"列入重点支持项目,并有较大规模的投入与扶植,2005 年初,我国可信计算标准工作组正式成立,有关可信计算标准目前正在抓紧进行。可信计算呈现出信息安全主管部门重视,重要用户和企业关注的特点,相关工作正在有条不紊地积极开展起来。

2005 年 1 月,全国信息安全标准化技术委员会在北京成立了 WG1 TC260 可信计算工作小组。WG3 也开展了可信计算密码标准的研究工作。国家"十一五"期间已经将可信计算列入国家发改委信息安全专项里面,"863 计划"也正在启动可信计算专项。在基础研究层面已经把可信计算列为重大专项,先启动可信软件,这个额度也很大,据说有 1.5 亿元。信息产业部可信计算产业基金去年就在招标,有三家企业得到了支持。应该说,国家非常重视,全面启动了国产化的可信计算的研发与产业化的工作,但同时也面临着国际上重大的竞争压力,因此必须要加强联盟,做大做强。可喜的是,上面这些活动联合了众多国内有实力的学校、研究所、企业等,参加单位已经达到了 25 家。

背 景 材 料

1. 张焕国

男,1945 年 6 月出生。武汉大学计算机学院教授,博士生导师。主要从事信息安全方面的教学科研工作。

学术兼职:中国密码学会理事,中国计算机学会容错专业委员会副主任,国家信息安全成果产业化基地(中部)专家委员会副主任,湖北省电子学会副理事长,湖北省暨武汉市计算机学会理事。

科研方向:信息安全,容错计算,可信计算,计算机应用。

在研项目:

① "密码函数的演化设计",国家自然科学基金项目;

② "网上信息收集和分析的基础问题和模型研究",国家自然科学基金重点项目;

③ "商业密码芯片安全结构与技术研究",国家 863 计划项目;

④ "演化密码理论研究",国家密码发展基金项目;

⑤ "演化密码关键理论与技术研究",教育部博士点基金项目;

⑥"智能卡操作系统及密码系统",湖北省重点科技攻关项目;

⑦"安全计算机系统",企业委托。

2. 闵应骅

美国电机电子工程师协会院士(IEEE Fellow),中国科学院计算技术研究所研究员、博士生导师、湖南大学教授、博士生导师、龙星计划委员会中方主任、中国计算机学会容错专委名誉主任、国家自然科学基金委员会 SOC 重大专项专家组成员,《计算机科学技术学报》(英)副主编、《计算机学报》编委。1962 年吉林大学数学系毕业,曾获国家科技进步二等奖,中国科学院自然科学三等奖、二等奖两项,IEEE 计算机学会奖,美国电机电子工程师协会计算机学会金核心成员。他已在国际国内发表学术论文 250 篇,专著 4 本,共被 SCI 引用 136 次,其中他人引用 112 次。多次担任 IEEE 国际会议主席或程序主席。曾在十一个国家和地区的 36 所大学讲学五十多次。美国电机电子工程师协会在遴选他为院士的报告中确认了他在微电子测试和容错计算领域国际学术带头人的地位和贡献。主要研究领域包括微电子测试、可信网络与系统等(见图 14-3)。

3. 沈昌祥(中国工程院院士)

沈昌祥院士(见图 14-4)从事计算机信息系统、密码工程、信息安全体系结构、系统软件安全(安全操作系统、安全数据库等)、网络安全等方面的研究工作。先后完成了重大科研项目二十多项,取得了一系列重要成果,曾获国家科技进步一等奖 2 项、二等奖 3 项、三等奖 3 项,军队科技进步奖十多项。这些成果在信息处理和安全技术上有重大创造性,多项达到世界先进水平,在全国全军广泛应用,取得十分显著效益,使我国信息安全保密方面取得突破性进展。被授予"海军模范科技工作者"荣誉称号,被评为国家有突出贡献中青年专家,曾当选为七届全国人大代表,1996 年获军队首届专业技术重大贡献奖。1995 年 5 月当选为中国工程院院士。2002 年荣获国家第四届"光华工程科技奖"。目前担任国家信息化专家咨询委员会委员,中国工程院信息学部常委,北京大学、国防科技大学、浙江大学、中科院研究生院、上海交通大学等多所著名高校的博士生导师,国家密码管理委员会办公室顾问,国家保密局专家顾问,公安部"金盾工程"特邀顾问,中国人民银行信息安全顾问,国家税务总局信息技术咨询委员会委员,中国计算机学会信息保密专业委员会主任。

图 14-3 闵应骅

图 14-4 沈昌祥

参 考 文 献

1 沈昌祥.坚持自主创新加速发展可信计算.信息安全与通信保密,2006-6.

2 沈昌祥.大力发展我国可信计算技术和产业.信息安全与通信保密,2007-9.

3 卿斯汉.国外可信计算的研究进展.信息安全与通信保密,2007-9.

4 张兴,张晓菲.可信计算：我们研究什么.计算机安全,2006.6.

5 李莉,郑国华,李晓东.可信计算的分析.内蒙古科技与经济,2007年4月第8期总第138期.

6 构建积极防御综合防范的防护体系,国家信息化专家咨询委员会委员沈昌祥院士.

7 卿斯汉.可信计算的发展与研究[C].中国信息协会银川会议.2005.8.20.

8 毛江华.三大难题阻碍可信计算走下神坛.http://www.ccw.com.cn/cso/.

9 htm2005/20051031_155RL.htm[EB].2004-7-13.

10 张焕国,罗捷.可信计算研究进展.武汉大学学报(理学版)[J],2006年05期.

11 周明天,谭良.可信计算及其进展.电子科技大学学报,2006年8月第35卷第4期.

12 闵应骅.前进中的可信计算.中国传媒科技,2005年9期.

第15讲

演化计算与软件基因编程

15.1 演 化 计 算

自然界的生物通过自然选择和自然遗传机制来自组织、自适应地解决所面临的问题。受此启发,人们通过模拟自然演化过程来解决某些复杂问题,并进一步发展出计算机科学领域内一个崭新的分支——演化计算。20 世纪 80 年代中期以来,很多国家掀起了研究演化计算的热潮。演化计算是一种通用的问题求解方法,具有自组织、自适应、自学习性和本质并行性等特点,不受搜索空间限制性条件的约束,也不需要其他辅助信息。因此,演化算法简单、通用、易操作、能获得较高的效率,越来越受到人们的青睐。

1. 演化计算的发展过程

大自然是人类灵感的源泉。几百年来,将生物界提供的答案应用于实际问题求解,已被证明是一个成功的方法,并已形成一个专门的科学分支——仿生学。自然界提供的答案是经过漫长的自适应过程(即演化过程)所得的结果。除了演化过程的最终结果,也可以利用这一过程本身去解决一些较为复杂的问题。这样,不必非常明确地描述问题的全部特征,而只需根据自然法则去产生新的更好的解。

演化计算正是基于这种思想而发展起来的一种通用的问题求解方法。它采用简单的编码技术来表示各种复杂的结构,并通过对一组编码表示进行简单的遗传操作和优胜劣汰的自然选择,来指导学习和确定搜索的方向。由于采用种群(即一组表示)的方式组织搜索,所以它可以同时搜索解空间内的多个区域,而且特别适合大规模并行处理。在赋予演化计算自组织、自适应、自学习等特征的同时,优胜劣汰的自然选择和简单的遗传操作使演化计算具有不受其搜索空间限制性条件(如可微、连续、单峰等)的约束,以及不需要其他辅助信息(如导数)的特点。这些崭新的特点使演化算法不仅能获得较高的效率,而且具有简单、易操作和通用的特性。这些特性正是演化计算越来越受到人们青睐的主要原因之一。

演化计算在 20 世纪六七十年代并未受到普遍重视。一是因为当时这些方法本身还不够成熟;二是由于这些方法需要较大的计算量,而当时的计算机还不够普及,且速度跟不上要求,因而限制了它们的应用;三是当时基于符号处理的人工智能方法正处于顶峰状态,使人们难以认识到其他方法的有效性和适应性。

　　到了 20 世纪 80 年代,人们越来越清楚地意识到传统人工智能方法的局限性,而且随着计算机速度的提高及并行计算机的普及,演化计算对机器速度的要求已不再是制约其发展的因素。德国 Dortmund 大学 1993 年末的一份研究报告表明,根据不完全统计,演化算法已在 16 个大领域、250 多个小领域中获得了应用。演化计算在机器学习、过程控制、经济预测、工程优化等领域取得的成功,已引起了数学、物理学、化学、生物学、计算机科学、社会科学、经济学及工程应用等领域专家的极大兴趣。

　　20 世纪 80 年代中期以来,世界上许多国家都掀起了演化计算的研究热潮。由于演化计算应用广泛,一些杂志及国际会议论文集中都有这方面的文章,现在还出版了两种关于演化计算的新杂志"Evolutionary Computation"和"IEEE Transactionson Evolutionary Computation",一些国际性期刊也竞相出版这方面的专刊。另外,日本新的计算机发展规划 RWC 计划(Real World Computing Program)也把演化计算作为其主要支撑技术之一,以此来进行信息的集成、学习及组织等。

　　某些学者研究了演化计算的涌现行为(emergent behavior)后声称,演化计算与混沌理论、分形几何将成为人们研究非线性现象和复杂系统的新的三大方法,并将与神经网络一起成为人们研究认知过程的重要工具。当前,演化计算的研究内容十分广泛,如演化算法的设计与分析、演化计算的理论基础及其在各个领域中的应用等。可以预计,随着演化计算理论研究的不断深入和应用领域的不断拓广,演化计算必将取得更大的成功。

2. 演化计算的主要分支

　　自从计算机出现以来,生物模拟(也称仿生)便成为计算机科学的一个组成部分。其目的之一是试图建立一种人工模拟环境,在这个环境中使用计算机进行仿真,以便更好地了解人类自己和人类的生存空间;另一个目的则是从研究生物系统出发,探索产生基本认知行为的微观机理,然后设计成具有生物智能的机器或模拟系统,以解决复杂问题。例如,神经网络、细胞自动机和演化计算都是从不同角度模拟生物系统而发展起来的研究方向。

　　演化计算最初具有三大分支:遗传算法(Genetic Algorithm,GA)、演化规划(Evolutionary Programming,EP)和演化策略(Evolution Strategy,ES)。20 世纪 90 年代初,在遗传算法的基础上又形成了一个分支:遗传程序设计(Genetic Programming,GP)。虽然这几个分支在算法实现方面有一些细微差别,但它们有一个共同的特点,即都是借助生物演化的思想和原理来解决实际问题。

　　1) 遗传算法

　　把计算机科学与进化论结合起来的尝试始于 20 世纪 50 年代末,但由于缺乏一种通用的编码方案,人们只能依赖变异而非交配来产生新的基因结构,故而收效甚微。到 20 世纪 60 年代中期,美国 Michigan 大学的 John Holland 在 A. S. Fraser 和 H. J. Bremermann 等人工作的基础上提出了位串编码技术。这种编码既适于变异操作,又适于交配(即杂交)操作,并且强调将交配作为主要的遗传操作。随后,Holland 将该算法用于自然和人工系统的自适应行为的研究中,并于 1975 年出版了其开创性著作《Adaptation in Natural and Artificial Systems》。之后,Holland 等人将该算法加以推广,应用到优化及机器学习等问题中,并正式定名为遗传算法。遗传算法的通用编码技术和简单有效的遗传操作为其广泛、成功的应用奠定了基础。

2）演化策略

20 世纪 60 年代初，柏林工业大学的学生 I. Rechenberg 和 H. P. Schwefel 等在进行风洞实验时，由于设计中描述物体形状的参数难以用传统方法进行优化，因而利用生物变异的思想来随机改变参数值，并获得了较好的结果。随后，他们对这种方法进行了深入的研究和发展，形成了演化计算的另一个分支——演化策略。

早期演化策略的种群中只包含一个个体，而且只使用变异操作，所使用的变异算子是基于正态分布的变异操作。在每一演化代，变异后的个体与其父体进行比较，选择两者之优。这种演化策略称为（1＋1）演化策略或二元（two-membered）演化策略。（1＋1）演化策略存在很多弊端，如有时收敛不到全局最优解、效率较低等。它的改进即增加种群内个体的数量，从而演化为（μ＋1）演化策略。此时，种群内含有 μ 个个体，随机选取一个个体进行变异，然后取代群体中最差的个体。

演化策略一般只适合求解数值优化问题。近年来，遗传算法也采用十进制编码（或称浮点数编码）技术来求解数值优化问题。ES 与 GA 的互相渗透已使它们没有很明显的界限。

3）演化规划

演化规划的方法最初是由 L. J. Fogel 等人在 20 世纪 60 年代提出的。他们在人工智能的研究中发现，智能行为就是具有预测其所处环境的状态，并按给定目标做出适当响应的能力。在研究中，他们将模拟环境描述成由有限字符集中的符号组成的序列。于是问题转化为，怎样根据当前观察到的符号序列做出响应，以获得最大收益。这里，收益按环境中将要出现的下一个符号及预先定义好的效益目标来确定。演化规划中常用有限态自动机（Finite State Machine，FSM）来表示这样的策略。这样，问题就变成如何设计一个有效的 FSM。L. J. Fogel 等借用演化的思想对一群 FSM 进行演化，以获得较好的 FSM。他们将此方法应用到数据诊断、模式识别和分类及控制系统的设计等问题中，取得了较好的结果。后来，D. B. Fogel 借助演化策略方法对演化规划进行了发展，并用于数值优化及神经网络的训练等问题中。

3. 演化计算的主要特点

演化算法与传统算法有很多不同之处，最主要的特点体现在下述两个方面。

1）自组织、自适应和自学习性（智能性）

应用演化计算求解问题时，在编码方案、适应值函数及遗传算子确定后，算法将利用演化过程中获得的信息自行组织搜索。由于基于自然的选择策略为：适者生存、不适应者淘汰，因而适应值大的个体具有较高的生存概率。通常，适应值大的个体具有更适应环境的基因结构，再通过杂交和基因突变等遗传操作，就可能产生更适应环境的后代。演化算法的这种自组织、自适应特征，使它同时具有能根据环境变化来自动发现环境的特性和规律的能力。自然选择消除了算法设计过程中的一个最大障碍，即需要事先描述问题的全部特点，并要说明针对问题的不同特点算法应采取的措施。因此，利用演化计算的方法，可以解决那些结构尚无人能理解的复杂问题。

2）本质并行性

演化计算的本质并行性表现在两个方面。一是演化计算是内在并行的（inherent parallelism），即演化算法本身非常适合大规模并行。最简单的并行方式是让几百甚至数千台计算机各自进行独立种群的演化计算,运行过程中甚至不进行任何通信(独立的种群之间若有少量的通信一般会带来更好的结果),等到运算结束时才通信比较,选取最佳个体。这种并行处理方式对并行系统结构没有什么限制和要求,可以说,演化计算适合在目前所有的并行机或分布式系统上进行并行处理,而且对并行效率没有太大影响。二是演化计算的内在并行性(implicit parallelism)。由于演化计算采用种群的方式组织搜索,因而可同时搜索解空间内的多个区域,并相互交流信息,这就使演化计算能以较少的计算获得较大的收益。

4. 演化计算的研究内容及前景

演化计算的研究内容相当广泛,反映了多学科相互交叉的特点。目前,演化计算的研究主要集中在以下几个方面。

1) 演化计算的理论研究

由于演化计算缺乏统一、完整的理论体系,因而目前一些理论结果主要集中在收敛性分析上,而且很难给出收敛速度的估计。如编码方案的选择、控制参数的选取、如何根据特定的编码方案设计有效的遗传算子,以及算法的分析和性能评价等,只能根据具体问题具体分析,而且分析主要依赖计算机模拟的实验结果,缺乏严密、科学的一般规律和方法。为了推动演化计算研究的发展,目前迫切需要宏观的理论指导。

2) 新的计算模型

演化计算目前实现的计算模型只是生物进化模型的很小的一部分。近来实现的免疫系统模型和协同演化模型等在解决某些问题时取得了较好的效果,这对我们尝试新的进化模型是一种鼓舞。

3) 演化优化

在当代科学技术的各个领域都存在大量优化问题。虽然优化方法有很多分支且硕果累累,但实际问题千变万化,形成的数学模型自然也是千姿百态。因此,要想以一种优化方法有效地解决所有问题是不现实也不可能的。近年来,演化计算在解决复杂优化问题方面取得了振奋人心的成就,但在根据具体问题设计有效的演化算法以提高计算速度及解决约束优化问题等方面还有许多工作要做。

4) 演化人工神经网络

人工神经网络(ANN)是近年来受到普遍关注的一个研究领域。在神经网络的应用中,ANN 网络结构的设计和权值的训练是一个十分困难而重要的问题。传统方法多是凭经验或启发知识来设计网络,用梯度法来确定其中的权值,因此常常需要反复试验,而且很难找到最优的网络结构和权值。演化计算为 ANN 的自动设计和训练提供了一种新途径。但目前的一些研究成果还集中在小型网络的设计上,在实用化方面还有很多问题需要解决。

5) 并行和分布式演化计算

对并行演化计算的研究表明,通过多个种群的演化和适当控制种群的相互作用,可以提高求解的速度和解的质量。并行化甚至可以使演化算法获得超线性加速比。由于演化计算的并行处理平台可以是大规模并行计算机系统,也可以是松散耦合的分布式处理系统(如工作站群集等)。因此,近几年来对并行和分布式演化计算的研究越来越受到重视,目前已有几种较为成功的并行化或分布式模型。种群之间以什么方式进行联系、进行多大的通信才能获得更大的效率,以及其他并行化模型的研究都将是以后研究的重点。

6）演化机器学习

传统的机器学习方法都是根据预先确定的规则和知识来决定所采取的策略，因而很难应用于环境不断变化的问题中，而演化计算正可以为此助一臂之力。目前，基于演化计算的机器学习方法（如分类系统等）正被越来越多地应用到实际问题中。把演化计算与一些启发式的机器学习方法相结合将是今后研究的重点。

7）演化计算应用系统

在理论与算法研究的基础上，利用演化计算组成实际的应用系统，如用于图像处理和模式识别、制造机器人、进行最优控制等。在设计各类应用系统的算法时，把演化计算与传统的启发式搜索算法相结合可能会获得更好的结果。

8）演化硬件

利用硬件的冗余实现硬件的可编程是提高软件效率、降低软件成本的一种有效途径。同时，硬件可随环境的变化而变化，这在工业中也可找到很多应用。随着硬件电路的复杂度和密度的增加，对设计人员来说，按照蓝图设计方法进行设计，必将超出其极限而不堪重负。实现硬件的自动演化将是对传统的硬件设计方法——蓝图设计的一次革命，也将给电子工业带来新的机遇与挑战。

9）演化软件

基于遗传程序设计而开展的自动程序设计方法，正在发展成演化软件的研究，即计算机可以完成要做的事，而不必精确地告诉计算机具体怎样做。

10）演化计算内涵的扩充

演化计算已从模拟生物的进化过程扩充到模拟大自然的演化过程。它不仅采用"仿生"策略，也通过模拟"拟物"演化过程来进行问题求解。

随着演化计算研究热潮的兴起，人工智能再次成为人们关注的焦点。有些学者甚至提出，演化计算是人工智能的未来。其观点是，虽然不能设计人工智能（即用机器代替人的自然智能），但可以利用演化、通过计算获得智能。目前，演化计算已与神经网络、模糊系统一起形成一个新的研究方向——计算智能（computational intelligence）。人工智能已从传统的基于符号处理的符号主义，向以神经网络为代表的连接主义和以演化计算为代表的演化主义方向发展。

应该注意的是，虽然演化计算模拟了生物的演化过程，但目前演化算法中群体的规模远远小于生物演化系统。随着大规模并行计算机和分布式计算机系统性能的不断提高，以及对生物演化系统认识的进一步加深，我们将有可能模拟更接近于自然的演化系统，演化计算的本质并行性将得到充分发挥，从而为进一步揭示生命和智能的奥秘写下新的篇章。

15.2　遗传算法

遗传算法（Genetic Algorithm，GA）是近几年发展起来的一种崭新的全局优化算法，它借用了生物遗传学的观点，通过自然选择、遗传、变异等作用机制，实现各个个体的适应性的提高。这一点体现了自然界中"物竞天择、适者生存"进化过程。1962 年 Holland 教授首次提出了 GA 算法的思想，从而吸引了大批的研究者，迅速推广到优化、搜索、机器学习等方面，并奠定了坚实的理论基础。用遗传算法解决问题时，首先要对待解决问题的模型结构和参数进行编码,一般用字符串表示,这个过程就将问题符号化、离散化了。

1. 串行运算的遗传算法

一个串行运算的遗传算法,按如下过程进行:

(1) 对待解决问题进行编码;

(2) 随机初始化群体 $X(0) = (x_1, x_2, \cdots, x_n)$;

(3) 对当前群体 $X(t)$ 中每个个体 x_i 计算其适应度 $F(x_i)$,适应度表示了该个体的性能好坏;

(4) 应用选择算子产生中间代 $X_r(t)$;

(5) 对 $X_r(t)$ 应用其他算子,产生新一代群体 $X(t+1)$,这些算子的目的在于扩展有限个体的覆盖面,体现全局搜索的思想;

(6) $t = t + 1$;如果不满足终止条件继续(3)。

2. GA 中最常用的算子

(1) 选择算子(selection/reproduction):选择算子从群体中按某一概率成对选择个体,某个体 x_i 被选择的概率 P_i 与其适应度值成正比。最通常的实现方法是轮盘赌(roulette wheel)模型。

(2) 交叉算子(crossover):交叉算子将被选中的两个个体的基因链按概率 P_c 进行交叉,生成两个新的个体,交叉位置是随机的。其中 P_c 是一个系统参数。

(3) 变异算子(mutation):变异算子将新个体的基因链的各位按概率 P_m 进行变异,对二值基因链(0,1 编码)来说即是取反,其中 P_m 是一个系统参数。

3. 遗传算法的不足之处

(1) 个体编码形式:固定长度、线形符号串、仅使用染色体表示问题;

(2) 必须对求解的问题编码;

(3) 个体是基因型和表现型的综合体(选择操作的目标,遗传信息的载体);

(4) 对基因组的任何变动都会影响适应度和选择操作;

(5) GA 个体的两面性及其简单结构,导致不能用个体的某一部分来表示问题解,这将严重约束系统的性能。

15.3 遗传程序设计

遗传程序设计是学习和借鉴大自然的演化规律,特别是生物的演化规律来解决各种计算问题的自动程序设计的方法学。

1992 年,美国 Stanford 大学的 J. Koza 出版了专著《遗传程序设计》("Genetic Programming: On the Programming of Computers by Means of Natural Selection"),介绍用自然选择的方法进行计算机程序设计。1994 年,他又出版了《遗传程序设计(二):可重用程序的自动发

现》("Genetic Programming Ⅱ：Automatic Discovery of Reusable Programs")，开创了用遗传算法实现程序设计自动化的新局面，为程序设计自动化带来了一线曙光。遗传程序设计已引起计算机科学与技术界的关注，并有许多应用。

1985 年由 Cramer 首次提出，1992 年由 Koza 教授将其完善发展。GP 是一种全局性概率搜索算法，它的目标是根据问题的概括性描述自动产生解决该问题的计算机程序。GP 吸取了遗传算法（GA）的思想和达尔文自然选择法则，将 GA 的线性定长染色体结构改变为递归的非定长结构。这使得 GP 比 GA 更加强大，应用领域更广。

Koza 选择 Lisp 作为 GP 的程序设计语言。有了程序结构的概念，在前文介绍的演化算法的基础上，即可讨论自动程序设计（Automatic Programming，AP）。可以用下面的公式来概括自动程序设计的思想：EA＋PS＝AP（演化算法＋程序结构＝自动程序设计）。

Holland 的标准遗传算法中的遗传群体是由一些二进制字符串组成的；而 GP 或 AP 的遗传群体是由一些计算机程序组成的，即由 PS 的元素形成的程序树组成。AP 从以 PS 的元素随机地构成计算机程序的原生软体开始，应用畜牧学原理繁殖一个新的（常常是改进了的）计算机程序群体。这种繁殖应用达尔文的"适者生存、不适者淘汰"的原理，以一种领域无关的方式（EA）进行，即模拟大自然中的遗传操作：复制、杂交（有性重组）与变异。杂交运算来创造有效的子代程序（由 PS 的元素组成）；变异运算用来创造新的程序，并防止过早收敛。所以，AP 就是把 PS 的高级语言符号表示与 EA 的智能算法（一种以适应性驱动的、具有自适应、自组织、自学习与自优化特征的高效随机搜索算法）结合起来，即 AP＝EA＋PS。一个求解（或近似求解）给定问题的计算机程序往往就从这个过程中产生。

15.4 基因表达式程序设计

1. 基因表达式编程起源

基因表达式编程（Gene Expression Programming，GEP）是一种全新的进化算法，它是葡萄牙科学家 Candida Ferreira 于 2000 年提出来的。随后 Candida Ferreira 注册了公司 www.gene-expression-programming.com，专门研究有关 GEP 在函数发现、分类、时间序列分析等方面的工作，已经取得了一定的成果，并形成了具有自主知识产权的 GEP 软件 GepSoft。GEP 起源于生物学领域，它继承了传统的遗传算法和遗传编程的优点，在此基础上发展了属于 GEP 特有的遗传操作，大量的实验表明，GEP 算法以及各种改进的 GEP 算法在发现未知先验知识的数据函数关系以及对时间序列分析都有着非常好的表现。

2. 基因表达式编程（GEP）简介

GEP 继承了 GAs 和 GP 的优点：使用简单、线性、固定长度的个体表达了不同大小和形状的结构（simple，plastic structure）。这种结构能：编码任何可能的程序并高效的进化；轻易地利用功能强大的遗传算子有效地搜索解空间；不会产生无效的个体。在进化计算中唯一使用了多基因的算法（更高的层次，许多新的值得探索的东西）。使用 Karva language 读取和表达存储在 GEP 个体中的信息。

GEP、GA 以及 GP 的比较如下：

（1）GA 个体编码简单，因此操作方便，但只能处理简单问题；

（2）GP 个体编码复杂，因此操作麻烦，且遗传操作不具备封闭性，很多资源消耗在处理无效结构上，但常用于求解复杂问题；

（3）GEP 是简单编码解决复杂问题，而且遗传操作方便，不会产生无效结构。

3. GEP 的基因结构

GEP 的基因结构主要包括两个主要的成员：染色体（chromosome）和表达式树（K-expression）。两者之间的关系是：染色体中所包含的遗传信息由表达式树来解码。其中染色体是由一个或者多个基因组成，每个基因包括头部（head）和尾部（tail）。GEP 中基因组（染色体）由一个线性的定长基因符号串组成。它是一种 ORF（Open Reading Frames and genes）的编码序列。

GEP 的基因主要有头部（head）和尾部（tail）构成。其中头部是从函数集 F 和终点集 T 中随机产生，而尾部只能从终点集 T 中随机产生。整个基因的长度（lchrom）等于基因头长（head）加上基因尾长（tail），也即 lchrom＝head＋tail，其中 tail＝head×$(n-1)$＋1，n 为函数集中得最大操作目数。

GEP 的多基因染色体的具体要求是：

（1）复杂个体的进化需要使用多基因染色体；

（2）GEP 染色体通常由多个等长基因组成；

（3）对于每个特定问题，基因数量和头部长度事先确定；

（4）每条基因解码为一个子表达式树，子表达式树交互组成复杂实体。

15.5　软件基因编程方式

本书的作者在专著《软件演化过程与进化论》（清华大学出版社，2009 年 1 月）中就如何进行软件基因编程进行了阐述。

1. 软件基因的定义

由生物基因的定义，可以很容易地给出软件基因的结构和定义。软件基因（software gene），也称为软件遗传因子，是指携带有软件遗传信息的一条序列串，由 0 和 1 组成，是遗传物质的最小功能单位。0 和 1 的不同排列组合决定了软件基因的功能。每一个软件基因是一个指令集合，用以编码软件的程序。基因中的指令可以明确地告诉软件开发工具和程序员如何设计程序，参见图 15-1。

$$\cdots 01000100011111011111011100\cdots$$

图 15-1　软件基因

根据软件基因的定义，软件基因可以形式化定义为数字序列串$(a_{i1}a_{i2}\cdots a_{in})$，它包括基因头$(a_{i1}a_{i2}\cdots a_{ik})$、基因体$(a_{ik+1}\cdots a_{ij})$和基因尾$(a_{ij+1}\cdots a_{in})$，其中 $i=1,2,3,\cdots,m-1$，a_{ij} 是数字 0 或 1。

根据真核细胞中的基因结构,可以很容易地给出软件基因的结构,它包括三个部分:基因头、基因体和基因尾,如图 15-2 所示。基因头与基因体、基因体与基因尾间都有一段间隔,叫软件基因内段分隔,用以标示前一部分的结束和后一部分的开始。

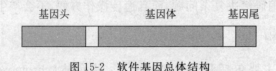

图 15-2　软件基因总体结构

根据软件基因的定义,可以给出软件基因的模型,如图 15-3 所示。

图 15-3　软件基因模型

2. 软件基因组的定义

同样由生物基因组的定义,也可以很容易地给出软件基因组的结构和定义。软件基因组就是由所有的软件基因构成的一个长长的序列串,也是由 0 和 1 组成。软件基因组由三个部分组成,它们是基因组头、基因组体和基因组尾,参见图 15-4。

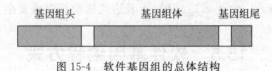

图 15-4　软件基因组的总体结构

根据软件基因组的定义,可以给出软件基因组的模型,如图 15-5 所示。

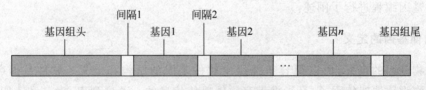

图 15-5　软件基因组模型

基因组头与基因组体、基因组体与基因组尾间都有一段间隔,叫软件基因组内段分隔,用以标示前一部分的结束和后一部分的开始。

3. 软件中心法则

软件开发的过程就是需求分析到设计(概要设计和详细设计),再到编码的过程。也相当于把软件基因组转换成为软件程序代码的过程。这一过程与生物的中心法则相似,即把 DNA 转换成 RNA,再转换成蛋白质,参见图 15-6。"软件中心法则"(software central dogma)是指将软件需求转化为软件设计的模块,在将其转化为执行程序的过程。

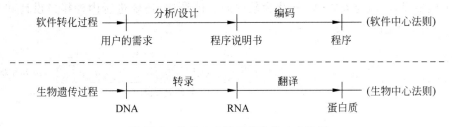

图 15-6 软件中心法则与生物中心法则

实际上,软件需求就是软件基因组,软件开发就是把软件基因组转换成软件。由于用户有很多需求,每一个需求就是一个软件基因,所有软件基因的集合,即软件基因组。软件开发就是把每一个软件基因转化为相应的功能程序,再将其组装成一个软件。

4. 转化的步骤

软件开发的过程就是需求分析到软件设计,再到编码的过程,参见图 15-7。

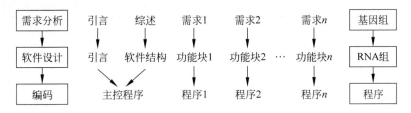

图 15-7 软件开发过程

5. 具体转化过程

1) 需求分析与基因提取

设用户需求可以表示为集合的形式,参见图 15-8(a)。实际上,需求分析的过程,就是软件基因提取的过程。根据软件需求规格说明书标准,在软件基因提取的过程中,即需求分析过程中,将用户需求逐一划分,得到用户的各种需求及彼此的关系,参见图 15-8(b)。由此可以得到软件基因组和软件基因。软件基因就是 $X_i(i=1,2,\cdots,n)$,它是用户的 n 个功能需求。X_0 是基因之间的关系,也是基因组的头,$X_i(i=1,2,\cdots,n)$ 和 X_0 共同构成了基因组。

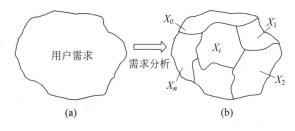

图 15-8 用户需求分析及基因提取

2) 软件设计

软件设计的任务有两个,一个是概要设计,一个是详细设计。

（1）概要设计，就是要将 X_0 转化为软件的总体结构，还要进行内外接口设计和运行组合/控制设计，参见图 15-9。

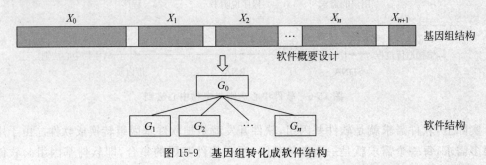

图 15-9　基因组转化成软件结构

（2）详细设计，就是要将每一个 $X_i(i=1,2,\cdots,n)$ 转化为每一个程序的具体设计 $G_i(i=1,2,\cdots,n)$。它包括每一个程序的输入输出、算法、存储等设计，参见图 15-10。

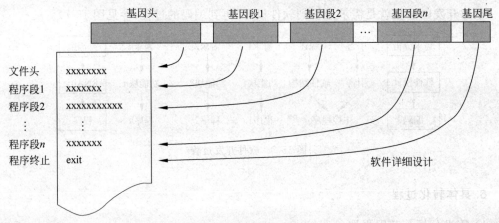

图 15-10　转化成程序

3）编码实现

软件编码实现的任务有两个，一个是每一个程序的编码，一个是整个软件的测试组装。

（1）每一个程序的编码，将每一个程序设计结果 $G_i(i=1,2,\cdots,n)$ 转化为执行文件 $Y_i(i=1,2,\cdots,n)$，参见图 15-11。

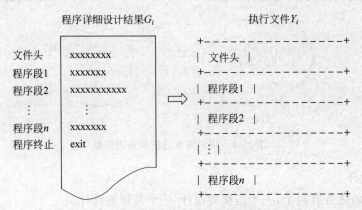

图 15-11　程序详细设计结果转化成执行文件

(2) 整个软件的测试组装,就是将所有的程序 $Y_i(i=1,2,\cdots,n)$,根据软件的总体结构、内外接口设计和运行组合/控制等组装成最后的软件产品结果,参见图 15-12。

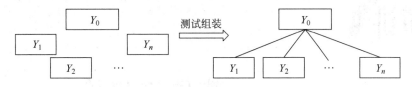

图 15-12 软件结构转化为软件产品

背 景 材 料

　　康立山,1934 年 1 月 6 日出生于湖南衡山(现为衡东县)三樟市,1952 年毕业于衡山中学(国师附中与省立十二中合并而成),1956 年毕业于武汉大学数学系。曾经是计算机科学与数学教授、计算机科学理论博士生导师(1990 年批准),武汉大学软件工程研究所所长,武汉大学软件工程国家重点实验室主任。上海交通大学兼职教授,南京航空航天大学名誉教授,中国地质大学兼职教授,武汉水利电力大学兼职教授,中国计算机学会理论计算机科学分会副主任,国家高性能计算中心(武汉)学术委员会委员,并行与分布处理国防科技重点实验室学术委员会副主任,中国地质大学(武汉)计算机学院院长。"Natural,Parallel & Scientific Computations(美国)"、"Parallel Algorithms and Applications(英国)"、"计算数学(英文版)"、"应用数学"、"数值计算与计算机应用"、"数学杂志"和"微电子学与计算机"杂志的编委。

参 考 文 献

1　陈根社,陈新海.遗传算法的研究与进展.信息与控制,Vol.23,NO.4,1994.

2　方建安,邵世煌.采用遗传算法自学习模型控制规则.自动化理论、技术与应用,中国自动化学会第九届青年学术年会论文集,1993.

3　方建安,邵世煌.采用遗传算法学习的神经网络控制器.控制与决策,1993,8(3).

4　康立山,陈毓屏,李元香.遗传程序设计与自动程序设计.计算机世界,1997 年第 27 期.

5　潘正君,康立山,陈毓屏.演化计算——通过计算获得智能.计算机世界报,1997 年第 27 期.

6　张宗华,赵霖,张伟.遗传程序设计理论及其应用综述.计算机工程与应用,2003-13.

7　张凯.软件演化过程与进化论.北京:清华大学出版社,2009 年 1 月.

第16讲

软件进化论

16.1　软件进化论研究

人工生命,作为自然生命的扩展和延伸,它是一门新兴的学科,近年来备受人们的关注。人工生命的形式包括硬件、软件和湿件。"软件生命"作为人工生命的一个重要的分支,也逐渐被大家认识。生物技术的飞速发展为"软件生命"的深入研究提供了一种可行的手段和工具。"软件生命"的研究不应该局限于计算机的范围内,而应该寻求生物学方法的帮助,将"生物进化论"系统地引入软件领域。作为一个新的研究方向,这方面的研究对计算机学科的发展起到的作用不言而喻。它不仅可以开拓"生物进化论"的研究领域,也对软件学科的发展大有帮助。

本书的作者受华夏英才基金的支持,出版了《软件过程演化与进化论》一书,系从生物的视角和方法研究软件进化。

16.2　软件的大小进化

1. 软件大进化基本术语

1) 大进化概述

大进化就是以大的时空尺度观察软件发展进化过程,即观察长时间跨度(整个软件发展史)上的变化过程。

2) 线系进化

如果以时间(年为单位)为纵坐标,以进化的表型(外表形状)改变的量为横坐标,在这个坐标系中,某一瞬时存在的软件物种相当于坐标中的一个点;这个物种随时间不断延续,则在坐标系中构成一个由该点向上延伸的线,这条线就叫做线系,参见图 16-1。

3) 谱系进化

由同一条线系分支产生出若干线系,合起来像一丛树枝,称之为枝丛或线系丛。通常所说的系统发生或谱系进化,是指若干相关的线系或线系丛随着时间的进化改变,参见图 16-2。

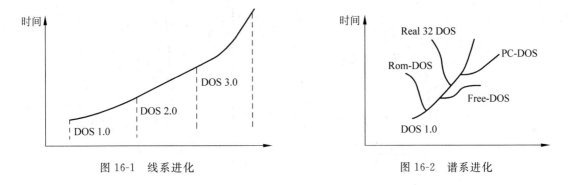

图 16-1　线系进化　　　　　　　　图 16-2　谱系进化

4）软件进化方式

软件垂直进化：导致软件结构复杂性程度增长的进化过程，也称为前进进化。软件水平进化：导致软件分类学多样性增长的进化过程，实际上是分支进化的同义词，参见图 16-3。

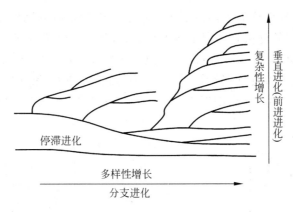

图 16-3　大进化名词术语

2. 软件的系统树

现时存在的和过去使用过的软件之间的祖裔关系（亲缘关系）可以形象地表示为一株树：从树根到树顶代表时间向度，下部的主干代表共同祖先，大小枝条代表互相关联的线系。这就是系统树或进化树。这个概念由海克尔（E. H. Haeckel）提出，他认为生物各种族的系统关系有如树状，可用图来表示其状态，此称为系统树，参见图 16-4。系统树的概念可以引入软件。

3. 软件大进化的模式

1）软件的辐射进化

一个单源（一个祖先）软件群的许多成员在某些表型性状上发生显著的歧义，它们具有较近的共同祖先，较短的进化历史，不同的适应方向，因而能进入不同的适应域，占据不同的使用领域。在系统树上则表现为从一个线系向不同的方向密集地分支，形成一个辐射状枝丛（线系丛），叫做辐射，参见图 16-5。

图 16-4　系统树或进化树

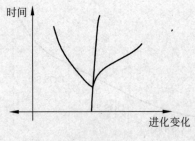

图 16-5　辐射

2）软件的趋同进化

属于不同单源软件群的成员各自独立地进化出相似的表型,以适应相似的生存环境;不同来源的线系因同向的选择作用和同向的适应进化趋势而导致表型的相似,这就是趋同,参见图 16-6。趋同进化与适应辐射恰恰相反,后者也可以叫做趋异。

3）软件的平行进化

同一或不同单源软件群的不同成员因同向的适应进化而分别独立地进化出相似的特征;换句话说,有共同软件祖先的两个或多个线系,其线系进化方向与速率大体相近,就叫做平行或平行进化(见图 16-7)。平行与趋同不易区分,一般地说,两条线系比较,若后裔软件之间的相似程度大于祖先之间的相似程度,则属趋同;若后裔软件之间的相似程度与祖先软件之间相似程度大体一致,则属平行。平行进化所导致的相似性既是同源的,又是同功的。

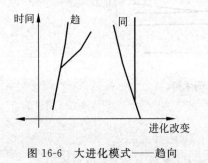

图 16-6　大进化模式——趋向

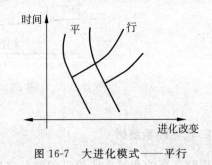

图 16-7　大进化模式——平行

4. 进化速率

软件进化速率 ν 可定义为单位时间内软件进化改变的量,这里涉及两个尺度:时间变量 t 和进化改变量 C,于是,软件进化速率 ν 可以表示为: $\nu = C/t$

5. 软件的小进化

软件小进化是种群在遗传组成上微小差异导致的微小变化。它是软件进化的基础,多种小进化汇集的结果即表现为大进化。

6. 软件的适应性

适应是软件的结构和功能与其赖以生存的环境条件相适合的现象。适应既可表现为一个过程,也可是一种结果。它是一种客观存在。软件适应包含两方面含义:一是软件各层次结构与其功能相适应;二是这种结构和功能适合于该软件在一定环境条件下的生存和延续。

适应形成的条件可以归纳为三个方面:

(1) 变异是可遗传变异,这是适应形成的先决条件;

(2) 这种变异有生存价值,在选择上具有优势,也就是说,发生变异的软件不仅能生存,且能够成功地繁衍后代;

(3) 环境变化是定向的,这种定向的环境变化提供了一种选择的压力,使软件产生的变异不断累积和加强,最终形成了对于改变了的环境的适应。

7. 软件新分类方法假说

根据生物分界系统的分界学说,本书将软件也分为"三主干六界"。"三主干"是机器码(0-1码)程序,语言编制的软件程序和软件系统。

1) 机器码程序

这类程序是"一界",是三个主群中最小的,也是"最古老的"。第一代语言或机器语言是一种低级的面向计算机的程序设计语言,使用 0 和 1 表示各种命令。起初,没有为第一代语言使用的编译器或连接器,指令是通过计算机系统开关的面板输入到系统中,被 CPU 直接使用。它在古老的计算机上使用。

2) 语言编制的软件程序

这类程序是"一界",它包括所有汇编和高级语言编写的软件程序。这类程序相对比较小,功能也比较单一。20 世纪 60—70 年代,用汇编或高级语言编写的程序,主要用在科学计算、军事计算或商业事务方面。这类程序一般采用结构化程序设计方法开发一些功能性程序,因为没有使用软件工程的理论,其规模一般不大,属于非系统类的"小程序"。

3) 软件系统

这类程序也是"一界",它包括所有自成系统的软件,这个主群最庞大,它包括操作系统,语言工具软件和应用软件,参见图 16-8。

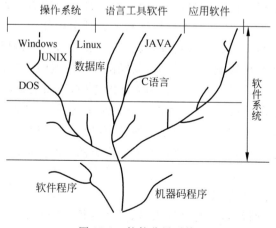

图 16-8　软件分界系统

16.3　软件生态系统

1. 软件生态系统的定义

软件生态系统是由软件与环境各个相互作用部分组成的一个整体,其中环境包括不同的用户、开发人员和组织(公司)、环境软件、环境硬件、自然界和人类社会等。

2. 与外界的关系

软件生态系统不是一个封闭系统,它是一个开放系统。它必须与外界不断地进行物质、能量和信息的交流,否则无法生存下去。

1) 软件通过介质与外界交流

软件是计算机的一个非常基本的概念,有人说它是"程序"加"文档"。这种说法不准。我们知道,软件是一种虚拟形式存在的"物质",就像人的思想一样,但它必须有一个载体,这个载体就是我们的大脑。大脑的工作必须靠身体各个部分的协调和支撑才能运行。否则,一旦身体某部分出问题,大脑因失去能量供给而坏死,以至于某个人的思想随这个人的死亡而去。软件的载体可以是磁盘、光盘、纸张等,甚至还包括硬件"加密狗",一旦这些东西被毁坏,软件作为虚拟形式存在的"物质"也将不复存在。因此,在讨论软件时,必须将它与有形物质或载体(磁盘、光盘、纸张等)联系起来。正如出售软件,要么以光盘的形式出售,要么以软盘的形式出售,或纸媒体的形式出售,再就是通过网络媒体下载出售。总之,软件必须与某种形式的载体结合。这类载体,可称为软件系统与外界环境交换的物质形式,还有就是用户和开发人员组织的物质(包括信息和载体)交换,以及开发人员组织之间的交换。

2) 软件通过能量与外界交流

这里谈论的能量主要包括四类,一是电能,它是维持计算机运行必须的能量,也是软件在硬件中正常运行的保证。二是人的智能和体能,在软件开发过程中,智能和体能是需求分析,系统设计、详细设计、编码和测试的工作完成的保证也是开发过程的基本能量来源。三是用户的需求,这是软件质量改进的最大驱动力。来自用户的需求力量驱动着软质量不断改进和完善。四是其他能量,包括外界自然界和人类社会的能源。比如,火灾、水灾、地震、洪水等自然界的破坏能量,以及人类社会的政治需要和经济需要的驱动力,比如,某种社会政治需求对软件开发产生的影响力,再如,为某经济领域发展的需要。

来自软件系统外界的能量对其有正负两方面的作用,比如电能,它可以维持计算机的正常运行,也可能因为电压过高或电流过强对计算机系统(包括软件系统)产生的破坏作用,使硬盘中的软件或开发文档或被编写的程序被毁坏,致使开发过程不能进行或被延缓。火灾、水灾、地震、洪水、暴乱、经济危机等来自自然界或人类社会的破坏性能量也会造成软件开发活动的停止或延缓。

3) 软件通过信息与外界交流

软件与外界的信息交换,包括与开发人员、开发组织(公司)、环境软件、环境硬件、自然条件和人类社会的信息交流。与开发人员的信息交流主要是智力信息的交流,包括需求分析、系统设计、详细设计、编码和测试的智力活动中的信息交换;与开发组织(公司)的信息交流也基本一样；与环境软件和环境硬件的信息交流主要是环境软件和环境硬件的基本信息和接口参数信息；与自然界和人类社会的信息交流主要自然现象(火灾、水灾、地震等预报的)信息和人类社会对软件开发有直接影响的信息,比如,互联网的法律,软件开发规范或国际惯例等。

16.4　软件分子与细胞

1. 软件最小元素及关系

数据是软件组成的最小元素,是组成软件的最小"材料"单位,而彼此之间的基本运算则构成了最小"材料"单元之间的关系。

2. 软件小分子——数据结构

数据元素相互之间的关系称为结构。有四类基本结构：集合、线性结构、树形结构、图状结构(网状结构)。

3. 软件大分子——基本程序结构

软件大分子,实际上就是三种最基本的程序结构：顺序结构、条件结构和循环结构,其他结构都是这三种结构组合变化出的,这在 1966 年已被 Bohm 和 Jacopini 证明,参见图 16-9、图 16-10 和图 16-11。

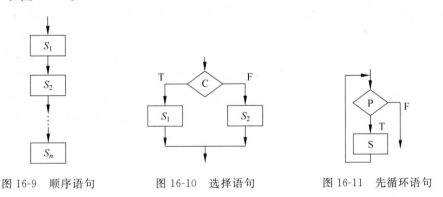

图 16-9　顺序语句　　　　图 16-10　选择语句　　　　图 16-11　先循环语句

4. 原核软件细胞模型设计

为使其能在计算机上得到应用和实现,必须进行进一步详细设计,使其具有软件实现(编码)的可操作性。原核软件由"软件界面"、"程序包集"、"外连接器"三个部分,如图 16-12 所示。

5. 真核软件细胞模型框架设计

为了使其能在计算机上得到应用和实现,必须进行进一步详细设计,使其具有软件实现(编码)的可操作性,参见图 16-13。

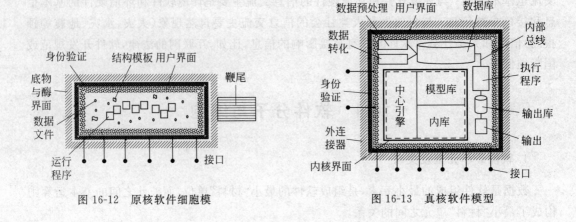

图 16-12　原核软件细胞模　　　　　　　图 16-13　真核软件模型

16.5　软件器官与软件脑

1. 软件机体

从宇宙发展的历史看,人类已经进入了"人球系统"时代,也就是"软件机体"时代。"软件机体"是一个以人为主导,利用计算机硬件、软件、网络通信设备以及线路,对软件政治、经济和文化数据进行全面的收集,传输,加工,存储,更新和维护,产生有利于人类发展,提高人类政治、经济和文化活动的效率的信息,支持人类的各级决策的集成化人机系统。

"软件机体"是在人类社会的自然环境、社会硬件条件的基础上,建立起的人类全部思想智慧的系统。因此,"软件机体"是一个高智能的庞大系统。

从系统论和生物理论的角度观察,软件机体似乎更像一个高智慧的庞大"动物",它不仅懂得自调控的规律,而且能自觉地研究和掌握如何通过调控,调动系统的一切有利因素,发挥进化的对象性去进行加工、创造、物化信息,向更高的系统时代进军。"软件机体"的每个成员(行业机构,企业,个体的人,计算机网络,软件系统等)都自觉地促进系统的调控而协同工作,系统也自觉地通过自调控调动系统每个成员的智慧和作用。

2. 软件脑

如果说"软件机体"是人体的模拟,那么,"软件脑"就是"软件机体"中"最重要"的一个器官。它是"软件机体"的最高决策部件和最高智慧机构,承担所有"软件机体"器官的管理,协调彼此之间的工作。

3. 软件机体粒度层次

实际上,如果从细胞社会学的角度看人类社会的结构粒度,其由小到大的形成过程如图 16-14 所示。

分子→细胞→器官→个人→行业/机构→人类社会

图 16-14　人类社会的粒度层次

分子是最基本单位,细胞由分子组成,器官由细胞组成,人由器官组成,一个单位是由一个一个的人由组成,一个行业由多个单位组成,不同的行业分工协作,共同组成了人类社会。

基于同样的道理,软件的结构粒度,其由小到大的形成过程如图16-15所示。

数据→基本程序→程序→软件→行业/机构系统→软件机体

图16-15 软件机体粒度层次

数据是最基本单位,计算机中的数据结构是软件的基本结构,它包括集合、线性结构、树形结构、网状结构几种形式。最基本的程序是顺序结构、条件结构、循环结构、它相当于生物的分子。软件由最基本的程序组成。软件相当于生物的细胞。软件系统相当于人的器官,它有多个软件组成,比如一个企业内部的软件系统。多个企业的软件系统共同组成了一个行业的计算机系统。多个行业信息系统分工协作,共同组成了软件机体。

4. 软件机体总体设计

根据生物学的知识可知,任何一个生物机体的结构层次都是:"细胞"→"组织"→"器官"→"系统"→"生物体",即生物体由系统组成,系统由器官组成,器官由组织组成,组织由细胞组成。

人体由8个系统组成,其中神经系统最主要,它控制和协调其他系统的正常运行。根据以上理论体系的分析,软件机体由软件脑、软件机体网络和被软件脑控制的部分组成。在一个"软件机体"中,智慧指挥系统最重要,它应该是国家中的"政权组织"。在"软件机体"中,它就是软件脑。软件机体网络由4条回路组成,从软件脑一直延伸分散到下面各个级别的分支机构。被软件脑控制的部分是软件机体的器官。

5. 软件机体总体网络

软件机体中的系统与器官联系都离不开网络的支持,下面,将对连接软件机体总体网络进行讨论。

1)人体神经网络

人脑的中枢神经系统与机体器官组织的连接由神经纤维网络回路系统承担。纤维网络回路系统(也称周围神经系统)包括有脑神经纤维网络回路系统、脊髓神经纤维网络回路系统、内脏神经纤维网络回路系统。

2)软件机体网络总体设计

软件机体中枢神经系统总线只有一条,但其间由四条回路组成,包括规范软件子系统回路,仲裁软件子系统回路,行政软件子系统回路和安全软件子系统回路。它们是彼此之间独立的网络回路,以保证彼此之间不受干扰。从总线到支线,它们还有多级网络节点。这些线路从软件机体连接到规范软件子系统,一直延伸分散到下面各个级别的上/下立法院。其他软件子系统类似,仲裁软件子系统、行政软件子系统和安全软件子系统回路也都从脑部一直延伸分散到下面各个级别的分支机构,参见图16-16。

3)软件中枢神经系统总线功能设计

软件中枢神经系统总线是穿过软件脑干,连接软件前脑、软件小脑和软件骨干网的网络。它们之间的通信主要包括软件前脑与软件脑干的通信，软件前脑与软件小脑的通信，软件脑干与软件小脑的通信，软件脑干与软件小脑，以及软件脑干与软件骨干网的通信。中枢神经系统总线连接软件前脑、软件小脑和软件骨干网的线路。软件中枢神经系统总线主要连接软件骨干网和中枢神经系统中的各类器官组织（如软件前脑、软件脑干和软件小脑）。其中，主要的连接包括它与软件骨干网的连接，与软件前脑的连接和与小脑的连接，见图 16-16 和图 16-17。

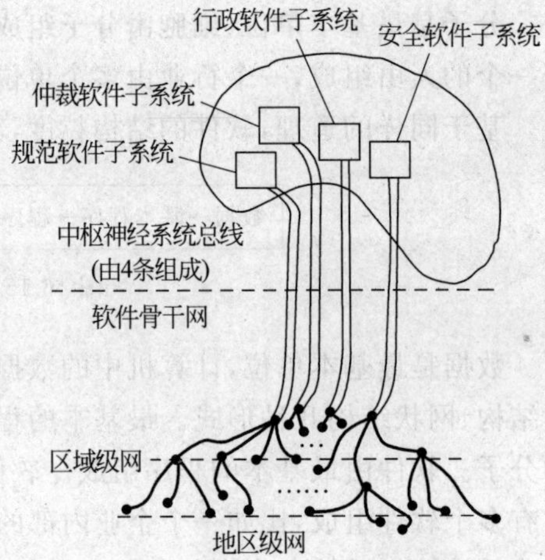

4) 软件骨干网功能设计

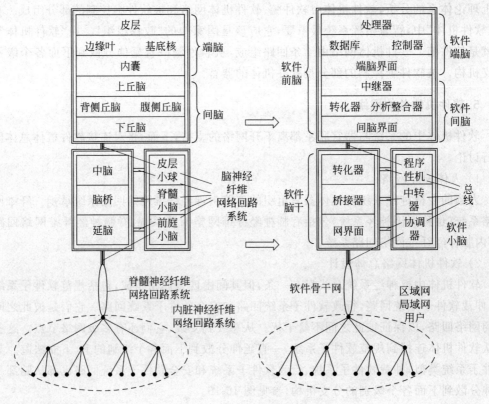

图 16-16　软件机体网络总体设计

软件骨干网与软件中枢神经系统总线一样，只有一条，但中间有四条回路组成，它是软件中枢神经系统总线向下的延续，主要连接软件中枢神经系统总线和区域网/局域网。它是软件机体网络的主干，相当于计算机的主干网线路，或人体脊椎神经。它们的主要任务是担负软件中枢神经系统总线和区域网/局域网的联系，以及软件中枢神经系统与软件机体各部分的联络和反馈。软件骨干网担负主要数据信息的传送。

图 16-17　软件脑结构设计

5）区域网/局域网功能设计

软件骨干网向下是软件机体的各个部分。由于网络中通常采用分层分级的方式，因此，软件骨干网下一层是区域网，区域网下一层是局域网。区域网和局域网分别连接软件机体的各个部分。其任务是将软件机体各部分获得的刺激信息上传，同时，下达软件大脑/软件小脑处理信息的反馈。

6. 软件脑结构设计

1）软件脑总体结构设计

根据大脑总体结构图，可模拟设计出"软件脑"系统结构，见图16-17。

整个"软件脑"系统包括"软件脑"中枢神经系统和"软件脑"网络系统两个部分。软件脑中枢神经系统包括软件前脑、软件脑干和软件小脑三部分。"软件脑"网络系统包括软件骨干网部分，中枢神经系统总线部分和区域网/局域网/用户部分。

2）软件脑中枢神经部分结构

软件脑中枢神经部分包括软件前脑、软件脑干和软件小脑，参见图16-17。

7. 刺激、通信与软件脑决策

1）软件机体网络结构

当软件机体被外界刺激时，软件机体网络将接收的外界刺激信号传入软件骨干网，进而传入中枢神经系统总线。第一级区（主要是软件间脑和脑干部分）主要负责上传下达信息，做出本能的反应；第二级区（软件端脑中的协调控制器，"四库"部分）主要负责信息加工和识别，与软件小脑联系并调用其存储的"程序"，做出程序性的应对；第三级区（软件端脑中的主推理机，次推理机，冲突仲裁器，决策支持机，协调控制器）主要负责信息综合、高级复杂形式的判断，做出策略性的决策，参见图16-18。

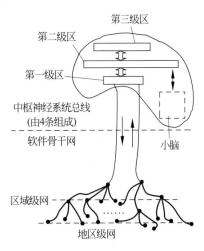

图 16-18　软件机体网络总体设计

2）软件脑"四库"协同

大脑的"四库"包括规则库、知识库、模型库和数据库系统，见图16-18。在大脑的"四库"中，规则库是最基础的，它是规范，是其他库建立的最基本的要求，是任何对错判断的底线，相当于宪法和由它派生出的其他法律法规。知识库是陈述性知识的库，它存储着软件脑已经学习到的外部知识，它为模型库的建立提供必要的知识源。模型库主要存储程序性和策略性的方案，可为大脑决策提供解决方案的选择和组合单元。数据库主要存储上传下达的临时数据。

背 景 材 料

张凯，博士，教授，软件高级工程师，中国计算机学会高级会员；中国计算机学会容错计算委员会专委，中国计算机学会软件工程委员会专委，主要从事软件演化方面的研究；发表论文 44 篇,国外计算机英文杂志 6 篇,国际会议 9 篇,国内杂志 24 篇,EI 检索 6 篇,ISTP 检索 1 篇;专著《软件复杂性与质量控制》和《软件演化过程与进化论》2 本。获省市级奖 8 项。2005 年 2 月在奥地利主持第四届国际人工智能会议一次,参加境外国际会议 5 次,境内国际会议 6 次。与美国的南加州大学,华盛顿大学,加州大学伯克利分校,斯坦福大学,加州大学洛杉矶分校,德国的 Lübeck 大学,瑞士的苏黎世理工大学,奥地利的 Graz 理工大学和 Innsbruck 大学进行过学术交流,参见图 16-19。

斯坦福大学

图 16-19   作者在斯坦福大学

参 考 文 献

1   张凯.软件演化过程与进化论.北京:清华大学出版社,2009 年 1 月.

4GL与软件开发工具酶

17.1　4GL

1. 程序设计语言的划代观点

程序设计语言阶段的划代远比计算机发展阶段的划代复杂和困难。目前,对程序设计语言阶段的划代有多种观点,有代表性的是将其划分为 5 个阶段:

第一代语言(1GL)——机器语言;

第二代语言(2GL)——编程语言;

第三代语言(3GL)——高级程序设计语言,如 FORTRAN、ALGOL、PASCAL、BASIC、LISP、C、C++、Java 等;

第四代语言(4GL)——更接近人类自然语言的高级程序设计语言,如 ADA、MODULA-2、SMALLTALK-80 等;

第五代语言(5GL)——用于人工智能、人工神经网络的语言。

2. 第四代语言

第四代语言是一种编程语言或是为了某一目的的编程环境,比如为了商业软件开发目的的。在演化计算中,第四代语言是在第三代语言基础上发展的,且概括和表达能力更强,而第五代语言又是在第四代语言是基础发展的。

第三代语言的自然语言和块结构特点改善了软件开发过程,然而第三代语言的开发速度较慢,且易出错。第四代语言和第五代语言都是面向问题和系统工程的。所有的第四代语言设计都是为了减少开发软件的时间和费用。第四代语言常用于专门领域软件编程,因此,有些研究者认为第四代语言是专门领域软件的子集。

4GL 具有简单易学,用户界面良好,非过程化程度高,面向问题的特点。4GL 编程代码量少,可成倍提高软件生产率。4GL 为了提高对问题的表达能力和语言的使用效率,引入了过程化的语言成分,出现了过程化的语句与非过程化的语句交织并存的局面。

4GL 已成为目前应用开发的主流工具,但也存在着以下不足:

(1) 4GL 语言抽象级别提高以后,丧失了 3GL 一些功能,许多 4GL 只面向专项应用。

(2) 4GL 抽象级别提高后不可避免地带来系统开销加大,对软硬件资源消耗加重。

(3) 4GL 产品花样繁多,缺乏统一的工业标准,可移植性较差。

(4) 目前 4GL 主要面向基于数据库应用的领域,不宜用于科学计算、高速的实时系统和系统软件开发。

3. 历史

尽管早年的论文中也用到过第四代语言(Fourth-Generation Language,4GL)一词,但是,4GL 术语 1982 年才被 James Martin 在其书《无程序员应用开发》("Applications Development Without Programmers")中正式用作非过程、高级设计语言。IBM 的 RPG (1960 年)中可能首次描述过 4GL,随后是信息产品 MARK-IV(1967 年)和 Sperry 的 MAPPER(1969 年内部用,1979 年发布)中也有 4GL 描述。

20 世纪 80 年代初期 4GL 被用在软件厂商的广告和产品介绍中。这些厂商的 4GL 产品不论形式上还是功能上差别都很大。但是人们发现这一类语言由于具有"面向问题"、"非过程化程度高"等特点,可以成数量级地提高软件生产率,缩短软件开发周期,因此赢得了很多用户。1985 年,美国召开了全国性的 4GL 研讨会,在这前后,许多著名的计算机科学家对 4GL 展开了全面研究,从而使 4GL 进入了计算机科学的研究范畴。

20 世纪 90 年代,随着计算机软硬件技术的发展和应用水平的提高,大量基于数据库管理系统的 4GL 商品化软件已在计算机应用开发领域中获得广泛应用,成为面向数据库应用开发的主流工具,如 Oracle 应用开发环境、Informix—4GL、SQL Windows、Power Builder 等。它们为缩短软件开发周期,提高软件质量发挥了巨大的作用,为软件开发注入了新的生机和活力。

4. 第四代语言的分类

按照 4GL 的功能可以将它们划分为以下几类。

1) 查询语言和报表生成器

查询语言是数据库管理系统的主要工具,它提供用户对数据库进行查询的功能。报表生成器为用户提供自动产生报表的工具,它提供非过程化的描述手段让用户很方便地根据数据库中的信息来生成报表。

2) 图形语言

Windows 率先提供了用图形方式进行软件开发的平台,使图形语言得以施展。

3) 应用生成器

应用生成器是重要的一类综合的 4GL 工具,它用来生成完整的应用系统。应用生成器按其使用对象可以分为交互式和编程式两类。

4) 形式规格说明语言

为避免自然语言的歧义性、不精确性而引入软件规格说明,形式的规格说明语言则很好地解决了上述问题,且是软件自动化的基础。从形式的需求规格说明和功能规格说明出发,可以自动或半自动地转换成某种可执行的语言。

5. 第四代语言的应用前景

在今后相当一段时期内,4GL仍然是应用开发的主流工具,但其功能、表现形式、用户界面、所支持的开发方法将会发生一系列深刻的变化,主要表现在以下几个方面。

1)4GL与面向对象技术将进一步结合

面向对象技术所追求的目标和4GL所追求的目标实际上是一致的。目前有代表性的4GL普遍具有面向对象的特征,随着面向对象数据库管理系统研究的深入,建立在其上的4GL将会以崭新的面貌出现在应用开发者面前。

2)4GL将全面支持以Internet为代表的网络分布式应用开发

随着Internet为代表的网络技术的广泛普及,4GL又有了新的活动空间。出现类似于Java,但比Java抽象级更高的4GL不仅是可能的,而且是完全必要的。

3)4GL将出现事实上的工业标准

目前4GL产品很不统一,给软件的可移植性和应用范围带来了极大的影响。但基于SQL的4GL已成为主流产品。随着竞争和发展,有可能出现以SQL为引擎的事实上的工业标准。

4)4GL将以受限的自然语言加图形作为用户界面

目前4GL基本上还是以传统的程序设计语言或交互方式为用户界面的。前者表达能力强,但难于学习使用;后者易于学习使用,但表达能力弱。在自然语言理解未能彻底解决之前,4GL将以受限的自然语言加图形作为用户界面,以大幅度提高用户界面的友好性。

5)4GL将进一步与人工智能相结合

目前4GL主流产品基本上与人工智能技术无关。随着4GL非过程化程度和语言抽象级的不断提高,将出现功能级的4GL,必然要求人工智能技术的支持才能很好地实现,使4GL与人工智能广泛结合。

6)4GL继续需要数据库管理系统的支持

4GL的主要应用领域是商务。商务处理领域中需要大量的数据,没有数据库管理系统的支持是很难想象的。事实上大多数4GL是数据库管理系统功能的扩展,它们建立在某种数据库管理系统的基础之上。

7)4GL要求软件开发方法发生变革

由于传统的结构化方法已无法适应4GL的软件开发,工业界客观上又需要支持4GL的软件开发方法来指导他们的开发活动。预计面向对象的开发方法将居主导地位,再配之以一些辅助性的方法,如快速原型方法、并行式软件开发、协同式软件开发等,以加快软件的开发速度,提高软件的质量。

17.2　生物酶与开发工具

1. 生物酶与软件开发工具

1) 生物酶

酶(enzyme)是由细胞产生的具有催化能力的蛋白质(protein)，这些酶大部分位于细胞体内，部分分泌到体外。生物体代谢中的各种化学反应都是在酶的作用下进行的。没有酶，生命将停止。

(1) 酶的作用机制。

酶通过其活性中心先与底物形成一个中间复合物，随后再分解成产物，并放出酶。酶的活性部位是它结合底物和将底物转化为产物的区域，通常是整个酶分子相当小的一部分。活性部位通常在酶的表面空隙或裂缝处，形成促进底物结合的优越的非极性环境。在活性部位，底物被多重的、弱的作用力结合，在某些情况下被可逆的共价键结合。酶结合底物(substrate)分子，形成酶-底物复合物。酶活性部位的活性残基与底物分子结合，先将它转变为过渡态，然后生成产物，释放到溶液中。这时游离的酶与另一分子底物结合，开始它的又一次循环。底物是接受酶的作用引起化学反应的物质。

已经有两种模型解释了酶如何与它的底物结合。1894 年 Emil Fischer 提出锁和钥匙模型(lock-and-key model)，底物的形状和酶的活性部位被认为彼此相适合，像钥匙插入它的锁中(见图 17-1(a))，两种形状被认为是刚性的和固定的，当正确组合在一起时，正好互相补充。诱导契合模型(induced-fit model)是 1958 年由 Daniel E. Koshland Jr. 提出的，底物的结合在酶的活性部位诱导出构象变化(见图 17-1(b))。此外，酶可以使底物变形，迫使其构象近似于它的过渡态。

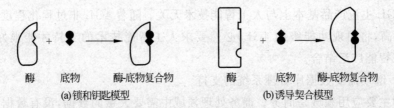

(a)锁和钥匙模型　　　　　　　　(b)诱导契合模型

图 17-1　底物与酶的结合

(2) 酶的催化特点。

催化能力：酶加快反应速度可高达 10^{17} 倍。

专一性：大多数酶对所作用的底物和催化的反应都是高度专一的。

调节性：酶活性的控制是代谢调节作用的主要方式。

2) 软件工具酶

在软件开发过程中，软件开发工具相当于生物学中"酶"的角色。那么，什么是软件工具酶呢？本书的作者在《软件演化过程与进化论》专著(清华大学出版社，2009 年 1 月)中就软件工具酶进行了阐述。

定义：软件工具酶(Software Tool Enzyme,STE)是在软件开发过程中辅助开发人员开发软件的工具。

(1) 软件工具酶的作用(function)。

软件开发工具作为酶，它是催化剂(catalyst)，可使用户需求转化为程序的过程加快。这一点很多搞过软件开发的人都有体会。与生物酶一样，软件工具酶作为催化剂时，它只辅助需求到程序的转换，而且参与其活动，但是，它不会变成为被开发软件的一部分，而且软件"酶"可以被反复使用。

软件开发工具作为酶，也是黏合剂(adhesive)，它可以把底物分开，也可把碎片连接起来。这就是酶切和酶连接。比如，在结构设计中，需求分析工具可以把需求整体分成块。"软件工厂"平台也能把组件组装成软件。

(2) 软件工具酶的作用机理。

实际上，软件工具酶是通过其活性中心先与底物形成一个中间复合物(compound)，随后再分解成产物，酶被分解出来。酶的活性部位在其与底物结合的边界区域。软件工具酶结合底物，形成酶-底物复合物。酶活性部位与底物结合，转变为过渡态，生成产物，然后释放。随后软件工具酶与另一底物结合，开始它的又一次循环。

(3) 软件工具酶与底物结合两种模型。

锁和钥匙模型(lock-and-key model)认为：底物的形状和酶的活性部位被认为彼此相适合，像钥匙插入它的锁中，刚好组合在一起时，互相补充。实际上这是一种静态的模型，它也可以解释软件工具酶与底物的配套关系。有些软件工具酶和底物都是不可变的，彼此非常专一，像锁和钥匙一样，配合得天衣无缝。比如，为某一个单元专门设计编制的测试台/床(一种专用的单元测试工具酶)，或功能单一的程序编辑器(一种专用的工具酶)，或功能单一的数据流图绘制工具(也是一种专用的工具酶)，参见图 17-2。专用测试台/床的接口数与底物的接口数相同，且其他方面也像锁和钥匙一样，配合得天衣无缝。

诱导契合模型(induced-fit model)认为：底物的结合在酶的活性部位诱导出构象变化。酶可以使底物变形，迫使其构象近似于它的过渡态。这样一种动态的模型，也可以解释软件工具酶与底物的适应关系。有些软件工具酶和底物都是"可变的"，它们在催化结合时，或软件工具酶适应底物，或底物适应软件工具酶，或彼此可以适应，相互被诱导契合，同样配合得天衣无缝。比如，为某一个单元通用的测试台/床(一种"通用"的单元测试工具酶)，参见图 17-3。通用测试台/床的接口数是动态的，它通过侦测底物的接口数，然后与之适应，被诱导与被测单元契合，形成天衣无缝的组合。对于其他"通用"工具酶，其核心结合原理也是侦测底物的属性，然后与之适应，形成酶-底物复合物，进行催化作用。

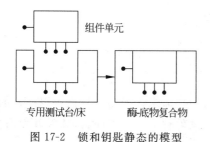

图 17-2　锁和钥匙静态的模型　　　　图 17-3　诱导契合动态的模型

(4) 软件工具酶的催化特点。

① 催化(catalysis)能力：我们曾做过一个实验，对比软件工具酶加快反应速度。使用课件自动生成酶与没有使用软件工具酶编制课件，所用的时间比是 480 倍。当时，用 PowerPoint 编制"系统分析与设计"课程的课件时，耗时约 40 小时，而使用我们开发的"课件自动生成系统"，自动生成课件耗时约 5 分钟，所用的时间比是 480。这说明，软件工具酶的催化作用是非常大的。该实验只是从一个侧面反映了软件工具酶加速催化能力。

② 专一性(specifity)：大多数软件工具酶对所作用的底物的催化反应也是高度专一的。当然，与生物酶一样，不同的酶专一性程度不同。比如，软件开发的通用工具 Word 编辑软件，它可以作为开发文档的开发工具使用，但专用性很低，其针对软件开发的效率和专业性自然非常差，其功能和性能绝对无法超越 IBM 的 Rational Rose。大多数软件工具酶(需求分析工具酶，设计工具酶，程序生成酶，测试工具酶，项目管理工具酶)呈绝对或几乎绝对的专一性，它们只催化一种底物进行快速反应。比如需求分析工具酶只针对需求分析过程的活动，结构化概要设计工具酶只针对结构化概要设计，C 语言程序生成器只生成某一功能的 C 语言程序，单元测试工具酶只针对单元测试，项目管理工具只针对项目管理。

③ 调节性(adjustment)：软件开发是一个逐步有序性的工作，其中，软件项目管理工具的调节和控制功不可没，它在其中担当起了较强的控制调节作用。软件工具酶有一些活性调节控制方式：比如软件工具酶的品种和数量(浓度)的调节，利用管理软件的反馈调节等。

2. 中心法则与酶

1) 生物中心法则

从生物遗传过程可以看出，DNA→RNA→蛋白质，经过了复制→转录→翻译三个过程。这三个过程中，DNA 解链酶，RNA 聚合酶和肽基转移酶分别参与了其转换活动。图 17-4 给出了生物中心法则与酶的关系。

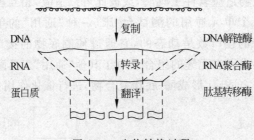

图 17-4　生物转换过程

2) 软件转换法则

软件工具酶的中心任务就是辅助开发人员，将用户需求转换为计算机可以运行的程序。众所周知，软件开发就是将用户需求正确地转换为软件程序。一般而言，软件开发需要经过三次转化过程，一是用户需求的获取，二是从用户的需求到程序说明书的信息转化，三是从程序说明书到程序的信息转化。这就是软件转换法则（Software Transportation Dogma），参见图 17-5。

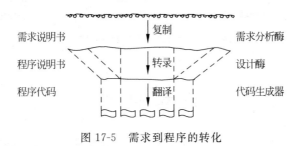

图 17-5 需求到程序的转化

3. 未来软件开发模式

1）"近未来"软件开发模式

如今的软件开发模式还是从用户需求，通过需求分析工具到设计说明书，再通过编程工具到高级语言程序代码。这一开发模式经历了从手工到自动化的过程，而且，这种方式还要持续一段时间，参见图 17-6。

图 17-6 "近未来"软件开发模式

2）"中远未来"软件开发模式

在不远的将来，由于读写大脑技术的成熟，下载大脑数据变得十分便捷，软件开发模式将是：直接从大脑中读出二进制代码用户需求，通过需求转化工具酶，给出转化方案，再通过二进制代码生成酶，将大脑中读出二进制代码用户需求转化为可执行的二进制机器码，参见图 17-7。

图 17-7 "中远未来"软件开发模式

3）"远未来"软件开发模式

在更远的将来，人们考虑的将不再是如何开发软件，而是关系如何将大脑的思维体系移植到计算机或更高级的人工物中存活，因为那时的大脑思维介质载体（人体）已经不能满足人类思维的需求。解决这一问题的方法将是：直接读取大脑的思维体系，然后，制定向人工物"移植"的方案，再通过移植工具酶，将大脑思维体系移植到更高智能结构的人工物中。与现在不同，那时的工作重点和难点是移植到新寄生物后如何不出现抗排斥反应的处理。而现在人们似乎更关心需求的困难，参见图 17-8。

图 17-8　"远未来"软件开发模式

背 景 材 料

约翰·柯扎(John R. Koza),斯坦福大学电子工程系咨询教授,1964 年获斯坦福大学的计算机科学学士,1966 年获密歇根大学的数学硕士,1972 年获密歇根大学的计算机博士。他的研究兴趣是自动编程,该方法涉及基因编程技术。基因编程是一种自动生成计算机程序的方法,它用到了达尔文的自然选择和生物的重组,变异,翻转,复制,删除操作(见图 17-9)。

图 17-9　John R. Koza

参 考 文 献

1　张凯.软件过程演化与进化论.北京:清华大学出版社,2009-1.

2　康立山,陈毓屏,李元香.遗传程序设计与自动程序设计.计算机世界报,1997 年第 27 期.

3　李彤,王黎霞.第四代语言:回顾与展望.计算机应用研究,1998 年第 3 期.

4　http://www.webopedia.com/TERM/F/fourth_generation_language.html.

5　http://en.wikipedia.org/wiki/4GL.

6　李昭原,王辉.一体化 MIS 快速开发自动生成器 CDBAG-4GL 的设计与实现.软件学报,1992 年 4 期.

7　王纯宝.第四代语言 INFORMIX-4GL 及其应用.交通与计算机,1992 年 6 期.

8　周有文.面向 ORACLE 4GL 的 CMIS 详细设计.湖南大学学报(自然科学版),1991 年 1 期.

9　王正.信息系统开发工具——第四代语言 AS 5.0 版本的介绍及应用实例.交通与计算机,1993 年 2 期.

10　从市场角度看第四代语言.软件世界,1994 年 8 期.

11　孙其民.用计算机第四代语言开发 MIS 软件的几个问题.曲阜师范大学学报(自然科学版),1999 年 2 期.

12　陈丽芳,陈亮.关于面向对象与第四代语言之间关系的分析.河北能源职业技术学院学报,2002 年 3 期.

13　陈学进.浅议计算机第四代语言的教学.安徽工业大学学报(社会科学版),2003 年 1 期.

14　郑启华,王忠平,李向阳等.一个第四代语言 A4GL 的设计与实现.小型微型计算机系统,1997 年 10 期.

15 闫世杰,卢朝霞. 基于第四代语言的 MIS 系统开发. 第三届全国控制与决策系统学术会议论文集,1991.

16 仲萃豪,孙富元,李兴芬. 关于第四代语言的看法. 计算机科学,1988 年 4 期.

17 刘玉梅. 第四代语言与软件技术的集成. 小型微型计算机系统,1988 年 5 期.

18 张荣光. 第四代语言(4GLs)的十个问题. 计算机科学,1989 年 1 期.

19 韩胜志. 第四代语言软件产品的特点及其发展趋势. 小型微型计算机系统,1987 年 6 期.

20 http://www.genetic-programming.com/johnkoza.html.

第18讲

知件与智幻体

18.1 知 件

1. 知识工程

知识工程这个术语最早由美国人工智能专家 E. A. 费根鲍姆提出。由于在建立专家系统时所要处理的主要是专家的或书本上的知识,正像在数据处理中数据是处理对象一样。其研究内容主要包括知识的获取、知识的表示以及知识的运用和处理等三大方面。费根鲍姆及其研究小组在 20 世纪 70 年代中期研究了人类专家解决其专门领域问题时的方式和方法。人工智能与计算机技术的结合产生了所谓"知识处理"的新课题。即要用计算机来模拟人脑的部分功能,或解决各种问题,或回答各种询问,或从已有的知识推出新知识,等等。

2. 知件的概念

知件是独立的、计算机可操作的、商品化的、符合某种工业标准的、有完备文档的、可被某一类软件或硬件访问的知识模块。

专家系统和通常的知识库都在某些方面类似于知件,但是它们都不是知件。专家系统是传统意义上的软件,因为它包括以推理程序为核心的一系列应用程序模块。通常的知识库也不是知件。首先是因为它至少包含一个知识库管理程序,从而不满足知件的基本条件(只含知识)。其次是因为这些知识库的知识表示和界面一般不是标准化的,难以用即插即用方式和任意的软件模块组合使用。而且一般的知识库还没有商品化。应该成为一种标准的部件,更换知件就像更换计算机上的插件一样方便。

通过知件的形式,可以把软件中的知识含量分离出来,使软件和知件成为两种不同的研究对象和两种不同的商品,使硬件、软件和知件在 IT 产业中三足鼎立。对软件开发过程施以科学化和工程化的管理,就形成了软件工程。类似地,对知件开发过程施以科学化和工程化的管理,就形成了知件工程。两者有某些共同之处,但也有很多不同。计算机发现知识,或计算机和人合作发现知识已经成为一种产业:知识产业。而如果计算机生成的是规范化的、包装好的、商品化的知识,即知件,那么这个生成过程(包括维护、使用)涉及的全部技术之总和可以称之为知件工程。它与软件工程既有共同之点,也有许多不同的地方,从某种意义上可以说,知件工程是商品化和大规模生产形式的知识工程。

3. 知件工程

根据知识获取和建模的三种不同方式,知件工程有三种开发模型。

1) 第 1 种是熔炉模型

它适用于存在着可以批量获取知识的知识来源的情形。采用类自然语言理解技术,让计算机把整本教科书或整批技术资料自动地转换为一个知识库,也可以把一个专家的谈话记录自动地转换为知识库。这个知识库就称为熔炉。由于成批资料中所含的知识必须分解成知识元后在知识库中重新组织。特别是当这些知识来自多个来源(多本教科书,或多批技术资料,或多位专家,以及它们的组合)时,更需要把获取的知识综合起来,这种重新组织的过程就是知识熔炼的过程。人们把熔炉中的知识称为知识浆,熔炉模型的基本结构如图 18-1 所示。

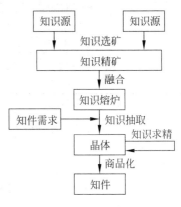

图 18-1　熔炉模型

2) 第 2 种称为结晶模型

它适用于从分散的知识资源中提取和凝聚知识。结晶模型的基本构思是:在知件的整个生命周期中,新的、有用的知识是不断积累的,它需要一个获取、提炼、分析、融合、重组的过程。从这个观点看,我们周围的环境更像是一种稀释了的知识溶液,提取知识的过程就像是一个结晶过程。由于其规模之大,人们称它为知识海。而熔炉模型中的知识浆则是浓缩了的知识溶液。对知识的需求就像一个结晶中心,围绕这个中心,海里的知识不断析出并向它聚集,使结晶越来越大。知识晶体的结构就是知识表示和知识组织的规范。蕴含于因特网上的知识就是一种典型的知识海。

我们需要两个控制机制来控制知识晶体的形成和更新过程。第 1 个机制称为知识泵。它的任务是从分散的知识源中提取并凝聚知识。上面提到的类自然语言就是这样的一种知识泵。它不仅可以控制知识析取的内容,还可以控制知识析取的粒度。已经获得的知识晶体可以作为新的知识颗粒进入知识海中,以便在高一级的水平上重用。类自然语言的使用在某种程度上体现了知识结晶的方式。第 2 个机制称为知识肾。由于知识是会老化和过时的,旧的、过时的知识不断被淘汰,它表现为结晶的风化和蒸发。知识肾的任务是综合分析新来的和原有的知识,排除老化、过时和不可靠的知识,促进知识晶体的新陈代谢。

综合这两者,知识泵和知识肾合作完成知识晶体的知识析取、知识融合和知识重组。知件的演化有赖于作为它的基础的知识晶体的演化和更新。从理论上说,这是一个无穷的过程。结晶模型如图 18-2 所示。

3) 螺旋模型概念

它适用于获取通过反复实践积累起来的经验知识。该模型反映了学术界区分显知识和隐知识的观点,认为知识创建的过程体现为显知识和隐知识的不断互相转换,螺旋上升。它包括如下 4 个阶段:外化(通过建模等手段使隐知识变为显知识)、组合(显知识的系统化)、内化(运用显知识积累新的隐知识)和社会化(交流和共享隐知识),参见图 18-3。

把 3 种知件工程模型生成的知识模块统称为知识晶体。从应用的角度看,知识晶体还只是一个半成品,需要经过进一步的加工才能成为知件。

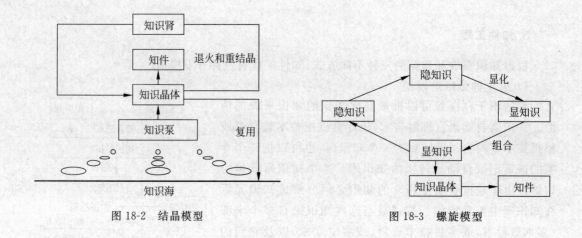

图 18-2　结晶模型　　　　　　　　　图 18-3　螺旋模型

18.2　"软件人"简介

　　"软件人"(SoftMan,SM)技术融合分布式人工智能、并行分布式系统、移动智体和人工生命的技术,是计算机网络时代的一项崭新而关键技术。基本构想是:以人工智能、人工生命和分布式系统为理论基础,结合智能机器人、智能网络和多智体(multi-agent)技术,研制出一类网上自动智能虚拟机器人——"软件人"。"软件人"能够在网上自由迁移,采用"信息推拉技术"自动处理某些指定的任务,充当某类职员角色。

　　"软件人"是基于计算机软件、三维动画、计算机图形学、虚拟现实、计算机网络等软件工程技术研究开发的拟人的个体或群体的人工生命。"软件人"是具有类似于人的形态、结构、性能、活动或行为的"软件模型",是具有拟人形态、拟人结构、拟人智能、拟人情感、拟人活性、拟人行为的"软件人工生命",是人的"自然生命"在软件世界中的模拟、延伸或扩展。

　　"软件人"具有自学习、自进化能力,当处于陌生环境或对待陌生事件时,能用以前积累的经验去解决,当解决不了或效果很差时,则通过学习或联想记忆法去尝试其他方法,并将最成功的方法记录并保存下来,而且可以遗传给子"软件人"。"软件人"个体结构模型如图 18-4 所示。

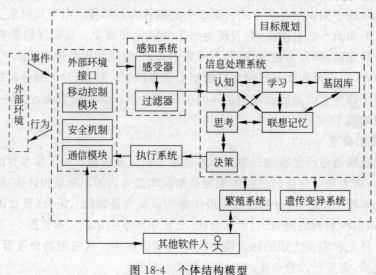

图 18-4　个体结构模型

18.3 智 幻 体

本书的作者在《软件演化过程与进化论》专著(清华大学出版社,2009 年 1 月)中就"智幻体"进行了阐述。

1. 智幻体的概念

智幻体是一个以人为主导,利用硬件、软件、网络通信设备以及线路,对软件政治、经济和文化数据进行全面的收集、传输、加工、存储、更新和维护,产生有利于人类发展,提高人类政治、经济和文化活动的效率的信息,支持人类的各级决策的集成化人机系统。

"智幻体"是一个高智慧的虚幻生命体,具有学习、推理、判断和解决问题的能力。它是智慧"实体"非载体部分,但它必须寄生在某一种载体或介质中才能"存活"或"运行"。

将其取名为"智幻体"的原因主要是基于以下几个方面的考虑。第一,它必须是高智慧的;第二,所谓"虚幻"是指看不见,摸不着的意思,也有寄生的含义;第三,它不是一个实体,但在现实中确实存在。就像磁场,看不见,摸不着,但却能感受到。

实际上,在我们的生活中,已经出现了一些"智幻体"。比如,计算机病毒,它是一种"智幻体",在计算机(一种载体)中运行,有生命迹象,在静止的 U 盘或硬盘等载体中保存。再如,在计算机或网络中的"电子宠物"或"电子人"也是"智幻体"。

在此我们研究"智幻体"的目的是想通过这个概念的讨论,进一步研究更一般、更大范围的"生命体"概念,为人类离开"机体",创造更大智幻体进行理论上的探索。

众所周知,人与其他动物的不同之处是人有思想和智慧,而不仅仅有"臭皮囊"。离开了思想和智慧的"臭皮囊",人如同"行尸走肉"。但是问题反过来想,如果人的思想和智慧离开了"臭皮囊",人的思想和智慧同样不能正常"运行"。这就是为什么人们在重视其思想和智慧发展的同时,也关注"自己"身体的健康的原因。否则,一旦身体出现了健康问题,生命终止,人的思想和智慧也将随之消失。当然,人可以将其思想和智慧通过"书"、"论文"、"录音"、"录像"等形式留给后人,但是,人的思想和智慧毕竟不是"活"的。如何将"活"的思想和智慧保存下去,或在非人体的介质中"存活",是我们要讨论的问题。

如果我们能将某人的思想和智慧从其身体中"提取"出来,并"养活"在另外一种介质或载体中,这将是我们最关心的问题。当然,我们指的"存活"应该是深层次的"存活"。当某人的思想和智慧在另外一种介质或载体中"存活"时,这个人思想和智慧还应该像在原来的身体中一样正常工作。

实际上,"智幻体"是一种"活的智慧体",这种"智慧体"从原来的载体中分离出来,再加载进入其他载体中生存和进化。

基于以上考虑,我们的研究将把人类智慧与机体分开,从以下两个方面展开讨论,一个是对智慧部分的抽象研究,即对"智幻体"的研究,另一个是对运行介质或载体的研究,即"智幻体"生存介质的研究。

2. 巨智幻体

"巨智幻体",不是一个多部分合在一起的"离散"集合,它是一个"有机"的整体,是一个系统。为了对"巨智幻体"有深入的了解,下面就其系统概念进行说明。

(1) 作为系统,"巨智幻体"有特定的目标。为了实现某个或某些目标,多个"智幻体"集成在一起,形成为一个"巨智幻体"。

(2) 作为系统,"巨智幻体"有"边界",且通过边界与外界进行信息的交流。"巨智幻体"是由若干相互联系的、有边界的小"智幻体"组成。它是一个开放系统,通过不断与外界交换信息(输入输出信息)来实现它的完善发展。

(3) 作为系统,"巨智幻体"可划分成若干相互联系的部分,且可分层。"巨智幻体"是由若干相互联系的部分组成,因此,它可以被划分成若干个部分和分成若干层。

(4) 作为系统,"巨智幻体"内部的各个部分之间存在着信息流是"巨智幻体"的"血液"。系统通过"血液"流动将信息带到"巨智幻体"的各个组成部分,将没用的信息去掉,实现信息的交换。正是通过信息流,各个组成部分的功能才能充分发挥,并与其他部分互相配合,共同完成整个"巨智幻体"系统的功能。

(5) 作为系统,"巨智幻体"是动态的、变化的和发展的。系统与外界进行信息交换时,它的状态会随时发生变化,从一种状态变到另一种状态。不过,这种变化有两种可能,一是系统可能向好的方向发展,最后实现自己既定的目标;二是向不利的方向发展,这时系统目标的内驱动力迫使"巨智幻体"系统调整到正常的轨道上来,向前发展。

3. 生存介质与载体

1) 现有的生存介质与载体

(1) 有机体。无论是人体还是动物,大多有 8 个系统,即消化系统、神经系统、呼吸系统、循环系统、运动系统、内分泌系统、泌尿系统和生殖系统。从生存介质与载体的角度讲,它们也是"智幻体"生存空间中必不可少的一部分。这些系统共同组成了"智幻体"的生存载体。

(2) 计算机。计算机一般是由 CPU、主板、内存、外存、电源等部件组成。从生存介质与载体的角度分析,这些部件是"智幻体"生存空间中必不可少的一部分。

(3) 网络。计算机网络,由许多节点组成。实际上,每个网络节点,又是由多个服务器、网络设备、存储设备、线路等组成。它们共同组成了"智幻体"的生存载体。

(4) 智能设备。机器人、手机、交换机、路由器,等等,目前,很多智能设备都具备了为"智幻体"提供生存空间的能力。

(5) 混合体。现在,有很多智能系统都是混合体。比如,管理信息系统,它的定义是一个以人为主导,利用计算机硬件、软件、网络通信设备以及其他办公设备,对企业经营数据进行全面的收集、传输、加工、存储、更新和维护,产生有利于企业战略竞争,提高效益和效率为目的的信息,支持企业高层决策、中层控制、基层运作的集成化人机系统。这一概念说明,管理信息系统是一个集成化的人机混合系统。目前,很多集成系统都是将人员、管理、技术、计算机硬件软件、其他设备等进行集成后的系统。

2) "智幻体"载体的选取与人造

如果能找到每一种"智幻体"的理想载体,那是一种幸事。实际情况是,选择一个非常合适的"智幻体"载体,就目前来说,特别在地球上是很困难的一件事。解决这个问题的方法有三个。

（1）自然物改造。既然寻找到一个理想"智幻体"载体是困难的，不妨寻找"大体"或"基本"合适的自然物，然后加以改造。比如，人体就是最好的"智幻体"载体，于是，有科学家探索在大脑以外加装"外脑"，利用芯片的能力弥补人脑的不足。另外，其他动物躯体也是不错的"智幻体"载体，它在某些方面具有超过人体的机体优势，参见图18-5。

图18-5　《星球大战前传》电影中的智慧动物

（2）人工物。计算机、网络、智能设备等都属于人工物。从理论上说，可以设计出非常适合某一个"智幻体"的载体，但是，就目前的技术和工艺水平，依然存在很大的难度。不过，这不妨碍人类探索的决心和智慧。到目前为止，人类已经设计制造出了很多值得骄傲的"智幻体"载体，比如计算机、机器人，在未来可能是一座"智幻"城市，参见图18-6。

图18-6　未来智能城市和《星球大战前传》电影中的智慧动物

（3）混合体设计。混合体是一种折中的选择。它可以将自然物的优势与人工物的优势结合起来，同时也可以节约人工制造的时间和费用。有时，混合集成载体的功能性能不一定比设计精良的"人工物"差，因为其中自然物的进化水平是人类很难超越的，它已进化了千百万年以上，而半人半机器已具备人和机器的优势，参见图18-7。

3）"智幻体"载体的展望

"智幻体"载体是"智幻体"得以生存和发展的基石和依托。它的发展好坏对未来"智幻体"的发展，从某个角度看具有决定性的影响。

（1）"灵魂不死"：这里的"灵魂"不是宗教的概念。"灵魂不死"指人或其他生物"智幻体"在某一种载体中的长期存活和发展，以实现智慧的"永生"。

（2）智力扩展："智幻体"载体的不足自然会限制"智幻体"的发展空间和能力的扩展。如果"智幻体"载体的功能和性能有比较大的提高，它会推动"智幻体"能力的飞跃。

（3）"大智慧"集成：大型载体系统的集成必将推动人类智慧的集成和发展。个人智慧是渺小的，个人智慧的叠加也不过是数量的累积，而人类智慧的系统集成将出现"整体功能大于部分之和"的相应，并呈现整体的新功能属性和飞跃。

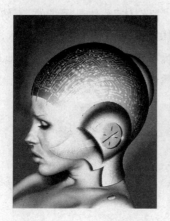

图 18-7　半人半机器和《星球大战前传》电影中的智慧动物

4. "智幻体"的器官移植

1）移植的定义

移植是指将"智幻体"的一个部分从其原部位移植到自体或异体的一定部位,用以替代或补偿所丧失的结构和(或)功能的方法。

与医学领域不同,"智幻体"的移植更强调增加一个"子系统",一个"器官",一个"子体系"等,用以增加自体或异体的功能,至少也是补充完善自体或异体的功能。当然,替代或补偿所丧失的功能也在其讨论的范围内。比如,增加一种新的"思想体系",一种"知识体系",一种"方法"等。

2）移植排斥反应

移植排斥反应(transplantation refection)是由免疫应答所导致的移植物功能丧失或受者结构的破坏。

无论是自身移植,同系移植,同种移植,还是异种移植,受者都会对移植物产生排异反应(transplant rejection)。下面对以上四种情况进行讨论:

(1)自身移植的排异反应,主要来自于"智幻体"宿主。如果宿主的结构或宿主中的器官有排斥,则移植存在排斥反应。

(2)同系移植的排异反应,除了自身移植的排异反应外,这种情况主要是移植物要适应不同宿主差别的排斥。

(3)同种移植的排异反应,包括"智幻体"和"智幻体"宿主两者的排异反应。其中"智幻体"的排异反应包括"智幻体"的结构、内容、"智幻体"中其他部分的排斥,"智幻体"宿主的排异反应包括宿主免疫系统和宿主中其他部分的对外排斥。

(4)异种移植的排异反应,也包括"智幻体"和"智幻体"宿主两者的排异反应。其中"智幻体"的排异反应包括"智幻体"的结构、内容、数据类型、免疫系统、"智幻体"中其他部分的排斥。"智幻体"宿主的排异反应包括宿主的结构排斥、免疫系统排斥、数据类型排斥、宿主中其他部分的排斥。

3）受者对移植物的反应

受者对供者一部分产生的排斥反应称为受者抗移植物反应(host versus graft reaction,

HVGR）。受者对移植的排斥反应主要表现为两种不同的类型。

（1）"智幻体"宿主对移植物的排斥，其结果可能对移植物强排斥，致使移植失败；也可能对移植物一定排斥，移植基本成果；还可能对移植物排斥被防止，移植成功。

（2）"智幻体"对移植物的排斥，其结果与第一种情况的程度一致。

背 景 材 料

1. 陆汝钤

陆汝钤，男，1935 年生于上海，1959 年毕业于德国耶拿大学数学系，获学士学位，同年起进入中国科学院数学研究所工作；1978 年起任副研究员，1983 年起任研究员，1984 年起任博士生导师，1987 年至 1990 年任中科院数学研究所副所长，1991 年至 1994 年任中科院数学研究所学术委员会主任，1999 年当选为中科院院士；2000 年加盟复旦大学，任计算机系教授，2002 年至 2003 年任复旦大学智能信息处理开放实验室主任，2004 年起任上海市智能信息处理重点实验室学术委员会主任。陆汝钤院士在人工智能、知

图 18-8 陆汝钤院士

识工程和基于知识的软件工程方面做了深入系统的创造性工作，是我国该研究领域的开拓者和先驱者。同时他还积极参加社会学术活动，获得以下职称和职务：中科院计算所终身研究员；北京市多媒体和智能软件重点实验室学术委员会主任，中科院计算机科学重点实验室学术委员会副主任，中科院管理、决策和信息系统重点实验室学术委员会副主任，中国计算机学会模式识别与人工智能专业委员会副主任，软件学报常务副主任，Database Technology（英国）编委，Computer Journal（英国）编委，Artificial Intelligence and Cognitive Science（德国，Springer 出版社丛书）顾问委员会委员，等等，见图 18-8。

2. 涂序彦

涂序彦，1935 年生于江西南昌，1955 年华中工学院电机系毕业，1962 年中国科学院自动化研究所研究生毕业，现任北京科技大学信息工程学院特聘教授、博士生导师，计算机与系统科学研究所所长，中国人工智能学会荣誉理事长，清华大学智能技术与系统国家实验室学术委员等；曾任中国人工智能学会理事长，中国自动化学会常务理事，全球华人智能控制与智能自动化大会主席之一，世界专家系统大会（远东区）主席之一。在计算机科学与系统科学领域、人工智能、专家系统、人工生命、拟人系统、智能控制、智能管理、多变量协调控制、生物控制论、大系统控制论等方面做了多项开拓性工作，取得了有创新性、突破性的成果。

3. 爱德华·费根鲍姆

费根鲍姆（见图 18-9），1936 年生于新泽西州的威霍肯，生父在费根鲍姆一岁时去世。12 岁时自学钢琴，高中时自学微积分。他又从父亲的朋友处得到一部有交换线路的机器和一份由克劳德·艾尔伍德·香农所写、关于布林逻辑的论文。这些东西都令费根鲍姆着迷。

1960 年 2 月他入读纽约市立学院电机工程。他上了所有数学和物理课程,用了不足 4 年便毕业。接着他入读 MIT,最初打算研究电机工程的,最后转到物理系研读广义相对论,不过他仍是自学这门学问的。他的正式课程有量子力学、经典力学和复函数论。他在参观纽约理工大学布鲁克林分校时首次使用电脑,并在一小时内便写了一个用牛顿法开方的程序。

1963 年他主编了"Computers and Thought",这本书被认为是世界上第一本有关人工智能的经典性专著。书中收录的 21 篇文章是人工智能学者早期的研究成果,但其中的大部分观点和结论至今仍被认同。

图 18-9　费根鲍姆

1970 年取得博士学位,然后在康乃尔大学当研究助理,做了两年又到弗吉尼亚理工大学工作了两年。这些工作令他不能做重大的工作,因为做了一年便要谋定之后的工作。1974 年他找到拉斯罗沙拉摩斯镇国家科学实验室的长期研究工作。那年 12 月他得了一部 HP65 计算器,他常常抱着它编写程序。

1975 年 8 月,他就是拿着计算器而发现一个和混沌、逻辑映射的周期点有关的数,即后来的费根鲍姆常数。1976 年 4 月,他完成了首篇关于这个数的论文,也是他第二篇论文,11 月他写了一篇更技术性的论文,这两篇论文都被弹回。人们意识到这个理论的重要性后,最终分别在 1978 年和 1979 年公开发表。

1982 年他成为康乃尔大学教授,1986 年获沃尔夫物理奖,1994 年爱德华·费根鲍姆与雷伊·雷蒂一起分享当年的图灵奖。

参 考 文 献

1　张凯.软件过程演化与进化论.北京:清华大学出版社,2009-1.

2　陆汝钤,金芝.从基于知识的软件工程到基于知件的软件工程.中国科学 E 辑:信息科学 2008 年第 38 卷第 6 期:843~863.

3　王洪泊,曾广平,涂序彦.软件人系统研究及其应用.智能系统学报 2006 年 3 月第 1 卷第 1 期.

第三部分

网络与安全

光通信与其他应用

19.1 光通信设备和材料

1. 光纤简介

光纤,也叫光导纤维,是一种利用光在玻璃或塑料制成的纤维中的全反射原理而达成的光传导工具。光导纤维由前香港中文大学校长高锟发明。微细的光纤封装在塑料护套中,使得它能够弯曲而不至于断裂。通常,光纤的一端的发射装置使用发光二极管(light emitting diode,LED)或一束激光将光脉冲传送至光纤,光纤的另一端的接收装置使用光敏元件检测脉冲。多股光导纤维做成的光缆可用于通信,它的传导性能良好,传输信息容量大,一条通路可同时容纳十亿人通话。可以同时传送千套电视节目,参见图19-1。

图 19-1　光纤

1) 光纤的历史

1880 年 Alexandra GrahamBell 发明光束通话传输;1960 年电射及光纤发明;1966 年华裔科学家"光纤之父"高锟预言光纤将用于通信;1970 年美国康宁公司成功研制成传输损耗只有 20dm/km 的光纤;1977 年首次实际安装电话光纤网路;1978 年 FORT 在法国首次安装其生产之光纤电;1979 年赵梓森拉制出我国第一根实用光纤,被誉为"中国光纤之父";1990 年区域网路及其他短距离传输应用光纤;2000 年屋边到桌边光纤;2005 年FTTH 光纤直接到家庭。

2) 光纤发展趋势

随着密集波分复用(DWDM)技术、光纤放大技术的发展和广泛应用,光纤通信技术向着更高速率、更大容量的通信系统发展,并且逐步向全光网络演进。随着吉比特以太网的建立,以太网将从 Gb/s 向 10Gb/s 的超高速率升级,新一代适合激光系统使用的多模光纤将随之研制并得到广泛应用。

单模光纤发展:20 世纪 70 年代末到 80 年代初,普通单模光纤研制成功;1983 年普通单模光纤商用化,色散位移单模光纤研制出来;1985 年色散位移单模光纤商用化,大量用于长距离、大容量的通信干线系统。1993 年色散补偿光纤和非零色散位移单模光纤投入商业使用。1995 年开拓了 1565～1625nm 的 L 带,称为第四窗口。1998 年,朗讯公司推出全波光纤打开了 1360～1460nm 的第五窗口。1999 年以后陆续推出了许多新型光纤品种。

多模光纤发展:1971—1980 年期间,是多模光纤研究开发的第一个活跃期,70 年代末到 20 世纪 80 年代初长波长多模光纤商用化,建立了 $50/125\mu m$ 梯度多模光纤工业标准。1981—1995 年期间,是多模光纤增加品种、投入规模生产的稳定应用期。国际上纷纷利用 $50/125\mu m$ 梯度多模光纤建立了实用化的局间干线光纤通信系统。

20 世纪 90 年代中期以来,多模光纤进入一个新阶段。由于计算机信息处理容量的增加和因特网的迅速发展,使信息速率呈指数增长趋势。以前建立的几十、几百 Mb/s 的数据 LAN 系统已经落伍,向 Gb/s(吉比特/秒)超高速率发展将是一个趋势。IEEE 于 1998 年 6 月通过了 IEEE802.3zGigabit 以太网标准。2002 年国际标准化组织出台 10Gb/s 以太网标准。

光纤通信已经历三代:短波长多模光纤、长波长多模光纤和长波长单模光纤。

2. 光纤通信原理

光纤通信是以光波作为信息载体,以光纤作为传输媒介的一种通信方式。从原理上看,构成光纤通信的基本物质要素是光纤、光源和光检测器。光纤除了按制造工艺、材料组成以及光学特性进行分类外,在应用中,光纤常按用途进行分类,可分为通信用光纤和传感用光纤。传输介质光纤又分为通用与专用两种,而功能器件光纤则指用于完成光波的放大、整形、分频、倍频、调制以及光振荡等功能的光纤,并常以某种功能器件的形式出现。

光纤通信的原理是:在发送端首先要把传送的信息(如话音)变成电信号,然后调制到激光器发出的激光束上,使光的强度随电信号的幅度(频率)变化而变化,并通过光纤发送出去;在接收端,检测器收到光信号后把它变换成电信号,经解调后恢复原信息。

3. 光纤通信技术发展现状

近年光通信技术的发展主要集中在骨干网、城域网和接入网三大领域。FTTH(指局端与用户之间完全以光纤作为传输媒体)、MSTP(多业务传送平台)、ASON(自动交换光网络)、EPON(以太网无源光网络)、ULH(超长距离传输)、RPR(弹性分组数据环技术)成为光通信领域备受关注的焦点。

(1) FTTH:目前,FTTH 在国外呈现出良好的发展势头。然而,中国的 FTTH 还没有真正起步,一直以来价格成本是制约"光纤到户"的主要因素。目前光纤每公里价格已跌至百元以下,光收发模块价格也只需 200 元,且有进一步下降的趋势。光纤光缆及相关元器件的大幅降价为"光纤到户"提供了可能。

(2) MSTP:随着技术的不断完善,MSTP 已经在城域网中大规模运用。目前充分挖掘 MSTP 的潜在优势,进一步加强与数据业务的融合是 MSTP 商用中亟待解决的问题。作为 3G、软交换以及 NGN 的最佳传输平台,如何进一步扩展业务种类提高网络的服务质量是运营商最关心的问题之一。另外,随着网络中数据业务比重的增加,MSTP技术也正逐渐从简单的支持数据业务的固定封装和透传的方式向更加灵活有效支持数据业务的自动交换光网络(ASON)演进和发展。智能化是MSTP技术发展的又一个重要方向。

（3）ASON：随着骨干网络容量的日益增大以及城域网接入能力的多样化,对传输网络具备良好自适应能力的需求逐步提上日程,对网络带宽进行动态分配并具有高性价比的解决方案已是人们追求的目标。ASON正是在这样的市场环境下应运而生的新一代光网络技术。ASON网络面临的最大挑战就是标准化进程,必须保证不同厂商实现互操作。不同的国际标准化组织在进行ASON标准化工作的过程中,在很多具体的问题上存在矛盾,给ASON设备的开发和网络应用带来了许多问题。

（4）EPON：为了满足带宽需求的急速增长,各网络运营商都大力建设骨干网和城域网,但是连接最终用户的接入网建设部分却发展较慢,成为整个网络系统运行的瓶颈。市场上急需一种高效、廉价的宽带接入技术来解决"最后一公里"的问题,作为能够顺应这种市场需求的EPON技术应运而生。相对成本低、维护简单、容易扩展、易于升级是EPON区别于其他接入方式的独特之处。EPON系统是面向未来的技术,大多数EPON系统都是一个多业务平台,对于向全IP网络过渡是一个很好的选择。在适当的场合,适时地采用EPON系统,无论对于原有的运营商还是新兴的运营商,都将是一个明智的选择。在越来越高的带宽需求下,传统的技术将无法胜任,而EPON技术却可以大显身手。

（5）ULH：近年来,各类高速数据业务的迅速增加,对骨干网的传送容量和覆盖范围提出了新的要求。以DWDM为主的传输技术克服了单纤容量的瓶颈,ULH系统的出现使骨干网超长距离传送的问题得到很好的解决。其干线应用前景广阔,具有很高的商用价值。随着技术的不断发展,长途传输设备系统总容量不断提高,超大容量,超高速是未来WDM系统主要的发展方向之一,世界各国的研究机构和设备制造商都在积极研制开发超高速DWDM系统。目前,超长系统在北美已经有所抬头,40Gb/s与10Gb/s混合传输的ULHWDM系统也开展了一些试验,但并不是商用化的重点。

（6）RPR：骨干网和接入网的发展对于处于两者之间的城域网产生了巨大的带宽压力,并提出了多种新的功能需求。在城域网范围内更快速、更有效以及以更低的成本为用户提供更充分的带宽,成为电信运营商关注的焦点。RPR是基于如何合理地配置城域网的拓扑结构,从而经济地提高城域网的传输性能的基础上提出来的。RPR的带宽利用率显然比传统的SDH方式有显著提高,即使采用VCAT,其传输效率也难以与RPR相匹敌。尤其是RPR与MPLS相结合,可支持传统话音传输,也适于在城域网和广域网上传输业务,是一种比较优良的网络技术。

19.2　国际光纤接入网的发展现状

1. 美国接入网的发展现状

美国国土面积大、人口多且密度低,美国用户线的平均长度为3.5km左右,电话网、有线电视网和计算机网已建设多年并趋向饱和,现存大量完好的对绞铜线和同轴电缆,新建的线路较少。为了进一步改进通信质量和发展新业务,美国也在推行用户接入网光纤化,但进行的速度并不太快,铜线还占 75% 以上。"信息高速公路"的建设促使美国通信业、计算机业和有线电视业发生了巨大的变化,吞并和重新组合已成为新的趋向。近年来,美国大量推广光纤到路边(FTTC)并采用 TR303 标准接口的光纤用户回路载波系统(DLC),取得了一定成效。同时美国还在推广混合光纤/电缆系统(HFC)和不对称数字用户环路(ADSL)技术,这两种基于铜线的系统有优点也存在着缺点,这是过渡性的措施。

2. 欧洲接入网发展概况

欧洲的国家多,各国面积不大,城乡距离短,居民都分散居住,很少有用户聚居的居民大楼,而大型企业较多。用户线平均长度约 1.8km。欧洲先进通信工程(RACE)计划中把用户分为企业用户和居民用户两类。在欧洲,特别是德国,由于在东德有大量的新建网络,因此对用户接入网实现光纤化的积极性比美国高。除了进行 FTTC 各种方案试验外,对FTTH 也有积极性。

3. 日本光纤接入网发展概况

日本国土面积较小,人口密度大,大企业多,城乡间距离短,中小规模的居民楼多。用户线平均长度约 2km。在日本的光纤用户接入网系统中,针对大企业办公室用户一般用光中心单元(OCU)与光网络单元(ONU)等宽带系统,以提供宽带业务服务。对于居民用户则采用中心端机(RT)窄带系统,在 RT 处再由铜线分配至用户。虽然日本同样存在着大量的完好的铜线线路,但对实现用户光纤化却非常积极,采取了废弃铜线而重建光纤线路的方针,计划要在 2010 年,最近到 2015 年实现光纤到户(FTTH)。

19.3 光纤通信技术的发展趋势

对光纤通信而言,超高速度、超大容量和超长距离传输一直是人们追求的目标,而全光网络则是人们"最终"的梦想。

1. 超大容量、超长距离传输技术

提高传输容量的另一种途径是采用光时分复用(OTDM)技术,与 WDM 通过增加单根光纤中传输的信道数来提高其传输容量不同,OTDM 技术是通过提高单信道速率提高传输容量,其实现的单信道最高速率达 640Gb/s。WDM/OTDM 系统已成为未来高速、大容量光纤通信系统的一种发展趋势,两者的适当结合应该是实现 Tb/s 以上传输的最佳方式。

2. 光弧子通信

光弧子是一种特殊的 ps 数量级上的超短光脉冲,由于它在光纤的反常色散区,群速度色散和非线性效应相互平衡,因而,经过光纤长距离传输后,波形和速度都保持不变。光弧子通信就是利用光弧子作为载体实现长距离无畸变的通信,在零误码的情况下信息传递可达万里之遥。在传输速度方面采用超长距离的高速通信,时域和频域的超短脉冲控制技术以及超短脉冲的产生和应用技术使现行速率 10~20Gb/s 提高到 100Gb/s 以上;在增大传输距离方面采用重定时、整形、再生技术和减少 ASE,光学滤波使传输距离提高到 100 000公里以上。

3. 全光网络

未来的高速通信网将是全光网,它是光纤通信技术发展的最高阶段,也是理想阶段。全光网络具有良好的透明性、开放性、兼容性、可靠性、可扩展性,并能提供巨大的带宽、超大容量、极高的处理速度、较低的误码率,网络结构简单,组网非常灵活,可以随时增加新节点而不必安装信号的交换和处理设备。全光网络以光节点代替电节点,节点之间也是全光化,信息始终以光的形式进行传输与交换,交换机对用户信息的处理不再按比特进行,而是根据其波长来决定路由。

19.4　其他应用

1. 新型显示器

近几年,PDP 等离子显示器、有机 EL 显示器、FED 场致发射显示器、电子纸张、立体显示器等各种领域的技术有比较大的发展。

(1) PDP(等离子显示器):PDP 的基本原理是在两张玻璃板之间注入电压,产生气体及肉眼看不到的紫外线,使荧光粉发光,利用这个原理呈现画面。由于 PDP 各个发光单元的结构完全相同,因此不会出现显像管常见的图像几何畸变。PDP 屏幕的亮度十分均匀,且不会受磁场的影响,具有更好的环境适应能力,PDP 屏幕不存在聚焦的问题,不会产生显像管的色彩漂移现象,表面平直使大屏幕边角处的失真和色纯度变化得到彻底改善。PDP 显示有亮度高、色彩还原性好、灰度丰富、对迅速变化的画面响应速度快等优点,参见图 19-2。

(2) 有机 EL 显示器:利用了施加电压发光物质的显示器。发光体玻璃基板镀气,放上 5~10V 的直流电压进行表示。由于在发光体使用 jiamin 类等有机物被称为有机 EL。EL 显示器能用低电力得到高亮度,在视认性,应答速度,寿命,消耗功率上都很出色,而且能像液晶显示器一样做薄。

(3) FED 场发射显示器:场发射电极理论最早是在 1928 年由 R. H. Eowler 与 L. W. Nordheim 共同提出,场发射电子显示器技术 1968 年由 C. A. Spindt 提出,1991 年法国 LETI CHENG 公司在第四届国际真空微电子会议上展出一款运用场发射电极技术制成的显示器成品,这使得 FED 加入众多平面显示器技术的行列。在场发射显示器的应用,发射与接收电极中间为一段真空带,因此必须在发射与接收电极中导入高电压以产生电场,使电场刺激电子撞击接收电极下的荧光粉,而产生发光效应,参见图 19-3。

图 19-2　等离子显示器

图 19-3　FED 场发射显示器

(4) 电子纸张显示:"电子纸"概念兴起于 20 世纪 80 年代前后,电子纸大致可分液晶型和非液晶型两大类。液晶型产品以不使用偏光片或彩色滤光片的方式降低监视器厚度,或是采用特殊的液晶材料及显示方式达到目标。其中代表厂商是 Fuji、Xerox 和 Ink 公司。而非液晶型领域较知名者为 e-ink 公司的电子墨水(electronic ink)监视器,以及 Sony 的电解析出型电子监视器。1997 年成立的美国 e-ink 公司研发的电子纸张,表面看起来与普通纸张十分相似,可以像报纸一样被折叠卷起,但实际上却有天壤之别。它上面涂有一种由无数微小的透明颗粒组成的电子墨水,颗粒直径只有人的头发丝的一半大小,这种微小颗粒内包含着黑色的染料和一些更为微小的白色粒子,染料使包裹着它的透明颗粒呈黑色,那些更为微小的白色粒子能够感应电荷而朝不同的方向运动,当它们集中向某一个方向运动时,就能使原本看起来呈黑色的颗粒的某一面变成白色。根据这一原理,当这种电子墨水被涂到纸、布或其他平面物体上后,人们只要适当地对它予以电击,就能使数以亿计的颗粒变换颜色。电子墨水的颜色取决于颗粒染料和微型粒子的颜色。电子纸有记忆,关电源后显示幕上画面仍可保留,参见图 19-4。

(5) 立体 3D 显示器:立体显示器由 3D 立体显示器、播放软件、制作软件三部分组成。立体显示器采用显微透镜光栅屏幕或透镜屏技术,通过摩尔纹干涉测量法精确对位,利用一组倾斜排列的凸透镜阵列,仅在水平方向上发生的折射来为双眼提供不同的透视图像,来实现立体效果。立体显示器是建立在人眼立体视觉机制上的新一代自由立体显示设备。它不需要借助任何助视设备(如 3D 眼睛、头盔等)即可获得具有完整深度信息的图像。自由立体显示设备能够出色的利用多通道自动立体现实技术提供逼真的 3D 图像。它根据视差障碍原理,利用特定的掩模算法,将展示影像交叉排列,通过特定的视差屏障后由两眼捕捉观察。视差屏障通过光栅阵列(利用摩尔干涉条纹判别法精确安装在显示器液晶面板上)准确控制每一个像素透过的光线,只让右眼或左眼看到,由于右眼和左眼观看液晶面板的角度不同,利用这一角度差遮住光线就可将图像分配给右眼或者左眼,经过大脑将这两幅有差别的图像合成为一副具有空间深度和维度信息的图像,从而使人不需要任何助视设备(如 3D 眼镜)即可看到 3D 图像,参见图 19-5。

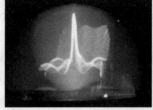

图 19-4　电子纸张　　　　　　　　图 19-5　立体 3D 显示器

2. 数码相机

数码相机,是一种利用电子传感器把光学影像转换成电子数据的照相机。与普通照相机在胶卷上靠溴化银的化学变化来记录图像的原理不同,数码相机的传感器是一种光感应式的电荷耦合器件(CCD)或互补金属氧化物半导体(CMOS)。在图像传输到计算机以前,通常会先储存在数码存储设备中(通常是使用闪存;软磁盘与可重复擦写光盘(CD-RW)已很少用于数码相机设备),参见图19-6。电荷耦合器件(CCD)是一种半导体装置,能够把光学影像转化为数字信号。CCD上植入的微小光敏物质称作像素。一块CCD上包含的像素数越多,其提供的画面分辨率也就越高,参见图19-7。

图19-6　数码相机

图19-7　CCD电荷耦合器件

立体数码相机是一种用来记录立体图像的立体数码相机。由两套相同规格的数码相机组成,两摄像镜头平行相距6～15公分,方向分别对准1～5米远的目标。两数码相机的调焦、变焦、感光等参数由一套控制电路实施控制,快门连线并接起来。拍下的左右两幅照片通过电脑软件组对,在电脑屏幕上以超过人眼视觉暂留的频率交替显示,再通过与电脑同步的3D电子液晶眼镜控制视线,使左右两眼分别观看对应的左右两幅照片,其效果就像两只眼睛直接观看被摄场景一样,在大脑的合成下,能够分辨出前后距离的差别,感受到身临其境的立体效果。

3. 太阳能光伏

太阳能光伏发电系统是利用太阳电池半导体材料的光伏效应,将太阳光辐射能直接转换为电能的一种新型发电系统,有独立运行和并网运行两种方式。独立运行的光伏发电系统需要有蓄电池作为储能装置,主要用于无电网的边远地区和人口分散地区,整个系统造价很高;在有公共电网的地区,光伏发电系统与电网连接并网运行,省去蓄电池,不仅可以大幅度降低造价,而且具有更高的发电效率和更好的环保性能,参见图19-8。

图19-8　光伏电池

自从1954年第一块实用光伏电池问世以来,太阳光伏发电取得了长足的进步。1973年的石油危机和20世纪90年代的环境污染问题大大促进了太阳光伏发电的发展。1990年德国提出"2000个光伏屋顶计划",每个家庭的屋顶装3～5kWp光伏电池。1997年美国提出"百万太阳能屋顶计划",在2010年以前为100万户安装3～5kWp光伏电池。1997年日本"新阳光计划"提出到2010年生产43亿Wp光伏电池。1997年欧洲联盟计划到2010年生产37亿Wp光伏电池。

4. LED 照明与显示

50 年前人们已经了解半导体材料可以发光的基本知识,1962 年,通用电气公司的尼克·何伦亚克(NickHolonyakJr.)开发出第一种实际应用的可见光发光二极管。LED 是英文 light emitting diode(发光二极管)的缩写,它是一种能够将电能转化为可见光的固态的半导体器件,它可以直接把电转化为光。LED 的心脏是一个半导体的晶片,晶片的一端附在一个支架上,一端是负极,另一端连接电源的正极使整个晶片被环氧树脂封装起来。

经过近 30 年的发展,LED 已能发出红、橙、黄、绿、蓝等多种色光。而用于照明的白光 LED 是近年才发展起来的。若用白光 LED 作照明,不仅光效高,而且寿命长(连续工作时间 100 000 小时以上),几乎无须维护。目前,德国 Hella 公司利用白光 LED 开发了飞机阅读灯;澳大利亚首都堪培拉的一条街道已用了白光 LED 作路灯照明;我国的城市交通管理灯也正用白光 LED 取代早期的交通秩序指示灯。不久,白光 LED 定会进入家庭取代现有的照明灯,参见图 19-9。

LED 显示屏分为图文显示屏和视频显示屏,均由 LED 矩阵块组成。图文显示屏可与计算机同步显示汉字、英文文本和图形;视频显示屏采用微型计算机进行控制,图文、图像并茂,以实时、同步、清晰的信息传播方式播放各种信息,还可显示二维、三维动画、录像、电视、VCD 节目以及现场实况。LED 显示屏显示画面色彩鲜艳,立体感强,静如油画,动如电影,广泛应用于车站、码头、机场、商场、医院、宾馆、银行、证券市场、建筑市场、拍卖行、工业企业管理和其他公共场所,参见图 19-10。

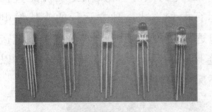

图 19-9　LED

图 19-10　LED 显示屏

背 景 材 料

1. 高锟(Kao,Charles)

1933 年 11 月 4 日生于上海的金山,曾获巴伦坦奖章、利布曼奖、光电子学奖等,被称为"光纤之父";是美籍华裔物理学家,前香港中文大学校长,美国国家工程院院士,英国皇家工程科学院院士,英国皇家艺术学会会员,瑞典皇家工程科学院外籍院士,中国台湾中央研究院院士,中国科学院外籍院士,2009 年诺贝尔物理学奖得主。

高锟于 1957 年获英国伦敦大学理学学士,1965 年获英国伦敦大学哲学博士,1957—1960 年任标准电话和电缆公司工程师,1960—1970 年任标准电信实验室主任研究工程师,

1970—1974 年在香港中文大学电机系工作,以后在国际电话和电报公司电光产品部任副经理。高锟在电磁波导、陶瓷科学(包括光纤制造)方面获 28 项专利。1964 年,他提出在电话网络中以光代替电流,以玻璃纤维代替导线;1966 年,在标准电话实验室与何克汉共同提出光纤可以用作通信媒介。

2. 赵梓森

　　广东中山人,1953 年毕业于上海交通大学电信系,历任武汉邮电学院讲师,邮电部激光通信研究所所长、总工程师,武汉邮电科学研究院副院长、总工程师、高级工程师,国际电气电子工程师协会高级会员;1985 年获全国五一劳动奖章,是第六届全国人大代表,我国最早提出发展光纤通信者之一,并进行了我国第一次光纤通信的试验,为开创我国的光纤通信事业作出贡献。他编著了国内第一部光纤通信系统的书籍"数字光纤通信系统原理",他编著的"单模光纤通信系统原理"获国家优秀科技出版物二等奖,共发表论文 50 余篇,著书和合著 10 本。多次在国际国内通信会议上进行学术交流和作学术报告。

参 考 文 献

1　刘阳.国内外光纤光缆现状及发展趋势.黑龙江科技信息,2009 年 02 期.
2　孟伟松.透视我国光通信产业发展现状及走势.人民邮电报,2006 年 3 月 23 日.
3　王磊,裴丽.光纤通信的发展现状和未来.中国科技信息,2006,(4):59~60.
4　王加莹.长途超大容量 DWDM 光通信技术及发展.光通信技术,2003,2(1):4~8.
5　彭承柱,彭明宇.下一代网络及其新技术.广播电视信息,2004,(1):68~71.
6　何淑贞,王晓梅.光通信技术的新飞跃.网络电信,2004,(2):36~39.
7　黄伯恒.全光网络探索.中国有线电视,2004,(17):42~47.
8　关铁梁.光纤网络发展趋势及光纤产品需求.通信世界,1997 年 09 期.
9　王德秀.我国光纤网络发展趋势.有线电视技术,2004 年 06 期.
10　商海英.光纤产业与技术发展趋势.网络电信,2003 年第 9 期.
11　王德荣.光纤产业现状和发展趋势.光通信,2004 年第 05 期.
12　曹茂虹,刘礼.光纤通信技术的现状及发展趋势.光机电信息,2007,(03).
13　许广南.光纤通信技术新发展.通信世界,2007,(30).
14　刘辉.浅谈光纤通信的发展趋势与对策.现代商贸工业,2007,(02).
15　金菁.关于光纤通信技术发展.河北理工大学学报(社会科学版),2007,(S1).
16　陈昭喜,刘尉,顾焕国.光纤通信技术的进展.科技资讯,2007,(12).
17　毕云阶.试论光纤通信技术的主要特征及技术优势.科技信息(科学教研),2007,(28).
18　胡晓.光通信技术发展的热点及趋势探讨.2005-06-04,www.it.com.cn.
19　光电子技术发展趋势.2007-08-08,http://hi.baidu.com/cxyvr/blog/item/934b667a2510feef2e73b39f.html.
20　太阳能光伏,baike.baidu.com/view/1098090.htm.

第20讲

全球卫星通信

20.1　卫星通信概述

卫星通信简单地说就是地球上(包括地面和低层大气中)的无线电通信站间利用卫星作为中继而进行的通信。卫星通信系统由卫星和地球站两部分组成。

卫星通信系统由卫星和地球站两部分组成。卫星在空中起中继站的作用,即把地球站发上来的电磁波放大后再返送回另一地球站。地球站则是卫星系统与地面公众网的接口,地面用户通过地球站出入卫星系统形成链路。由于静止卫星在赤道上空 3600Km,它绕地球一周时间恰好与地球自转一周(23 小时 56 分 4 秒)一致,从地面看上去如同静止不动一般。三颗相距 120° 的卫星就能覆盖整个赤道圆周。故卫星通信易于实现越洋和洲际通信。最适合卫星通信的频率是 1~10GHz 频段。为了满足越来越多的需求,已开始研究应用新的频段如 12GHz、14GHz、20GHz 及 30GHz,参见图 20-1。

图 20-1　卫星通信车和卫星

卫星通信的主要特点如下所示。

优点方面:

(1) 通信范围大,只要卫星发射的波束覆盖进行的范围均可进行通信。

(2) 不易受陆地灾害影响。

(3) 建设速度快。

（4）易于实现广播和多址通信。

（5）电路和话务量可灵活调整。

（6）同一信通可用于不同方向和不同区域。

缺点方面：

（1）由于两地球站向电磁波传播距离有 72 000km，信号到达有延迟。

（2）10GHz 以上频带受降雨雪的影响。

（3）天线受太阳噪声的影响。

在微波频带，整个通信卫星的工作频带约有 500MHz 宽度，为了全球放大和发射及减少变调干扰，一般在星上设置若干个转发器。每个转发器的工作频带宽度为 36MHz 或 72MHz。目前的卫星通信多采用频分多址技术，不同的地球站占用不同的频率，即采用不同的载波。它对于点对点大容量的通信比较适合。近年来，已逐渐采用时分多址技术，即每一地球站占用同一频带，但占用不同的时隙，它比频分多址有一系列优点，如不会产生互调干扰，无须用上下变频把各地球站信号分开，适合数字通信，可根据业务量变化按需分配，可采用数字话音插空等新技术，使容量增加 5 倍。另一种多址技术是码分多址（CDMA），即不同的地球站占用同一频率和同一时间，但用不同的随机码来区分不同的地址。它采用了扩展频谱通信技术，具有抗干扰能力强，有较好的保密通信能力，可灵活调度话路等优点，其缺点是频谱利用率较低，比较适合容量小、分布广、有一定保密要求的系统使用。

近年来卫星通信新技术的发展层出不穷。例如甚小口径天线地球站（VSAT）系统，中低回忆录道的移动卫星通信系统等都受到了人们广泛的关注和应用。卫星通信也是未来全球信息高速公路的重要组成部分。

20.2　卫星通信发展历史

1945 年 10 月，英国人 A.C.克拉克提出卫星通信设想。

1946 年，美国用雷达接收月球表面回波。

1954 年 7 月，美国海军利用月球表面对无线电波的反射进行了地球上两地的电话传输试验。

1957 年 10 月 4 日，世界上第一颗人造卫星升空。

1958 年 12 月，美利用"斯科尔"卫星进行录音带音响传输。

1960 年 8 月，美发射"回声 1 号"气球卫星进行延迟中继通信。

1960 年 10 月，美利用"信使 1B"卫星进行延迟中继通信。

1962 年 7 月，美、英、法三国利用"电星 1 号"卫星进行跨大西洋有源中继通信。

1962 年 8 月，前苏联进行东方 3 号、4 号宇宙飞船间通信，以及宇宙电视试验。

1963 年 5 月，美国发射了"西福特"铜针卫星。卫星把 4 亿根长 17.8 毫米，直径为 0.017 毫米的铜针均匀地撒在 3600 公里高的轨道上。在地球上空形成一条人工的"电离层"。用来反射无线电信号。

1963 年 11 月，美、日利用"中继 1 号"卫星成功地进行了横跨太平洋的有源中继通信。

1964 年 8 月，美、日利用"辛康 3 号"静止卫星作奥运会电视转播。

1965 年 4 月，美国把"晨鸟"卫星送到大西洋上空的地球同步轨道上（国际通信卫星—I）。

它可开通 240 路电话,几乎代替了大西洋海底电缆。并能 24 小时连续工作。从此卫星通信进入了实用阶段。同时期的苏联通信卫星"闪电"则使用大椭圆轨道。其倾角为 65°,远地点高度为 4 万千米,近地点高度为 480 千米。用来进行国内电视转播。

1966 年 10 月至 1967 年 9 月,4 颗"国际通信卫星-Ⅱ"升空,通信容量为 400 个双向话路,通信能力遍及全球。星体直径 1.42 米,高 0.67 米,重 86 千克,电源功率 75 瓦,寿命 3 年。

1968 年 9 月至 1970 年 7 月,8 颗"国际通信卫星-Ⅲ"升空,通信容量为 1200 个双向话路。星体直径 1.42 米,高 1.04 米,重 152 千克,电源功率为 120 瓦,寿命 5 年。

1971 年 1 月至 1975 年 5 月,8 颗"国际通信卫星-Ⅳ升空,通信容量达 5000 个双向话路。星体直径 2.38 米,高 2.28 米,总高 5.28 米,重 700 千克,电源功率 400 瓦,寿命 7 年。

1986 年,开始发射"国际通信卫星-Ⅵ",卫星重量为 1689 千克,有效带宽为 3680 兆赫,具有 34 个转发器,可同时传送 3 万个双向话路加 3 路彩电。

20 世纪 90 年代初,"国际通信卫星-Ⅶ"升空,使用了大量的窄波束,并开发应用了 5 种新技术。该卫星可同时传送 10 万个双向话路加 4 路彩色电视。

20.3　卫星通信展望

1. 卫星通信的发展阶段

(1) 第 1 代因特网卫星,即 Gb 卫星或空间因特网(i-space)卫星每个通道的通信容量为 1.2Gb,全部通信容量大约为 6Gb。另一方面,日本将于 2005 年发射的 iP-STAR 计划拥有总量为 50Gb 的通信容量,因此,有理由设想第 1 代因特网卫星的总容量为几到几十吉比特(5～50Gb)。

(2) 就第 2 代而言,假定其通信容量是第 1 代的 10 倍,则要达到几十到几百个 Gb(50～500Gb)。

(3) 第 3 代又将是第 2 代的 10 倍,达到几百至几千(500Gb～5Tb)。尽管这样的目标可能高得难以实现,但为了保证卫星在未来 IT 环境中具备竞争力,进行这样的评估是必要的。现有的普通卫星无法实现第 3 代因特网卫星的通信功能,因此需要一个大型地球静止轨道平台,并需要进行相应的技术攻关。尽管目前有些项目还不十分明确,但第 3 代因特网卫星需要一个地球静止轨道平台却是非常清楚的。

2. 通信卫星技术研发

空间因特网卫星的建成要靠许多技术的发展。

1) 跟踪研究新的卫星通信系统

为建立起整个系统,在未来系统的发展中,还要提出许多新的概念和设想。例如,一个综合了卫星与高轨道平台系统(HAPS)的新系统对未来利用光通信的极高数据率通信就很重要。

2) 发展新频段及光通信

现有两种通信链路。一种是空间-地球链路,另一种是空间-空间链路。在空间-空间链路上,通过光通信可实现大容量数据传输。但对于空间-地球来说,由于无线电波要穿过大气,加之雨衰因素,大容量通信不易实现。通过采用比 Ka 更高的频段可实现通过无线电波的大容量通信。应当发展 V 波段(50/40GHz)等毫米波段,也可以考虑发展 W 波段(80/70GHz)。

发展光通信是实现大容量通信的首选。将来的通信速度可达 5Gb,10Gb,甚至 100Gb。空间-地球段如果采用光通信,即使是沙漠腹地的地球站也可以派上用场。而且,高轨道平台系统还可在地球-空间通信中起到中继站的作用。

3)高级天线

如果采用无线电波,天线是卫星通信系统的一项关键技术。具有极高数据传输速率的系统必须发展高增益天线,即大尺寸天线及多波束天线,特别是超多波束天线(super multi-beam antenna)是未来卫星通信的一项关键技术。

4)发展超高速/光学转发器

为建成高数据率通信系统,需要一个重量轻、超高速的转发器。纳米技术的研发在这一领域将发挥作用。

5)卫星的超小型化

卫星的重量与数据传输速率几乎是正比关系。轻量化的卫星平台技术对未来发展极高数据率卫星至关重要。这一技术包括轻量化的太阳能电源系统和轻量化的平台系统两项内容。此外纳米技术将来会有所应用。

6)其他技术

与地球站有关的技术也是必要的。地球站做得越小,我们使用卫星通信就越简便。为满足这一要求,需要建立双向通信体制,还要考虑非对称通信方法。此外卫星通信之外的内容,如超小型化的地球站(可携带的)、卫星定位技术、在轨维修技术也应当予以考虑。

20.4　典型的"铱"星系统

1945 年 10 月,英国人 A. C. 克拉克无线电世界杂志上发表了题为《地球外的中继——卫星能提供全球范围的无线电覆盖吗?》的文章,首次揭示和认证了人类使用卫星进行通信的可能性。接着在 1954 年 7 月,美国海军利用月球表面对无线电波的反射进行了地球上两地的电话传输试验。试验成功后于 1956 年在华盛顿和夏威夷之间建立了通信业务。1957 年,苏联发射了第一颗人造地球卫星。第一颗地球卫星的升空标志着人类正式拉开了卫星通信的序幕。1962 年,美国发射了第一颗通信卫星,使美国与欧洲第一次可以同时收看到一个电视节目。1965 年,美国发射同步通信卫星,理论上使全世界每一个角落都可以接受相同的信息。1984 年,我国成功地发射了第一颗同步通信卫星,标志着我国也进入了全球卫星通讯的时代。信息同步化的初步实现,使空间距离不再成为信息传播的主要障碍。地球变得越来越"小",已成为一个小小的"地球村"。

单一卫星通信的缺点也是显而易见的。它不可能同时覆盖全部地球表面的信号范围,为此,1990 年,摩托罗拉公司推出全球个人通信新概念——"铱"星系统。这个系统最初设计中是模拟化学元素铱的原子结构,铱的原子核外有 77 个电子绕核旋转,所以设计的"铱"星系统也由 77 颗卫星在太空中的 7 条太阳同步轨道上绕地球运行,可以覆盖地球表面的任一点,构成"天衣无缝"的通信覆盖区,后来,这一系统改为 66 颗卫星围绕 6 个近地轨道运行。

　　"铱"星系统 1994 年开始发射了 7 颗卫星。1998 年 11 月 1 日，"铱"星系统正式投入运行，开创了人类电信史上的新篇章。美国的副总统戈尔成为"铱"星的第一位用户，他将第一个电话打给了美国地理学会主席并告知他这个振奋人心的好消息，参见图 20-2。

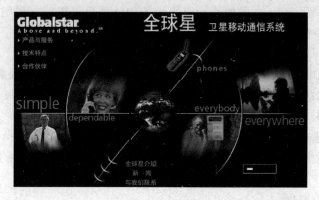

图 20-2　"铱"星系统

　　"铱"星系统的用户端（"铱"星手机）是由摩托罗拉公司和日本的专业手持电话制造商提供，由于"铱"星系统的特性，只要通话双方都使用"铱"星电话，则无论用户在南极还是北极，该次通话肯定能够建立，体现出了"铱"星在个人通信方面的强大能力。但由于"铱"星公司对市场的错误估计和产品推销的失败，公司所吸收的卫星电话用户的数量远远低于原来的预期，甚至达不到当初预计数字的一个零头。同时，由于"铱"星公司的有息负债额高达 44 亿美元，占投资总额的 80%，严重的入不敷出导致资金迅速枯竭，财务上陷入困境，该公司不得不在 1999 年 8 月向法院申请破产保护，在 2000 年 3 月 17 日，"铱"星公司被宣布破产，耗资 57 亿美元的"铱"系统最终走向失败。据最新消息，"铱"卫星公司（Iridium Satellite LLC）只花了 2500 万美元就完成了对"铱"星公司（Iridium LLC）及其子公司所属资产的收购，并将几十颗"铱"星委托波音公司管理和维护。

　　"铱"星公司的失败不意味着卫星通信的失败，目前卫星通信系统仍在发展且前景广阔，日益扩大的全球个人无线通信系统的发展也证实了这一点。

20.5　各国的军事卫星通信

1. 军事卫星的概念

　　军事卫星是用于搜集和截获军事情报的人造地球卫星，卫星侦察的优点，是侦察范围广，速度快，可不受国界限制定期或连续地监视某个地区，对于增强国家的军事实力和综合国力具有重要意义。军事卫星按照所执行的任务和所采用的侦察手段来加以区别，一般分为照相侦察卫星，电子侦察卫星，还有海洋监视卫星和预警卫星，参见图 20-3。

2. 国际军事卫星竞赛

　　军事卫星通信在现代军事行动中之所以作用越来越大，地位越来越重要，关键原因在于

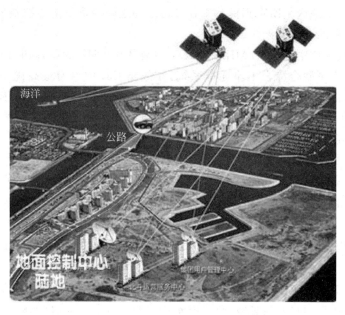

图 20-3　军事卫星搜集地面情报示意图

军事卫星通信可完成众多的军事任务,诸如转发话音和数据,搜集图片和信号情报,提供定位信息,预警敌人的导弹发射以及提供气象数据等,特别是在远程军事通信中更见其独特威力,它为军事指挥官提供的灵活性、实时性、全球通信覆盖能力以及战术机动性均是其他通信媒介难以实现的,英、阿马岛之战、海湾战争、科索沃冲突都充分体现了军事卫星通信的优越性。

目前,美、英两国的军事情报约有 70% 来源于卫星,美国所有军事长途通信的 70%~80% 的信息均由卫星传递。前苏联解体前,每年均保持发射 100 多颗各种卫星,其中军事卫星约占 85%~90% 以上。因此,军事卫星通信是军队在平时乃至战时的指挥控制神经。迄今为止,世界各军事大国均已拥有自己的军用卫星通信系统,美、俄、英等都发射了几代军事通信卫星,形成了综合的、全球的军用卫星通信网。军事卫星通信在美国的国防预算中,一贯享有极高的优先权,在近 20 年来,美国军事卫星通信的经费每年超过 10 亿美元。

1) 美国

(1) 同步卫星通信系统。

国防卫星通信系统(DSCS):主要工作于 SHF 频段,供各种宽带军事用户使用,现已发展到第三代,即 DSCSⅢ。DSCSⅢ具有核加固能力,其上有 6 个 SHF 转发器和一个 UHF 转发器,不仅能与 FDMA,而且能与 TDMA 等多址方式通信网兼容。

海军卫星通信系统(FLTSATCOM):工作于 UHF 频段,主要供美国海军使用,提供多信道 UHF 通信,即为美海军飞机和舰艇、战略 C3I 网、陆军和海军陆战队、地面机动部队、空军战略空中指挥所和国家最高指挥当局之间提供全球性的实时话音和数据通信。

空军卫星通信系统(AFSATCOM):工作于 UHF 频段,旨在战时为国家指挥当局与核打击部队之间提供抗毁、抗干扰、低截获、高有效的双向通信业务。

地面机动部队卫星通信系统(GMFSCS):主要工作于 X 频段,是美军的主要战术卫星通信系统,可满足从战区集团军到机动旅各级司令部之间的重要指挥控制多路传输之需要。它使用 DSCS 卫星的点波束天线。

军事战略、战术核中继卫星(MILSTAR): 主要使用 EHF 频段,同时具有少量 UHF 频段转发器。它是三军联合综合卫星通信系统,在战略 C3I 中享有最高优先权。MILSTAR 系统用以对战术部队进行中继,以便在所有级别的冲突中(包括全面大战)提供一个全球的、高生存力的、抗干扰的、保密的极高频卫星通信系统。该系统可进行远距离通信及星与星之间的通信,20 世纪 90 年代中期投入使用。

(2) 美国小型战术通信卫星。

美国国防部高级研究计划局(DARPA)的先进空间技术计划(ASTP)主要是开发小卫星技术,现已研制了 MACSAT 和 MICROSAT 两种使用 UHF 频段的存储——转发型通信卫星。MACSAT 还具有收集远区遥感平台的数据和定位能力,单颗卫星可覆盖 3200 平方公里的地区,在覆盖区内的两站也可直接通信。MICROSAT 比 MACSAT 更小,主要用于覆盖区内两用户之间的话音和数据通信,其覆盖与 MACSAT 相同。

海军"北极"卫星(ARCTICSAT): 美海军依据 MACSAT 研制和试验的经验,计划发展由 6 颗小卫星组成的卫星通信系统,将为海军位于北纬 70°以北地区的舰船提供通信。

陆军 EHF 战术通信卫星: 美国陆军与电子战司令部将与 DARPA 联合发展小型 EHF 战术通信卫星。卫星可由战场指挥员直接指挥,提供话音和数据通信。在发生突发事件和战争期间,卫星可应急快速发射。这种小卫星可与 MILSTAR 兼容,使用相同的地面终端。

2) 俄罗斯

俄罗斯使用的同步卫星主要有"虹"和"地平线"卫星。"虹"卫星载有 C、X、Ku、L 频段的转发器,可传送电话、电报、传真和电视,其中 L 频段转发器用于空、陆移动通信;"地平线"卫星载有 X 频段转发器,是前苏联国防卫星网的骨干。俄罗斯 20 世纪 90 年代发射 L 频段"波浪"卫星,载有 UHF 转发器,将构成一个供海、空军使用的军事卫星通信系统。

俄罗斯"宇宙"战术卫星: 长期以来,前苏联一直靠低轨道上大量的小型"宇宙"卫星为军舰、飞机与基地之间提供战术通信。卫星使用 EHF 频段。自 1987 年起,前苏联开始使用第二代战术通信卫星,采用存储-转发通信方式,当卫星经过上空时,地面移动用户可用手持式发射机发送数据,卫星接收并存储,到达地面接收站上空时再转发下来。它主要用于驻国外部队和情报单位把数据传送到国内。

3) 英国

英国的军用卫星通信系统"天网"现已发展到第四代。"天网 4"以 DSCS 为样板,可为军用通信建立和保持一个独立的保密卫星通信网。该系统可满足英国武装部队的一些特殊需要,诸如海上通信线路与陆上中继线路的连接。"天网 4"卫星具有很强的抗干扰能力,工作时无须大量的集中控制;由于采用自动化技术,其地球站无须复杂的操作及技术熟练的操作人员。"天网 4"卫星具有 UHF、X、EHF 转发器,其产 UHF 频段主要用于潜艇通信,也可用于地面机动部队通信机载通信;X 频段可全球覆盖,也可点波束覆盖。

英国超小型战术卫星通信系统: 英国国防部提出了由数百颗垒球大小的卫星组成的低

轨卫星网,供作战部队战术通信。它由 50～100 颗卫星组成一条卫星链路。地面用户使用 UHF 频段向卫星发送信息,信息在卫星间快速传送,直到目的地。

4) 法国

法国军用卫星通信网 SYRACUSE 主要工作于 X 频段。其主要作用是为部署在海上的军舰与海军岸上指挥机构和国家当局之间及为法国海外驻军与其军事指挥机构之间提供通信线路。

5) 北约组织

目前,北大西洋公约组织使用的是第三代卫星通信系统 NATO Ⅲ,工作于 X 频段,可与美国的 DSCS Ⅲ 和英国的"天网 4"兼容。北约正在研究、实施第四代——NATO Ⅳ 卫星通信系统,它将载有 EHF 和 UHF 转发器。

3. Google Earth 与军事泄密

从 Google Earth 上可以清晰看到,美国在日本横须贺海军基地停靠的"小鹰"号航母。中国人民解放军已注意到 Google Earth(谷歌地球)提供的高清晰卫星图片带来的泄密隐患。济南军区某红军团在前不久的一次战备拉练中,把演练重点放在防侦察监视上,在空中无人机的配合下,有效地避开了 Google Earth 的监测。国际观察家指出,随着 Google Earth 搜索功能日益强大,各国军队都已采取行动,迎战可能由此带来的泄密问题,参见图 20-4。

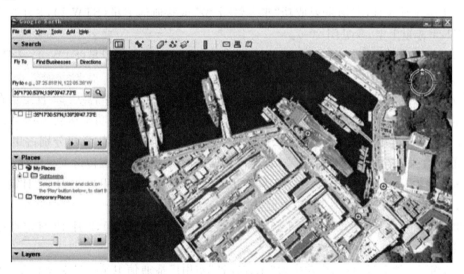

图 20-4　Google Earth 上的美国小鹰号航母

4. 卫星武器

2008 年 2 月 22 日《华盛顿邮报》报道:美巡洋舰发射"标准 3"导弹成功击落失控间谍卫星,专家称美国击落卫星为各国反卫星试验打开大门。防务和航天专家说,这一击说明美军已掌握可以击落在更高轨道上运行卫星的能力,参见图 20-5。

图 20-5　美巡洋舰发射"标准 3"导弹成功击落失控间谍卫星

20.6　国内的卫星通信

我国的通信卫星研制始于 70 年代。经过 30 多年的不懈努力,我国形成了自己的通信卫星系列,其技术已接近国际先进水平。

1. 我国通信卫星发展历程

1984 年 4 月 8 日,我国发射成功"东方红-Ⅰ型"试验通信卫星(STW-1),4 月 6 日定点于东经 125°赤道上空,参见图 20-6。

1986 年 2 月 1 日,我国发射成功"东方红-Ⅱ型"实用通信广播卫星(STW-2),2 月 20 日定点于东经 103°赤道上空,用于部分电视、广播及通信的传输。

1988 年 3 月 7 日,我国发射又一颗实用通信卫星(东方红-Ⅱ甲),3 月 22 日定点在东经 87.5°赤道上空。星上有 4 个转发器,工作于 C 波段,等效全向辐射功率达到 35dBW。目前中央台一套及二套电视节目传送使用 A、B 两个转发器;新疆、云南、贵州分别占用 D 转发器,传送自治区或省内电视节目;C 转发器作数据通信及西藏自治区传送卫星电视。

1988 年 12 月 22 日,我国又发射 1 颗实用通信卫星(东方红Ⅱ甲),12 月 30 日定点在东经 110.5°赤道上空,作为前一颗"东方红Ⅱ甲"的后继星。

1990 年 2 月 4 日,我国再发射 1 颗实用通信卫星(东方红Ⅱ甲),2 月 13 日定点在东经 98°赤道上空。

1994 年 12 月 1 日,我国成功发射"东方红Ⅲ"实用广播通信卫星。星上装有 24 个 C 波段转发器,其中 6 个中功率转发器用于电视传输,18 个低功率用于电话、电报、传真、数据传输等通信业务。卫星设计寿命不低于 8 年,定点于东经 125°赤道上空,卫星波束可覆盖 90%以上的国土。

我国先后自行研制和发射了 3 种类型的通信卫星:东方红二号、东方红二号甲和东方红三号,它们均为地球静止轨道通信卫星。

东方红二号(简称东二)卫星是我国第一代通信卫星,在轨一共两颗。第一颗于 1984 年 4 月 8 日发射,定点于东经 125°;另一颗于 1986 年 2 月 1 日发射,定点于东经 103°。与此同

图 20-6　东方红一号

时,已经开始了东方红二号甲(简称东二甲)通信卫星的研制。我国从 1986 年开始正式启动了新一代通信卫星——东方红三号的研制工作。1994 年完成第一颗星的研制工作。该星于同年 11 月发射进入准同步轨道,但由于推进剂泄漏,最终未能定点使用。第二颗卫星于 1997 年 5 月 12 日发射,5 月 20 日定点于东经 125°,主要用于电话、数据传输、传真、VSAT 网和电视等项业务。2000 年 1 月,采用东方红三号卫星平台的另一颗通信卫星——中星 22 号发射成功,定点于东经 98°,已投入正常使用。同年 10 月和 12 月,采用同一平台的两颗北斗导航试验卫星也顺利升空。

2. 我国通信卫星的未来发展

我国必须发展新一代大型静止轨道卫星平台,以满足今后大容量、高功率、长寿命及多种有效载荷的通信卫星研制需求。这类卫星包括大容量通信卫星、直播卫星、跟踪和数据中继卫星、区域性移动通信卫星和军用通信卫星等。此外,大型静止轨道卫星还有较好的性能价格比(以卫星定点后每千克有效载荷的价格作比较),市场前景看好,世界各先进宇航公司也都在朝着这一方向发展,HS-702、A2100AX、FS-1300、空间客车 4000 就是这一方面的实例。

根据我国市场需求的预估和卫星技术发展的现状,大型地球静止轨道卫星平台的直流功率应达 6000~8000W,有效载荷重量超过 450kg,寿命 15 年,这是平台研制第一期应达到的目标。第二期应使平台直流功率和有效载荷重量指标进一步提高(例如功率超过 10 000W)。第三期应采用电推力器进行轨道控制,以进一步提高平台性能,估计这时有效载荷可超过 800kg,能适应 2010 年以后的用户需求。

3. 国际合作

2007 年 5 月 14 日发射升空的尼日利亚 1 号通信卫星就采用该平台,这也是我国第一次向国外客户提供"交钥匙工程"。

2008 年 10 月 30 日委内瑞拉 1 号通信卫星在西昌卫星发射中心成功发射升空。这是中国首次向拉丁美洲用户提供整星出口和在轨交付服务,参见图 20-7。

我国的大容量、高可靠、高性能和长寿命的

图 20-7　委内瑞拉 1 号通信卫星发射

新一代卫星平台与国际先进水平相比尚具有较大差距，最具代表性的卫星通信领域，目前主要还是依赖进口卫星。

4. 绕月卫星

嫦娥一号是中国的首颗绕月人造卫星，由中国空间技术研究院承担研制。嫦娥一号发射成功，中国成为世界第五个发射月球探测器的国家地区。嫦娥一号平台以中国已成熟的东方红三号卫星平台为基础进行研制，并充分继承"中国资源二号卫星"、"中巴地球资源卫星"等卫星的现有成熟技术和产品，进行适应性改造。卫星平台利用东方红三号卫星平台技术研制，对结构、推进、电源、测控和数传等 8 个分系统进行了适应性修改。

嫦娥一号月球探测卫星由卫星平台和有效载荷两大部分组成。嫦娥一号卫星平台由结构分系统、热控分系统、制导，导航与控制分系统、推进分系统、数据管理分系统、测控数传分系统、定向天线分系统和有效载荷等 9 个分系统组成。这些分系统各司其职、协同工作，保证月球探测任务的顺利完成。星上的有效载荷用于完成对月球的科学探测和试验，其他分系统则为有效载荷正常工作提供支持、控制、指令和管理保证服务。

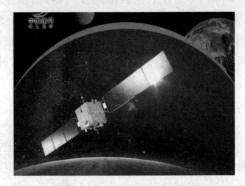

图 20-8   "嫦娥一号"月球探测卫星

"嫦娥一号"月球探测卫星于 2007 年 10 月 24 日在西昌卫星发射中心由"长征三号甲"运载火箭发射升空。运行在距月球表面 200 千米的圆形极轨道上执行科学探测任务，参见图 20-8。

背 景 材 料

孙家栋，辽宁省复县人，1929 年生，男，中共党员，运载火箭与卫星技术专家，中国科学院院士，国际宇航科学院院士。

1958 年毕业于苏联莫斯科茹科夫斯基空军工程学院，获金制奖章，同年回国，历任国防部五院一分院总体设计部室主任、部副主任；1967 年调入中国空间技术研究院，历任院总体设计部副主任、主任、副院长、院长，七机部总工程师，航天部科技委副主任，航天工业部副部长，航空航天工业部副部长，航空航天工业部科技委主任，参见图 20-9。

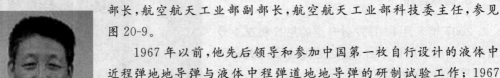

图 20-9   院士孙家栋

1967 年以前，他先后领导和参加中国第一枚自行设计的液体中近程弹地地导弹与液体中程弹道地地导弹的研制试验工作；1967 年后，开始从事人造地球卫星的研制试验工作，在中国第一颗人造地球卫星的研制中，作为技术总负责人，主持完成卫星总体和各分系统技术方案的修改工作。在研制试验过程中，带领科技人员攻克了多项技术关键，解决了一系列技术问题。为中国东方红一号卫星发射成功作出了重要贡献。1980 年获七机部劳动模范称号，1984

年荣立航天部一等功,1985 年获两项国家科技进步奖特等奖。

　　曾任东方红一号、实践一号、返回式遥感卫星的技术总负责人,作为东方红二号、三号试验通信卫星、资源一号卫星、北斗一号导航卫星、中星 22 号卫星工程的总设计师,主持制定卫星总体方案,现担任绕月工程总设计师,并任风云二号气象卫星、环境一号卫星和鑫诺二号大容量通信卫星工程的总设计师。

　　1999 年被国家授予"两弹一星"功勋奖章。

　　2007 年 11 月 5 日,中国首枚探月卫星"嫦娥一号"成功绕月的那一刻,中国探月工程总设计师、中国科学院院士、国际宇航科学院院士孙家栋情不自禁地洒下了航天人幸福的泪水,参见图 20-10。

图 20-10　院士孙家栋的幸福泪

参 考 文 献

1　卫星通信的历史.专业无线通信. http://www. cqupt. edu. cn/holtek/innovation/columns/InnovationEdu/stories/155925930. html.

2　薛培元 编译.未来 30 年通信卫星展望. 2003-10-30,卫视传媒,第 20 期.

3　专家称美国击落卫星为各国反卫星试验打开大门. http://www. sina. com. cn,2008 年 02 月 25 日,新华网.

4　击落间谍卫星显示美国新的武器能力.华盛顿邮报,2 月 22 日.

5　陈语.中国通信卫星的回顾与展望.编译自 19th AIAA ICSSC in Toulouse,France,April17～20,2001.

6　从"铱"星系统到全球卫星通信. http://bbs. northeast. cn/dispbbs. asp? BoardID=490&ID=388734.

7　汤军,汪秉文.外军卫星通信发展综述.无线电通信技术,2003.1.

8　林智慧,李磊民.卫星通信的技术发展及应用.现代电子技术,2007 年 3 期.

9　李立军,李晓红.现代卫星通信现状及其发展趋势.仪器仪表用户,2005,(04).

10　陈如明.卫星通信新技术应用机遇及轨道/频谱管理策略(上).邮电设计技术,2004,(11).

11　张更新,甘仲民.卫星通信的发展现状和趋势(上).数字通信世界,2007,(01).

12　张更新,甘仲民.卫星通信的发展现状和趋势(下).数字通信世界,2007,(02).

13　闵士权.国外卫星通信现状与发展趋势.航天器工程,2007,(01).

14　甘仲民,张更新.卫星通信技术的新发展.通信学报,2006,(08).

15　颜奇华,宋成勇.宽带多媒体卫星通信技术研究.数字通信世界,2007,(01).

16　李立军,李晓红.现代卫星通信现状及其发展趋势.仪器仪表用户,2005,(04).

17　李英华.浅谈卫星通信.电信快报,2007,(07).

18　施聪,吴礼发,胡谷雨.卫星通信对抗技术研究.电脑知识与技术(学术交流),2007,(04).

19　傅海阳,董黎,冯敏.卫星移动通信系统的比较和发展概况.电信快报,2007,(03).

20　李晶,王猛,郑家祥.卫星通信系统干扰技术研究.舰船电子工程,2007,(03).

第21讲

超高速网络

21.1　超高速网络概述

近年来,互联网的使用正日益普及,在人们的工作和生活中发挥着重要的作用。然而,随着用户数量的急剧膨胀,互联网正变得越来越拥挤。一些大学的科学家们对互联网这种放任自流的发展态势深感忧虑。互联网正从最初旨在为政府和科研机构共享信息提供服务的高速专业网"沦落"为更适于网上购物、电子邮件交换等简单应用的低速网络。

Internet 2 是什么?

Internet 2 是美国参与开发该项目的 184 所大学和 70 多家研究机构给未来网络起的名字,旨在为美国的大学和科研群体建立并维持一个技术领先的互联网,以满足大学之间进行网上科学研究和教学的需求。与传统的互联网相比,Internet 2 的传输速率可达每秒 2.4gb(吉位),比标准拨号调制解调器快 8.5 万倍。其应用将更为广泛,从医疗保健、国家安全、远程教学、能源研究、生物医学、环境监测、制造工程到紧急情况下的应急反应、危机管理等项目,Internet 2 都将大展所长,因此 Internet 2 的研究已经成为国际关注的项目,目前全球已有 170 多所大学与业界及政府合作,研究开发这一技术。

为了改变这一状况,他们一致认为应尽快开发一种传输速度更快、更加智能化、拥有更多功能的新一代网络。Internet 2 计划要求在 1998 年秋季进行实际运作试验。Internet 2 的应用将贯穿高等院校的各个方面,有些是项目协作,有些是数字化图书馆,有些将促进研究,有些能用于远程学习。Internet 2 也为各种不同服务政策提供了试验场所,比如怎样对预留带宽进行收费等。同时也是衡量各种技术对 GigaPOP 效能的场所,比如本地超高速缓存和复制服务器,以及卫星上行和下行链路对提高网络性能的作用。除上述试验外,合作环境还将用于实时音频、视频、文本和白板讨论。还有支持新的协作方式的 3D 虚拟共享环境。远程医疗,包括远程诊断和监视也是 Internet 2 努力实现的目标。大量的交互式图形/多媒体应用也将是 NGI 的主要候选项目,其中包括科学研究可视化、合作型虚拟现实(VR)和 3D 虚拟环境等应用。

21.2　超高速网络技术

1. IPv6 协议

全世界广泛使用的是第一代国际互联网，相应的 IP 地址协议是 IPv4，即第 4 版。IPv4 设定的网络地址编码是 32 位，总共提供的 IP 地址为 2 的 32 次方，大约 43 亿个。目前，它所提供的网址资源已近枯竭。下一代互联网采用的是 IPv6 协议，它设定的地址是 128 位编码，能产生 2 的 128 次方个 IP 地址，地址资源极为丰富。

2. Internet 2 的结构

1996 年 10 月，美国政府宣布启动"下一代互联网 NGI"研究计划，其核心是互联网协议和路由器。它的主要目标是：建设高性能的边缘网络，为科研提供基础设施；开发具有革命性的 Internet 应用技术；促进新的网络服务及应用在 Internet 上的推广。Internet 2 由一系列工作组组成，使成员在多个领域展开合作，这些工作组致力于以下工作。

（1）各种类型的合作：包括与政府的合作及一系列的国际合作。

（2）基础性研究：Internet 2 基础研究涵盖许多基础性研究项目，包括中间件研究项目、点对点性能研究项目及人文科学研究项目等。

（3）应用研究：Internet 2 研究基于网络的协同和对信息与资源的交互式访问，这些先进的应用技术在目前 Internet 环境下是无法实现的。

（4）工程技术研究：包括网络技术、光学网络等研究项目。

（5）中间件研究：目的是研究中间件的标准化及互操作性，并在各大学节点展开核心中间件服务的部署工作。

3. Internet 2 的主要部分

1）先进网络基础设施（advanced network infrastructure）

先进的网络基础设施用来连接超过 200 家大学与研究机构，是新型网络应用和提供高可靠网络质量的基础。Internet 2 的主要网络基础设施建设项目包括 Abilene、GigaPoPs、FiberCo 等。

Internet 2 不但投入网络的建设，同时还支持许多相关的网络研究，如分布式数据安全研究、网络监控数据、与数据共享和协同相关的网络服务研究等。

Abilene 是一个 Internet 2 的高性能主干网，提供高带宽的网络服务。该项目于 1998 年 4 月启动，1999 年底完成 2.5Gb/s 的主干网建设，2003 年网络完成升级，主干网传输速度达到 10Gb/s，桌面连接速度为 100M，并提供对 IPv6 的支持。Abilene 已经成为美国最先进的 IP 主干网络，提供先进的网络服务，支持丰富的网络应用，包括虚拟实验室、数字图书馆、远程教育与远程沉浸应用等。作为 Internet 2 的高性能主干网络，Abilene 充分体现了 Internet 2 对先进网络性能的要求。同时 Abilene 与 Internet 2 的 GigaPoPs（高速接入/交换节点）连通，为超过 220 家的大学、企业和研究机构提供网络服务。目前 Abilene 主要是 OC-192c（10Gb/s）的网络，使用先进的光学传输设备和高性能路由设备。

2）光网络（optical networking）

光网络技术的发展及相关网络基础设施的建立，为 Internet 2 上的先进网络应用提供了很好的平台。相关的项目包括 LambdaRail、HOPI 和 FiberCo 等。

LambdaRail 提供光纤网络，为 Internet 技术和协议的开发提供支持，并支持新的网络应用和服务。FiberCo（National Research and Education Fiber Company，国家教育科研光纤公司）是由 Internet 2 成立的公司，其拥有大量的黑光纤设备，可供其他组织使用。HOPI（Hybrid Optical and Packet Infrastructure，光路分组综合网络）是研究下一代网络结构的项目，试验未来网络技术、设施及架构。

3）中间件与安全（middleware and security）

中间件是介于网络与应用间的软件层，提供基本的网络服务，如授权、验证、目录服务及安全等。中间件在高性能网络中的作用正变得越来越重要。Internet 2 在中间件方面的研究主要包含两个方面，一是核心中间件的开发，另一个是中间件整合计划。

4）核心中间件

核心中间件服务是所有其他中间件服务的基础。在 MACE（Middleware Architecture Committee for Education，教育中间件构架标准委员会）的指导下，Internet 2 中间件项目主要研究组织间的验证与授权问题，特别是标准化与互操作性。这方面研究项目主要是 shibboleth。Shibboleth 是一个强大、可扩展、易用的系统，应用于服务和数字资源的共享，该系统提供对个人隐私的保护，并可以作为其他基于用户身份的访问控制系统的替代方案。随着高性能网络对协作和资源的共享与访问支持越来越强大，安全的需求使 Shibboleth 这样的技术变得愈发的重要。

5）中间件整合项目

Internet 2 不但投入核心中间件的研究与开发，还参与一些中间件的整合项目，这些项目涵盖医药学、电子邮件系统和视频会议等方面。

MedMid（Medical Middleware，医学中间件）作为 Internet 2 的一个工作组，目的是研究保健护理学相关领域的教育和实践，该工作组由 Internet 2 的卫生科学研究项目、中间件项目，联合美国医学院协会共同组成。MACE-MList（Middleware-Enabled Mailing List 基于中间件的邮件列表）工作组研究的是与基于中间件的邮件列表服务相关的研究内容。Internet 2 还参与了 NMI（NSF Middleware Initiative，美国国家科学基金会中间件项目）的研究，并和其他机构一起合作整合校园和网格研究基础设施。VidMid（视频中间件）工作组研究用于视频传输的中间件服务，其应用在视频会议和其他视频系统中。

6）先进应用（advanced applications）

Internet 2 研究的应用目的在于质和量上提高网络对科研及教学的支持。另外，不同于通常的网络应用，它们是建立在先进的网络环境下，需要高带宽、低延迟等先进的网络条件。Internet 2 支持从科学到人文艺术等各个领域的应用研究。研究人员在 Internet 2 上开发的应用有交互式协作、对远程资源的实时访问、协同式虚拟现实、大规模分布式计算和数据挖掘等。

（1）医疗卫生科学（health sciences）。Internet 2 医疗卫生科学应用使学生、研究员、医生等可以协同和交互地访问信息和资源。另外，该领域的应用还可以协助学生学习、获取和分析医疗卫生信息。医疗卫生领域的应用涵盖的领域包括医学教育、虚拟现实和远程病理学等,所有这些应用都需要先进的网络服务支持。增强外科计划(enhanced surgical planning)可以用于外科医疗的训练、预诊、交互式诊治、脑切面分析等;高级医疗训练(improved medical training)提供高带宽的人机交互环境,同时采用低延迟的虚拟现实技术,支持可靠的计算资源访问和医疗影像、数据的安全获取。

(2) 科学与工程(science and engineering)。Internet 2 成员采用的先进计算机技术包括采用高性能网络交互和协作技术、分布式数据存储和数据挖掘技术、大规模分布式计算技术、实时远程资源访问技术、科学数据可视化技术、协同式虚拟现实技术。双子座天文台在 Internet 2 网络上研究远程仪器控制技术,并应用于电子望远镜的远程实时控制;芝加哥大学等采用 Internet 2 网络建立了网格等分布式计算实验床。大规模科学研究和技术开发过程会涉及很多协同的需求,而通常是多组之间的协同。访问网格(Access Grid)项目的目标是研究基于计算网格的组间协同技术。

(3) 人文艺术(arts and humanities)。Internet 2 为人们提供了实时的交互和协同手段,并正在改变着人文技术的思维。远程舞蹈基于 Abilene 网络,使教师可以通过远程视频交互系统,知道学生的舞蹈学习。网格上的艺术采用了基于 internet 2 上的 Access Grid 系统,集中网络上的音乐艺术家、媒体艺术家共同交流艺术。

21.3 超高速网络研究现状

1. 超高速网络的历史

美国从 20 世纪 60 年代开始互联网的研究,到 20 世纪 80 年代中后期建成第一代互联网。第一代互联网的研制开发建设,完全由美国完成,从各种基础的硬件,如光纤中的玻璃丝到路由器、服务器、软件乃至各种应用技术,全部由美国掌握。不仅中国,世界上其他国家都没有占上一席之地。由互联网兴起的新经济,引起了世界经济的飞速发展,但其收益多数落入了美国。

1996 年美国政府的下一代 Internet/研究计划 NGI 和美国 UCAID 从事的 Internet 2 研究计划,都是在高速计算机试验网上开展下一代高速计算机网络及其典型应用的研究,构造一个全新概念的新一代计算机互联网络,为美国的教育和科研提供世界最先进的信息基础设施,并保持美国在高速计算机网络及其应用领域的技术优势,从而保证下一世纪美国在科学和经济领域的竞争力。英、德、法、日、加等发达国家目前除了拥有政府投资建设和运行的大规模教育和科研网络以外,也都建立了研究高速计算机网络及其典型应用技术的高速网试验床。

2007 年秋,Internet 2 协会 San Diego 宣布已经完成了下一代互联网 Internet 2 的基础架构,并且已经开始运行,它可以面向科研机构和教育人员提供 100Gb/s 的传输速度。

新的光学基础设施提供了一个独特的,可扩展的平台基础架构,在其之上建立的并行网络可以同时服务于不同的目的,如研究网络和远程医疗。该网络将继续提供一种先进的互联网协议(IP)网络,支持 IPv6,组播和其他高性能网络技术。

2. 现状

1) 基本完成建设

2007 年 10 月 10 日，Internet 2 项目的首席负责人道格·冯·豪维灵说："现在可以为单独的计算机工作站提供 10Gb/s 的接入带宽，我们需要开发一种方法使得这种高需求的应用与普通应用能够同时运行，互不干扰。"运营商利用 Internet 2 网络开始向科研机构提供一种"临时按需获得 10Gb/s 带宽"的服务。豪维灵说，通常每个研究所以 10Gb/s 的速度连接到 100Gb/s 的 Internet 2 骨干网，另外有一个 10Gb/s 的接入口作为备份，以备突发流量之需。

Internet 2 项目成立于 1998 年，最初的速度是 10Gb/s（10Gb/s），这已经比通常的家庭连接快了 1000 倍。而现在，技术人员尝试在一根光纤中同时传送 10 个波长的载波，从而将速度提高到 100Gb/s。这相当于在几秒钟内传输完毕一部高质量的《黑客帝国》电影，而相同的内容，普通家用网络需要耗费数个小时。

2) 仍有提速潜力

Internet 2 的扩展也已经列入计划。只要增加适当的设备，这个网络就可以很容易再扩容四倍，达到 400Gb/s。可惜的是，高速 Internet 2 与普通网络用户的距离还很遥远，新增的带宽主要供物理学家、天文学家等专业人士更好地收发数据、开展研究。但在某种程度上，Internet 2 已经成为全球下一代互联网建设的代名词。基于新一代互联网络 Internet 2 研究开发的超高速 Internet 2 网络即将推出，理论最高网速可达 100Gb/s。

3. 应用

1) 欧洲大型强子对撞机

超高速网络问世与欧洲核子研究中心的大型强子对撞机（LHC）工程息息相关。LHC 是一种大型粒子加速器，可以帮助人类研究银河、行星以及地球上生命形成过程。LHC 是目前世界上在建的最大强子对撞机，位于日内瓦附近瑞士和法国交界地区地下 100 米、总长约 27 公里的环形隧道内。它能加速粒子，使其相撞，创造出与宇宙大爆炸万亿分之一秒时类似的状态，有助于研究宇宙空间和天体的诞生，参见图 21-1。

图 21-1   欧洲大型强子对撞机

据 2004 年 4 月 6 日《泰晤士报》报道,研究人员估计,LHC 运行一年所产生的数据需要 5600 万张光盘来存储,这些光盘摞起来的高度约合 6.4 万米。研究人员 7 年前意识到,现有网络没有能力处理 LHC 产生的海量数据,必须建立超高速网络。当研究人员从事超大量的数据处理工作时,可以向分布在世界各地的数千台电脑求援,并在线存储所有信息。此外,超高速互联网能为天文学、生物学等研究领域提供便利。

2) 遥控外科手术

随着网络应用先进技术的进展,比如 Haptics(虚拟触觉感知技术),外科手术仿真培训以及视频会议合作技术,在不远的将来,医药和技术领域的专家可以通过 Internet 2,在互联网上进行外科微创手术。斯坦福大学的 W. LeRoy Heinrichs 教授使用配备 Haptics 技术的腹腔镜演示了在升级的 Internet 2 上进行外科手术的模拟过程。

3) 未来的办公室

办公室的未来项目是使地理上距离遥远的人们能够在一种真实的、远程合作的环境协同工作。它将利用实时的电脑图像技术,抓取您的同事在他们自己的办公室里的动态三维图像,传送到您未来的办公室。在那里,使用虚拟现实的技术,遥远的空间被完全原样地创建到了视觉平台上。通过 Internet 2 的升级网络,这些三维数据流的传输使得天各一方的参与者可以进行互动,在同一时间处理共享的虚拟对象。

4) 问题求解环境

犹他州大学 SCI 学院(计算机和图像科学学院)整合虚拟现实、模拟几何建模的技术,应用在了计算机问题求解环境的许多领域,包括心脏学、神经外科、放射学、核聚变和污染物的大气扩散等。Internet 2 的升级网络为 SCI 的共同研究者们提供了来自全国的第一手数据渠道,还为以网格为基础的研究合作提供了网络条件。

5) 遥控显微镜和远程教育

在过去的四年里,密歇根大学的一台扫描电子显微镜在理海大学的"显微课程"里扮演了重要角色。每年,理海显微学校吸引了 100～150 名工程师来这里学习各种各样的显微技术。课程的学员有新来的使用者,也有专家和专业人员,他们需要与扫描电子显微镜和分析电子显微领域的最新发展保持同步。这门 4～5 天的讲座/实验课程,由著名专家教授指导课程学员使用 SEMs 以及其他最新的仪器。遥控使得互联网范围内的学员都可以使用这台扫描电子显微镜,这是 John Mansfield 博士及其合作者的工作成果。密歇根大学 EMAL 北校区(Electron Microbeam Analysis Laboratory 微电子束分析实验室)的经理 Mansfield 解释道:"升级的网络提供了在世界任何地方实时控制 SEMs 所需要的带宽和性能。遥控操作使得这个极其昂贵的资源可以更多地服务于教学和合作研究。"

6) 远程大力神数码挖掘机

远程大力神是计算机化的挖掘机,可以通过 Internet 2 进行遥控操作。由于尺寸大,以及可能处于恶劣操作环境(比如救援的危险情况下),远程大力神对双向反馈的精密程度要求非常高,包括通过高清晰立体图像显示的相应视觉深度。服务质量保证(QoS)——如网络带宽、延迟控制、抖动(延迟的变动性)控制——对于保证远程大力神遥控操作者所要求的三维图像质量、声音以及设备控制渠道,都是非常基本的。

7) 纳米控制器

纳米控制器是扫描探针显微镜(SPM)的界面之一,它使得用户可以看到、触摸到并且处理从 DNA 到单个原子大小的样品。纳米控制器的用户可以控制 SPM,看到数据的交互三维立体图形,并通过一项反馈装置感觉到样品的形状。同一台纳米控制器还可以在"虚拟实验室"的环境里,由科学家们合作进行遥控,来使用共享的电子显微镜和之前收集的数据。在合作使用中,纳米控制器传输视频和系统控制数据——所有这些工作都对带宽、数据丢失、延迟有严格的要求。与一些对带宽有爆发式需求的应用相反,使用纳米控制器的典型科学实验将持续好几个小时,长时间地对网络有很高的要求。

21.4　国内超高速网络的研究

2001年中国高速互联试验网络项目通过验收。该项目意味着我国第一个高速计算机互联试验网络的建成,首次实现了与国际下一代互联网络 Internet 2 的连接,标志着我国下一代互联网研究建设取得重大突破,其意义一点不亚于中国第一次接入 Internet。

该项目由清华大学、中国科学院计算机信息中心、北京大学、北京航空航天大学和北京邮电大学联合承担建设。从1999年12月立项到开通,仅用了9个月时间。NSFCNET 采用 200Gb/s 密集波分复用 DWDM 光传输技术,在北京建立了连接六个节点的 2.5～10Gb/s 高速计算机互连研究试验网,并分别与中国教育和科研计算机网 CERNET、中国科技网 CSTNET,以及国际下一代互联网络 Internet 2 和亚太地区高速网 APAN 互联,是我国第一个与 Internet 2 实现互联的计算机互联网。其中 10Gb/s,是世界上目前能达到的最高速度。

NSFCNET 的建设成功,为我国积极参加与国际下一代互联网络研究计划提供了必要手段,为未来国家信息基础设施建设起到了示范作用,推动了我国高速互联网络关键技术和基础理论的研究,为开展基于高速互联网络及其应用的各类基础研究提供了与世界接轨的试验环境,发挥了我国计算机和光通信学科的交叉优势。对我国实施"科教兴国"战略、实现中华民族的伟大复兴具有重要意义。

背 景 材 料

1. 李未院士

1943年6月8日出生,北京人,北京航空航天大学校长,中国科学院院士,计算机专家(见图 21-2)。

1961年9月—1968年6月,就读于北京大学数学力学系。1968年6月—1979年7月,先后任北京航空学院基础部、计算中心教师。1979年7月—1983年1月,在英国爱丁堡大学计算机系攻读博士学位。1983年1月—1986年8月,任北京航空学院计算机系讲师,1986年9月任北京航空航天大学计算机学院教授、博士研究生导师。1997年当选为中国科学院院士。2002年1月任北京航空航天大学校长,党委副书记。

为解决网络环境下拥有海量信息、运行着海量进程的服务软件系统的设计、实现和维护中的重大问题,973"网络环境下海量

图 21-2　李未院士

信息组织与处理的理论与方法研究"项目组从海量信息科学、软件技术与方法以及试验性软件研究三个层次开展了基础研究。两年来,作为该项目的首席科学家,在他的领导下,项目组对此开展了富有成效的研究,取得了丰硕的成果,并顺利通过了科技部主持的项目中期评估,获得重点资助。

2. 吴建平

1964年2月出生,博士,研究员(见图21-3)。1997年在职博士毕业。2000年评为研究员。清华大学计算机科学与技术系教授,博士生导师,清华大学信息网络工程研究中心主任,中国教育和科研计算机网CERNET专家委员会主任、网络中心主任。国家信息化专家咨询委员会委员,中国互联网协会副理事长,国家高技术研究计划"十五"863信息领域专家委员会委员,曾任亚太地区先进网络组织APAN副主席和中国组APAN-CN主席。

主持完成20多个国家大型科研项目和工程。作为国内互联网的主要开拓者之一,主持完成"中国教育和科研计算机网CERNET示范工程"等重大项目,把CERNET建成世界上最大的国家学术网。他也是国内下一代互联网的主要发起者和推动者之一,主持的中国下一代互联网示范工程CNGI核心网CERNET2主干网,已建成世界上最大的纯IPv6互联网。他获

图21-3　吴建平

国家科技进步二、三等奖3项、部委科技进步一等奖10项。获"国家级有突出贡献的中、青年专家"称号、国务院"政府特殊津贴"、"国家杰出青年科学基金"、"跨世纪优秀人才培养计划基金"和教育部"长江学者奖励计划"特聘教授。国家973计划项目"新一代互联网体系结构理论研究"首席科学家。

参 考 文 献

1　中国的Internet 2上路.中国教育报,2001年9月3日第6版.

2　美国布局下一代互联网Internet 2.中国电子报,2008-4-6.

3　超高速网络比宽带快1万倍.南方都市报,http://www.sina.com.cn 2008年04月08日.

4　日本超高速网络实验卫星亮相.北京晚报,http://www.sina.com.cn 2007年12月23日.

5　超高速网络正在研制中.太原新闻网,2008-04-10新太原论坛.

网络生态与青少年上网

22.1 网 络 生 态

1. 网络生态的概念

网络生态学是一门交叉性、综合性学科,根植于各种不同的研究方向和学科领域中。一方面汲取了生物学、生态学和古代、现代的哲学思想,在具体的微观领域,网络生态学涉及传播学、社会学、计算机技术、经济学等诸多领域和知识。网络生态研究主要有三个维度:①资讯技术;②传播方式;③社会行为。

网络生态学旨在帮助人们理解社会行为是如何经由网络被组织起来影响社会的。

网络生态系统是指网络生态主体与网络生态环境相互联系、相互作用而形成的有机整体。网络生态系统符合生态系统的一般特点,由一些相互联系和相互影响的要素组成。网络生态系统由网络环境因子和网络主体因子构成。

网络环境因子包括网络物质环境、信息资源环境、社会环境。网络物质环境包括计算机、输入输出设备、调制解调器、各种软件程序。社会环境包括网络法律法规、教育、科技、经济等因素。网络主体因子包括网络构建主体、网络运营主体、网络信息主体。网络生态系统的各要素相互影响、相互作用,进而推动整个网络生态系统的生成和演变。

2. 网络生态平衡与失调

网络生态系统是一种动态的、开放的人工系统。网络生态平衡是依靠其内部各组成部分之间以及系统与外部环境之间的相互联系和相互作用,通过不断调整系统内部结构和功能得以实现的。如果在一定时间内和相对稳定的条件下,生态系统各部分的结构及功能均处于相互适应与协调的动态平衡中,这就是所说的生态平衡。但是,每种生态系统的内在自我调节能力和对破坏因素的忍耐力是有限度的,一旦超过这个限度,调节就会失效,系统就会遭到破坏,生态就会失调。网络生态系统的失调不外乎网络环境因子、网络主体因子的不平衡。

美国学者理查德·A.斯皮内洛指出:技术往往比伦理学发展得快,而这方面的滞后效果将给我们带来相当大的危害。网络技术发展的同时也破坏了网络生态的平衡。网络生态平衡破坏的诱因是多方面的，包括信息传播者道德责任的低下、信息技术的漏洞、法律的不健全及在网络环境中受众伦理的缺失。

我国著名科学家马世骏认为，"生态系统在长期发展过程中，各因素或各成分之间建立起了相互协调与补偿关系，使整个自然界保持一定限度的稳定状态。"如果"在一定的时间和相对稳定的条件下，生态系统各部分的结构及功能均处于相互适应与协调的动态平衡中，这就是我们所说的生态平衡"。可见，生态平衡是指生态系统的各成分之间相互适应、相互协调、相互补偿，使整个系统结构、功能良好的一种状态。总之，网络生态平衡是指在一定的时间和相对稳定的条件下，网络生态系统内各部分（网络信息、环境、人）的结构和功能处于相互适应与协调的动态平衡状态，它是网络生态系统的一种良好状态。

3. 网络信息生态失调的根源

网络已经成为网络受众获取信息、寻求娱乐、参与社会事件的重要场所。受众借助网络在一系列事件中起到了推波助澜的作用，推进了社会的民主进程，然而，网络传播中受众伦理的缺失也造成了现在的网络生态危机。受众在网上对他人隐私的披露，暴力化的网络语言，甚至是介入其他网友的私生活等问题，造成了网络生态失调，也给现实社会带来极大的困扰。导致网络信息生态失调的根源是以下两个方面：

（1）网络环境具有符号性和虚拟性。网络环境中人和人之间的交往成为人与机器的交流、符号和符号的对话，每一个网络主体都抹去了自身社会角色的烙印，不受其社会地位、社会形象、伦理角色的约束，成为一个彻底的、自由的、单纯的、没有任何社会印迹的自我，网络的这种符号性和虚拟性往往使网络主体产生与现实道德伦理相背离甚至挑战的心理，所以网络里的行为更个性、更自我、更叛逆。

（2）网络具有开放性和共享性。网络是开放的、共享的生态系统。互联网促进了世界各地网民的交流，推动了社会的进步。网络提高了受众的信息地位。每个网络主体都可浏览信息、接受信息、发布信息。同时，也带来了传播权的滥用，造成大量无聊信息、垃圾信息、私情信息、淫秽信息、暴力信息充斥网络。一些经济发达的国家依仗网络设施与信息资源优势，大肆推销他们的意识形态，实行文化强权扩充、信息殖民。

22.2　青少年上网的问题与对策

1. 中国互联网络调查

第23次中国互联网络发展状况统计报告（2009年1月）：截至2008年12月31日，中国网民规模达到2.98亿人，普及率达到22.6%，2008年中小学生上网比例为26.7%，大学生上网比例为6.4%，参见表22-1。

网络游戏在中小学生的应用排序中是第三的位置，网络游戏是中小学生上网的一个重要应用。大学生使用的前三种网络应用是：网络音乐、即时通信、网络新闻。与2007年相比，10～19岁网民所占比重增大，成为2008年中国互联网最大的用户群体。该群体规模的增长主要有两个原因促成：首先，教育部自 2000 年开始建设"校校通"工程，计划用 5～10 年时间使全国 90％独立建制的中小学校能够上网，使师生共享网上教育资源，目前该工程已经接近尾声；第二，互联网的娱乐特性加大了其在青少年人群中的渗透率，网络游戏、网络视频、网络音乐等服务均对互联网在该年龄段人群的普及起到推动作用。

表 22-1　各互联网应用在重点群体中的普及率

项　　目	分　　类	中小学生	大学生
网络媒体	网络新闻	68.1％	89.9％
信息检索	搜索引擎	63.5％	84.4％
	网络招聘	8.9％	29.5％
网络通信	电子邮件	52.2％	81.4％
	即时通信	77.5％	91.1％
网络社区	拥有博客	64.0％	81.4％
	论坛/BBS	24.1％	55.5％
	交友网站	16.8％	26.0％
网络娱乐	网络音乐	86.9％	94.0％
	网络视频	67.4％	84.4％
	网络游戏	69.7％	64.2％
电子商务	网络购物	16.2％	38.8％
	网上卖东西	2.1％	5.2％
	网上支付	9.6％	30.5％
	旅行预订	2.0％	6.8％

　　中小学生对互联网的应用深度不高，仅有的几个渗透率超过总体的应用是即时通信、博客、网络音乐、网络视频，这四种应用基本上可以定位在娱乐和社交两个领域，与这个年龄段好玩、好奇的心理需求基本一致。网上教育与总体水平基本一致，他们除了接受学校的教育之外，通过互联网进行相关课程辅导是他们在互联网上的一个重要应用。

　　大学生是各重点群体中最为活跃的一个，除了网络炒股之外，其他的应用全部高于总体普及率。时间上的闲暇、年轻人的好奇与好动的心理，以及互联网的无限可能是他们乐此不疲的重要动力。博客、论坛是他们极为活跃的领域，博客在大学生用户中半年更新率达到80.3％。

　　学生网民的活跃性规律可能与如下因素有关：大学生较为活跃、好奇心强，会尝试各种应用，但是受学业限制，主要的时间还要放在课堂上，所以使用的网络应用多。中小学生则还处在家长和老师的监护之下，不能随心所欲的长时间在网上冲浪，但是好奇心会是他们尝试一些互联网应用。闲暇时间的量以及工作（学习）的性质决定了中小学生的上网时间和网络应用数量不可能超过大学生。

2. 青少年上网的好处

　　网络的信息化特征催生了青少年现代观念的更新，如学习观念、效率观念、全球意识等。它使青少年不断接触新事物、新技术，接受新观念的挑战。网络注定要成为青少年生活不可或缺的东西。青少年上网好处事显而易见的：

　　(1) 开阔青少年的学习视野和空间：因特网是一个信息极其丰富的百科全书式的世

界,信息量大,信息交流速度快,自由度高,实现了全球信息共享。中学生在网上可随意获得自己的需求,在浏览世界,认识世界,了解世界最新的新闻信息,科技动态,极大地开阔了中学生的视野,给学习、生活带来了巨大的便利和乐趣。

(2) 加强对外交流:网络创造了一个虚拟的新世界,身在其中,每个人都可以超越时空的制约,十分方便地与人交流,讨论共同感兴趣的话题。由于网络交流的"虚拟"性,避免了人们直面交流时的摩擦与尴尬,从而为人们情感需求的满足和信息获取提供了崭新的交流场所。中学生上网可以进一步扩展对外交流的时空领域,实现交流、交友的自由化。同时现在的中学生独生子女为多,在家中比较孤独,从心理上最渴望能与人交往的。现实生活中的交往可能会给他们特别是内向性格的人带来压力,网络给了他们一个新的交往空间和相对宽松、平等的环境。

(3) 促进青少年个性化发展:世界是丰富多彩的,人的发展也应该是丰富多彩的。因特网提供了多样化的发展机会和环境。青少年可以在网上找到自己发展方向,获得发展的资源和动力。利用因特网学习、研究乃至创新,这样的学习是最有效率的学习。网上可供学习的知识浩如烟海,这给中学生进行大跨度的联想和想象提供了十分广阔的领域,为创造性思维不断地输送养料,一些电脑游戏在一定程度上能强化青少年的逻辑思维能力。

(4) 拓展青少年受教育的空间:因特网上的资源可以帮助青少年找到合适的学习材料,甚至是合适的学校和教师,这一点已经开始成为现实,如一些著名的网校。有许多学习困难的学生,学电脑和做网页却一点也不叫苦,可见,他们的落后主要是由于其个性类型和能力倾向不适从某种教学模式。因特网为这些"差生"提供了一个发挥聪明才智的广阔天地。

3. 青少年上网的危害

任何事的影响都是双向的,网络在带给青少年诸多益处的同时,也会给青少年带来负面的影响。

(1) 对青少年的人生观、价值观和世界观形成构成潜在威胁。互联网内容虽丰富却庞杂,良莠不齐,青少年在互联网上频繁接触西方国家的宣传论调、文化思想等,这使得他们头脑中沉淀的中国传统文化观念和我国主流意识形态形成冲突,使青少年的价值观产生倾斜,甚至盲从西方。长此以往,对于我国青少年的人生观和意识形态必将起一种潜移默化的作用,对于国家的政治安定显然是一种潜在的巨大威胁。

(2) 使许多青少年沉溺于网络虚拟世界,脱离现实,荒废学业。与现实的社会生活不同,青少年在网上面对的是一个虚拟的世界,它不仅满足了青少年尽早尽快占有各种信息的需要,也给人际交往留下了广阔的想象空间,而且不必承担现实生活中的压力和责任。虚拟世界,特别是网络游戏,使不少青少年沉溺于虚幻的环境中而不愿面对现实生活。而无限制地泡在网上将对日常学习、生活产生很大的影响,严重的甚至会荒废学业。

(3) 不良信息和网络犯罪对青少年的身心健康和安全构成危害和威胁。当前,网络对青少年的危害主要集中到两点,一是某些人实施诸如诈骗或性侵害之类的犯罪;另一方面就是黄色垃圾对青少年的危害。据有关专家调查,因特网上非学术性信息中,有 47% 与色情有关,网络使色情内容更容易传播。据不完全统计,60% 的青少年虽然是在无意中接触到网上黄色的信息,但自制力较弱的青少年往往出于好奇或冲动而进一步寻找类似信息,从而深陷其中。调查还显示,在接触过网络上色情内容的青少年中,有 90% 以上有性犯罪行为或动机。

4. 青少年上网原因分析

1) 青少年自身的原因

青少年的生理、心理特点,决定他们易于接受新事物,乐于追求新事物。他们对新鲜的事物充满了好奇,愿意跟着时代的潮流走,同时他们也叛逆,喜欢冒险,喜欢刺激,而网络恰恰给他们提供了这样一个机会。网络中的新事物层出不穷,网络游戏的巧妙设计也使他们可以不断地寻求刺激与成就感。网络是一个巨大的资源库,这就正好能满足青少年的需要。青少年大都正处于求学阶段,来自父母、学校的压力,令许多学生喘不过气来。他们厌倦于每天的书海题库,也厌倦了父母的唠叨与老师的指责;他们有自己独特的思想与见解,却也无法向父母倾诉,生怕得不到他们的理解。于是,他们愿意在网络世界里放松精神,寻找朋友,以获得精神的寄托。对于青少年来说,最重要的是自制力问题。部分青少年流连于上网就是因为他们自制力不够强,经不住网络的诱惑,面对形形色色的游戏软件与精彩的游戏画面,便一头扎了进去,无法自拔。

2) 家庭的原因

家庭成员的关系也会影响青少年的上网行为。有调查显示,男生中有 6.9% 的人觉得自己与父母关系不好,甚至还有 2.3% 的人觉得自己完全无法与父母沟通;女生中亦有 2.8% 的人觉得自己与父母关系不好。他们需要寻找其他的倾诉对象,有些人找同学,有些人就在网上找朋友,通过 QQ,通过聊天室,在虚拟的世界里发泄内心的苦恼与不满。另外,父母亲之间的关系也会影响青少年的上网行为。父母关系不好,就会疏忽对孩子的关心,并进而影响到孩子身心的健康发展。孩子需要寻找慰藉,自然而然就会开始依赖网络。

3) 群体从众效应的影响

群体中一旦有一部分人形成了某种习惯或偏好,其他人便会不自觉得受他们的话题引导,并渐渐地形成类似的偏好。学生在校学习,首先存在于班级这个大集体中,班上同学的言行举止或多或少会影响其他同学,而且流行时尚在班集体中也最易传播,久而久之,几乎全班同学都会追求这种新鲜事物。其次,同学与同学之间也会结成不同的小群体,小群体内易形成共同的爱好和习惯。倘若群体中有人喜欢上了某种网络游戏,便会向群体中的其他人谈论他的一些战绩与心得,其他人也就会在不知不觉中受其影响,尝试该游戏,更喜欢该游戏。

4) 网络的吸引力

网络的特质决定了青少年上网的潮流。网络强调以"自我"为中心,个性的张扬,平等的交流,避免了直面交流的摩擦与伤害,满足了人们追求便捷与舒适的享受。自主性是青少年可以自主选择需要的信息,自由地发表自己的观点。互联网的自主性为青少年个性化发展提供了广阔的空间。开放性使整个世界变成了一个地球村。任何人随时随地都可以从网上获取自己所需的任何信息。网络成为信息的万花筒,使超地域的文化沟通变得轻而易举,它带来了网络文化的多元化。平等性使人为的等级、性别、职业等差别都尽可能小地隐去,不管是谁,大家都以符号的形式出现,大家都在同一起跑线上。地位的平等带来了交流的自由,任何人在互联网上都可以表达自己的观点。这对青少年来说具有很大魅力。虚拟性使网民可以身份"隐形",尝试扮演各种社会角色；还能为你圆现实生活中无法企及的梦想。

5）社会的两面性

网吧业务不规范。尽管网吧在门口张贴"禁止未成年人入内"的公告，但却接受未成年顾客。有些网吧甚至故意开在学校的附近，以招揽更多的学生顾客。随着软件技术的发展，软件开发者也不断地推陈出新，大量设计精良的游戏软件吸引广大青少年流连忘返。而这又是国家引导和鼓励的新兴产业。

5. 对策

（1）从宏观层面，要加强法制建设。立法机构必须针对新的情况即时制定相关的法律和规范，限制不良行为，引导网络、网吧业务在法制化的轨道中运行；要在全社会展开学法、守法的活动，加强政府的监督与管理；要加强社会舆论与公众的监督职能，坚决与不法行为作斗争。

（2）从市场角度，要加强管理。应该建立网吧业务行业的经营管理机制，实行严格的核准登记制，由国家统管服务业的部门在各省分设机构统一管理。对于违章、违法经营的网吧必须严肃惩处，严重违法者必须责令关闭，并禁止其再次开业。而对于网络这一虚拟的世界，政府若想切实有效的控制与管理，确实不便也不可能，唯有通过引导全社会健康积极的思想行为的形成，才能减少网络"垃圾"的流传。

（3）从学校层面，应该加强教育工作。学校可以向学生放映一些宣传片，并向他们展示青少年因沉迷于上网而堕落消沉甚至犯罪的典型事例，循循善诱，使得学生从内心抵制网络的不良影响。

（4）从家庭角度，家长应多与学生沟通，可以允许他们在空闲的时间适度地上网，但必须防止并限制他们过度沉迷于网络。家长、老师也应该多交流，及时发现并改正学生的不良行为，促进学生身心的健康发展。

（5）从青少年自身角度，要加强自制力和辨别能力的培养。要教会学生合理地利用网络资源，分配上网时间，抵制网络的诱惑。只有好好地把握与控制自己的行为，形成健康的生活方式，社会，学校和家庭的努力才真正有效。要帮助孩子提高自身抵制诱惑能力，树立远大理想，将全部精力用在学习和正当有益的特长爱好。

（6）从技术角度，要加强防御和引导。技术是辅助手段，但我们也要在这方面多些工作。比如，从网络的角度限制青少年上黄色网站，限制玩游戏的时间，引导青少年访问健康的网站等。

22.3 网络道德伦理

1. 信息伦理失范产生的背景

1）信息伦理失范现象

（1）信息泛滥。我们用信息爆炸来形容社会信息总量的急剧增长。网络信息已经远远超过了人们的信息处理能力，并对人们产生了巨大的冲击。现如今，信息已经超过了人类和社会的处理和利用的容忍限度，并成为一种严重的社会负担。

(2) 信息污染。网络信息污染主要是指虚假、错误、色情、暴力、恐怖、迷信等信息。由于网络信息发布自由性和无控制性，这类信息随处可见，其结果是，严重腐蚀人们的灵魂，玷污人类的文明，对人类文明的发展构成严重的威胁。

(3) 个人隐私。网络的开放性和数字化已经对个人隐私的保护提出了挑战，个人隐私仿佛置于光天化日之下，个人资料更容易被获得。由于个人信息具有商业价值，有些人则搜集个人隐私出售。信息网络变成了侵犯隐私最合适的温床。

(4) 知识产权。信息技术使得知识和信息产品容易被行复制，且被监控和约束十分困难。如个人作品被随意上网，知识被任意拷贝，目前由知识产权保护而引发的法律和道德问题越来越复杂，且知识产权的保护界线处于较模糊的状态。据统计，每年有关著作权、技术专利和软件盗版等所涉及的金额达数亿元人民币。

(5) 信息垄断。由于西方国家在资金和技术上的优势，他们在信息方面已经占有信息垄断地位。信息垄断不仅可以带来巨大的经济利益，而且也能实现其对其他国家的文化扩张，由于信息的大量输出，他们可以将本国的社会价值观和意识形态观传递给其他国家，并对其产生巨大影响。如何在竞争中打破信息垄断，已成为弱小国家面临的信息伦理学难题。

(6) 信息安全。黑客和计算机病毒是信息安全的巨大隐患。它使信息安全极端脆弱，并产生程度不等的安全失范。由于目前所采用的信息安全技术措施无法从根本上解决信息安全问题，因此如何进行信息安全防范，已成为信息伦理急需解决的问题。

2) 原因分析

造成信息伦理问题出现的原因是数字分离，虚拟网络环境，和权利与义务的脱节。

(1) 数字分离是起因。数字分离是信息社会发展过程中所产生的大多数伦理问题的根源所在。数字分离是人类内部，内部人与外部人之间的一种新的分离。信息圈不是一个地理、政治、社会或语言意义上的空间，它是一种精神生活空间。各个地区、不同领域、不同职业的人们都可能居住于这个信息圈，形成一个所谓的"虚拟"社区。由于国家的差距、政治体系的不同、宗教信仰的区别、年轻人与老年人之间宏沟，信息圈中也存在着明显的分界线。另外，经济和社会文化也将导致数字分离距离的扩大。

(2) 虚拟网络创造冷漠的环境。网络是虚拟世界，目前尚未有一个部门能够对网络社会进行完全的控制。在一定程度上，网络超越了时间和空间的限制。由于网络交流方式以语言符号为主，它不需要面对面的交流，于是，人们慢慢失去对现实世界的亲和力。由于人是通过他人的反馈不断的调整自己的行为，来使自己的行为符合社会规范、符合自己的社会角色的目的。而网络却没有这种作用，其结果是直接导致伦理问题的出现。

(3) 权利与义务的脱节。网络采用的是匿名机制和没有权威的控制，网络的无主权性和身份匿名的机制使得社会控制更加困难。当一方拒绝承担诚信、公平等一系列社会责任的时候，权力受损的是与其进行交往另一方或其他方，却没有任何的措施来对逃脱责任方进行惩罚，其结果是权利与义务脱节。

2. 信息伦理的概念

1) 信息伦理的定义

所谓伦理是指通过社会舆论、个人内心信念和价值观以及必要的行政手段，调节人与自然、个人与他人、个人与社会关系的行为准则和规范的总和,同时也是个人自我完善的一种手段、一种目标。

信息伦理指在信息开发、信息传播、信息加工分析、信息管理和利用等方面的伦理要求、伦理准则、伦理规范,以及在此基础上形成的新型的伦理关系。

信息伦理的本质是指信息伦理系统中最根本的方面,它决定着信息伦理的特点,对信息伦理本质的探究可以从起源、应用、目的三个方面入手。从信息伦理的起源上看,信息伦理是人类交往活动的现实需要和规律反映;从信息伦理的应用上看,信息伦理调节着人们在信息交往活动中的功利实现;从信息伦理的目的上看,信息伦理追求人类社会在信息时代的和谐与进步。

信息伦理是一种全新的伦理思潮和价值观念,是人们在信息技术发展之下寻找新型人际关系的一种道德新知。信息伦理属于应用伦理学这一交叉学科,是研究伦理道德在人类信息交往这一社会实践领域的应用。信息伦理的研究不是将现成的伦理学原理加以简单地延伸和推演,而是对处于不断发展中的人类信息实践活动及其信息技术所产生的伦理道德问题进行理论思考,借助于已有的伦理学理论的指导,从实际出发具体分析社会生活中的各种信息交往现象,进而作出新的道德判断和道德评价,形成人们在信息活动中的道德规范。

信息伦理最早源于计算机伦理研究,主要研究信息技术对社会伦理问题产生的影响。20世纪90年代以来,与信息领域有关的伦理研究范围不断扩大,从计算机伦理、网络伦理、媒体伦理直至范围更加广泛的信息开发利用活动的伦理学研究,即信息伦理。

2) 信息伦理的特征

信息伦理作为应用伦理学研究的一个方面,既具有应用伦理的一般性特征,也具有与其他应用伦理学领域所不同的特点,主要体现在伦理总体的辩证性、伦理主体的实践性、道德规范的普遍性、道德机制的自律性等方面。

(1) 行为约束的自律性。他律与自律是人们道德行为的两种机制。他律在形式上是规范的要求,实质上体现了道德的起源和目的;自律在形式上是人们内心的自我要求,实质上是对道德规范内省的结果。道德自律是人们对照社会伦理秩序进行行为上的自我选择和自我节制,是自我修养不断积累的结果,标志着个体道德人格的完善。在现实社会,他律是伦理的规范的直接作用。在网络世界,由于是人机交流,人与人之间的交往往往借助数字符号实现,于是人与人之间形成了一种新的互动模式,现有法律和公开的舆论对个体行为的监管已不像原来那么容易,故个体的内心信念和道德自律是信息伦理的主要特性。

(2) 评判标准的模糊性。面对新的信息传播方式时,由于缺乏应有的传统上的价值参照体系,再加上不少网络行为主体采用的是匿名方式,道德舆论的承受对象变得极为模糊,这种非现实的虚拟空间的多元化伦理方式导致了人们心中的道德模糊感。

(3) 道德主体的自由性。网络环境是一个自由的信息获取与发送的天空,由于没有政府和法律的约束,再加上采用的匿名方式,道德主体出现了前所未有的自由度。

(4) 承受对象的全球性。信息无国界,人们不知道信息发自什么地方,将会送往何地,人们在这个地球村中,任何人都可能是信息的发布者和接受者。网络已经成为全球人们共享资源的载体,信息伦理的主体自然具备了全球性的特征。

(5) 伦理主体的实践性。信息伦理作为应用伦理学研究的一个方面,它是在信息交往规律认识的基础上形成的,用于指导人们的信息实践活动的学科。它既是在人们信息交往活动基础上的理论提升过程,也是通过信息实践活动对信息伦理理论的检验过程。

(6) 道德规范的普遍性。信息伦理对所有社会成员的道德规范要求是普遍的。在信息交往自由的同时,每个人都必须承担同等的道德责任,共同维护信息伦理秩序。尽管在不同的技术和设施条件下,实现信息道德规范普遍性要求的程度会有差异,但这种差异性不是信息道德规范自身的差异。因为信息道德规范的普遍性是对信息交往中的传播行为而言的,不是对信息内容的普遍性的要求。

3. 信息伦理体系的构建

1) 体系的框架构建

在这种信息时代的历史条件下,信息伦理体系的框架构建是一个非常重要的工作,应该予以重视,为此,华东师范大学信息学系的闻毅声认为,信息伦理体系的框架建设应该从信息文化的方面和道德结构的层面进行总体的构架。

(1) 信息文化方面的建设。

伦理、道德、风俗习惯一旦形成就不会轻易改变,而且会长久地影响人们的思维和行为。从这个意义上说,探讨网络环境下的伦理道德规范就具有非常重要的指导意义和现实意义。信息文化的建设涉及深层次的伦理道德规范的培植,价值观念的塑造。

信息文化的构成与传统文化相似,包括物质、制度、观念三个层次,但是其内容却有着明显的时代特征和差距。

物质文化是信息文化的基础,这个基础聚集着现代文明的主流。比较特殊的是信息技术系统的特性。尽管在不同的国家中,由于意识形态、制度或观念的差异,人们对技术的吸收、技术的应用是有差异的。但是,作为物质层面的信息技术系统,总是先接受新技术和新方法,可以说信息技术和物质文化具有同质性,往往文化基础的反应比人的观念灵敏,即物质文化对信息技术有很强的包容性。

制度文化是信息文化的载体。在网络化环境下,制度文化最明显的特征就是信息的传递,不再是逐级逐层地进行,网上信息的传播跨越了时空的障碍,社会的金字塔结构解体,因此,信息传递的层次减少,信息传递过程中的失真大大降低。另一方面,网络信息传播的透明度比较高,这是民主政治建设的有利条件,也是网络吸引人的地方。

观念文化是信息文化的主导。观念文化随着物质、制度文化的变化而变化,并随着其发展而发展。观念文化大量涉及生活方式、伦理道德、风俗习惯。虽然观念文化不如物质文化那样反应灵敏,也不像制度文化那样变化巨大,其转变尽管比较缓慢,却很深刻持久。

(2) 信息伦理道德层面。

作为文化建设的一个层面,观念是文化发展的主导,尽管变化是缓慢的,但是一旦形成,并得到人们的认同,其影响力是深刻而久远的。

信息道德意识是信息伦理的第一层次。道德意识涉及与信息相关的道德观念、道德意志、道德信念和道德理想,集中体现在信息道德原则和规范中。在网络环境中交往,人们看重的是"信用",因此诚信是信息活动的基本准则。各民族,各种价值观念尽管有不同程度的差异,但是崇尚诚实,几乎是各种文化的价值取向中共性的。在信息文化建设中诚信更应该受到推崇。

信息道德关系是信息伦理的第二层次。它是指信息活动中的人际关系、人与集体的关系以及集体之间的关系。网络礼仪,在个性化和互动性很强的网络环境中,需着力培植,使人们在享受网络带来的便利的同时,也能够尽义务维护网络的秩序,创建网络文明。

信息道德活动是信息伦理的第三层次。道德规范以及和谐的人际关系,深刻地影响着每个人的思维,并且约束着每个人的信息行为。人们依据一定的信息道德与规范,在信息活动中有意识地,有选择地采取行动;对他人的信息行为的善恶进行评价,同时对自己信息行为的良莠进行自我剖析。从严格意义上讲,信息道德活动的过程,是一种对人的品格、素养进行陶冶,进行教育的过程。它是主观个人的信息伦理与客观社会的信息伦理的辩证统一。

2) 信息伦理建设的实施

在当前形势下,对传播伦理作进一步的规范则是一个切实可行的办法。如何改进我国的传播伦理规范,必须充分重视以下几方面。

(1) 制定信息立法,与信息伦理互补。

信息伦理只是一种软性的社会控制手段,它的实施依赖于人们的自主性和自觉性,因此在针对各类性质严重的信息犯罪时,信息伦理规范将显得软弱无力。只有法律法规才能构筑信息安全的第一道防线。

但是,信息立法尽管已经超出了信息伦理的研究范畴,但相关的法律条文可以在一定程度上划出一条底线,为信息环境下的伦理决策提供有力的依据。

法律法规不是万能的,信息立法也需要信息伦理的补充。只有二者互相配合、互相补充形成良性互动,才能让信息领域在有序中发展。

(2) 技术消除数字分离。

数字分离有可能导致新的殖民主义和种族隔离,因此,必须对其进行限制。技术不仅是一种工具,也是一种平台。目前,国际上过滤因特网中违法与有害信息最全面最有效的技术手段是采用因特网内容选择平台——"中性标签系统"。它主要是对每一个网页的内容进行分类,并根据内容特性加上标签,同时由计算机软件对网页的标签进行监测,以限制对特定内容网页的检索。任何重要技术都有伦理感情色彩的,以前的技术创新都有自己的伦理后果,且至今还存在。计算机技术已经对信息伦理产生了巨大的影响,伦理进展远远落后于技术的发展,更新道德敏感性依然是一个缓慢的过程。

(3) 制定信息伦理准则,约束个体行为。

在信息技术不太健全、信息立法不太完善、信息安全受到威胁的情况下,制定行业准则显得非常重要。在我国,新闻界为保护网上的信息产权和知识产权,联合抵制侵权行为,由新华社等国内 23 家新闻网络媒体共同制定了《中国新闻界网络媒体公约》,实际上是中国的行业伦理准则。为贯彻该公约的实施,已成立了专门的组织来实施监督,使网络信息得到正常合理的使用,防止非法、有害信息的传播和渗透,防止对信息产权和知识产权造成破坏。

(4) 加强网络道德教育,不断提高个体自律水平。

信息伦理是依靠个体的内心信念来进行制约的,为此,首先应从提高公民的伦理意识入手来树立正确的信息伦理观。对此,可通过各类媒体的宣传,加强对普通公民的信息伦理观念进行引导,特别是培养青少年树立正确的信息伦理价值观。明确告诉他们,什么是必须遵守的道德规范? 什么是应当遵循的游戏规则? 什么是不道德的行为? 从而使他们自觉形成网络自律,最大限度地减少各种不道德和犯罪行为的发生。这个目标的实现需要在职业场所、公共生活、家庭生活、学校等各个领域,通过传媒、讲授、报纸杂志等方式对个体施加影响。在这个过程中,良好的社会风尚和道德准则对个体自律的形成起着重要作用。

4. 青少年信息道德伦理建设

为增强青少年自觉抵御网上不良信息的意识,团中央、教育部、文化部、国务院新闻办、全国青联、全国学联、全国少工委、中国青少年网络协会向全社会发布了《全国青少年网络文明公约》。公约内容如下:要善于网上学习,不浏览不良信息;要诚实友好交流,不侮辱欺诈他人;要增强自护意识,不随意约会网友;要维护网络安全,不破坏网络秩序;要有益身心健康,不沉溺虚拟时空。

1) 青少年上网公约

要有益身心健康,不沉溺虚拟时空。

要善于网上学习,不浏览不良信息。

要诚实友好交流,不侮辱欺诈他人。

要增强自护意识,不随意约会网友。

要维护网络安全,不破坏网络秩序。

2) 青少年网络礼仪

网络是人生的新朋友,对待朋友要重诺守信。

网络是学习的新源泉,对待源泉要饮水思源。

网络是传播的新载体,对待载体要维护秩序。

网络是表达的新天地,对待天地要尊重有礼。

网络是互动的新途径,对待途径要张弛有度。

网络是创意的新平台,对待平台要激扬灵感。

网络是就业的新领域,对待领域要开发资源。

网络是娱乐的新窗口,对待窗口要收放自如。

网络是和谐的新家园,对待家园要爱护珍惜。

参 考 文 献

1　信息伦理学:应用伦理学研究的新领. http://61.187.54.178/offices/jks/xuebao/2003-1/30.htm.

2　王保中,董玉琦. 我国城市中小学生信息伦理的现状与课题. http://www.vschool.net.cn/english/gccce2002/lunwen/NEIF/60.doc.

3　张福学. 信息伦理的几个基础理论问题研究. http://www.lib.ytu.edu.cn/wxyjs/cyycg/zfx/xxll.html.

4　杨智慧. 规范网络行为的信息伦理. 学习时报社, http://www.sars.gov.cn/chinese/zhuanti/xxsb/689552.htm.

5　段伟文. 网络空间的自我伦理. 2003-5-12, http://www.51lw.com/article/sociology/3940.htm.

6　史云峰,侯兴宇. 网络伦理学初探. 2003-10-7, http://www.51lw.com/article/sociology/3941.htm.

7　颜琳. 论信息与网络时代的伦理道德问题. 湖南大学生信息港, http://www.hnuc.cn/Article/Files/2004-04-19/200441922431244160.shtml.

8　吕耀怀. 信息伦理数字化生存的道德新知. 检察日报 2001 年 1 月 26 日.

9　杨智慧. 规范网络行为的信息伦理, http://www.china.org.cn/chinese/zhuanti/xxsb/689552.htm.

10　刘钢. 信息伦理的价值审视. 学习时报,2004 年 3 月 29 日第 7 版.

11　吕耀怀.论全球化时代的信息伦理.现代国际关系,2002年第12期.

12　许剑颖.论网络环境中的信息伦理问题及其对策.情报杂志,2004年第1期.

13　刘秀华.试析网络环境下的信息伦理.情报科学,第21卷第2期2003年2月.

14　贺延辉.论信息伦理与我国信息法制建设的关系.图书情报工作,2003年第4期.

15　杨义勇.网络环境下的信息伦理问题思.高校图书馆工作,24卷第99期2004年第1期.

16　孙昊.信息伦理初探.情报科学,第21卷第5期2003年5月.

17　邓少雯,丘丽珍.浅论网络环境下信息伦理与道德自律.青年探索,2004年第4期.

18　陈延斌.试论信息伦理的特点与本质.伦理学研究,2004年5月第3期.

19　汪小帆,李翔,陈关荣编著.复杂网络理论及其应用.北京:清华大学出版社,2006.

20　列宁.哲学笔记.北京:人民出版社.1974.

21　路德·宾克莱.二十世纪伦理学.孙彤等译.河北人民出版社,1988(5).

22　魏英敏.伦理、道德问题再认识.北京大学出版社,1990.

23　陆俊,严耕.国外网络伦理问题研究综述.国外社会科学.1997(2).

24　孔昭君.网络文化管窥.北京理工大学学报(社科版).2000(5).

25　吴满意.试论网络伦理.电子科技大学学报社科版.2001.

26　王志萍.网络伦理:虚拟与现实.人文杂志.2000(3).

27　张安柱.信息时代的网络伦理问题研究.临沂师范学院学报.2000(2).

28　周薇.青少年上网行为调查与分析.http://www.gotoread.com/mag/4850/contribution12151.html.

29　青少年上网公约.http://zhidao.baidu.com/question/86262372.html? fr=qrl.

30　田艳.正确引导青少年上网.http://www.llgjzx.com/美丽校园/32.htm.

31　范艳芹.网络生态平衡与受众伦理.青年记者,2008年12期.

32　朱国萍.网络生态的失调与平衡.河北科技图苑,2007年03期.

33　徐国虎,许芳.网络生态平衡理论探讨.情报理论与实践,2006年02期.

第23讲

网 格 计 算

23.1 网格计算概述

1. "网络虚拟超级计算机"或"元计算机"

高性能计算的应用需求使计算能力不可能在单一计算机上获得,因此,必须通过构建"网络虚拟超级计算机"或"元计算机"来获得超强的计算能力。20 世纪 90 年代初,根据 Internet 上主机大量增加但利用率并不高的状况,美国国家科学基金会(NFS)将其四个超级计算中心构筑成一个元计算机,逐渐发展到利用它研究解决具有重大挑战性的并行问题。它提供统一的管理、单一的分配机制和协调应用程序,使任务可以透明地按需要分配到系统内各种结构的计算机中,包括向量机、标量机、SIMD 和 MIMD 型的各类计算机。NFS 元计算环境主要包括高速的互联通信链路、全局的文件系统、普通用户接口和信息、视频电话系统、支持分布并行的软件系统等。

2. 元计算

元计算被定义为"通过网络连接强力计算资源,形成对用户透明的超级计算环境",目前用得较多的术语"网格计算(grid computing)"更系统化地发展了最初元计算的概念,它通过网络连接地理上分布的各类计算机(包括机群)、数据库、各类设备和存储设备等,形成对用户相对透明的虚拟的高性能计算环境,应用包括了分布式计算、高吞吐量计算、协同工程和数据查询等诸多功能。网格计算被定义为一个广域范围的"无缝的集成和协同计算环境"。网格计算模式已经发展为连接和统一各类不同远程资源的一种基础结构。

3. 网格

简单地讲,网格是把整个因特网整合成一台巨大的超级计算机,实现计算资源、存储资源、数据资源、信息资源、知识资源、专家资源的全面共享。当然,网格并不一定非要这么大,也可以构造地区性的网格,如中关村科技园区网格、企事业内部网格、局域网网格、甚至家庭网格和个人网格。事实上,网格的根本特征是资源共享而不是它的规模。由于网格是一种新技术,因此具有新技术的两个特征:其一,不同的群体用不同的名词来称谓它;其二,网格的精确含义和内容还没有固定，而是在不断变化。

中国科学院计算所所长李国杰院士认为，网格实际上是继传统因特网、Web 之后的第三个大浪潮，可以称之为第三代因特网。简单地讲，传统因特网实现了计算机硬件的连通，Web 实现了网页的连通，而网格试图实现互联网上所有资源的全面连通，包括计算资源、存储资源、通信资源、软件资源、信息资源、知识资源等。

4. 起源

网格研究来源于美国联邦政府过去 10 年来资助的高性能计算项目。这类研究使用的名词就是"网格"（grid）或"计算网格"。早期还使用过另一个名词——"元计算"（metacomputing）。这类研究的目标是将跨地域的多台高性能计算机、大型数据库、贵重科研设备（电子显微镜、雷达阵列、粒子加速器、天文望远镜等）、通信设备、可视化设备和各种传感器整合成一个巨大的超级计算机系统，支持科学计算和科学研究。这方面的代表性研究工作包括美国国家科学基金会资助的 NPACI、"国家技术网格"（NTG）、分布万亿次级计算设施（DTF）、美国宇航总署的 IDG、美国能源部的 ASCI Grid 以及欧盟的 Data Grid 等。

5. 网格计算"三要素"

（1）任务管理：用户通过该功能向网格提交任务、为任务指定所需资源、删除任务并监测任务的运行状态。

（2）任务调度：用户提交的任务由该功能按照任务的类型、所需资源、可用资源等情况安排运行日程和策略。

（3）资源管理：确定并监测网格资源状况，收集任务运行时的资源占用数据。

6. Globus 的体系结构

Globus 网格计算协议建立在互联网协议之上，以互联网协议中的通信、路由、名字解析等功能为基础。Globus 的协议分为五层：构造层、连接层、资源层、汇集层和应用层。每层都有自己的服务、API 和 SDK，上层协议调用下层协议的服务。网格内全局应用都通过协议提供的服务调用操作系统，参见图 23-1。

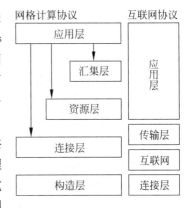

图 23-1　Globus 的体系结构

构造层（fabric）　它的功能是向上提供网格中可供共享的资源，它们是物理或逻辑实体。常用的资源包括处理能力、存储系统、目录、网格资源、分布式文件系统、分布式计算机池、计算机集群等。Toolkit 中相应组件负责侦测可用的软硬件资源的特性、当前负荷、状态等信息，并将其打包供上层协议调用。

连接层（connectivity）　它是网格中网络事务处理通信与授权控制的核心协议。构造层提交的各种资源间的数据交换都在这一层的控制下实现。各资源间的授权验证、安全控制也在这里实现。在 Toolkit 中，相应组件采用基于公钥的网格安全基础协议（GSI）。在此协议中提供一次登录、委托授权、局域安全方案整合、基于用户的信任关系等功能。资源间的数据交换通过传输、路由及名字解析实现。

资源层(resource) 这一层的作用是对单个资源实施控制,与可用资源进行安全握手、对资源做初始化、监测资源运行状况、统计与付费有关的资源使用数据。在 Toolkit 中有一系列组件用来实现资源注册、资源分配和资源监视。Toolkit 还在这一层定义了客户端的 C 和 Java 语言的 API 和 SDK。

汇集层(collective) 这层的作用是将资源层提交的受控资源汇集在一起,供虚拟组织的应用程序共享、调用。为了对来自应用的共享进行管理和控制,汇集层提供目录服务、资源分配、日程安排、资源代理、资源监测诊断、网格启动、负荷控制、账户管理等多种功能。

应用层(applications) 这层是网格上用户的应用程序。应用程序通过各层的 API 调用相应的服务,再通过服务调用网格上的资源来完成任务。应用程序的开发涉及大量库函数。为便于网格应用程序的开发,需要构建支持网格计算的库函数。

目前,Globus 体系结构已为一些大型网格应用所采用。研究人员已经在天气预报、高能物理实验、航空器研究等领域已开发了一些基于 Globus 网格计算的应用程序,效果较好。虽然这些应用虽仍属试验性质,但它至少表明,网格计算可以胜任不少用超级计算机难以胜任的大型应用任务。

23.2　网格计算技术

1. IBM 网格计算策略

IBM 网格计算战略所依据的是开放标准以及与 Globus 等组织的合作,以便提供一种开放标准的工具包,并具备强劲功能,可以使企业内的所有 IT 资源都参与网格计算环境。这将最大限度地提高 IT 资源的使用率和灵活性,为各种规模的客户提供有效的计算环境。

IBM 不仅与主要的解决方案供应商合作,而且还支持不断发展的 OGSA(开放网格服务体系结构)。IBM 的硬件和软件平台都支持这种开放标准,使 IBM 的解决方案都能够参与网格计算环境。这将最大限度地利用客户的投资,并通过在这些平台上支持开放标准,可以使客户在需要时使用网格计算环境中的服务和软件。OGSA 还能够集成 Web 服务和网格服务,这是商业市场上支持网格计算应用的基础。随着电子商务环境的不断发展,在瞬息万变的电子商务环境中,网格计算很快成为了可以最大限度降低成本,并能够满足客户需要的一种技术。

IBM 已经与领先的网格计算工具和应用供应商建立了合作关系。IBM 与 Globus(一家原代码开放的网格计算中间件供应商)合作,以便提供基于 J2EE 的参考实现功能。Globus 提供一套综合的软件,用于一系列系统的安全性、信息基础设施、资源管理、数据管理、通信以及故障检查和转移等。运行 AIX 和 Linux 的所有 IBM 系统上都有这种工具包。

2. 网格计算环境

网格计算主要被各大学和研究实验室用于高性能计算的项目。这些项目要求巨大的计算能力,或需要接入大量数据。网格计算的目的是支持所有行业的电子商务应用。例如,飞机和汽车等复杂产品的生产要求对产品设计、产品组装和产品生命周期管理进行计算密集型模拟。其他一些实例还有,通过 Monte Carlo 方法对复杂金融环境的模拟,以及生命科学领域的许多项目。网格环境的最终目的是,从简单的资源集中发展到数据共享,最后发展到协作。

(1) 资源集中使公司用户能够将公司的整个 IT 基础设施视为一台计算机,能够根据他们的需要找到尚未被利用的资源。

(2) 数据共享使各公司接入远程数据。这对某些生命科学项目尤其有用,因为在这些项目中,各公司需要和其他公司共享人类基因数据。

(3) 通过网格计算来合作使广泛分散在各地的组织能够在一定的项目上进行合作,整合业务流程,共享从工程蓝图到软件应用程序等所有信息。

3. 网格计算产品与服务

1) 服务器

IBM eServer™ 产品线的服务器已经为全球超级计算机奠定了基础。为了帮助客户在构建和管理复杂网格计算方面迈出新的一步,IBM 推出了可扩展的超级计算机系统和中间件。在单一、统一的计算资源中连接两台或更多的计算机,可以提供服务的灵活性、适应性和更高的可用性等优势,这些对客户、业务合作伙伴、供应商和职员都是非常重要的。

2) 存储产品

IBM 存储部的产品将支持网格计算的实施,可以在网格环境中的任意位置访问数据,可以对资源进行更加有效的使用、更广泛的共享、动态地分配,并使资源具有更高的可用性。

3) WebSphere

IBM WebSphere® 电子基础设施软件将为 OGSA 提供强劲的参考实现功能。通过将 IBM WebSphere 作为参考应用服务器,IBM 和 Globus 正在联合改造 Globus 工具包,以使其符合 Java™ 2 Enterprise Edition(J2EE)标准。

4) DB2

IBM 的 DB2 数据库产品结合了自我管理技术,有助于各公司简化和自动化与数据库维护相关的许多任务,而且该数据库还为开放标准提供了广泛支持,因此客户可以对来源各不相同的信息进行管理、综合和分析。

5) IBM 全球服务部

IBM 全球服务部提供网格计算的构建、运行和维护所需的一整套 IT 技能。此外,IBM 正在为网格计算环境的规划、设计、移植、实施、运行和管理提供咨询服务,通过 IBM 的 IT 方法来确保客户的成功。

6) 电子商务随需即取

电子商务随需即取可以使您充分利用 IBM 全球服务部的优势,为应用环境提供热站支持和全天候的服务。这种功能通过一套 Project eLiza/Grid 技术来提供,可以使电子商务环境具备自愈功能和较高的可用性。

7) 虚拟 Linux 服务

像网格计算这样的服务可以接入到不在客户站点的一套虚拟 Linux 服务器和资源。这使客户可以在不断扩展的环境下使用一系列 Linux 应用,经济灵活地满足终端客户的需求。

23.3　网格计算应用

1. 英国国家网格计算计划

IBM 已经被选定将与英国国家网格计算计划的多个运算中心合作,为该项目提供关键技术和基础设施。现在,IBM 正在与这些网格计算中心密切合作,连接全英国广泛的计算机网络,并充分利用 IBM 在可扩展服务器和存储、开放标准、自我管理技术、服务和电子商务软件方面的专业知识。

2. 荷兰网格计算计划

荷兰国家网格计算计划将使五个大学的研究人员能够更有效地在生物信息到粒子物理等科研项目方面进行合作。这一网格计算计划包含五台 Linux 群集系统(每大学各一台),通过荷兰大学的高性能网络——SURFnet 连接在一起。IBM 全球服务部安装的系统,在全部安装完毕之后,将由 200 台运行 Linux 的 IBM x330 系统组成。

3. 美国 DTF 又称 TeraGrid

由美国四家研究机构组成的一个协会已经选择由 IBM 来构建全球功能最强大的网格计算设施。这是一系列互连的 Linux 群集,每秒能够处理 13.6 万亿次计算。被称为 DTF 的网格计算系统,将能够使全美国成千上万的科学家通过全球最快的研究网络共享计算资源。DTF 有助于加快生命科学、气候模拟以及其他关键学科取得突破性的成果。

4. 美国能源部

美国能源部(DOE)国家能源研究部门的计算中心(NERSC)最近开始在全国的网格计算中心部署首批系统,这些系统将有助于科研人员处理现有计算机无法解决的科学难题。

5. 宾夕法尼亚大学

宾夕法尼亚大学正在使用一种功能强大的网格计算,旨在为全国的患者提供一种先进的乳癌筛查和诊断方法,同时有助于降低治疗成本。

23.4　网格计算发展趋势

1. 三大挑战和问题

网格计算要真正步入实用阶段必须解决以下三大问题。

1) 体系结构设计

从第一台计算机出现到现在,计算机体系结构已经发生了一系列变化,经历了大规模并行处理系统、共享存储型多处理器系统、群集系统等各个发展阶段,这些系统的共性是构成系统的资源相对集中。与此相反的是,组成网格系统的资源是广域分散的,不再局限于单台计算机和小规模局域网范围内。网格计算的最终目标是用网上的多台计算机构成一台虚拟的超级计算机,因此,网格系统的体系结构是必须首先解决的问题。

2) 操作系统设计

伴随着计算机体系结构的发展,计算机操作系统也经历了一系列发展变化,总的发展趋势是如何更高效、更合理地使用计算机资源。网格操作系统是网格系统资源的管理者,它所管理的将是广域分布、动态、异构的资源,现有操作系统显然无法满足这一需求。

3) 使用模式设计

网格使用模式解决的是如何使用网格超级计算机的问题。在现有的操作系统上,计算机用户可以使用各种软件工具来完成各种任务。而在网格环境下,用户可能需要通过新的方式来利用网格系统资源。因此,在网格操作系统上设计开发各种工具、应用软件是网格使用模式研究需要解决的关键问题。

2. 网格发展趋势

1) 标准化趋势

就像 Internet 需要依赖 TCP/IP 协议一样,网格也需要依赖标准协议才能共享和互通。目前,包括全球网格论坛 GGF(Global Grid Forum)、对象管理组织 OMG(Object Management Group)、环球网联盟 W3C(World Wide Web Consortium)以及 Globus 项目组在内的诸多团体都试图争夺网格标准的制定权。

Globus 项目组在网格协议制定上有很大发言权,因为迄今为止,Globus Toolkit 已经成为事实上的网格标准。Globus 由美国 Argonne 国家实验室数学与计算机分部、南加州大学信息科学学院和芝加哥大学分布式系统实验室合作开发,并与美国国家计算科学联盟、NASA IPG 项目(Information Power Grid)、美国国家先进计算基础设施同盟 NPACI(National Partnership for Advanced Computational Infrastructure)等建立了伙伴关系。一些重要的公司,包括 IBM、Microsoft、Compaq、Cray、SGI、Sun、Fujitsu、Hitachi、NEC 等公开宣布支持 Globus Toolkit。目前大多数网格项目都是基于 Globus Tookit 所提供的协议及服务建设的,例如美国的物理网格 GriPhyN、欧洲的数据网格 DataGrid、荷兰的集群计算机网格 DAS-2、美国能源部的科学网格和 DISCOM 网格、美国学术界的 TeraGrid,等等。

2) 技术融合趋势

在 OGSA 出现之前,已经出现很多种用于分布式计算的技术和产品。例如,1987 年,SUN 公司就推出了开放网络计算(open network computing),1989 年分别出现了 OSF 的 DCE 和对象管理集团 OMG 的 CORBA,1996 年微软推出了 DCOM。这些机制互不兼容,严重到了同一家公司的产品都不兼容的程度,例如,从 1997 年开始,微软开始推动基于 XML 的分布式计算(通过建构在 HTTP 之上的远程过程调用 RPC 实现),而这又与 DCOM 的做法相冲突。其实,在 OGSA 出现之前,各种以填补异构平台之间的差异为己任的网格平台,如 Condor、Legion、Ninf、Globus 等,也都是各行其道、互不兼容的。

20 世纪 90 年代末,混乱局面终于有望结束,因为此时基于 XML 的 WebServices 技术开始大行其道。Web Services 之所以能够迅速走红,是因为它在各种异构平台之上构筑了一层通用的、与平台无关的信息和服务交换设施,从而屏蔽了互联网中千差万别的差异,使信息和服务畅通无阻地在计算机之间流动。Web Services 得到了各大公司的支持,解决方案精彩纷呈，包括 IBM 的 WebSphere、微软的.Net、SUN 的 SunOne、Oracle 的 Oracle9i、惠普的 eSpeak，等等。

　　Globus 项目组看到了 Web Services 的巨大潜力，在 2002 年迅速将 Globus Toolkit 的开发转向了 Web Services 平台，试图用 OGSA 在网格世界一统天下。基于 OGSA 之后，网格的一切对外功能都以网格服务（grid service）来体现，并借助一些现成的、与平台无关的技术，如 XML，SOAP、WSDL、UDDI、WSFL、WSEL 等，来实现这些服务的描述、查找、访问和信息传输等功能。这样，一切平台及所使用技术的异构性都被屏蔽。用户访问网格服务时，根本就无须关心该服务是 CORBA 提供的，还是.Net 提供的。

　　3) 大型化趋势

　　美国政府单在网格技术的基础研究上，每年投入的经费就高达 5 亿美元。美国能源部 DOE 支持的科学网格（science grid）用 622Mb/s 的 ESNet 网格连接了能源部的两台超级计算机，网格计算能力达到每秒 5 万亿次，存储能力达到 1.3 千万亿字节；美国国家科学基金 NSF 支持的 TeraGrid 将连接位于五个不同地方的超级计算机，达到每秒 20 万亿次的计算能力，并能存储和处理近 1 千万亿字节的数据。TeraGrid 最大特色是连接网格的专用网络带宽将达到惊人的 40Gb/s。TeraGrid 项目始于 2001 年 8 月，由 NSF 投资 5300 万美元，次年 10 月又追加 3500 万美元；美国物理网格 GriPhyN（Grid PhysicsNetwork）计划建立每秒千万亿次级别的计算平台，用于数据密集型计算。

　　美国军方正在实施的全球信息网格 GIG（Global Information Grid），预计在 2020 年完成。目前，GIG 没有专项经费，但美国国防部每年在信息技术上的投资高达 220 亿美元，GIG 的经费存在于其中的各种项目中。

　　不单美国政府对网格作了巨大投资，公司也不甘示弱。IBM 在 2001 年 8 月投入 40 多亿美元进行"网格计算创新计划"（Grid Computing Initiative），全面支持网格计算。IBM 的投资初见成效，它不仅成为 Globus 的首席合作伙伴，还成为 OGSA 标准的制定者之一。由于掌控了制高点，IBM 已经开始从网格研究中取得回报。它不仅是 DOE 科学网格的主要承包商，还得到英国国家网格的青睐。英国政府宣布投资 1 亿英镑，用以研发"英国国家网格"（UK National Grid）。除此之外，欧洲还有 DataGrid、UNICORE、MOL 等网格研究项目正在开展。其中，DataGrid 涉及欧盟的二十几个国家，是一种典型的"大科学"应用平台。日本 NTT 数据公司联合 Intel、SGI 等，在 2002 年中期开展了为期 6 个月的网格计算试验。试验将连接日本家庭、企业和学术机构的 100 万台 PC，集合处理能力将达到每秒 65 万亿次浮点运算。2002 年 11 月，日本产业技术综合研究所网格计算研究中心在由多台个人电脑通过网络连接组成网格计算环境下，实现了日美之间创纪录的 707Mb/s 的数据传输。甚至，连印度都启动了建设国家网格计划。

23.5　国内的网格计算发展

　　我国对网格计算的研究起步较晚，相关工作开始于 1998 年。由于网格计算是一项刚起步的研究，在网格计算关键技术的研究方面与国外差距不大，基本处于相同的起跑线上。

　　从 1999 年底到 2001 年初，中科院计算所联合十几家科研单位，共同承担了"863"重点项目"国家高性能计算环境（National High Performance Computing Environment，NHPCE）"的研发任务。该项目的目标是建立一个计算资源广域分布、支持异构特性的计算网格示范系统，把我国的 8 个高性能计算中心通过 Internet 连接起来,进行统一的资源管理、信息管理和用户管理,并在此基础上开发了多个需要高性能计算能力的网格应用系统,取得了一系列研究成果。

在清华 ACI 系统中,清华大学研制的高性能计算机 THNPSC-2 与上海大学研制的高性能计算机"自强 2000"通过高速网络连接在一起,此外还连接了 4 个应用结点。这 6 个地理位置不同的网格节点可以同时召开网络会议。除此之外,还开发了相应的中间件,可以构成跨地区、跨学科的"虚拟实验室"研究环境。清华 ACI 系统具有一套健全的资源管理系统、任务管理系统、用户管理系统及安全服务与监控系统。

2002 年 4 月 5 日至 6 日,科技部召开了"网格战略研讨会",确认将网格的研究和应用列为"863 计划"的一个专项,随即成立了专项专家组。863 网格专项投资高达 3 个亿,主要任务是研制面向网格的万亿次级高性能计算机、具有数万亿次聚合计算能力的高性能计算环境;开发具有自主知识产权的网格软件;建设科学研究、经济建设、社会发展和国防建设急需的重要应用网格;制定若干与网格相关的国家标准,参与制定国际标准,使一批发明专利和软件获得受理和登记,形成自主知识产权。

2002 年底,上海市投入两个多亿,建设 e-Institute,其中网格是重点,将把上海交大、复旦、华东理工等多所重点高校用网格整合起来,共享资源,协同教学科研。清华大学教授、上海大学计算机学院院长李三立院士担任首席科学家。

实际上,早在 2000 年,教育部就支持李三立院士进行先进计算基础设施 ACI 北京上海试点工程,取得阶段性成果。据说,教育部希望百所重点高校拥有千亿次级别的高性能计算机,以提高科研水平。在这个基础上,建设一个覆盖全国主要高校的网格是水到渠成的事。

背 景 材 料

1. 上海交通大学网格计算中心

上海交通大学网格计算中心成立于 2002 年 10 月。中心的"网格计算与新型计算模型"列入上海交大获教育部批准的 12 项 211 工程二期重点学科建设项目;是教育部"中国教育科研网格计划(ChinaGrid)"的 12 个主结点之一,并承担 ChinaGrid 上海交大主结点的建设;中心是上海市科委 2003 年重大科研攻关课题"信息网格及其典型应用研究"的牵头单位,并承担"信息网格系统软件及开发环境"的研发。

2. 清华大学网格研究组

网格课题组 1999 年成立,已完成了 863 重点项目"国家高性能计算环境"的子项目——"基于清华同方探索 108 集群计算机的网格结点建设"、985 项目"高速网络计算理论与环境"等研究。目前正从事包括 863 计划、国家自然科学基金、总装备部预先研究项目等资助的 7 个课题的研究。

目前项目组的研究内容涉及网格计算的多个方面,包括:网格资源管理、网格安全技术、数据传输技术、编程模式、分布式信息服务技术、Peer-to-Peer 系统、网格应用等,在网格资源动态描述与管理、异构信息的集成与共享、网格编程环境等方面已取得了一些成果。

3. 李国杰院士

1943 年 5 月生于湖南邵阳,1968 年毕业于北京大学,1981 年获中国科技大学北京研究生院工学硕士学位,1985 年获美国普渡大学计算机博士学位;1985—1986 年间在美国伊利诺依大学做博士后研究,1987 年回国工作,1989 年任中国科学院计算技术研究所研究员,1990 年任国家智能计算机研究开发中心主任,并担任 863 计划智能计算机主题专家组副组长,1995 年被选为中国工程院院士,2002 年当选第三世界科学院院士,目前任计算技术研究所所长,2003 年兼任中国科技大学计算机系系主任。

李国杰主要从事并行处理、计算机体系结构、人工智能等领域的研究,发表了 100 多篇学术论文,合著了 4 本英文专著。近几年来,主持研制成功了曙光 1 号并行计算机、曙光 1000 大规模并行机和曙光天演系列计算机。曾获国家科学技术进步一等奖和二等奖,及何梁何利基金科技进步奖。

李国杰院士目前兼任中国工程院信息与电子学部主任、中国计算机学会理事长、全国人大代表、863 计划信息领域专家委员会副主任、国家信息化专家咨询委员会委员、国家中长期科技发展规划战略高技术与高新技术产业化专题组副组长等职务。

参 考 文 献

1　网格计算. http://whatis.ctocio.com.cn/searchwhatis/183/7332683.shtml.

2　网格计算. http://www-900.ibm.com/cn/grid/.

3　网格计算. http://baike.baidu.com/view/20049.htm.

4　都志辉,陈渝,刘鹏. 网格计算. 北京:清华大学出版社,2002-11-29.

5　李新华. 网格计算技术及其应用. 湘电培训与教学,2006 年 01 期.

6　梁国浚. 网格技术的发展及应用. 潍坊高等职业教育,2007,(02).

7　肖庆伦,贾宗璞. 网格计算技术及其应用研究. 山西电子技术,2007(02).

8　肖晓飞. 第三代网络技术:网格计算技术. 电脑知识与技术(学术交流),2007(17).

9　曹旭帆,高灵. Web 服务技术与网格计算. 福建电脑,2007(02).

10　贾玉罡. 网格计算的研究与应用. 电脑知识与技术(学术交流),2007(17).

11　卫新刚,陆莉莉,陶娅. 网格技术在通信行业中的应用现状研究. 通信与广播电视,2007(02).

12　陈玲. 浅谈网格计算. 电脑知识与技术(学术交流),2007(19).

13　韩桂华,李法冰. 网格计算安全性研究. 信息安全与通信保密,2007(03).

14　方存好,张尧学,田鹏伟,钟鸣. 网格计算环境中主动服务模型. 清华大学学报(自然科学版),2008(04).

15　许道利,方小龙. 网格计算技术——信息技术的新浪潮. 科技信息(学术研究),2007(11).

16　高岚岚. 云计算与网格计算的深入比较研究. 海峡科学,2009 年 02 期.

17　张治海,高雪东,盛焕烨. 虚拟化技术与网格计算. 计算机应用与软件,2008 年 05 期.

18　白丽. 网格计算因何兴起. 电子商务,2003(11).

19　胡引翠. 网格计算技术的应用及其发展趋势. 测绘通报,2005(03).

20　金蝉脱壳. 创建安全的虚拟机系统. 新电脑,2002(04).

21　胡宜课. 网罗天下,别具一格——谈网格计算. 百科知识,2003(01).

22　吴羽. 网格计算安全研究和解决途径. 计算机与现代化,2005(04).

23　芝晗. 为"网格"正名. 电子商务,2005(01).

24　王利. 网格计算. 计算机教育. 2003(01).

25　郑苍林. 网格计算及应用前景. 广东水利电力职业技术学院学报,2004(04).

26　张桂香,费岚. 网格和企业的关系. 电脑知识与技术,2005(36).

人工免疫与计算机病毒

24.1 人体免疫系统简介

1. 免疫系统组成

免疫系统各个部分的功能也是不一样的,骨髓是免疫系统最重要的一个部分,它的主要任务就是生成细胞,如白血球和红血球,胸腺也是免疫系统的一个重要组成部分,它负责训练免疫细胞,让它们知道自己的任务,除了胸腺之外,扁桃腺、淋巴、脾脏、甚至于盲肠,都是免疫系统的重要组成部分,见图 24-1。

(1) 免疫细胞:在人体,所有的免疫系统细胞都是由骨髓中的干细胞分化而来,而后再区分为淋巴系统和骨骼系统。免疫细胞的功能是:保护人体免于病毒、细菌、污染物质及疾病的攻击;清除新陈代谢后的废物及免疫细胞与敌人打仗时遗留下来的病毒死伤尸体;修补受损的器官、组织,使其恢复原来的功能;记忆入侵者信息,当下次有同样的"病原"入侵时,以便身内的"抗体"将其消灭。

(2) 淋巴系统:产生淋巴细胞,包括有 T 细胞、β 细胞及第三族群细胞。T 细胞及 β 细胞各执行不同功能,并且此两种细胞在表面都具有抗原受器。另一种第三族群细胞则没有这些受器;有些书上将其称之为"非 T 非 β 细胞"或为"无标记细胞",而我们所熟知的自然杀手细胞亦包括在其中。

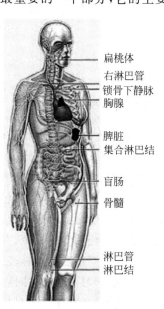

图 24-1 人体免疫系统

扁桃体
右淋巴管
锁骨下静脉
胸腺

脾脏
集合淋巴结

盲肠

骨髓

淋巴管
淋巴结

(3) 骨髓系统:产生吞噬细胞;吞噬细胞可分为单核球及多形核颗粒球。单核球则是指巨噬细胞及抗原呈现细胞,多形颗粒球则包括有嗜中性球、嗜碱性球、嗜酸性球、肥大细胞及血小板。

2. 免疫系统防御

免疫系统就像一支军队,一旦有敌人入侵,它们就会起来抵抗。

242

(1) 第一线防御系统：皮肤及黏膜组织是抵抗病原的第一防线。健康的皮肤及其表面所分布的汗腺、皮脂腺是可以保护身体不被外在的污染原所感染侵犯。此外从呼吸道一直到泌尿系统的出口，都覆盖着黏膜组织来保护人体。这些黏膜组织的细胞与细胞间排列十分紧密，使细菌无隙可乘，同时许多可产生抗体的细胞，也分布在其中；这些细胞所产生的抗体，可与病原结合，使病原变成无害。这道防线的坚固与否，可直接影响疾病发生的机率，尤其是在肠道，所有从口腔进入的食物，都得在此消化、吸收，所以接触到病原的机会也最多，所以从此时开始，免疫细胞就要开始工作了。

(2) 第二道主动防御机制：假如当入侵物超越了第一线防御系统，此时内部的主动防御系统就展开了另一波"免疫行动"，当体内有外来物入侵时，吞噬性的细胞如单核球或巨噬细胞，就会把入侵物吞噬，将之内化并与溶小体配合将之摧毁，而当入侵者极强悍，单核球或巨噬细胞无法将其制服时，此时巨噬细胞就会发出信息给 T 细胞及 β 细胞，而后 T 细胞就会帮助 β 细胞产生抗体，而抗体是具有"专一性"及"记忆性"的。抗体接着就可以产生一些物质与补体合作使病菌破裂而寿终正寝；或者是当抗体依附在病原菌表面时，结合补体，使入侵者活动力减弱，此时巨噬细胞也就更容易将其吞噬。

一旦这二道防御线无法遏阻入侵者，病原就开始在身体组织及血液内繁殖了。虽然免疫系统无法成功的完全阻止病原入侵，但并不表示免疫细胞们就完全放弃了，此时免疫细胞仍在体内不断反击，并以全身继发性的淋巴器官为据点。

24.2　人工免疫

1. 人工免疫系统

20 世纪 80 年代，Farmer 等人率先基于免疫网络学说给出了免疫系统的动态模型，并探讨了免疫系统与其他人工智能方法的联系，开始了人工免疫系统的研究。直到 1996 年 12 月，在日本首次举行了基于免疫性系统的国际专题讨论会，首次提出了"人工免疫系统"（AIS）的概念。随后，人工免疫系统进入了兴盛发展时期，D. Dasgupta 和焦李成等认为人工免疫系统已经成为人工智能领域的理论和应用研究热点。1997 和 1998 年 IEEE 国际会议还组织了相关专题讨论，并成立了"人工免疫系统及应用分会"。D. Dasgupta 系统分析了人工免疫系统和人工神经网络的异同，认为在组成单元及数目、交互作用、模式识别、任务执行、记忆学习、系统鲁棒性等方面是相似的，而在系统分布、组成单元间的通信、系统控制等方面是不同的，并指出自然免疫系统是人工智能方法灵感的重要源泉。Gasper 等认为多样性是自适应动态的基本特征，而人工免疫系统是比遗传算法更好地维护这种多样性的优化方法。

由于免疫系统本身的复杂性，有关算法机理的描述还不多见，相关算法还比较少。Castro L. D.、Kim J.、杜海峰、焦李成等基于抗体克隆选择机理相继提出了克隆选择算法。Nohara 等基于抗体单元的功能提出了一种非网络的人工免疫系统模型。而两个比较有影响的人工免疫网络模型是 Timmis 等基于人工识别球（Artificial Recognition Ball），AR 概念提出的资源受限人工免疫系统（Resource Limited Artificial Immune System，RLAIS）和 Leandro 等模拟免疫网络响应抗原刺激过程提出的 aiNet 算法。

2. 基于人工免疫的网络安全研究现状简介

基于人工免疫的网络安全研究内容主要包括反病毒和抗入侵两个方面。针对反病毒和抗入侵等网络安全问题，国内外研究人员也设计了大量的算法、模型和原型系统。较有代表性两个工作：一是 IBM 公司的研究人员 J. O. Kephart 等人提出的用于反病毒的计算机免疫系统，二是 S. Forrest 等人提出的可用于反病毒和抗入侵两个方面的非选择算法。

1）J. O. Kephart 等人提出的计算机免疫系统

通过模拟生物免疫系统的各个功能部件以及对外来抗原的识别、分析和清除过程，IBM 公司的 J. O. Kephart 等研究人员设计了一种计算机免疫模型和系统，用于计算机病毒的识别和清除。该免疫反病毒模型是一个初步完整的免疫反病毒模型。

对已知病毒，该系统依据已知病毒特征和相应的病毒清除程序来识别和消灭计算机病毒。对未知病毒，该系统主要是设计"饵"程序来捕获病毒样本，在"饵"程序受感染后对其进行自动分析并提取病毒特征，设计相应的病毒清除程序。当计算机发现并分析了未知病毒特征时，可将所产生的病毒特征和宿主程序恢复信息传播到网上邻近计算机中，从而使得网络上的其他计算机很快就具有对付该病毒的能力。

该原型系统是一个病毒自动分析系统，它仅仅从结构和功能上来模拟生物免疫系统，而没有深入研究生物免疫系统完成这些功能的具体机制并建立和设计相应的模型和算法。

2）非选择算法

S. Forrest 等人在分析 T 细胞产生和作用机制的基础上，提出了一个非选择算法。T 细胞在成熟过程中必须经过阴性选择，使得可导致自身免疫反应的 T 细胞克隆死亡并被清除，这样，成熟的 T 细胞将不会识别"自我"，而与成熟 T 细胞匹配的抗原性异物则被识别并清除。

非选择算法是一个变化检测算法，具有不少优点，但不是它一个自适应学习算法。非选择算法自提出后就受到众多研究人员的关注并对其进一步研究。目前，在非选择算法和免疫系统中的学习机制相结合方面已有了一定的进展。

3）其他

除此以外还有其他很多具有相当影响的相关模型、算法和原型系统，如 R. E. Marmelstein 等人提出的用于反病毒的计算机病毒免疫分层模型和系统，D. Dasgupt 等人提出的基于免疫自主体的入侵检测系统框架，等等。

在国内，王煦法项目组则从免疫功能特征、免疫进化学习原理、理论免疫学说等多个角度针对入侵检测系统、反病毒方面进行了相关算法、模型设计，并针对反病毒和抗入侵分别设计了相应的原型系统。

3. 人工免疫系统的应用

虽然人工免疫系统是新兴的研究领域，但基于免疫系统原理开发的各种模型和算法已广泛地用于科学研究和工程实践中，主要应用集中在以下几个方面：

1）模式识别

免疫系统强大的识别能力广泛应用于模式识别方面，主要涉及克隆选择、阴性选择和免疫网络等仿生机理。De Castro 研究了基于克隆选择机理的字符识别问题，采用状态空间表示待识别的模式闭。

2）信息安全

免疫系统的防御机理可用于设计计算机信息安全系统。Forrest 基于免疫系统的自己-非己识别机理，首先提出了反向选择算法，用于检测被保护数据的改变。实验表明，这种方法能有效地检测到文件由于感染病毒而发生的变化。

3）异常检测与故障诊断

Dasgupta 用反向选择算法检测时间序列数据中的异常，被监测系统的正常行为模式定义为"自己"，观测数据中任何超过一定范围的变化被认为是"非己"（即异常）。Costa Branco 等提出了一个具有二模块的人工免疫故障监测算法，这一算法被应用到感应电机的故障诊断中。刘树林等将反面选择算法应用于压缩机振动的在线检测。

4）数据挖掘

采用人工免疫系统模型的数据挖掘主要集中在数据聚类分析、数据浓缩、归类任务等方面。De Castro 研究了基于免疫网络模型 aiNet 高维原始数据的聚类分析，通过人工免疫网络的进化实现对冗余数据的去除，深入研究了数据的结构表示和空间分布，并进一步揭示出了数据簇内的相互关系。该方法是一种非常有效的数据聚类分析方法，但其计算量比较大。

5）智能控制

将免疫机制引入控制领域，对解决复杂的动态自适应控制难题提供了崭新的思路。Kumar 将免疫算法、遗传算法和神经网络相结合，设计了一个自适应神经控制系统来控制复杂被控对象。

6）优化计算

作为一种智能优化搜索策略，人工免疫系统在函数优化、组合优化、调度问题等方面得到应用并取得了很好的效果。上述的克隆选择算法、免疫遗传算法等免疫学习算法也可用于优化计算。王煦法、刘克胜等提出的免疫遗传算法成功实现了 TSP 优化。

7）机器人学

Ishiguro 用 Ishida 免疫识别网络来协调 6 足机器人的行走，机器人的每一个足对应网络的一个节点，通过识别并纠正机器人不协调足的动作来实现 6 足机器人的协调行走。

8）其他

人工免疫系统其他方面的应用还有联想记忆、图像处理、知识发掘、规划与设计、噪声控制、决策支持系统、人工智能、多智能体、数据分析、协调控制、预测控制、筑路管理系统、生产进度安排、银行识别抵押诈骗等领域。

24.3　计算机病毒的历史与现状

1. 计算机病毒的发展史

计算机病毒的发展可划分为以下几个阶段，参见图 24-2。

1）DOS 阶段

1987 年的"小球"和"石头"病毒属于引导型病毒。其工作原理是修改启动扇区，在计算机启动时取得控制权，修改磁盘读写中断，在系统存取磁盘时进行传播；1989 年，引导型病

图 24-2　计算机病毒的变化

毒发展为可以感染硬盘,典型的代表有"石头 2";1989 年,可执行文件型病毒出现,它们利用 DOS 系统加载执行文件的机制工作,代表为"耶路撒冷","星期天"病毒,病毒代码在系统执行文件时取得控制权,修改 DOS 中断,在系统调用时进行传染,并将自己附加在可执行文件中,使文件长度增加。1990 年,发展为复合型病毒,可感染 COM 和 EXE 文件。

2) 伴随、批次型阶段

1992 年,伴随型病毒出现,它们利用 DOS 加载文件的优先顺序进行工作,具有代表性的是"金蝉"病毒,它感染 EXE 文件时生成一个和 EXE 同名但扩展名为 COM 的伴随体;它感染文件时,改原来的 COM 文件为同名的 EXE 文件,再产生一个原名的伴随体,文件扩展名为 COM,这样,在 DOS 加载文件时,病毒就取得控制权。

3) 幽灵、多形阶段

1994 年,随着汇编语言的发展,实现同一功能可以用不同的方式进行完成,这些方式的组合使一段看似随机的代码产生相同的运算结果。幽灵病毒就是利用这个特点,每感染一次就产生不同的代码。例如"一半"病毒就是产生一段有上亿种可能的解码运算程序,病毒体被隐藏在解码前的数据中,查解这类病毒就必须能对这段数据进行解码,加大了查毒的难度。多形型病毒是一种综合性病毒,它既能感染引导区又能感染程序区,多数具有解码算法,一种病毒往往要两段以上的子程序方能解除。

4) 生成器、变体机阶段

1995 年,在汇编语言中,一些数据的运算放在不同的通用寄存器中,可运算出同样的结果,随机的插入一些空操作和无关指令,也不影响运算的结果,这样,一段解码算法就可以由生成器生成,当生成器的生成结果为病毒时,就产生了这种复杂的"病毒生成器",而变体机就是增加解码复杂程度的指令生成机制。这一阶段的典型代表是"病毒制造机"VCL,它可以在瞬间制造出成千上万种不同的病毒,查解时就不能使用传统的特征识别法,需要在宏观上分析指令,解码后查解病毒。

5) 网络、蠕虫阶段

1995 年,随着网络的普及,病毒开始利用网络进行传播,它们只是以上几代病毒的改进。在非 DOS 操作系统中,"蠕虫"是典型的代表,它不占用除内存以外的任何资源,不修改磁盘文件,利用网络功能搜索网络地址,将自身向下一地址进行传播,有时也在网络服务器和启动文件中存在。

6) 视窗阶段

1996 年,利用 Windows 进行工作的病毒开始发展,它们修改(NE,PE)文件,典型的代表是 DS.3873,这类病毒的机制更为复杂,它们利用保护模式和 API 调用接口工作。

7) 宏病毒阶段

1996 年,随着 Windows Word 功能的增强,使用 Word 宏语言也可以编制病毒,这种病毒使用类 Basic 语言、编写容易、感染 Word 文档等文件,在 Excel 和 AmiPro 出现的相同工作机制的病毒也归为此类,由于 Word 文档格式没有公开,这类病毒查解比较困难。

8) 互联网阶段

1997 年,随着因特网的发展,各种病毒也开始利用因特网进行传播,一些携带病毒的数据包和邮件越来越多,如果不小心打开了这些邮件,机器就有可能中毒。

9) 爪哇(Java)、邮件炸弹阶段

1997 年,随着万维网上 Java 的普及,利用 Java 语言进行传播和资料获取的病毒开始出现,典型的代表是 JavaSnake 病毒,还有一些利用邮件服务器进行传播和破坏的病毒,例如 Mail-Bomb 病毒,它会严重影响因特网的效率。

2. 计算机病毒的典型事件

1) 磁蕊大战

早在 1949 年,距离第一部商用电脑的出现仍有好几年时,电脑的先驱者约翰·冯·诺依曼(John Von Neumann)在他所提出的一篇论文"复杂自动装置的理论及组织的进行",已把病毒程式的蓝图勾勒出来,当时,绝大部分的电脑专家都无法想象这种会自我繁殖的程式是可能的,可是少数几个科学家默默地研究冯·诺依曼所提出的概念。十年之后,在美国电话电报公司(AT&T)的贝尔(Bell)实验室中,这些概念在一种很奇怪的电子游戏中成形了,这种电子游戏叫做"磁蕊大战"(core war)。磁蕊大战是当时贝尔实验室中三个年轻程式人员在工间想出来的,他们是道格拉斯麦耀莱(Douglas McIlroy),维特·维索斯基(Victor Vysottsky)以及罗伯·莫里斯(Robert T. Morris),当时三人年纪都只有二十多岁。

2) 莫里斯蠕虫病毒

1988 年 11 月 2 日,美国六千多台计算机被病毒感染,造成 Internet 不能正常运行。这是一次非常典型的计算机病毒入侵计算机网络的事件,迫使美国政府立即作出反应,国防部成立了计算机应急行动小组。这次事件中遭受攻击的包括 5 个计算机中心和 12 个地区结点,连接着政府、大学、研究所和拥有政府合同的 250 000 台计算机。这次病毒事件,计算机系统直接经济损失达 9600 万美元。这个病毒程序设计者是罗伯特·莫里斯(Robert T. Morris),当年 23 岁,是在康乃尔(Cornell)大学攻读学位的研究生。罗伯特·莫里斯设计的病毒程序利用了系统存在的弱点。由于罗伯特·莫里斯成了入侵 ARPANET 网的最大的电子入侵者,而获准参加康乃尔大学的毕业设计,并获得哈佛大学 Aiken 中心超级用户的特权。他也因此被判 3 年缓刑,罚款 1 万美元,他还被命令进行 400 小时的新区服务。

3) CIH 病毒

CIH 病毒是一位名叫陈盈豪的台湾大学生所编写的,从台湾传入大陆地区的。CIH 的载体是一个名为"ICQ 中文 Ch_at 模块"的工具,并以热门盗版光盘游戏如"古墓奇兵"或 Windows 95/98 为媒介,经互联网各网站互相转载,使其迅速传播。目前传播的主要途径主要通过 Internet 和电子邮件,当然随着时间的推移,其传播主要仍将通过软盘或光盘途径。

1999 年 4 月 26 日,CIH 大爆发,全球超过 6000 万台电脑被破坏,2000 年 CIH 再度爆发,全球损失超过 10 亿美元。CIH 病毒发作时,一方面全面破坏计算机系统硬盘上的数据,另一方面对某些计算机主板的 BIOS 进行改写。BIOS 被改写后,系统无法启动,只有将计算机送回厂家修理,更换 BIOS 芯片。由于 CIH 病毒对数据和硬件的破坏作用都是不可逆的,所以一旦 CIH 病毒爆发,用户只能眼睁睁地看着价值万元的计算机和积累多年的重要数据毁于一旦。

4) 美丽莎病毒

新泽西程序员大卫·史密斯 1999 年 12 月 9 日在州法院表示认罪,史密斯被指控制造并传播了美丽莎病毒,这种病毒曾一度肆虐全球电子邮件系统。1999 年 4 月 1 日,史密斯被捕,他被指控制造并传播了 3 月 26 日以来肆虐互联网的美丽莎病毒。史密斯是新泽西州亚伯丁镇人,他在伊顿镇其兄弟处被捕。史密斯是在美国在线(AOL)的帮助下落网的。

史密斯承认美丽莎造成了八千万美元的损失。八千万美元的损失是指系统管理员们在清除受染计算机里的病毒时系统的误时费。根据与史密斯的律师达成的协议,新泽西检察官们建议处史密斯以十年监禁,这也是法律对这种罪行的最大判罚。同时,史密斯面临十五万美元的罚款。

24.4　计算机病毒的发展趋势

1. 2008 年病毒整体形势

1) "零日"(0day)漏洞攻击会大肆增加

操作系统和各种应用软件的漏洞仍是恶意用户发动攻击的重要途径之一,其中利用最新发现的漏洞进行"零日"攻击最具威胁性。黑客在意识到"零日"漏洞攻击带来的巨大感染量和暴利以后会更加关注于"零日"漏洞的挖掘。

2) 木马功能更加专一细化

从 2008 年捕获的木马可以看出,木马的功能更专一、细化,针对性更强。也就是所谓的"木马群"的兴起,它是把原本一个病毒程序所拥有的传播、下载、盗取信息、自我保护等功能拆分开来,形成更加细化的程序,这样病毒制造者开发周期更短,且针对性强,开发出来的程序适用性强,不法分子从病毒制造者手里购买这些程序后,根据各自需求不同进行随意组装,从而无论是从复用性,还是从灵活性上更加的适用。因此,"木马群"迅速崛起,分工更加细化。传播、下载、盗取信息、破坏反病毒软件等各司其职,程序互相独立存在,功能更加专一化,各分支之间相互关联,协同工作,最终达到完成盗取用户信息的目的。

3) 混合型病毒仍具有较强危害

自 2006 年底"熊猫烧香"出现以来,集多种功能于一身的混合型病毒就又悄然兴起,2008 年出现了影响较大的"磁碟机"、"机器狗"等。此类病毒功能强大,常结合蠕虫、木马和病毒的特点,一旦遭受感染,对计算机系统的危害较大。通常它们能自动传播且传播手段多样,可以感染一些特殊格式文件的代码(如 exe、html 等),并且能对抗安全软件,同时,还会感染网页文件,在文件中插入恶意脚本,使得用户在查看这些文件时就会下载其指定恶意代码。如果再结合 ARP 欺骗和对抗安全软件的功能,就会对局域网用户形成影响,且难于查找和清除。

4) 各种钓鱼攻击将大量出现

不法分子也会扩大网络钓鱼目标的范围,谋取直接或间接的利益。2008 年出现的利用 DNS 服务器脆弱性的网络钓鱼,黑客可通过污染 DNS 服务器缓存进行 DNS 攻击。黑客利用已控制的"僵尸网络"对 DNS 服务器进行攻击,他们利用大量的肉鸡攻击想要仿冒的网站服务器,使该网站服务器瘫痪。然后黑客用自身建立的虚假的网站服务器向附近的 DNS 服务器发送大量仿冒的 DNS 包。欺骗 DNS 服务器更改 DNS 缓存,指向黑客指定的虚假网站,进行网络钓鱼诈骗。

5) 社交网络可能成为新的攻击目标

越来越多的人热衷于参加社交网络,社交网络最初由美国兴起,比较具有代表性的包括 MYSPACE、FACEBOOK 等。用户可以通过社交网络扩展交际圈,与朋友通过各种方式发生互动,分享信息和资源。近两年,我国也出现了多个类似的社交网络,如"开合网"、"蚂蚁网"、"占座网"等。随着社交网络的兴盛,它们也逐渐进入了攻击者的视野,自 2006 年 MYSPACE 成为第一个被攻击的社交网络以来,越来越多的社交网络受到攻击者的关注。2008 年 2 月,一个名为 Orkut.AT 的木马被发现在 ORKUT 社交网上进行繁殖。3 月一群黑客攻击了 MYSPACE 和 FACEBOOK,该攻击利用了 ActiveX 控件的漏洞。

2. 计算机病毒发展趋势

1) 网络成为病毒的主要传播途径

网络使得计算机病毒的传播速度大大提高,感染的范围也越来越广,"冲击波"和"震荡波"以及"熊猫烧香"的表现最为突出。2007 年"熊猫烧香"病毒使中毒企业和政府机构已经超过千家,其中不乏金融、税务、能源等关系到国计民生的重要单位。

2) 病毒变种的速度极快并向混合型、多样化发展

"熊猫烧香"大规模爆发后,其变形病毒就接踵而至,不断更新。2007 年 4 月"熊猫烧香"已有数十个不同变种。另外计算机病毒向混合型、多样化发展的结果是一些病毒会更精巧,另一些病毒会更复杂,混合多种病毒特征,如红色代码病毒(Code Red)就是综合了文件型、蠕虫型病毒的特性。

3) 运行方式和传播方式的隐蔽性

微软的 MS04-028 漏洞,危害等级为"严重"。该漏洞涉及 GDI+组件,在用户浏览特定

JPG 图片的时候,会导致缓冲区溢出,进而执行病毒攻击代码。该漏洞针对所有基于 IE 浏览器内核的软件、Office 系列软件、微软.NET 开发工具,以及微软其他的图形相关软件等。这类病毒可能通过以下形式发作:群发邮件,附带有病毒的 JPG 图片文件;采用恶意网页形式,浏览网页中的 JPG 文件、甚至网页上自带的图片即可被病毒感染;通过即时通信软件(如 QQ、MSN 等)的自带头像等图片或者发送图片文件进行传播。

4) 利用系统漏洞进行攻击和传播

"蠕虫王"、"冲击波"、"震荡波"和"熊猫烧香"都是利用 Windows 系统的漏洞,在短短的几天内就造成了巨大的社会危害和经济损失。

5) 计算机病毒技术与黑客技术将日益融合

木马和后门程序并不是计算机病毒。但随着计算机病毒技术与黑客技术的发展,病毒编写者最终将会把这两种技术进行了融合。

6) 经济利益将成为推动计算机病毒发展的最大动力

越来越多的迹象表明,经济利益已成为推动计算机病毒发展的最大动力。最近国内外一些知名的游戏网站和商业网站,也频繁遭到黑客攻击,攻击的动机无非是恶性竞争或借此来推销自己的防毒(或防火墙)产品以此牟利。其实不仅网上银行、商业网站,网上的股票账号、信用卡账号乃至游戏账号等都可能被病毒攻击,甚至网上的虚拟货币也在病毒目标范围之内。

背 景 材 料

1. 梁意文

梁意文,男,1962 年 10 月出生,博士、教授、博士生导师,武汉大学计算机应用技术系主任;主要研究方向为人工免疫系统、数据库理论、网络安全、逻辑程序设计等,曾主持国家自然科学基金重大研究计划——基于免疫原理的大规模网络入侵检测和预警模型,目前的研究方向是将人工免疫系统和逻辑程序理论应用到信息安全、金融预警、癌症诊断、SOC 测试等领域;与澳大利亚新南威尔士大学、西悉尼大学在逻辑程序设计、演化计算保持合作关系,与北京大学合作在 SOC 领域进行理论研究,与加拿大 CARLETON 大学在数据库理论进行过合作,在金融模型方面至今保持合作。

2. 王江民

王江民,男,出生于 1951 年,山东烟台人,我国权威计算机反病毒专家;1989 年以前,主要从事光机电设计和工控软件设计,1989 年开始从事计算机反病毒研究,1996 年创办江民科技,相继推出 KV 系列反病毒软件,一度占领中国反病毒市场 80%,拥有正版用户 300 余万;1979 年获"全国新长征突击手标兵"称号,1985 年获"全国青年自学成才标兵"称号,1991 年获"全国自强模范"称号。王江民的杀毒软件是最早进入网络杀毒市场的软件之一,他是中关村软件创业的成功典范。

参 考 文 献

1　廖章珍,陈强.人工免疫系统的基本理论及其应用.自动化与仪器仪表,2008 年 1 期.

2　吕岗,赵鹤鸣,谭得健.人工免疫系统的应用与发展.计算机工程与应用,2002 年 11 期.

3　梁宏,张健,孟彬.2008 年计算机病毒整体形势及未来发展趋势.信息网络安全,2009 年 1 期.

4　刘广.分析计算机病毒发展的新趋势.科技创新导报,2008 年 14 期.

5　王煦法.漫谈基于人工免疫的网络安全研究.计算机与信息技术,2003.8.

6　人工免疫系统.http://baike.baidu.com/view/758745.htm.

7　计算机病毒.http://baike.baidu.com/view/5339.htm.

第25讲

信息对抗

25.1 信息对抗概述

1. 信息对抗的概念

信息对抗是指敌对双方在信息领域的对抗活动,主要是通过争夺信息资源,掌握信息获取、传递、处理和应用的主动权,破坏敌方的信息获取、传递、处理和应用,为遏制或打赢战争创造有利条件。因而信息对抗总是围绕着信息获取、信息传递、信息处理或信息应用而展开。交战双方要么阻止对方获取正确信息,要么阻止、干扰或截获对方的信息传递,要么使对方陷入海量信息的汪洋之中而无法及时处理信息,要么使对方无法对处理后的信息正确使用。

信息对抗是在军事斗争中,按照统一意图和计划,通过利用、干扰、破坏、摧毁敌方的信息和信息系统,同时保护己方的信息和信息系统不被敌方利用、干扰、破坏、摧毁,夺取信息的获取权、控制权和使用权,以获取和保持信息优势而采取的各种行动,参见图 25-1。

图 25-1 信息对抗

2. 信息对抗的发展

1) 从战争出现到 20 世纪初,信息获取是信息对抗的焦点

在古代,由于科学技术水平的低下,人类获取、传递、处理和应用信息的能力和手段都极其有限,基本上还是直接凭借自己本身的信息器官同外界打交道。这一时期,肉眼观察、耳朵倾听是人类获取信息的主要手段。语言和文字是古人表达和记录信息的主要形式,锣鼓、

旌旗、风标、号角、信鸽、烽火通信和驿站传信是信息的传递方式,串珠计数以至算盘计算是信息的处理手段。

2) 20 世纪初到 20 世纪 80 年代,信息传递是信息对抗的焦点

19 世纪 30 年代,美国人莫尔斯发明了电报。1844 年 5 月 24 日莫尔斯用他几经改进的电报机,在美国华盛顿向 40 英里外的巴尔的摩城,发出了人类有史以来的第一份长途电报。1901 年 12 月,意大利工程师马可尼首次在大西洋两岸实现远距离无线电信号的传送。紧随其后,利用无线电探测与定位的雷达也被发明出来。从此,以雷达为代表的信息获取技术和以无线电通讯为代表的信息传递技术都得到了极大的发展。在这一时期,信息传递就取代信息获取而成为当时信息对抗的新焦点。1904 年的日俄战争中,俄舰上的无线电报务员利用无线电干扰,使得日军的通信受扰致不战而逃,这一事件开启了信息传递作为焦点的时代。两次世界大战中双方围绕信息传递展开的惊心动魄的"密码战"频繁出现,戴维·卡恩说:世界的命运掌握在破译人员的手中。

3) 信息处理已成为信息对抗的焦点

20 世纪 70—80 年代,微电子技术和电子计算机技术开始飞速发展,并导致了新的技术革命。信息化条件下,信息的获取和传递将变得相对容易,信息的处理逐步变成信息对抗的焦点。从可见光到整个电磁频谱,从水下、地面以至空中、太空,覆盖了整个领域和空域。探测器的种类、性能、数量和应用水平都发生了极大的变化。如无人机载合成孔径雷达的定点侦察分辨率达到 0.3 米,机载监视雷达系统的作用距离可达 300 千米,星载红外预警系统可探测数百千米外的导弹发射和机群,声呐的作用距离可达数百海里……先进情报侦察手段的运用,人们获取到的战场信息将由匮乏变成了海量、甚至是泛滥。技术革命使通信技术得到了日新月异的发展,特别是在通信方式、通信距离、通信容量、通信灵活性、通信保密性及通信质量等方面取得了重大进展。随着信息获取和信息传递技术的发展,战场信息态势发生了翻天覆地的变化。在信息化战场上,最重要的事情已不是获得海量的信息和实现信息的有效传递,而是要从中筛选出有价值的信息,也就是说,信息处理将取代信息传递成为信息对抗的新焦点,参见图 25-2。

图 25-2　雷达获取信息

3. 信息应用是未来信息对抗的焦点

信息对抗的焦点从获取到传递,再到处理,未来信息对抗的焦点必将是信息应用。望远

镜、侦察飞机等的发明推动着信息获取这一焦点的发展,以雷达为代表的电子侦察技术的兴起标志着信息获取技术的成熟,并和无线电通信技术一起宣告了信息获取焦点的没落和信息传递焦点的兴起;而以数字通信技术为代表的现代通信技术的出现标志着信息传递技术的成熟。计算机技术的发展将大大提高对战场海量信息的处理能力,最终有可能使信息处理变得容易。而同时,人工智能、脑科学、认知科学和思维科学等科学的发展,极有可能揭开人类如何应用信息的神秘面纱,从而使信息应用成为信息对抗的新焦点,参见图 25-3。

图 25-3　信息对抗的信息应用

25.2　空间信息对抗

1. 空间信息对抗的概念与内涵

随着航天技术的发展信息对抗正朝着空间对抗的方向发展空间已成为信息对抗的主战场。关于空间信息对抗的定义,一专家组认为空间信息对抗是"运用各种措施和手段,争夺空间制信息权的各种战术技术措施和行动,是夺取制信息权的主要手段,包括电子进攻、电子侦察和电子防护。其作战对象是空间信息系统,包括对空间信息系统的信息获取(侦察)、干扰、破坏和摧毁以及对己方空间信息系统的防护。"还有人认为,空间信息作战"是针对空间信息资源的争夺和利用而展开的信息作战,即敌对双方通过利用、破坏敌方和保护己方的信息与信息系统而在外层空间展开的旨在争夺空间信息权的行动。其目的是通过获取制空间信息权以控制外层空间,其内容包括夺取空间信息的获取权、控制权和使用权,其核心是夺取空间战场信息的控制权,并以此影响战争的进程和结局。"

空间信息对抗的本质是以夺取太空战场主动权为目的,以夺取信息的获取权、控制权和使用权为主要内容,以各种信息武器装备为主要手段所进行的作战行动核心是夺取战场信息的控制权,并以此影响和决定战争的胜负,参见图 25-4。

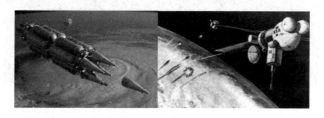

图 25-4　空间信息对抗

总之,空间信息对抗是运用于空间作战中的信息作战,即综合运用各种信息作战手段,为夺取和保持空间信息权而进行的攻防作战行动。从作战区域的范围来看,空间信息对抗包括天对地对抗、天对天对抗和天对地一体对抗,这里的"地"是个宽泛的概念,泛指地球表面,包括陆地、海面(水下)和大气层空间。

空间信息防御、空间信息进攻、空间信息支援是构成空间信息对抗的 3 大要素。其作战类型涉及以下 3 项。

(1) 空间信息进攻:是使用杀伤性或非杀伤性手段,欺骗、干扰、阻止、破坏和摧毁敌空间信息系统或空间能力的信息攻势行动。空间信息进攻主要包括电子干扰、网络攻击和实体控制 3 种信息攻击手段。

(2) 空间信息防御:是指为了保护己方空间的各种航天器和地面设施的安全,防止敌方对己方各类航天系统的侦察、干扰、捕获、摧毁和破坏而采取的各种防御性措施和作战行动,主要包括防敌信息侦察、抗敌信息干扰和防敌火力摧毁(精确打击)等手段。

(3) 空间信息支援:就是通过部署在外层空间的各种航天器(空间站、各种卫星、空天飞机等),发挥空间立体优势,为其他作战力量、作战行动提供侦察、监视、预警、通信、导航、定位、气象观测、战场测绘等信息保障而采取的各种措施和行动的总称。空间信息支援主要包括空间情报支援、空间通信支援和空间导航支援 3 种手段。

2. 空间信息对抗的主要内容

从目前航天技术和信息技术发展来看,空间信息对抗主要包括空间电子战、空间导航战、空间威慑战三大类别。

(1) 空间电子战:是指利用空间战场电子战设备查明、削弱、干扰、阻止敌方使用电磁频谱及保护己方使用电磁频谱的电子对抗活动。主要战法包括使用无线电干扰敌方卫星、空间武器系统的无线电接收机发射指令使航天器出现故障或离开轨道、迷失航向或远离攻击目标,利用微波武器、激光武器攻击卫星和其他航天电子设备造成目标结构的破坏等。目前空间电子战主要有空间电子侦察、空间电子进攻和空间电子防御三种形式,参见图 25-5。

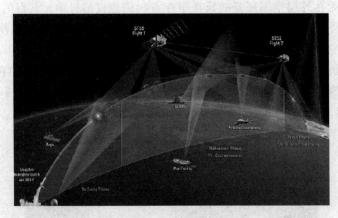

图 25-5 空间电子战

(2) 空间导航战:是指在复杂战场环境下,用电子对抗方法干扰敌方导航系统使己方和友方部队有效地利用卫星导航系统,同时阻止敌方使用该系统进行导航和定位且使战区外民用卫星导航不受影响的行动。导航战是定位与制导系统中的电子战,是电子战的一种新的形式。空间导航战的主要内容是改善卫星导航系统(包括接收机和空间部分)的作战性能,使之可用于恶劣的电子战环境中研制防止敌对方在所划定的责任区域(AOR)中使用卫星导航的能力,保证所研制的技术的作战部署对在 AOR 物理边界以外的民用和商业用户有最小的影响,参见图 25-6。

(3)空间威慑战:是指以强大的空间力量为后盾通过威胁使用或实际有限使用空间力量来震慑和遏制对手。其实质是将使用空间力量的可能性以及可能引起的严重后果预先警告对手,使对手通过利弊得失的权衡产生畏惧心理,被迫服从威慑者的意志从而放弃原先的企图。一般来说,军事威慑主要由核威慑、常规威慑、空间威慑和信息威慑构成。在未来军事斗争中空间威慑由于自身的优势,将逐渐成为军事威慑的支柱。空间威慑主要包括显势渲染、造势施压、蓄势待动和惩戒打击等四种基本方式,参见图 25-7。

图 25-6　空间导航战

图 25-7　空间威慑战

3. 空间信息对抗的攻击方式

空间信息对抗的攻击方式,从作用形式分主要有电磁能、定向能、核能、动能、信息攻击方式。

(1)电磁能攻击是指利用电磁能干扰敌方的各种传感器及各种通信系统、电子设备、信息链路使敌方丧失信息探测和信息传输能力。以削弱或丧失敌方作战能力的军事攻击行动,属于电子战攻击的范畴,其攻击手段主要包括压制式干扰和欺骗式干扰。

(2)定向能攻击方式是指利用沿一定方向发射与传播的高能电磁波射束(高能激光束、微波束、粒子束)直接照射来破坏目标的一种新攻击方式。采用定向能攻击方式的武器称为定向能武器,又称射束式武器或聚能武器,包括高功率微波、高能激光、电磁脉冲等。

(3)利用核装置在目标航天器附近爆炸产生强烈的热辐射、核辐射和电磁脉冲等效应将其结构部件与电子设备毁坏或使其丧失工作能力。

(4)动能攻击方式是一种硬杀伤技术,通常利用火箭推进或电磁力驱动的方式把弹头加速到很高的速度,并使它与目标航天器直接碰撞将其击毁,也可以通过弹头携带的高能炸药爆破装置在目标附近爆炸,产生密集的金属碎片或散弹击毁目标。

(5)空间信息战的信息攻击可以是利用各种信息武器窃获、干扰、阻塞、欺骗直至阻止、破坏、瘫痪敌方空间信息系统的各种攻击方式。

4. 空间信息对抗的防护方式

空间信息战的防护方式可分为防截获、抗干扰、信息加密和网络保护等，参见图 25-8。

图 25-8　空间信息对抗的防护方式

（1）防截获是空间信息防护的基本方式之一。作为空间信息反对抗方主要表现为无线电静默、保密、扩频技术和低截获率体制等。为了降低敌方的截获概率，军事航天系统必须采取各种有效措施隐蔽自己。卫星反侦察、防截获的技术措施应主要考虑两个方面即被动的反侦察、防截获和主动的全方位电磁欺骗。

（2）实现空间系统信息抗干扰的主要技术途径有星上抗干扰处理技术、星上抗干扰天线技术、星上跳/扩频技术、星间链路技术、数据传输差错控制技术、数据存储转发技术等。

（3）空间信息加密从实现加密的手段来看，目前有硬件加密和软件加密两大类。为了解决目前加密和解密速度比较慢的问题，可为特定的算法设计专门的硬件电路来完成整个运算，因此速度快。此外硬件加密设备上需采用控制电磁辐射等技术以防止加密硬件内的重要信息被敌方用电磁手段获取。

（4）空间信息网络保护方式主要是指空间信息网中对等实体之间的鉴别、访问控制、完整性校验、计算机安全检测、防火墙和卫星计算机及其附属电子设备的防电磁泄露等方式。具体技术包括鉴别技术、访问控制技术、完整性校验技术、计算机安全检测技术、防火墙技术、防电磁泄露技术（TEMPEST）。此外加固、隐蔽、伪装等措施也是有效的空间信息防护方式。

5. 空间信息对抗的途径

空间信息对抗的途径包括天对天信息对抗、地对天信息对抗和天对地信息对抗 3 种，参见图 25-9。

（1）天对天信息对抗，是指在太空战场运用各种天基进攻力量及其武器系统，对敌方运行于太空中的各种武器装备实施的干扰、打击、摧毁和捕获等破坏行动。天对天对抗的"硬杀伤"途径主要有轨道封锁和空间拦截及摧毁等，"软杀伤"途径主要有有源干扰和无源干扰。

图 25-9　空间信息对抗的途径

（2）地对天信息对抗，主要是指利用地基平台部署的干扰机以及发射的动能武器、定向能武器和导弹等，对航天器等天基目标实施攻击，将其摧毁或使其失去正常工作能力的行动。其中,对空间目标的干扰主要包括对通信链路和测控链路的干扰。

(3) 天对地信息对抗,即使用天基干扰系统、天基激光器等干扰攻击地面信息系统中心、通信节点、卫星地球站和其他信息系统等。从太空攻击地面目标,一般主要采用电磁辐射对抗和激光对抗的方式。

6. 空间信息对抗的特点

空间信息对抗是一种特殊的作战样式,有其自身的特殊性。其主要特点如下:

(1) 空间信息对抗系统的一体性。未来的空间战场是系统与系统、体系与体系的对抗,任何单一的装备和手段的简单组合,都不能对付敌方的网络化的信息系统,只有将各种作战力量、各种武器装备和各种作战行动紧密结合,相互协调,有机地聚合成一个整体,才能形成强大的信息作战力量,实现系统对系统的综合对抗。因此,空间信息对抗作战系统的主要特征是一体性,表现为武器装备的一体性、作战力量的一体性和作战行动的一体性。

(2) 空间信息对抗的时效性。首先,武器装备分布距离的不断加大,将促使空间信息对抗的作战空间向着高、中、低结合的全方位多维一体方向发展。空间信息对抗可似借助卫星等先进手段,全方位地观察、控制地球表面战场上的军事行动,并可对地球表面战场上的任何目标进行攻击。与此同时,激光武器和动能武器等多种高精度打击武器装备应用日益广泛,攻击精度更高,摧毁能力更强,真正实现了"发现即摧毁"。此外,空间信息系统能够实时地获取、传递和处理战场信息,把指挥、控制、通信、监视、侦察有机结合起来,构成一体化的综合信息网络系统,为己方创造一个全面感知战场空间的信息优势环境,使得侦察——决策——打击——评估——再打击的流程在几小时甚至几分钟内完成,大大缩短了战争的进程。

(3) 空间信息对抗的复杂性。空间信息对抗所依托的信息对抗系统是一个复杂的巨系统,由空间信息对抗装备和空间信息对抗作战部队组成,包括地面部队、用户、指挥决策机构和航天器系统等。它们分别与外界系统具有能量和信息交换,包含子系统种类繁多,功能多样。空间信息对抗装备以先进的航天技术和信息技术为支撑,技术十分复杂,不但较易损坏,而且由于其所处的战场环境要比传统的陆海空战场复杂得多,地球磁场、空间辐射、高真空等自然因素都会对空间信息对抗装备产生不同程度的影响。这么复杂的自然环境,使空间信息对抗装备保障变得更加复杂困难。另外,参战力量的多元化、空间信息对抗力量内部结构的整体性,使得空间信息对抗的复杂性也表现在作战力量的协同关系复杂上。

25.3　信息对抗技术

1. 光电对抗

光电对抗是现代电子战的一个分支,在未来战争中占有重要的地位。光电对抗是指利用光电对抗装备,对敌方光电观瞄器材和光电制导武器进行侦察、干扰或摧毁,以削弱或破坏其作战效能,同时保护己方光电器材和武器的有效使用。

光电对抗包括光电侦察和光电干扰两种功能。光电侦察是利用光电装备查明敌方光电器材的类型、特性和方位等信息,为实施光电干扰提供依据。光电侦察有主动和被动两种方式,主动侦察采用滤光探照灯和激光雷达等装备;被动侦察采用红外、激光告警器,参见图 25-10。

图 25-10　光电对抗

早在 20 世纪 60 年代中期,外军就开始装备红外告警器,仅美军就有 20 多个型号,供多种作战飞机使用,激光告警器目前处在发展阶段,只有少数型号装备使用。如美国的 AVR-2/3 激光告警器,可在 360°范围内识别激光源并确定其方向,与雷达告警接收机配合,构成综合告警系统。光电干扰分为有源压制、欺骗干扰无源干扰两类。

有源干扰设备和器材包括:

① 红外诱饵弹,是一种实用而有效的欺骗干扰手段。已装备使用的红外诱饵弹,能给出模块真实目标的红外图像,更具欺骗性。

② 红外干扰机,能辐射出类似于飞机发动机排气口的高强度红外线,经调制后向一定方向辐射,使来袭的红外制导武器偏离目标。

③ 激光干扰机,有三种类型。欺骗式干扰机:能发射与敌方激光器相同参数的强激光束,照射在己方被保护目标附近的假目标上,产生强的激光回波,欺骗敌方激光测距机、激光雷达和导弹的激光制导系统;致盲式干扰机:能发射强激光,使敌方激光测距机、激光雷达或激光制导导弹等的光电接收器饱和、过载或迷茫;杀伤性激光武器。

光电无源干扰是一种非常有效的干扰手段,主要的干扰器材用于干扰人眼和观瞄器材的烟幕弹,干扰中远红外光和激光的气溶胶和电离气悬体,此外还有光箔条、消光弹等。

2. 网络战

网络战正在成为高技术战争的一种日益重要的作战样式,它可以兵不血刃地破坏敌方的指挥控制、情报信息和防空等军用网络系统,甚至可以悄无声息地破坏、瘫痪、控制敌方的商务、政务等民用网络系统,不战而屈人之兵。

网络战是为干扰、破坏敌方网络信息系统,并保证己方网络信息 系统的正常运行而采取的一系列网络攻防行动。网络战分为两大类:一类是战略网络战,另一类是战场网络战,参见图 25-11。

战略网络战又有平时和战时两种。平时战略网络战是,在双方不发生有火力杀伤破坏的战争情况下,一方对另一方的金融网络信息系统、交通网络信息系统、电力网络信息系统等民用网

图 25-11　网络战

络信息设施及战略级军事网络信息系统,以计算机病毒、逻辑炸弹、黑客等手段实施的攻击。而战时战略网络战则是,在战争状态下,一方对另一方战略级军用和民用网络信息系统的攻击。

战场网络战旨在攻击、破坏、干扰敌军战场信息网络系统和保护己方信息网络系统,其主要方式有:利用敌接受路径和各种"后门",将病毒送入目标计算机系统;让黑客利用计算机开放结构的缺陷和计算操作程序中的漏洞,使用专门的破译软件,在系统内破译超级用户的口令;将病毒植入计算机芯片,需要时利用无线遥控等手段将其激活;采用各种管理和技术手段,对己方信息网络系统严加防护。当然,战场网络战的作战手段也可用于战略网络战。

3. 病毒武器

目前天基信息攻击武器主要集中在计算机病毒武器的研究上。其中的关键是如何将带计算机病毒的电磁辐射信息向敌方的信息系统中的未加防护或防护薄弱环节进行辐射,从而注入病毒,造成敌信息系统的"瘫痪"。目前的研究热点是射频病毒注入技术。计算机病毒的投放方法很多,主要有预先设伏、无线注入、有线插入、网络入侵、邮件传播、节点攻击等多种方式。

在空间信息对抗中无线注入是一种重要手段。无线注入是将计算机病毒转换成病毒代码数据流(即无线电信号),将其调制到电子设备发射的电磁波中,通过无线电发射机辐射到敌方无线电接收机中,使病毒代码从电子系统的薄弱环节进入敌方系统。目前,一些西方国家已经进行了这方面的试验。试验表明,只要事先掌握了敌方计算机系统之间的通信规划就可以通过发射很高能量的电磁信号,利用敌方系统的各种接口、端口或缝隙将计算机病毒程序注入其中。此外,计算机病毒可以冒充敌方计算机间的通信内容(数据或程序),使接收方将其当作正确的内容接收下来,进入系统内部。一旦计算机系统对其执行操作就能以最快的速度自行传播出去。

实施计算机病毒无线注入的方式有多种:一是通过大功率计算机病毒微波发射枪(炮)或相应装置经过精确控制其电磁脉冲峰值向敌方计算机系统的特定部位注入计算机病毒,感染其计算机系统;二是利用大功率微波与计算机病毒的双调制技术,以连续发射调制有计算机病毒的大功率微波将计算机病毒注入正处于接收信息状态的计算机从而进入敌方计算机系统;三是将计算机病毒转化为与数据通信网络可传输数据相一致的代码在战场空间和战区内以无线电方式传播利用敌信息侦察与截获信息情报的机会。让经特殊设计的计算机病毒被接收继而使计算机病毒感染信息侦察系统及与之相连接的指挥控制信息系统。

卫星、飞船、航天飞机等空间军事设施在高技术战争的作战、指挥、通信侦察、定位、战场管理等方面发挥着越来越重要的作用。而这些空间军事设施的发射、定位以及工作都要众多计算机的参与和配合才能完成。现代化有效的空间作战系统,本身就是许多复杂网络系统的集成,因此理所当然就成为计算机病毒战攻击的主要目标。在利用计算机病毒对空间军事设施实施攻击时常用的方法主要有两种:一种是将计算机病毒通过各种途径事先隐蔽在空间军事设施的计算机之中,在关键时刻"发病";另一种是利用电磁辐射的方法将"病毒"注入空间军事设施,使其"致病"导致卫星、飞船、航天飞机的中枢神经系统计算机网络出现故障、失灵或误判,以至无法正常工作甚至失控自毁。电磁辐射的"病毒"只有能量达到一定程度,才能使空间军事设施上的计算机"致病"。

参 考 文 献

1 曾平顺.现代信息对抗:网电一体战.人民网,2003-10-22.

2 王晓海.空间信息对抗技术现状及发展趋势.数字通信世界,2008 年 9 期.

3 刘亚奇,李永强.信息对抗的焦点及其发展趋势.国防科技,2007 年 9 期.

4 施毅,陶本仁,顾毓.空间信息对抗仿真技术发展前瞻.航天电子对抗,2007 年 6 期.

5 王晓海.空间信息对抗技术的现状及发展.中国航天,2007 年 9 期.

6 吕连元.以天探地、以地制天——浅谈空间电子信息对抗发展的基本策略.电子科学技术评论,2005 年 2 期.

第四部分

生物与智能

分子机器

26.1 分子机器概述

一切生物的细胞里面,不仅含有蛋白质,也都含有核酸。蛋白质和核酸构成了生命的物质基础,而生命活动实质上是蛋白质和核酸运动的体现。可以说,生命的本质归根结底在于生物在分子水平上的微观运动。

蛋白质和核酸分子都由几千乃至几十万个原子组成,称为生物大分子。每一个生物大分子都可以视为一架有生命的分子机器。所有的生命活动过程都由结构复杂而有序的分子机器进行调节与控制。这些分子机器除了蛋白质和核酸之外,还包括其他一些生物大分子或大分子集团,如糖类、脂类以及生物大分子的复合物。正是依靠了生命体内微观世界中众多的分子机器的有序运转、协同配合,生命体才有了活力。

纳米技术(亦称毫微技术)就是用单个原子、分子制造物质的科学技术,即在单个原子、分子层次上对物质存在的种类、数量和结构形态等进行精确的观测、识别与控制技术的研究与应用。它是进入 20 世纪 90 年代后,尤其是本世纪末兴起的一个高科技领域,是个尚未开发的新领域。它将对面向 21 世纪的信息技术、生命科学、分子生物学、新材料等具有重大意义,为它们的发展提供一个新的技术基础。科学家称纳米技术为"固体物理学最后一个未开发的辽阔领域","将引起一场产业革命,堪与 18 世纪的工业革命相媲美"。

分子机器定义

分子机器就是让原子按人的意志排列成的大分子,参见图 26-1～图 26-3。

图 26-1 世界第一台分子机器

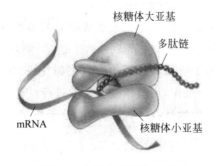

核糖体大亚基
多肽链
mRNA
核糖体小亚基

图 26-2 白质合成的分子机器

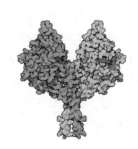

图 26-3 驱动蛋白

原子的排列方式从来就是区分贵贱、区别健康和疾病的标记。煤和金刚石都由碳原子组成，只是其排列的方式不同而已，而健康的身体里长出了癌，也是因为原子排列的方式发生了变化！

要让原子按照人的意志排列。从无到有地把原子一个个放到应有的位置上去，绝对不是一件容易的事，使用的制造方法要复杂得多。但总有一天，先进的分子机器将使生物学家和化学家们制造起分子来就像今天的工程师制造微型电路或是汽车那样容易。分子机器将使科学技术发生根本的变化，像工业革命那样，是人类科学史上的又一次革命。

诚然，要造出分子机器还得等许多年，但遗传工程学已经开辟了一条通向分子机器的道路，这就是新型的基因机器。

目前，从事遗传工程的科学家们正在设法给细菌编制程序，以便大规模制造人用胰岛素、生长激素和干扰素。一些研究人员则正在研究非豆科植物生物固氮。由于人类的 DNA 与遗传缺陷有关，因此有些科学家设想修补人类细胞中的某些基因突变。

研究分子机器的工作原理，不仅是为了学会制造它们，而且还为了学会破坏它们。在当今世界上，有各种各样的病毒、细菌、原生动物、真菌和蠕虫寄生在人体上。要与之作斗争，首先要做到在破坏其分子结构的同时，尽量不影响人体的分子结构，也就是说，既要杀死细菌，又不能伤害人体。如果能系统地研究各种寄生虫的分子结构，在确定了某种寄生虫维持生命所需的蛋白质机器的形状和机能之后，就可以设计出一种专门形状的分子以压碎和破坏这种寄生虫的蛋白质机器。这种分子将有可能是人类彻底可怕的疾病。

从长远观点来看，将来的发展将不在于用药物压碎已有的分子机器。也不是利用遗传工程学使它们从一个细胞转移到另一个细胞，而是要构造出新的分子机器，使它们按照人们的意志行事。

生命有机体又给了人们启示。通过细菌的不断繁殖，可以看到，只要给予空间和一些普通的物质（如垃圾），分子体系就能复制出它们本身。由此可想到，一个能收集原子并按照指令把它们装配起来的装置也可能再生。这也许需要一台计算机对它发出指令，还需要一盘程序带来储存这些指令，然而它自身就会复制出一台一模一样的计算机和程序带，从而复制出整个装置来。每复制一次，再生体就增加 1 倍。这种几何级数的增加，只要几个小时至几天，一个极其微小的再生体就可能把 1 吨原料及某些燃料变成 1 吨几乎能制造万物的总装配机。

这些机器可能进一步用来制造其他产品，如小型计算机、高强度金刚石纤维、工业用合成肌肉、供打碎岩石和分离纯金属用的分子机器等。有朝一日，人们也许能把一些分子机器合在一起变成鲸鱼；使种子通过再生能力发展成巨大的植物纤维；也许还能造出能吸收空气、阳光、水和土壤的"种子"，来造出房子或是宇宙飞船。在医学上，生物学家已经利用分子机器在研究细胞了。随着分子机器和计算机的越来越先进，生物化学家将不再只是把细胞打碎，他们将进行细胞的修补工作，用显微镜观察并进行试验。

分子技术是一项前途无量的新技术，愿奇妙的分子机器为造福于人类而作出其应有的贡献。

26.2　分子机器的原理

分子自组装是在平衡条件下,分子间通过非共价相互作用自发组合形成一类结构明确、稳定、具有某种特定功能或性能的分子聚集体或超分子结构的过程。分子自组装是各种复杂生物结构形成的基础,生物体系中通过分子自组装形成了各种分子水平的机器,即分子机器。

例如分子发动机就是自然界常见的一种分子机器,它在人体中起着肌肉收缩、细胞内外物质的传递甚至精子游动等关键作用。事实上 ATP 合成酶是世界上最小的发动机,它催化无机磷酸酯与 ADP 反应合成 ATP。

分子机器是将能量转变为可控运动的一类分子器件。它们是多组分体系,其中某些部分不动,而另一些部分当提供"燃料"后可以连续运动。由于化学分子的运动通常是绕着单键的转动,通过化学、光、电信号可以控制这类运动的方向,因此师法自然地设计与开发分子功能和天然体系媲美甚至优于天然体系的人工分子机器,引起了人们极大的兴趣。

目前自组装方法已广泛运用于有机和无机化学,并促进了超分子化学的发展,通过自组装方法已构筑了许多复杂却高度有序的功能分子和超分子实体。轮烷、类轮烷和索烃便是其中重要的类型。当轮烷或索烃中引进特殊的功能片断或识别位点,在外部光或电信号的刺激或体系化学物质浓度改变的情况下,其内部可能发生相对位置的改变或机械运动,造成两个不同的"态",通过光谱或电化学等方法可被检测。当外界信号去除,又可自组装为轮烷或索烃,因此这些轮烷或索烃可能具有分子机器或分子开关的功能,从而开辟了在分子水平上处理信息的新方法。

1. 自组装的类型

1)氢键驱动自组装

氢键是超分子自组装的基本驱动力之一。若一组分子只带有质子供体,另一组分子只带有质子受体,则两者形成的自组装体系结构最稳定。

2)配位键驱动自组装

由于金属离子和配体的多样性,利用配位键构筑超分子时,可以根据金属离子的特性和配体的结构较好地进行超分子的分子工程设计。

3)堆积效应驱动自组装

堆积效应主要包括两种相互作用:M-π 相互作用和 π-π 相互作用。利用 Cu^+-π 相互作用自组装形成配位聚合物。

4)静电作用驱动自组装

利用静电吸引力将具有阴、阳离子的分子直接组装成有序多层薄膜。

5)疏水作用驱动自组装

在水溶液或极性溶剂中,非极性分子趋向于聚集在一起,这是由疏水作用导致,疏水作用是一种方向性较差的弱相互作用。但在超分子自组装过程中也是一种不可忽视的作用力。

6)模板驱动自组装

应用分子、离子等作为模板进行的自组装就叫模板驱动自组装。其特点是可以使组装的超分子具有独特的结构或功能。主体分子与模板之间的作用力是非共价键力。

2. 自组装体系形成的影响因素

1) 分子识别

分子识别是主体(或受体)对客体(或底物)选择性结合并产生某种特定功能的过程。分子识别包括两方面的内容:一是分子间有几何尺寸,形状上的相互识别;二是分子对氢键、π-π 相互作用等非共价相互作用的识别。它有两种类型:一是对离子客体的识别;二是对分子客体的识别。

2) 组分

在自组装领域中用的分子构造块的类型有:

(1) 类固醇骨架,线性和支化的碳氢键,高分子,芳香族类,金刚烷;

(2) 金属酞菁,双(亚水杨基)乙二胺配合物;

(3) 过渡金属配合物。组分的结构对自组装超分子聚集体的结构有很大的影响,组分结构的微小变化可能导致形成的自组装体结构上的重大变化。

3) 溶剂

溶剂对自组装体系的形成起着关键作用,溶剂的性质及结构上的微小变化也会导致自组装体系结构重大变化。Wuest 等发现,若自组装以氢键为主要驱动力,则任何破坏氢键作用的溶剂都会破坏组分的自组装能力。

4) 热力学平衡

由于非共价相互作用比共价相互作用小得多,因而自组装体系在多数情况下很不稳定。促进较小的自组装超分子体系稳定化的方法是:

(1) 提高非共价相互作用的强度;

(2) 从溶剂中分离出来;

(3) 使某一组分过量。

3. 分子机器形成的条件

分子机器是在分子水平上由光子、电子或离子操纵的机器。通常它是由有序功能分子按特定要求而组装成的超分子体系。一个分子机器形成应具备如下条件(见图 26-4):

(1) 元件分子必须含有光、电或离子活性功能基;

(2) 元件分子必须能按特定需要组装成组件,大量组件的有序排列能形成信息处理的超分子体系,即微型分子器件;

(3) 分子机器输出的信号必须易于检测。分子机器按驱动的种类可分为化学驱动的分子机器、电化学驱动的分子机器、pH 值驱动的分子机器和光驱动的分子机器四类。因此在分子水平上来制造分子机器,就从客观上要求开展具有相关功能的化合物的设计、合成及性质研究。

4. 分子机器的类型

自 20 世纪 90 年代初开始有关分子机器或分子器件方面的研究就受到了科学家们的重视。经过十几年的努力,人们已经合成出了分子梭、分子开关、分子刹车和分子发动机等。下面简要介绍其中几种分子机器的原理。

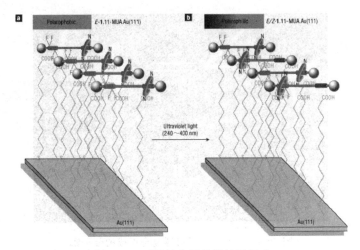

图 26-4　可见的分子机器转运行动

1）分子梭和分子开关

1991 年，Stoddart 等通过模板导向法自组装合成了第一个分子梭轮烷，在室温下每秒可平动 500 次。但它本身的两个简并状态不能作为开关，进一步将不同识别位点引入棒状部分，该轮烷可成为电化学或化学诱导的分子开关。

2）分子刹车

Kelly 等用金属离子配位在分子的可动位置引起的构型变化，使分子齿轮围绕 C-C 键可逆地旋转，成为第一例分子刹车，参见图 26-5。

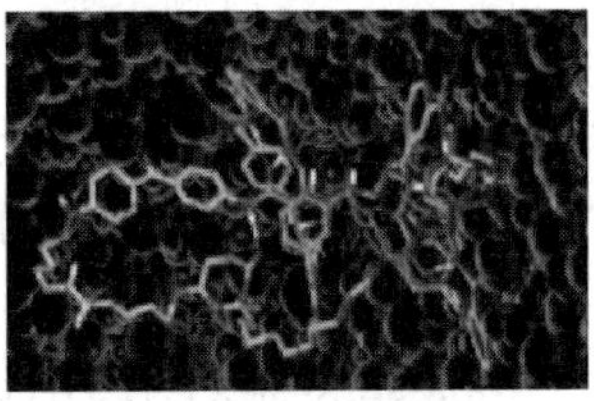

3）分子发动机

Koumura 等设计出光能驱动的分子发动机。他们使用紫外线激发和温度改变等手段，通过四个具体的化学步骤，使一个通过碳碳双键连接的含两个手性螺烯的有机分子进行了 360°的单向完整圆周运动。

图 26-5　分子刹车

4）分子钳

据 2008-05-15《新科学家》报道，首个复合分子钳合成成功。日本科学家最近成功地将两个分子机器组装在一起形成了首个分子机器复合体，在相关研究中迈出了重要一步。日本东京大学的科学家 Kazushi Kinbara 与同事成功地利用两个分子机器将它们组装成了一个有点像"钳子"的分子机器。但是打开这个超微型机器 X 形状结构的一端，却并不会让另外一端也张开来。实际上，正如图所示，打开或收拢这个机器类似于钳子两个把手的一端，会让机器另外一端两块像鳍状踏板的结构旋转 90°，参见图 26-6。

5）分子导线

其中有效的分子导线是实现分子器件的关键单元。分子导线必须满足下列条件：

① 导电；

② 有一个确定的长度；

③ 含有能够连接到系统单元的连接点；

④ 允许在其端点进行氧化还原反应；

⑤ 与周围绝缘以阻止电子的任意传输。目前研究的分子导线多是具有大 Π 共轭体系

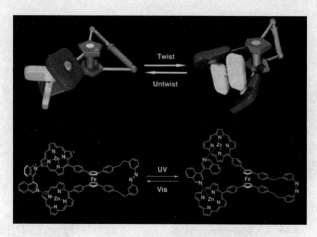

图 26-6　由两个分子机器复合而成的分子钳

的有机分子长链。具有大 Ⅱ 共轭体系的卟啉环是构造分子导线的理想单元。Anderson 曾以卟啉环为基本单元合成链状共轭结构，以卟啉为中心功能单元，两端带有鳄鱼夹的分子导线也已合成出来。

6）分子整流器

1974 年 Aviram 和 Ratner 提出分子整流器设想。1993 年 Ashwell 等人利用 LB 膜技术以有机材料做成只有几个分子厚的薄层，能像整流器那样，只允许电流单方向流动，并从实验上证明了这种整流器的本质来源于分子作用。

7）分子存储

2006 年 8 月 11 日，IBM 在瑞士苏黎世的研究人员展示了一种能够反复存储和读取数据的单分子装置。这种装置是一种异常简单的有机化合物，通过电脉冲能够设置成高或低阻状态。在实验室进行的 500 多次试验中，它表现出了可靠地改变状态的能力。IBM 的研究人员 HeikeRiel 表示，下一步工作重点是了解单分子系统设计和其电属性之间的关系。

26.3　分子马达概述

1. 分子马达的概念

马达是一种通电后可自行转动的机械装置。分子马达是一种能够像马达一样做出单向转动的化学分子。这样的"马达"极小，尺寸是蚊子的一千万分之一。有了这么小的马达，再加上适当的配件，或许能够做出分子机器人，进入人体内去修补受损的 DNA，或清除血管壁上堆积的胆固醇，参见图 26-7。

2. 分子马达的结构

生物纳米马达，又称生物马达分子、分子马达或纳米机器，是由生物大分子构成并将化学能转化为机械能的纳米系统。天然的分子马达，如驱动蛋白、RNA 聚合酶、肌球蛋白等，在生物体内的胞质运输、DNA 复制、细胞分裂、肌肉收缩等生命活动起着重要作用。它是马

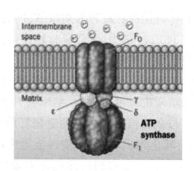

图 26-7 分子马达

达家族的革命,标志着人类由制造物理马达到制造生物马达的理想成为现实。纳米马达这种聚合物分子含有数对氮原子,氮原子两侧各有一个苯环,环与环之间的氮"桥"扭结在一起。分子的往复伸缩形变就是马达的运转。

分子马达在生物体内参与了胞质运输、DNA 复制、细胞分裂、肌肉收缩等一系列重要生命活动。分子马达包括线性推进和旋转式两大类。其中线性分子马达是将化学能转化为机械能,并沿着一条线性轨道运动的生物分子,主要包括肌球蛋白、驱动蛋白、DNA 解旋酶和 RNA 聚合酶等。其中肌肉肌球蛋白是研究得较为深入的一种,它们以肌动蛋白为线性轨道,其运动过程与 ATP 水解相偶联。而驱动蛋白则以微管蛋白为轨道,沿微管的负极向正极运动,并由此完成各种细胞内外传质功能。目前对于驱动蛋白运动机制提出了步行模型,驱动蛋白的两个头部交替与微管结合,以步行方式沿微管运动,运动的步幅是 8nm,参见表 26-1。

表 26-1 分子马达的种类和运动方式表

马 达 种 类		发 动 机 部 件	能 量 来 源	运 动 方 式
细胞肌架蛋白	驱动蛋白	微管蛋白	ATP	直线运动
	肌球蛋白	肌动蛋白	ATP	直线运动
旋转马达	F1-ATP 酶	F1 复合物	ATP	旋转运动
	细菌鞭毛	很多的蛋白质	H^+/Na^+	旋转运动
核苷酸马达	聚合酶	DNA—RNA	ATP	直线运动
	解旋转酶	DNA—RNA	ATP	直线运动

目前,ATP 水解与肌球蛋白和驱动蛋白的机械运动之间的化学机械偶联的关系还不清楚。近来的研究发现它们有相同的中心核结构,并以相似的构象变化将 ATP 能量转变为蛋白运动。DNA 解旋酶作为线性分子马达,以 DNA 分子为轨道,与 ATP 水解释放的能量相偶联,在释放 ADP 和 Pi 的同时将 DNA 双链分开成两条互补单链。RNA 聚合酶则在 DNA 转录过程中,沿 DNA 模板迅速移动,消耗的能量来自核苷酸的聚合及 RNA 的折叠反应。

旋转式分子马达工作时,类似于定子和转子之间的旋转运动,比较典型的旋转式发动机有 F1-ATP 酶。ATP 酶是一种生物体中普遍存在的酶。它由两部分组成,一部分结合在线粒体膜上,称为 F0;另一部分在膜外,称为 F1。F0-ATP 酶的 a、b 和 c 亚基构成质子流经膜的通道。当质子流经 F0 时产生力矩,从而推动了 F1-ATP 酶的 g 亚基的旋转。g 亚基的顺时针与逆时针旋转分别与 ATP 的合成和水解相关联。F1-ATP 酶直径小于 12 nm,能产生大于 100 pN 的力,无载荷时转速可达 17 转/秒。F1-ATP 酶与纳米机电系统(nanoNEMS)的组合已成为新型纳米机械装置。

美国康奈尔大学的科学家利用 ATP 酶作为分子马达,研制出了一种可以进入人体细胞的纳米机电设备——"纳米直升机"。该设备共包括三个组件,两个金属推进器和一个附属于与金属推进器相连的金属杆的生物分子组件。其中的生物分子组件将人体的生物燃料 ATP 转化为机械能量,使得金属推进器的运转速率达到每秒 8 圈。这种技术仍处于研制初期,它的控制和如何应用仍是未知数。将来有可能完成在人体细胞内发放药物等医疗任务。

26.4　分子马达的发展现状

1. 国外的发展

2000 年 8 月,Bell 实验室和牛津大学的研究者开发了一个 DNA 马达。据预测,DNA 马达技术可制造比当今快 1000 倍的计算机。在制作 DNA 马达时 DNA 既是结构材料,而且也作为"燃料"。

2000 年,加州大学洛杉矶分校的 Carlo Montemagno 的研究小组利用一种叫做 ATP (三磷酸腺苷)合酶的马达蛋白质驱动了一个超微螺旋推进器。这种蛋白质有一个轮子状的旋转头,位于嵌在细胞膜中的一个旋转轴上。当旋转头转动时,这种酶会把一种叫做 ADP (二磷酸腺苷)的分子转换成 ATP。ATP 是细胞的主要燃料。该小组在 2000 年 10 月 31 日出版的英国《自然》杂志上报告说,他们已经找到了一种停止和起动这种马达的方法。研究人员给蛋白质添加了一种化学基团,该基团可以俘获溶液中的锌离子。蛋白质吸收了锌之后会变形,导致旋转轴不能再转动,马达停止。反过来,使用一种对锌的亲和力更强的分子,将 ATP 合酶中的锌剥离后,马达就可以再次起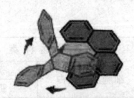
动。这样,反复添加锌和与锌结合的分子,就可以把 ATP 合酶马　图 26-8　超微螺旋推进器
达反复关闭或者打开,参见图 26-8。

2001 年 4 月,美国康奈尔大学的研究者研制出一台生物分子纳米发动机。据称,这台生物分子纳米发动机仅一个病毒般大小,由有机物充当的发动机和镍无机物充当的螺旋桨两部分组成。整台发动机机长 750 纳米,宽 150 纳米。这台发动机是由 ATP(三磷酸腺苷)提供能量,即生物体内的三磷酸腺苷分子为纳米马达供电,由 ATP 合成酶驱动发动机运转。每加一次能量,纳米发动机可连续工作一小时。

2002 年 5 月 28 日《科学时报》报道,两位旅美中国学者最近在分子马达研究领域取得新的突破,首次利用单个 DNA 分子制成了分子马达。这一成果使得纳米器件向实用化方面又迈进了一步。美国佛罗里达大学教授谭蔚泓和助理研究员李建伟新研制出的分子马达,采用的是人工合成的单个杂交 DNA 分子。这种分子在一种生物环境中处于紧凑状态,但在生物环境发生变化后,又会变得松弛。谭蔚泓和李建伟进行的实验证实,采用这一原理制造出的单 DNA 分子马达具有非常强的工作能力,可以像一条虫子一样伸展和卷曲,实现生物反应能向机械能的转变。谭蔚泓等的成果已经在美国《纳米通讯》杂志上发表。

2004 年美国普渡大学研究人员成功地把 RNA 组成 3D 数组。Peixuan Guo 等人把纳米马达的概念应用在设计人工 RNA 纳米装置中,他们已经成功地从 RNA 形成的模块中建造出 3D 数组,并且这些 3D 数组更可以延伸至数个微米,进而搭起纳米制造与微米制造之间的桥梁。而消息已刊登在 2004 年 8 月的《纳米通讯期刊》(*Nano Letters*)。

据路透社 2005-09-07 报道,英国科学家于近日宣布,他们在纳米科技领域取得喜人突破,并有望借此技术加快分子机器人的研制速度。这些分子机器人将用来作为人类身体内部的人工肌肉分子,或者作为药物给药系统。这些科学家来自英国爱丁堡大学,一直以来从事于化学有关方面的研究。2005 年 9 月 7 日他们向公众宣布,已制造出一种分子,可以移动大约一个原子小大的物体,这就为科学家们研究"分子机器人"提供了一条可行的研究方向。2005-09-12 爱丁堡大学的化学家 9 月 7 日公布说他们已经构建出能够移动比一个原子的尺寸大些的物体的分子。

2. 国内的发展

中科院力学研究所赵亚溥研究员领导的"纳/微系统力学与物理力学"研究小组和中科院生物物理所乐加昌研究员合作,在最有可能应用到纳/微系统中的 ATP 酶马达的 F1 分子马达及相关的力学问题方面,取得了新的研究进展:

(1) 将纳米金属镍丝(或者镍和黄金相连的纳米细丝)与分子马达连接在一起实现转动。所需要的纳米金属镍丝——分子马达螺旋桨(推进器)利用电化学沉积的方法得到。此方法可以降低成本,且简便易行。还可改变纳米细丝的成分,使得镍丝和其他金属交叉出现,从而实现分子马达对螺旋桨的定位。

(2) 根据磁镊的工作原理,设计了用于分子马达的调控磁场,并对在 ATP 驱动下旋转的分子马达实现了调控:磁场既可以加速分子马达的旋转,也可以减速、停止转动、实现了分子马达反方向的旋转运动。这种运动调控的实现,对于分子马达的实用化具有重要意义。

(3) 对分子马达进行了局部流场的动力学研究,对以后分子马达的进一步实用化研究奠定了基础。

该研究小组计划在现有工作基础上,下一步开展分子马达群体实现功能的动力学响应分析。

26.5 分子机器的未来幻想

分子机器将在分子信息存储器件或纳米电子学中有实际的应用,但合成或组装这样的分子体系在今后一段时期仍是十分重要和艰巨的任务,它涉及多种学科,是一个新兴的交叉领域,研究人员将面临更大的挑战和更多的机遇。一旦突破,必将带动我国的生命、信息和材料等方面的产业技术革命。

需要新型的磁盘驱动器来实际做到再现某些硬件下载。一种构想是用一簇极细微的针尖来制作一种读写磁头。以便通过这种或另一种方式来激发原子和分子。以斯坦福大学卡尔文·F. 夸特和康奈尔大学诺埃尔·麦克唐纳为首的两个小组正在开展这方面的工作,他们在 10 年试验的基础上,利用扫描隧道显微镜的尖端和相关的设备来使原子转动。这方面工作取得的第一项成果是在 1989 年。加利福尼亚州圣何塞市的 IBM 公司阿尔玛登研究中心的一名物理学家唐纳德·艾格尔用 35 个氙原子排出了 IBM 字样。

"一旦我们掌握了制作比盐粒还要细小的计算机的技术,"埃伦博根说,"我们的情况就会发生根本性的变化。"微型计算机将变得非常便宜,因此到处均可采用。装在女式贴身内衣裤中的一台微型计算机将告诉洗衣机水位应该是多高;当圆珠笔中的墨水用到很少时,它就会闪烁发出警告;你脚上穿的鞋可以让你的小汽车知道你已经坐进了车子,于是它就会调节座位和反光镜并把车门关好。

1. 物质 = 软件

物质将成为软件——不是印错了,确实是"物质将成为软件"。其结果是:人们将不仅能够利用因特网下载软件,还能下载硬件。以上是迈特公司纳米技术权威詹姆斯。埃伦博根作出的预测。该公司是五角大楼资助的、设在弗吉尼亚州麦克莱恩的一家研究中心。

纳米是 1 米的十亿分之一,纳米技术是指制造体积不超过数百个纳米的物体,其宽度只有几十个原子聚集在一起的宽度。把自动组装生产装置缩小到如此规模。制造业受到的影响是相当明显的:整个生产行业可能被彻底改造。它有可能在 21 世纪的头十年里从半导体生产开始,然后扩展到诸如蜂窝电话等小型产品的生产。

埃伦博根对他提出的物质变软件的景象作了引人入胜的解释:"人们可以想一想当今下载软件是什么情形,是以改变分子团磁性特征的方式重新安排磁盘的物质结构。如果计算机的内容不超过分子团的体积,就可以通过重新安排磁盘上的分子制造芯片。"埃伦博根说,研究人员已经忙于研制体积只有针头大的计算机,这种纳米计算机的各个部件比我们现今用于在磁盘驱动器上装载信息的有形结构小得多。因此,在不久之后的某一天,人们将能够像今天下载软件一样从网络里下载硬件。

新的磁盘驱动将需要以有形的方式复制一些硬件下载。一种设想是用极为尖细的点束制造一种读写磁头,以某种方式刺激原子和分子。

埃伦博根说:"一旦我们掌握了制造体积不超过盐粒大的计算机的技术,我们就会从根本上来说处于一种新的形势。"体积那么微小的计算机将非常便宜,因而随处都可以使用计算机。嵌在内衣里的计算机将告诉洗衣机应当用什么水温洗涤内衣;圆珠笔笔芯中的墨水即将用完的时候,嵌在笔中的计算机将提醒你更换笔芯;嵌在鞋里的计算机将向汽车发出信号,把主人走过来的信息通知汽车,让汽车调整好座位和反光镜并打开车门。

2. 纳米盒

这种物质变软件的关键是纳米盒。这是一种把纳米制造技术与现今所谓的台式制造方法相结合的未来复印机。如果你需要一部新的蜂窝电话,你可以通过网络购买一种制作蜂窝电话的方法。它将告诉你插入一个塑料片,把导电分子注入"色粉"盒中。纳米盒将把塑料片来回移动,记下分子的形式,然后通过电子指引分子自行组装成电路和天线。下一步是:纳米盒利用不同的"色粉"加上号码键、扬声器和麦克风,最后制造外壳。

毫微箱是一种未来的复制机,它将毫微技术加工与现今的所谓台式加工方法结合在一起,主要用来快速开发新产品样机。如果你想要一种新型移动电话,你就可以从互联网上购买一种诀窍,它会告诉你如何将一片塑料和喷射的导电分子塞进"色粉"套筒,毫微箱可以使塑料片来回运动,形成各种分子花样,然后指挥它们将自己组装成电路和一根天线,下一步是利用不同的"色粉"。毫微箱就可以增加一个数码键、话筒和麦克风,最终构成一个整机。不要指望这样一种新发明在 2020 年以前就会实现,下载毫微大小的计算机电路的第一批试验,远不会在 2005 年以前进行。在其后的 10 年,毫微加工系统可能会成为"书写材料",首先是生产毫微芯片。

纳米技术的一个分支——称为分子电子研究——2007 年 7 月朝着实现这个目标取得了具体的进展。由洛杉矶加利福尼亚大学和惠普实验室科学家组成的研究小组找到了一种由分子自行组装的所谓的逻辑门。惠普实验室研究人员菲利普·库克斯说,这个研究小组下一步的目标是缩小芯片上的线路,旨在生产出"单面体积为 100 纳米的芯片"。他还说:"目前的芯片生产成本之所以非常昂贵,是因为生产机械需要有极高的精确度。但是采用化学方法制造,我们可以像柯达公司生产胶片那样——生产出长卷,然后只需切成小块就行了。"

这样的设想引起了华盛顿的兴趣。美国国防部高级研究计划局 7 个月前开始实施一项分子电子研究计划。国会似乎急切地想大大增加纳米技术的研究经费。一项计划将使纳米技术目前 2.32 亿美元的研究经费在今后 3 年中翻一番。白宫可能也会表示赞成,因为白宫已经把纳米技术列入 11 个关键研究领域。

3. 尘埃机器人

迈特公司埃伦博根领导的研究人员在本月中旬取得的最新成果是设计出一种用于组装纳米制造系统的微型机器人。目前设计出的这种机器人的长度约为 5 毫米。但是,假设能利用纳米制造技术使这种机器人的体积不断缩小,它最终的体积可能不会超过灰尘的微粒。

体积那么微小的机器人能够像展望研究所创始人埃里克·德雷克斯勒设想的那样,可以用于操纵单个原子。德雷克斯勒在 1986 年出版的《创造的发动机》一书中对纳米技术的潜在用途作了一番引人入胜的描述。是德雷克斯勒开创了纳米技术时代,并启发人们作出如下的种种设想:成群的肉眼看不见的微型机器人在地毯上或书架上爬行,把灰尘分解成原子,使原子复原成餐巾、肥皂或纳米计算机等诸如此类的东西。

虽然用原子制造计算机仍然是一个相当遥远的梦想,但是埃伦博根认为很快能取得研究成果。他说:"我敢打赌,这能在近期内研究成功。"这似乎是为纳米技术下的一个大胆的赌注。

参 考 文 献

1 张希,林志宏,高倩合译.超分子化学.长春:吉林大学出版社,1995.
2 王乃粒.分子机器并非幻想.世界科学,2000 年 01 期.
3 王士先.奇妙的分子机器.科学之友,1996 年 10 期.
4 谢永荣,杨瑞卿,付大伟,袁小勇.分子自组装与分子机器.赣南师范学院学报,2005 年第六期.
5 李昊,许曦晨,陈嘉伟,杨楚罗,秦金贵.分子机器的研究进展.有机化学,2008(12).
6 王乐勇,孙小强,潘毅,胡宏纹.可利用酸碱控制的分子器件:准轮烷的"开"与"关".化学通报,2001(01).
7 席海涛,孙小强,杨扬.利用核磁共振研究准轮烷的振荡行为.波谱学杂志,2001(02).
8 席海涛,孙小强,王乐勇,杨杨.可调控准轮烷的合成和开关性能的研究.应用化学,2001(05).

9　林元华.分子机器,离我们并不遥远.国外科技动态,2000 年 2 期.

10　邓国宏,徐启旺,刘俊康,丛严广.细菌鞭毛马达——一种卓越的分子机器.生物化学与生物物理进展, 2000 年 6 期.

11　郭国霖,桂琳琳,唐有祺.迎接分子机器.创新科技,2007 年 2 期.

12　曾宗浩,张英.用 DNA 制成的人造分子机器.物理,2001 年 1 期.

13　唐有祺.生命及其分子机器.大学化学,1992 年 1 期.

14　李蕾.毫微技术:未来的分子机器.未来与发展,1991 年 5 期.

15　刘传军,吴璧耀.分子导线研究进展.武汉化工学院学报,2001(04).

16　蒋晓华,刘伟强,陈建军,林祥钦.DNA 内电子传递特性的研究现状.化学进展,2007(04).

17　黄峥.分子导线的有机接线盒问世.化学世界,1991(06).

18　马义.头发般细的分子开关.小学科技,2002,(02).

19　刘丹,郭振,王振兴,张凝,姚雪彪.纳米生物学研究中的新技术.世界科技研究与发展,2005(01).

20　龚涛,冯嘉春,韦玮,黄维.二芳基乙烯类化合物用作光开关的最新研究.化学进展,2006(06).

21　李荣金,李洪祥,汤庆鑫,胡文平.分子器件的研究进展.物理,2006(12).

22　吴璧耀,张道洪.分子开关研究进展.化工新型材料,2001(11).

23　王文珍,廖代正,王耕霖.用于设计分子导线和分子开关的双核混价配合物.化学通报,2002,(02).

24　陈慧兰.具有分子机器、分子开关功能的自组装超分子体系.无机化学学报,2001(01).

25　刘时铸,汤又文.杯芳烃分子开关的研究进展.化学试剂,2006(04).

26　胡宜.分子开关 Rho-ROCK 系.日本医学介绍,2007(01).

27　焦家俊.几种分子导线和分子开关.大学化学,1994(06).

28　甘家安,陈孔常,田禾.荧光分子开关的研究进展.感光科学与光化学,2000(03).

29　柳清湘,赵永建,徐凤波.金属离子络合物在荧光分子开关中的作用.化学研究与应用,2002(05).

30　牛淑云,宿艳,金晶,谷源鹏.自旋转换配位聚合物——新型分子存储材料探索.辽宁师范大学学报(自然科学版),2001(02).

31　严仕威.数字信号存储在单个分子中.世界发明,2003(02).

32　崔光照,刘玉琳,张勋才.数据存储新方向:DNA 分子存储技术.计算机工程与应用,2006(26).

33　林润华.存储的新变化.微电脑世界,2001(22).

34　黄智伟,李富英.数据存储新技术——蛋白质分子存储系统.自动化博览,1998(05).

35　高鸿钧,时东霞,张昊旭,林晓.超高密度信息存储分子存储及其存储机.物理,2001(08).

36　刘先曙.美国研制用单个分子存储信息的存储器.科技导报,2000(03).

37　IBM 展示单分子存储读取装置.每周电脑报,2006(31).

生 物 芯 片

27.1 生物芯片概述

1. 生物芯片的概念

生物芯片（biochip）技术是生命科学研究领域中一项全新技术，它是随着"人类基因组计划"发展起来的，是将物理学、生物学、化学、微电子学与计算机科学综合交叉形成的新技术。它通过微加工和微电子技术在芯片表面构建微型生物化学分析系统，实现了对生命机体的组织、细胞、蛋白质、核酸、糖类及其他生物组分进行准确、快速、大信息量的检测。目前，生物芯片技术已经成为人们高效、准确、大规模地获取相关信息的重要手段之一，在生物、医学、农业、食品、环境科学等领域具有十分广阔的应用前景，参见图 27-1。

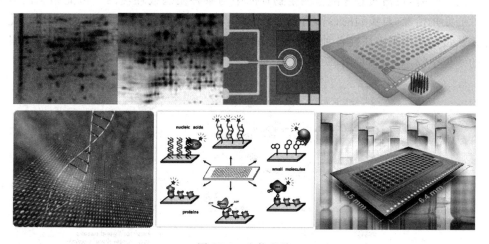

图 27-1　生物芯片

2. 生物芯片的分类

生物芯片主要类型包括基因芯片（gene-chip）、蛋白质芯片（protein-chip）、组织芯片（tissue-chip）和芯片实验室（lab-on-chip）等。

1) 基因芯片

基因芯片,又称为寡核苷酸探针微阵列,是基于核酸探针互补杂交技术原理而研制的。所谓核酸探针只是一段人工合成的碱基序列,在探针上连接上一些可检测的物质,根据碱基互补的原理,利用基因探针到基因混合物中识别特定基因。

基因芯片是生物芯片技术中发展最成熟和最先实现商品化的产品,它和计算机芯片非常相似,只不过高度集成的不是半导体管,而是成千上万的网格状密集排列的基因探针,通过已知碱基顺序的 DNA 片段,来结合碱基互补序列的单链 DNA,从而确定相应的序列,通过这种方式来识别异常基因或其产物等,参见图 27-2。

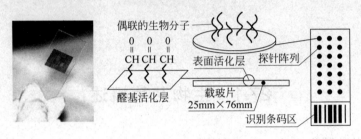

图 27-2　基因芯片

2) 蛋白质芯片

蛋白质芯片与基因芯片的原理类似,它是将大量预先设计的蛋白质分子(如抗原或抗体等)或检测探针固定在芯片上组成密集的阵列,利用抗原与抗体、受体与配体、蛋白与其他分子的相互作用进行检测。

蛋白质是基因表达的最终产物,因此它比基因芯片更能反映生命活动的本质,应用前景更为广泛。同时,蛋白质芯片能检测生物样品中与某种疾病或环境因子可能相关的全部蛋白含量的变化情况,对疾病的诊治有重要意义。由于蛋白质芯片是一项高通量、微型化和自动化并从蛋白质水平来研究各种生命现象的分析技术,因此,它是生物芯片研制中最具发展潜力的一类生物芯片,参见图 27-3。

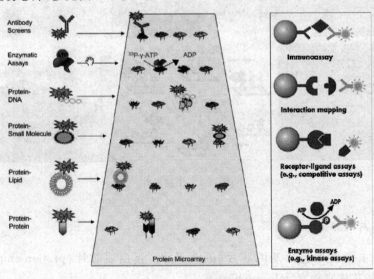

图 27-3　蛋白质芯片

3）组织芯片

组织芯片技术是一种不同于基因芯片和蛋白芯片的新型生物芯片，它是将许多不同个体小组织整齐地排布于一张载玻片上而制成的微缩组织切片，从而进行同一指标（基因、蛋白）的原位组织学的研究，参见图27-4。

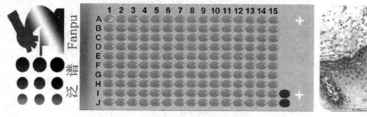

图 27-4　组织芯片

组织芯片技术使科研人员有可能同时检测几百甚至上千种不同阶段的自然病理和生理状态下的组织样本，并进行多个特定的基因或相关基因表达产物的研究。在临床医学中，组织芯片技术对疾病的分子诊断、预后指标的筛选、治疗靶点的定位以及治疗效果的预测、抗体和新药筛选等方面均有着重要的实用价值。

4）芯片实验室

芯片实验室是将生命科学研究中所涉及的许多不连续的分析过程（如样品制备、基因扩增、核酸标记及检测等）融为一体，形成便携式微型生物全分析系统。它的最终目的是实现将生物分析的全过程集成在一片芯片上完成，从而使现时许多烦琐、不精确和难以重复的生物分析过程自动化、连续化和微缩化，所以芯片实验室是未来生物芯片发展的最终目标。芯片实验室将生命科学中的样品制备、生化反应、结果检测和数据处理的全过程，集中在一个芯片上进行，构成微型全分析系统，即芯片实验室，参见图27-5。

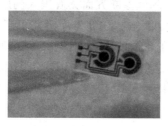

图 27-5　芯片实验室

另外，按照载体上所点的 DNA 的种类不同，芯片可分为寡核苷酸和 cDNA 芯片两种。依据生物芯片的应用方式，又可分为用于样品制备、用于生物化学反应以及用于检测分析的生物芯片等。按芯片的用途可分为表达谱芯片、诊断芯片、指纹图谱芯片、测序芯片和毒理芯片等。就芯片所用的载体材料而言，可分为玻璃芯片、硅芯片、陶瓷芯片。目前，玻片材料因易得、荧光背景低、应用方便等优点在国际上被广泛接受。根据芯片点样方式不同，可分为原位合成芯片、微矩阵芯片（分喷点和针点）和电定位芯片三类。

3. 生物芯片技术的应用

在基础医学研究方面，生物芯片中最成熟的基因芯片技术可用于基因表达谱研究、基因突变研究、基因组分型及测序和重测序等方面。生物芯片还成功应用于食品科学和医学药物筛选等领域,发挥出前所未有的巨大作用,参见图 27-6。

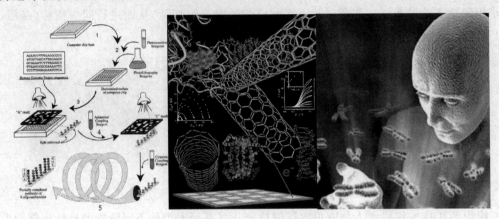

图 27-6　生物芯片应用

1) 生物芯片在基因结构与功能研究上的应用

将大量的功能基因点于芯片上,制成表达谱芯片,用各类组织的样品与之杂交,从中对基因表达的个体特异性、组织特异性、发育阶段特异性、分化特异性、病变特异性和刺激特异性表达进行分析和判断,可以将某些基因与疾病联系起来,极大地加快这些基因功能的确立,同时,进一步研究基因与基因间相互作用的关系。

(1) 基因测序与基因表达分析。

德国一所大学成功地利用肽核酸生物传感器芯片进行 DNA 测序,通过检测 DNA 上的磷酸基团,证实了使用时间飞行二次离子质谱技术可以很容易地鉴别杂交到肽核酸生物传感器芯片上的 DNA。研究还显示,该技术在基因诊断方面具有很大的应用潜力。

Cloud 等人利用激光捕捉显微切割技术,联合蛋白质芯片研究了正常人、结肠癌病人、癌转移病人结肠组织蛋白的表达情况,发现了不同的表达图谱。Tarui 等人用 DNA 芯片分析了烧伤病人淋巴细胞中细胞因子基因的表达情况,发现 IFNrR1、IL1R1、-2 Rh、-2 Ra、-2Rr、-6Ra 和-7R 降低,IFN-r、IL-1a、-13 和-15 升高,从而为烧伤病人的治疗提供依据。Song 等人绘制了早幼粒细胞性白血病 HL-60 细胞向单核细胞或者粒细胞分化过程中的一些肿瘤相关基因的表达谱。

(2) 基因突变和多态性检测。

分析基因突变和单核苷酸多态性(SNP)最有效、应用最广泛的方法是用等位基因特异的寡核苷酸探针进行示差杂交。Weidong 所在的研究小组报道了一种分析人类线粒体 tRNA 单核苷酸多态性的方法,他们采用一种称为 XNA on Gold Chip 的技术平台,把一系列各含有一个碱基突变的等位基因特异性探针固定于芯片上,分别与荧光标记的参考核酸及样本扩增产物杂交,通过分析杂交信号进行 SNP 的检测。

2) 生物芯片在食品科学上的应用

(1) 转基因食品的检测。

近年来,人们对转基因食品的安全性争议很大。传统的测试方法如 PCR 扩增法、化学组织检测法等,一次只能对一种转基因成分进行检测,且存在假阳性高和周期长等问题。而采用基因芯片技术仅靠一个实验就能筛选出大量的转基因食品,因此,被认为是最具潜力的检测手段之一。Rudi 等人研制出一种基于 PCR 的复合定性 DNA 阵列,并将其用于检测转基因玉米。结果表明:此方法能够快速地,定量地检测出样品中 10%～20% 的转基因成分,因而,被认为适于将来 GMO 检测的需要。Mariotti 等人发明了一种用于转基因食品检测的基于 DNA 杂交原理的生物芯片 SPR (surface plasmon resonance),可定量出样品含 2% 的转基因大豆粉。

(2) 食品中微生物的检测。

Appelbaum 在对几种细菌进行鉴别时,设计了一种鉴别诊断芯片,一方面从高度保守基因序列出发,即以各菌种间的差异序列为靶基因,另一方面,选择同种细菌不同血清型所特有的标志基因为靶基因,固着于芯片表面,同时,还含有细菌所共有的 16SrDNA 保守序列以确定为细菌感染标志。

Keramas 等人利用基因芯片能直接将来自鸡粪便中的两种十分相近的 Campylobacter 菌种 Campylobactejejuni 和 Campylobactecoil 检测并区分开来,而且,检测速度快、灵敏度高、专一性强,这给诊断和防治禽流感疫情提供了有利的工具。

(3) 食品卫生检验。

食品营养成分的分析、食品中有毒、有害化学物质的分析、食品中生物毒素(细菌、真菌毒素等)的监督检测工作都可以用生物芯片来完成,一张芯片一次可对水中可能存在常见致病菌进行全面、系统检测与鉴定,且操作简便、快捷。

3) 生物芯片在医学中的应用

(1) 在疾病诊断中的应用。

Wen 等人分别用寡核苷酸微阵列 P53 基因芯片和传统的 DNA 测序分析法检测 77 例卵巢癌病人的 TP53 基因,前者检测出 71 例病人的 TP53 基因发生突变,而后者只检出 63 例,与 DNA 测序分析 87% 的准确率比较,寡核苷酸微阵列高达 94%。前者敏感度为 92%,后者为 82%,两者特异性均为 100%,证明生物芯片技术是一种快速有效的检测突变的工具。

(2) 生物芯片在疫苗研制中的应用。

意大利的研究人员 Grifantini 等人利用 DNA 微阵列技术研究了 B 群脑膜炎双球菌与人上皮细胞相互作用过程中所发生的基因调控情况,他们发现,在细菌与上皮细胞相互作用中涉及 347 个基因,其中,30% 的基因编码功能还不清楚。由此表明:微阵列技术是鉴定新的候选疫苗的有力策略。

Hayward 等人利用得自恶性疟原虫绿豆核酸酶基因库的随机插入片段,构建了"鸟枪 DNA 芯片",通过示差杂交和克隆测序,发现疟原虫血液期滋养体与有性期配子体之间基因表达差异很大,此项结果大大有助于研制防止疟原虫传播的阻断剂和设计针对血液期抗原的疫苗。此外,生物芯片技术在药物筛选、遗传药理学、毒理学和病毒感染的快速诊断等领域也有许多成功应用的例子。

4. 前景与展望

生物芯片技术已经在生物学、医学和食品科学等领域取得了丰硕的成果。生物芯片技术的开发与运用还将在农业、环保、司法鉴定、军事中的基因武器等广泛的领域中开辟一条全新的道路。下面重点展望生物芯片技术在中药研究领域的应用前景。

1) 生物芯片在中药研究中的展望

(1) 筛选有效的中药复方。

用某些中药复方或中药中提取的有效成分替代副作用较强的西药,已成为新的开发热点。中药复方成分的复杂性,如果借助基因芯片技术就能更快速、更准确、更为可行地进行药与药的配伍、成分与成分的配伍研究。同时,利用基因芯片技术可以将传统的古方、验方、秘方在分子水平进行准确、快速、高效地筛选或验证,有望缩短新药研究的周期。

(2) 筛选药物的有效成分。

对于创新药物来讲,筛选是必不可少的手段和途径。当今工业化规模的新药开发有三大技术支柱,即组合化学——为新药开发提供新化合物源;遗传学——提供新的作用靶标和高通量筛选——提供有效的筛选方法。基于病症机理,选择特定的生物分子作为靶标的高通量筛选一般有两种模式,一种是直接检测化合物对生物大分子如受体、酶、离子通道、抗体等的结合及作用;另一种是检测化合物作用于细胞后基因表达(尤其是 mRNA)的变化。其中,两个关键的问题是选择合适的靶标和提高筛选效率,也就是如前所述的新靶标及筛选方法,而基因芯片作为一种高度集成化的分析手段都能够很好地胜任。

(3) 中药安全性的检测。

中药的安全性一直是最近几年来国内外关注的问题,如果用基因芯片研究某种中药或其提取物作用于细胞后基因表达的变化,如发现一些重要的功能基因表达有明显改变,则提示此物质在研究剂量下可能有一定的毒性。近来,NIEHS 研究小组研制了一种名为TOXCH IP 的装置,其实质是通过检测化合物作用于细胞后基因的改变来研究其毒性。它所涉及基因包括凋亡、细胞周期调控、药物转化代谢、DNA 复制与修复等。可达到省时、省力,且可减轻对实验动物的依赖。

(4) 中药材品质的鉴定。

道地药材研究已成为研究中药材质量的重要课题之一。道地药材与非道地药材为同种异地生物,两者形态、组织构造等特征的差别往往不明显,通过性状、显微和理化鉴定有很大困难。而利用基因芯片高效、高通量分析生物信息的优势可快速进行鉴别。

2) 生物芯片的发展

目前,生物芯片技术正进入全面深入研究开发时期,但是,其广泛应用仍面临着一些困难,主要体现在:

(1) 所需费用较高;

(2) 自动化程度不够高;

(3) 对许多实验结果还不能做出完美的解释;

(4) 对结果的扫描、去除背景、数据处理等目前还不能做得很完美。未来的生物传感器将具有功能多样化、微型化、智能化、集成化、低成本、高灵敏度、高稳定性、高寿命等特点。

27.2　全球生物芯片产业现状

生物芯片的最初构想来源于美国 Affymetrix 公司的前身 Affymax 公司里的一次即兴的建议,由 Fodor 组织半导体专家和分子生物学专家共同研制出来的,1991 年利用光蚀刻光导合成多肽，1993 年设计出了一种寡核苷酸生物芯片，1994 年又提出用光导合成的寡核苷酸芯片进行 DNA 序列快速分析。该公司还与 Incyte 制药公司合作，共同生产针对各种疾病的基因分析芯片供药品研究使用。美国 Aflymetrix 公司已经拥有了多项生物芯片方面的专利技术，该公司通过获得芯片技术专利权而获得巨大的利益。

由于生物芯片技术的重要性及其将带来的巨大商业价值和应用前景，世界各发达国家迅速纷纷跻身于以生物芯片为核心的各相关产业的研发竞争中。美、英、德、加、俄、意、日等国的重要学术和工业机构，已投入大量资金和人力开展这方面的基础研究和应用开发，并将"生物芯片"技术列入生物技术中的重点发展领域，形成了一批相关产业。美国于 1998 年正式启动基因芯片计划，其卫生部、能源部、商业部、司法部、中央情报局等均参与了此项目，现在，美国已经成为生物芯片产业最发达的国家，其企业数量、市场规模都占据全球相关方面的半数。生物芯片的成熟和应用一方面将为下个世纪的疾病诊断和治疗、新药开发、分子生物学、航空航天、司法鉴定、食品卫生和环境监测等领域带来一场革命；另一方面生物芯片的出现为人类提供了能够对个体生物信息进行高速、并行采集和分析的强有力的技术手段，故必将成为未来生物信息学研究中的一个重要信息采集和处理平台，参见图 27-7。

图 27-7　生物芯片产业

生物芯片充分利用了生物科学、信息学等当今带头学科的成果，在医学、生命科学、环境科学等凡与生命活动有关的领域均有重大应用前景，它不仅为人类认识生命的起源、遗传、发育与进化，为人类的疾病诊断、治疗和防治开辟全新的途径，为生物大分子的全新设计和药物开发药物基因组学研究提供了支撑平台，而且还使生命科学研究的思维方式经历一场深刻变化，促使我们以一种综合、全面、系统观点米研究生命现象。基因芯片技术具有广泛适应性，可以推广到一般实验室，因此大大促进了生物芯片的市场前景。2008 年全球生物芯片市场规模将从 2004 年的 22 亿美元增加到 2008 年的 47 亿美元。

生物芯片技术是一种高通量检测术，它包括基因芯片、蛋白芯片及芯片实验室三大领域。目前基因芯片仍是生物芯片的主流，其中，微阵列占生物芯片的 80%。生物芯片按市场划分为研究芯片和临床检验芯片两类。研究芯片主要供应研究单位或制药研发企业，可大量处理研发数据，占全球约 3/4 的芯片总量。根据中国生物技术发展中心的报告，美国 Affymetrix 公司是目前全球生物芯片领域的霸主，其市场份额约占全球 1/3～1/2。已开发全套的生物芯片技术相关产品。Afymetrix 以其拥有专利的寡聚核苷酸原位光刻合成技术，年产各类寡聚核苷酸基因芯片几十万张，占据了表达谱基因芯片科研市场的一半以上，成为为数极少的以芯片实验室（LOC）为高度集成化的集样品制备、基因扩增、核酸标记及检测为一体的便携式生物分析系统，它最终的目的是实现生化分析全过程全部集成在一片芯片上完成,从而使现有的许多烦琐、费时、不连续、不精确和难以重复的生物分析过程自动化、连续化和微缩化,是未来生物芯片的发展方向。

生物芯片的商业化和大规模生产会大大地降低芯片的成本,使研究人员更容易的利用生物芯片及其相关的分析技术。通过微量化和自动化,芯片技术及其相关的分析设备将大大地减少分析所需的样本量、增加能同时一次检测的样本数目。

27.3　中国生物芯片产业

1. 产业现状

我国生物芯片研究始于 1997—1998 年间,在此之前生物芯片技术在我国还是空白。尽管起步较晚,但是我国生物芯片技术和产业发展迅速,实现了从无到有的阶段性突破,并逐步发展壮大。到目前为止,我国生物芯片的产值已达到 2 亿多元,生物芯片研究已经从实验室进入应用阶段。据有关资料表明,2000—2008 年,我国生物芯片总销售额超过 3 亿元。

"十五"期间,国家"863"计划重点组织实施了"功能基因组及生物芯片研究"重大专项,对生物芯片的系统研发给予了倾斜性支持。从 2000 年开始,国家还陆续投入大笔资金,建立了北京国家芯片工程中心、上海国家芯片工程中心、西安微检验工程中心、天津生物芯片公司、南京生物芯片重点实验室共五个生物芯片研发基地,为加强我国在这一新兴高科技领域的自主创新和产业化能力奠定了坚实的基础。目前,生物芯片产业在我国已初见端倪并初具规模,形成了以北京、上海两个国家工程研究中心为龙头,天津、西安、南京、深圳、哈尔滨等地近 50 家生物芯片研发机构和 30 多家生物芯片企业蓬勃发展的局面。

我国已有 500 余种生物芯片及相关产品问世,十多个芯片或相关产品获得了国家新药证书、医疗器械证书或其他认证,并已实现产业化生产。例如深圳益生堂研制的丙型肝炎病毒分片段抗体检测试剂(蛋白质片)、北京博奥公司的微阵列芯片扫描仪等六种芯片及设备被国家食品药品监督管理局(sFDA)已批准注册,获得新药证书或医疗器械证书。另外,被 SFDA 受理的有 10 个。中国还是世界上批准生物芯片进入临床最早的国家,比美国早近三年。

为了加强生物芯片的研发与产业化,缩短与国际上的差距,我国分别在北京和上海建立了两个国家级的研究中心。中心现已初步形成了生物芯片技术产业化联合舰队式的企业发展格局,通过了 ISO 9001:2000 版质量管理体系认证,成立基因芯片部、蛋白抗体部、产品开发部、生物信息部和以组织芯片为特色的上海芯超生物科技有限公司、以基因分型为特色的上海南方基因科技有限公司、以市场营销为主的上海沪晶生物科技有限公司以及以专业诊断产品研发和生产的上海华冠生物芯片有限公司、江苏海晶诊断科技有限公司、中美合资上海英伯肯医学生物技术有限公司等多个为产业化依托的具有良好的自我循环能力的专业子公司。

在激烈的国际竞争中,我国生物芯片产业不仅实现了跨越式的发展,而且已经走出国门,成为世界生物芯片领域一股强大的力量。例如我国科学家自主研制的激光共焦扫描仪向欧美、韩国等地区的出口订单已经达到百台级规模,实现了我国原创性生命科学仪器的首次出口,未来三年将保持更高速度的增长,这标志着我国生物芯片企业正式迈入国际领先者行列,也使生物芯片北京国家工程研究中心进入国际市场的产品达到了五种。

生物芯片技术发展到今天不过短短十几年时间,随着研究的不断深入和技术的更加完善,生物芯片将对 21 世纪人类生活和健康、社会经济状况和发展产生极其深远的影响。不容置疑的是,生物芯片及相关产业将成为本世纪最具规模和良好发展前景的产业之一。

2. 近年的科研成果

"十五"期间,我国生物芯片研究共申请国内专利 356 项,国外专利 62 项。2005 年 4 月,由科技部组织实施的国家重大科技专项"功能基因组和生物芯片"在生物芯片产业取得阶段成果,诊断检测芯片产品、高密度基因芯片产品、食品安全检测芯片、拥有自主知识产权的生物芯片创新技术创建等一系列成果蜂拥而出,2005 年,由"长江学者特聘教授"、南开大学王磊博士任首席科学家的国家"863"专项——"重要病原微生物检测生物芯片"课题组经过两年的潜心科研攻关,取得重大成果,"重要致病菌检测芯片"第一代样品研制成功,并且开始制定企业和产品的质量标准,这标志着我国第一个具有世界水平的微生物芯片研究进入产业化阶段,从而使天津市建设世界级微生物检测生物芯片研发和产业化基地,抢占全球生物芯片研发制高点迈出历史性的一步。

2005 年 4 月 26 日,中国生物芯片产业的骨干企业北京博奥生物芯片有限责任公司(生物芯片北京国家工程研究中心)和美国昂飞公司(Affymetrix)建立战略合作关系,并共同签订了《生物芯片相关产品的共同研发协议》和《DNA 芯片服务平台协议》两个重要的全面合作协议,对于中国生物芯片产业来说这是一个历史的时刻,也标志着以博奥生物为代表的中国生物芯片企业已在全球竞争日益激烈的生物芯片产业中跻身领跑者的地位。

2006 年,生物芯片北京国家工程研究中心又成功研制了一种利用生物芯片对骨髓进行分析处理的技术,这在全球尚属首次,可以大大提高骨髓分型的速度和准确度。这种用于骨髓分型的生物芯片,只有手指大小,仅一张就可以存储上万个人的白细胞抗原基因。

2006 年 7 月,中国科学院力学研究所国家微重力实验室靳刚课题组在中科院知识创新工程和国家自然科学基金的资助下,主持研究的"蛋白质芯片生物传感器系统"实现实验室样机,目前已实现乙肝五项指标同时检测、肿瘤标志物检测、微量抗原抗体检测、SARS 抗体药物鉴定、病毒检测及急性心肌梗死诊断标志物检测等多项应用实验。

2006 年,由浙江大学方肇伦院士领衔国内 10 家高校、科研单位共同打造的芯片实验室"微流控生物化学分析系统"通过验收,该项研究成果将使我国医疗临床化验发生革命性变革,彻底改变了我国在微流控分析领域的落后面貌。

2006 年,第四军医大学预防医学系郭国祯采用辐射生物学效应原理,应用 Mpmbe 软件设计探针筛选参与辐射生物学效应基因,成功研制出一款由 143 个基因组成的电离辐射相关低密度寡核苷酸基因芯片,该芯片为检测不同辐射敏感性肿瘤细胞的差异表达基因提供了一个新的技术平台。

2006 年 3 月西安交通大学第二医院检验科何谦博士等成功研发出丙型肝炎病毒(HCV)不同片段抗体蛋白芯片检测新技术。该技术的问世,为丙型肝炎患者的确诊、献血人员的筛选及治疗药物的研发等,提供了先进的检测手段。

2008 年 4 月 29 日《科学时报》报道,我国成功研发近 400 种生物芯片产品。

3. 存在的问题

对于我国生物芯片工业来讲。关键问题有三个。

(1) 制作技术：芯片制作技术原理并不复杂，就制作涉及的每项技术而言，我国已具有实际能力，我国发展生物芯片的难点是如何实现各种相关技术的整合集成。

(2) 基因、蛋白质等前沿研究：制作生物芯片要解决的是 DNA 探针、基因以及蛋白质的尽可能全面和快速地收集问题。

(3) 专利和产权：一个不容忽视的问题是专利和产权的问题。目前全世界都在"跑马圈地"，专利和自主产权比什么都重要。

27.4　基因芯片概述

1993 年美国斯坦福大学 Mark Schena 博士在研究植物转录因子时遇到困难，通过探索、思考和大量实践，认识到如果将更多的 DNA 探针集成在固体表面，用以研究基因表达也许是一种不错的方法。1994 年，在荷兰的一次国际会议上，这一设想受到了 500 多人的耻笑。但 Schena 并没有放弃研究，终于在 1995 年 10 月获得了成功，并在自然杂志首次发表基因芯片研究的论文，介绍了使用机器手在玻璃片上安装 DNA 探针，利用双荧光标记一次性检测 45 个基因表达的结果。1996 年底，Schena 的原同事，当时供职于美国旧金山 Affymatrix 公司的 S. Fodor 等研制了世界上第 1 块 DNA 芯片（即基因芯片）。其发展不到 10 年的时间，该技术已经显示出巨大的商业价值，备受世界各国政界、科技界及各大企业的关注。

1. 基因芯片的定义

基因芯片（gene chip）也叫 DNA 芯片、DNA 微阵列（DNA microarray），是指采用原位合成或显微打印手段，将数以万计的 DNA 探针固化于支持物表面上，产生二维 DNA 探针阵列，然后与标记的样品进行杂交，通过检测交信号来实现对生物样品快速、并行、高效地检测或医学诊断，由于常用硅芯片作为固相支持物，且在制备过程运用了计算机芯片的制备技术，所以称之为基因芯片技术。

2. 芯片种类

基因芯片产生的基础是分子生物学、微电子技术、高分子化学合成技术、激光技术和计算机科学的发展及其有机结合。根据基因芯片的材质和功能分为以下几类。

(1) 生物传感芯片：包括光学纤维阵列芯片、白光干涉谱传感芯片；

(2) 元件型微阵列芯片：包括生物电子芯片、药物控释芯片、凝胶元件微阵列芯片；

(3) 通道型微阵列芯片：包括 PCR 扩增芯片、集成 DNA 分析芯片、毛细管电泳芯片、毛细管电层析芯片。

3. 基因芯片的原理与技术

1）原理

基因芯片称 DNA 芯片、寡核苷酸芯片，属于生物芯片的一个种类。生物芯片是指通过平面微细加工技术在固体芯片表面构建的微流体分析单元和系统,以体芯片表面构建的微流体分析单元和系统,以实现对细胞、蛋白、核酸以及其他生物组分的准确、快捷、大信息的检测。基因芯片技术是基于碱基互补原理,在固体芯片表面按一定的阵列集成大量的基因探针,通过与待测基因进行杂交反应,进而对大量基因进行平行瞬时分析检测的技术。

基因芯片技术是利用大规模集成电路的手段控制固相合成的成千上万个寡核苷酸探针,并把它们密集、规律地排列在 $1cm^2$ 大小的硅片或玻璃芯片上与探针杂交,经激光共聚集显微镜扫描,以计算机系统对荧光信号进行比较和检测,并迅速得出所需的信息。基因芯片技术比常规方法的效率高几十到几千倍。其技术流程包括四个基本步骤:片基与阵列的构建;样品的获得与标记;杂交反应;信号检测与结果分析。其中片基的处理与阵列的构建由芯片制备商供应,其余步骤由实验者操作。

2)基因芯片的制备

常用基因芯片制备方法有:接触点样法、原位合成法、喷墨法、分子印章合成法等。近年来,随着基因芯片技术的不断成熟,基因芯片制备技术发展迅速,已研究开发出以各种结构微阵列为基础的第2代生物芯片,包括:元件型微阵列芯片,如生物电子芯片、凝胶元件微列芯片、药物控释芯片等;通道型微阵列芯片,如毛细管电层折芯片、基因扩增芯片、集成DNA芯片等;生物传感芯片,如光学纤维阵列芯片、白光干涉谱传感芯片等,见图27-8。

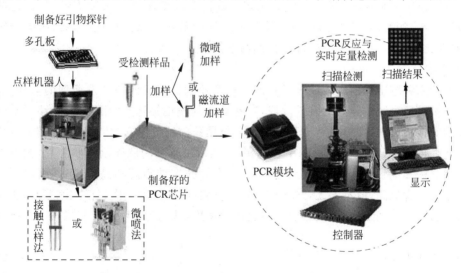

图 27-8　基因芯片的制备和流程

基因芯片制备的一般原理,是利用照相平板印刷技术,连续将探针阵列图"印"在固相载体上。首先在载体的阵列点上结合专一的化学基团,其羟基上加有可因光照除去的光敏保护基团。用特制的光刻掩膜保护不需合成的部位,暴露合成部位,在光作用下除去羟基上的保护基团,游离羟基,利用化学反应加上第1个核苷酸,所引入核苷酸带有光敏保护基团。然后,按上述方法循环直至完成探针的合成。每一反应均需新的光刻掩膜。

3)基因芯片的检测

微阵列与标记的靶DNA、RNA或其他分子杂交后,须经过检测以收集实验结果。其检测方法有荧光标记、同位素标记、化学发光、电化学和 M LDI TOF(automated Matrix Laser Desorption Ionization Time of Flight)等检测法。

目前,荧光标记检测法在基因芯片检测中应用较多,常用的扫描仪有激光共聚焦扫描仪和电荷耦合器件(CCD)扫描仪,也可用激光显微镜进行检测。利用激光共聚焦扫描得到的微阵列图像与数据中,点与背景的比例(信噪比)明显优于非共聚焦扫描装置。CCD 扫描仪多采用氙灯或高压汞灯作为单色激光照射到样品上,所产生的荧光经发射窄带干涉滤光片后,由摄像头成像,该图像信息通过计算机转化为数字信息。与激光共聚焦扫描仪相比,CCD 扫描仪扫描速度快,无须移动 X-Y 二维平台且价格便宜,但其灵敏度较低。激光共聚焦扫描具有快速传输高质量图像与数据的特性,且灵敏度高,是较理想的检测工具。

4. 基因芯片的应用

1) 基因测序

基因芯片利用固定探针与样品进行分子杂交产生的杂交图谱而排列出待测样品的序列,Mark chee 等用含 135 000 个寡核苷酸探针的阵列测定了全长为 16.6Kb 的人线粒体基因组序列,准确率达 99%。

2) 基因诊断

从正常人的基因组中分离出 DNA 与 DNA 芯片杂交就可以得出标准图谱。从病人的基因组中分离出 DNA 与 DNA 芯片杂交就可以得出病变图谱。通过比较、分析这两种图谱,就可以得出病变的 DNA 信息。这种基因芯片诊断技术以其快速、高效、敏感、经济、平行化、自动化等特点,将成为一项现代化诊断新技术。

3) 药物筛选

如何分离和鉴定药的有效成分是目前中药产业和传统的西药开发遇到的重大障碍,基因芯片技术是解决这一障碍的有效手段,它能够大规模地筛选,通用性强,能够从基因水平解释药物的作用机理,即可以利用基因芯片分析用药前后机体的不同组织、器官基因表达的差异。如果再用 mRNA 构建 cDNA 表达文库,然后用得到的肽库制作肽芯片,则可以众多的药物成分中筛选到起作用的部分物质。生物芯片技术使得药物筛选,靶基因鉴别和新药测试的速度大大提高,成本大大降低。基因芯片药物筛选技术工作目前刚刚起步,美国很多制药公司已开始前期工作,即正在建立表达谱数据库,从而为药物筛选提供各种靶基因及分析手段。

4) 个体化医疗

临床上,同样药物的剂量对病人所起作用不同,有的病人有效,有的不起作用,而对另一些病人可能有副作用。这主要是由于病人遗传学上存在差异(单核苷酸多态性,SNP),导致对药物产生不同的反应。如果利用基因芯片技术对患者先进行诊断,根据基因诊断结果再开处方,就可对病人实施个体优化治疗,对指导治疗和预后有很大的意义。

5) 生物信息学研究

人类基因组计划(HGP)是人类为了认识自己而进行的一项伟大而影响深远的研究计划。目前的问题是面对大量的基因或基因片断序列如何研究其功能,只有知道其功能才能真正体现 HGP 计划的价值,破译人类基因这部天书。生物信息学将在其中扮演至关重要的角色。基因芯片技术是使个体生物信息进行高速、并行采集和分析成为可能,必将成为未来生物信息学研究中的一个重要信息采集和处理平台,成为基因组信息学研究的主要技术支撑。

5. 当前面临的困难

尽管基因芯片技术已经取得了长足的发展,但仍然存在着一些难以解决的问题:

(1) 样品制备上,当前都要对样品进行一定程度的扩增以便提高检测的灵敏度。

(2) 探针的合成与固定比较复杂,特别是对于制作高密度的探针阵列。使用光导聚合技术每步产率不高(95%),难于保证好的聚合效果。

(3) 目标分子的标记是一个重要的限速步骤,如何简化或绕过这一步现在仍然是个问题。

(4) 信号的获取与分析上,当前多数方法使用荧光法进行检测和分析重复性较好,但灵敏度仍然不高。

(5) 基因芯片的特异性还有待提高。

(6) 如何检测低丰度表达基因仍是目前一个重要问题。基因芯片要保证其特异性、但又要保证能检测低丰度表达的基因,目前尚未解决这一问题。

6. 基因芯片技术的发展方向

基因芯片技术发展在今后几年内可能的发展方向有以下几个方面:

(1) 进一步提高探针阵列的集成度;

(2) 提高检测的灵敏度和特异性;

(3) 高自动化、方法趋于标准化、简单化,降低成本;

(4) 提高稳定性;

(5) 研制新的应用芯片;

(6) 研制芯片新检测系统和分析软件,以充分利用生物信息;

(7) 芯片技术将与其他技术结合使用;

(8) 同生物芯片间综合应用,如蛋白质芯片与基因芯片间相互作用等,可用于了解蛋白质与基因间相互作用的关系。

27.5 蛋白质芯片

1. 蛋白质芯片的原理

蛋白质芯片是将已知蛋白点印在固定于不同种类支持介质上,制成由高密度的蛋白质或者多肽分子的微阵列组成的蛋白微阵列,其中每个分子的位置及序列为已知,并将待测蛋白质与该芯片进行孵育反应,再将荧光标记的蛋白质与芯片—蛋白质复合物反应,当荧光标记的靶分子与芯片上的分子结合后,可以通过激光扫描系统或者 CCD 照相系统对荧光信号的强弱进行分析,进一步对杂交结果进行量化分析,检测蛋白质的存在情况,参见图 27-9。

2. 蛋白质芯片技术的应用

蛋白质芯片的研究和应用主要应用于以下几个方向。

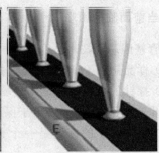

图 27-9 蛋白质芯片检测

1) 蛋白质芯片为蛋白质功能研究提供了新的方法

合成的多肽及来源于细胞的蛋白质都可以用作制备蛋白质芯片的材料。蛋白质芯片可以对众多的蛋白质进行功能研究。Uetz 将蛋白质芯片引入酵母双杂交研究中,大大提高了筛选率。建立了含 6000 个酵母蛋白的转化子,每个都具有开放性可阅读框架的融合蛋白作为酵母双杂交反应中的激活区,此蛋白质芯片检测到 192 个酵母蛋白与之发生阳性反应。

2) 筛选目标物质

蛋白质芯片可进行高敏度的表达和抗体特异性筛选。Lueking 在实验中把 92 个人的cDNA 克隆在酶标板上,将表达后得到的细菌胞溶物作为蛋白质样品点制成芯片,和常规的原位膜筛选方法相比,在该芯片上进行大量蛋白质表达检测的假阳性克隆的比率下降,不正确阅读框架导致错译蛋白的比率也大幅度下降,从 37％降低为 11％。所挑选的克隆产物(CAPDH) 的特异性在相同的芯片上应用单克隆得到很好的证实。该技术不仅可以用于抗原抗体的筛选,还能用于受体、配体体系。

3) 识别蛋白质物激酶的底物

蛋白质芯片还能够揭示酶及其底物(与酶作用的小分子)之间的相互作用。Macbeath和 Schreibar 选用了三对激酶和底物(依赖一磷酸腺苷的蛋白激酶(PKA) 和 Kemptide;酪蛋白激酶和蛋白磷酸酶抑制因子-2(I-2);ErK-2 和 ELKI),激酶和蛋白磷酸酶抑制因子-2(I-2);ErK-2 和 ELKI,然后用机械手将三处底物点在用 BSA-NHS 修饰的玻片上,在 Y-P标记的三磷酸腺苷(AU)存在下,各种激酶被激活,与固定在载玻片上的底物相互作用,采用类似于同位素原位杂交技术,在感光乳剂的作用下,于相应的底物位置能够检测到反应后的芯片上的放射性位点,从而反映出激酶与特异性底物的作用过程,这说明芯片技术可以识别酶的底物。

4) 生化反应的检测

对酶活性的测定一直是临床生化检验中不可缺少的部分。Cohen 用常规的光蚀刻技术制备芯片、酶及底物加到芯片上,在电渗作用中使酸及底物经通道接触,发生酶促反应。通过电泳分离,可得到荧光标记的底物及产物的变化,以此来定量酶促反应结果。动力学常数的测定表明就该方法是可行的,而且,荧光物质稳定。Arenkov 进行了类似的试验,他制备的蛋白质芯片的一大优点,可以反复使用多次,大大降低了试验成本。

5) 蛋白质芯片的临床应用

蛋白质芯片技术在医学领域中有着广阔的应用前景。蛋白质芯片能够同时检测生物样品中与某种疾病或者环境因素损伤可能相关的全部蛋白质的含量情况,即表型指纹。对于疾病的诊断或筛查来讲,表型指纹要比单一标志物准确可行的多,此外,表型指纹对监测疾病的过程或预测,判断治疗的效果也具有重要意义。CipherRen Biosystems 公司利用蛋白质芯片检测了来自健康人和前列腺癌患者的血清样品,在短短的三天之内发现了 6 种潜在的前列腺癌的生物学标记。同时,肿瘤也是生物医学研究领域中的热点。

背 景 材 料

2000 年 4 月,根据国务院领导的批示精神,国家发展改革委瞄准生物高技术产业领域的战略制高点,经过认真研究、筹划,向国务院上报了组建生物芯片国家工程研究中心的建议。2000 年 10 月,国务院正式批准启动该工程中心的建设,依托清华大学、华中科技大学、中国医学科学院和军事医学科学院四家单位共同组建,注册并成立博奥生物有限公司,首次试点按独立法人的研究开发实体来实施中心建设。中心的主要目标是研制出具有我国自主知识产权的生物芯片设计、加工和测试成套技术,研制出一系列可供研究、诊断和药物开发等领域应用的生物芯片,实现产业化。项目总投资 3.9 亿元,其中国家发展改革委安排资金 2 亿元。几年来,该工程中心边建设、边运行,取得了一大批具有自主知识产权和高水平的创新成果。累计申请专利 102 项,授权专利 60 项。建立起了包括基因、蛋白、细胞和组织"四位一体"的系统化生物芯片技术服务平台。

参 考 文 献

1 张宝珠.基因芯片技术.实验室科学,2005 年 4 月第 2 期.
2 林一民,张玲.基因芯片及应用前景,现代医药卫生 2002 年第 18 卷第 7 期.
3 王宝琴,魏战勇.生物芯片及其在疾病诊断中的应用.中国兽医科技,2003,33(5).
4 章军建.基因芯片在医学研究中的应用.国外医学遗传学分册,2002,25(1).
5 许树成.生物芯片技术研究的现状与进展.阜阳师范学院学报:自然科学版,2003,20(3).
6 李凌.芯片技术研究进展.中国生物化学与分子生物学报,2000,9(2).
7 昊浩扬.生物芯片技术.科学,2002,54(3).
8 申爱英.生物芯片研究现状及进展.生物学杂志,2002,9(6).
9 刘春龙,李忠秋,孙海霞.生物芯片技术应用及其趋势展望.农机化研究,2003,10(4).
10 薛晓红,刘胜.基因芯片及其在中医药研究中的应用思考.中国医药学报,2003,8(9).
11 王全军.芯片技术在药物毒理学中的应用.国外医学药学分册,2004,3(2).
12 刘春龙,李忠秋,孙海霞.生物芯片技术应用及其趋势展望.农机化研究,2003,10(4).
13 王全军.芯片技术在药物毒理学中的应用.国外医学药学分册,2004,3(2).
14 何利华.浅谈对基因芯片的认识.湖北生态工程职业技术学院学报,2006 年第 4 卷第 3 期.
15 梅林,宋世远,查忠勇,伊茜,化岩,饶纪,苏建华.生物芯片发展现状和未来.激光杂志,2008 年第 29 卷第 2 期.
16 陈启龙,唐鑫生.生物芯片技术及其应用前景.资源开发与市场,2007-23.
17 李娜.在生物芯片前沿.IT 经理世界,2006.12.5.

第28讲

生物信息学

28.1　生物信息学的研究内容

生物信息学是内涵非常丰富的学科,其核心是基因组信息学,包括基因组信息的获取、处理、存储、分配和解释。基因组信息学的关键是"读懂"基因组的核苷酸顺序,即全部基因在染色体上的确切位置以及各 DNA 片段的功能;同时在发现了新基因信息之后进行蛋白质空间结构模拟和预测,然后依据特定蛋白质的功能进行药物设计。了解基因表达的调控机理也是生物信息学的重要内容,根据生物分子在基因调控中的作用,描述人类疾病的诊断,治疗内在规律。它的研究目标是揭示"基因组信息结构的复杂性及遗传语言的根本规律",解释生命的遗传语言。生物信息学已成为整个生命科学发展的重要组成部分,成为生命科学研究的前沿。它涉及分子生物学、分子演化及结构生物学、统计学及计算机科学等许多领域。

简单地说,生物信息学领域的核心内容是研究如何通过对 DNA 序列的统计计算分析,更加深入地理解 DNA 序列、结构、演化及其与生物功能之间的关系。

从广义的角度说,生物信息学主要从事对基因组研究相关生物信息的获取、加工、储存、分配、分析和解释,包括了两层含义,一是对海量数据的收集、存储、整理与服务;另一个是从中发现新的规律。

具体地说,生物信息学是把基因组 DNA 序列信息分析作为源头,找到基因组序列中代表蛋白质和 RNA 基因的编码区;同时,阐明基因组中大量存在的非编码区的信息实质,破译隐藏在 DNA 序列中的遗传语言规律;在此基础上,归纳、整理与基因组遗传语言信息释放及其调控相关的转录谱和蛋白质谱的数据,从而认识代谢、发育、分化、进化的规律,参见图 28-1。

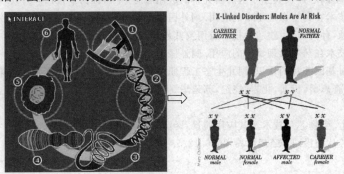

图 28-1　生物信息学的对象和目标

28.2　生物信息学的发展历史

1. 生物信息学产生的背景

研究生物细胞生物大分子的结构与功能很早就已经开始,1866 年孟德尔从实验上提出了假设:基因是以生物成分存在。1871 年 Miescher 从死的白细胞核中分离出脱氧核糖核酸(DNA),在 Avery 和 McCarty 于 1944 年证明了 DNA 是生命器官的遗传物质以前,人们仍然认为染色体蛋白质携带基因,而 DNA 是一个次要的角色。

1944 年 Chargaff 发现了著名的 Chargaff 规律,即 DNA 中鸟嘌呤的量与胞嘧定的量总是相等,腺嘌呤与胸腺嘧啶的量相等。与此同时,Wilkins 与 Franklin 用 X 射线衍射技术测定了 DNA 纤维的结构。1953 年 James Watson 和 Francis Crick 在 Nature 杂志上推测出DNA 的三维结构(双螺旋)。DNA 以磷酸糖链形成发双股螺旋,脱氧核糖上的碱基按Chargaff 规律构成双股磷酸糖链之间的碱基对。这个模型表明 DNA 具有自身互补的结构,根据碱基对原则,DNA 中储存的遗传信息可以精确地进行复制。他们的理论奠定了分子生物学的基础,参见图 28-2。

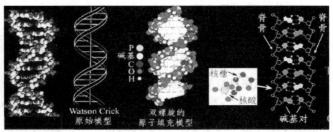

图 28-2　DNA 双螺旋

DNA 双螺旋模型已经预示出了 DNA 复制的规则,Kornberg 于 1956 年从大肠杆菌中分离出 DNA 聚合酶 I,能使四种 dNTP 连接成 DNA。DNA 的复制需要一个 DNA 作为模板。Meselson 与 Stahl(1958 年)用实验方法证明了 DNA 复制是一种半保留复制。Crick于 1954 年提出了遗传信息传递的规律,DNA 是合成 RNA 的模板,RNA 又是合成蛋白质的模板,称之为中心法则(central dogma),中心法则对以后分子生物学和生物信息学的发展都起到了极其重要的指导作用。

经过 Nirenberg 和 Matthai(1963 年)的努力研究,编码 20 氨基酸的遗传密码得到了破译。限制性内切酶的发现和重组 DNA 的克隆(clone)奠定了基因工程的技术基础。正是由于分子生物学的研究对生命科学的发展有巨大的推动作用,生物信息学的出现也就成了一种必然。

2001 年 2 月,人类基因组工程测序的完成,使生物信息学走向了一个高潮。由于 DNA自动测序技术的快速发展,DNA 数据库中的核酸序列公共数据日新月异,生物信息迅速地膨胀成数据的海洋。毫无疑问,我们正从一个积累数据向解释数据的时代转变,数据量的巨大积累往往蕴含着潜在突破性发现的可能,"生物信息学"正是从这一前提产生的交叉学科。

2003 年 4 月 14 日,美国人类基因组研究项目首席科学家 Collins F 博士在华盛顿隆重宣布"人类基因组序列图绘制成功,人类基因组计划(Human Genome Project,HGP)的所有目标全部实现",识别了大约 32 000 个基因,并提供了四类图谱,即遗传、物理、序列、转录序列图谱。这标志"人类基因组计划胜利完成"和"后基因组时代(Post Genome Era,PGE)"已来临,参见图 28-3。

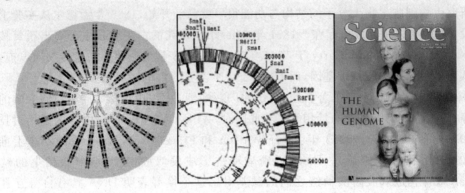

图 28-3　人类基因组

2. 生物信息学发展阶段

生物信息学的发展过程与基因组学研究密切相关,大致可分为三个阶段,即前基因组时代、基因组时代、后基因组时代。

(1) 前基因组时代,介于 20 世纪 50 年代末至 20 世纪 80 年代末(标志是 HGP 启动),这一时期也是早期生物信息学研究方法逐步形成阶段。生物信息学早期研究仅限于利用数学模型、统计学方法和计算机处理宏观生物分子数据,作用的领域主要是生物遗传和进化信息处理,如基因签名、DNA 克隆、DNA 分子序列比对以解决基因同源性问题、分子生物数据存储和数据库建立等。随着 DNA 分子提取和 DNA 分子测序技术的快速发展以及分子生物数据量的不断扩大,如聚合酶链式反应的 DNA 提取技术,链终止法的 DNA 测序技术,PAM 打分矩阵模型,Needlerrm-Wunsch 全局序列比对的动态规划算法,Smith-Waterman 局部比对算法,基于距离或特征系统发生分析方法,这些方法为高度自动化大规模测序、基因数据的提取、序列片断的拼接、新基因的发现提供了技术支撑,并为 HGP 顺利实施奠定了基础。

(2) 基因组时代,介于 20 世纪 80 年代末至 2003 年的 HGP 顺利完成,这是生物信息学真正兴起并形成了一门多学科的交叉、边缘学科。伴随着 20 世纪 80 年代末人类基因组计划的启动,人们寄希望于通过从基因组学水平的研究来解决人类所面临的诸如健康、疾病、生存等众多相关的问题,这是生物信息学兴起和发展的一个根本原因。生物信息学最早常被称为基因组信息学,"基因组学"一词的出现始于 1986 年,美国霍普金斯大学著名人类遗传学家和内科教授 Kusiek M C 创造了基因组学这一名词,意指从基因组水平研究遗传的学科,1987 年出现了生物信息学(bioinformatics)词汇。生物信息学将遗传密码与计算机信息处理工具相结合,通过各种程序软件计算、分析核酸、蛋白质等生物大分子序列,揭示遗传信息,并通过查询、搜索、比较、分析生物信息,理解 DNA 大分子序列的生物意义和生物遗传进化信息,生物信息学为分子生物学家提供了一条研究现代生物学的最重要途径之一。同时生物信息学在 HGP 实施过程中起到了非常重要的作用,从高度自动化的大规模测序、DNA 分子数据的获取与分析处理、序列片断的拼接、新基因的发现、基因组结构与功能预测到基因组进化等研究的各个环节都与生物信息学密不可分,为 HGP 的顺利完成奠定了技术支撑。正如"DNA 双螺旋结构"提出者之一,著名科学家 Crick 所指出:计算机技术的进展使基因组大规模测序成为可能,推动生物学成为一门"大科学"……因此 HGP 的实施推动了生物信息学的发展,并将伴随着基因组学的深入研究而不断发展,同时生物信息学也成为基因组学的重要组成部分。

(3) 后基因组时代,自 2003 年 HGP 完成开始。随着 HGP 的胜利完成及各种 DNA 分子数据库的建立,DNA 分子数据提取技术得到了较快的发展,涌现出海量的生物分子数据。目前生物分子数据每 14 个月就要翻一番。这些数据具有丰富的内涵,其背后隐藏着人类目前尚不清楚的生物学知识和许多有用的信息。充分利用这些数据,通过分析,挖掘这些数据的内涵,获得对人类有用的遗传信息、进化信息及功能相关的结构信息,造福于人类社会,这是后基因组时代的核心内容之一,同时也是生物信息学的全部内涵。

28.3　生物信息学的现状

在基因组时代,基因组研究分析以建立高分辨率的遗传图谱、物理图谱、序列图谱、转录图谱为主要目的,并建立了相应的生物分子数据库,如 EMBL 核酸数据库,GenBank 基因序列数据库等。在 HCP 完成之后,美国、英国、日本等国家纷纷投入巨资启动各种后基因组计划项目。如美国能源部启动的"生命基因组计划",其主要目的在于"识别执行关键生命功能的多蛋白质复合物,分析其调控网络特征",引发了蛋白质组学研究。在后基因组时代,分子生物学研究引发了诸如功能(或结构)基因组、蛋白质组学、比较基因组学、药物基因组学等重要研究方向,而作为横断学科的生物信息学研究贯穿于分子生物学的各个研究方向,相应地就有了功能(或结构)基因组信息学、蛋白质组信息学、比较基因组信息学、药物基因组信息学等。生物信息学在短短十几年间,已经形成了多个研究方向,以下简要介绍一些主要的研究重点。

1. 序列比对(sequence Alignment)

序列比对的基本问题是比较两个或两个以上符号序列的相似性或不相似性。这一问题包含了以下几个意义:

- 从相互重叠的序列片断中重构 DNA 的完整序列;在各种试验条件下从探测数据(probe data)中决定物理和基因图;
- 存储,遍历和比较数据库中的 DNA 序列;
- 比较两个或多个序列的相似性;
- 在数据库中搜索相关序列和子序列;
- 寻找核苷酸(nucleotides)的连续产生模式;
- 找出蛋白质和 DNA 序列中的信息成分。

2. 蛋白质结构比对和预测

基本问题是比较两个或两个以上蛋白质分子空间结构的相似性或不相似性。蛋白质的结构与功能是密切相关的,一般认为,具有相似功能的蛋白质结构一般相似。蛋白质是由氨基酸组成的长链,长度从 50 到 1000~3000AA(Amino Acids),蛋白质具有多种功能,如酶、物质的存储和运输、信号传递、抗体等。氨基酸的序列内在的决定了蛋白质的三维结构。一般认为,蛋白质有四级不同的结构。研究蛋白质结构和预测的理由是:医药上可以理解生物的功能,寻找 dockingdrugs 的目标,农业上获得更好的农作物的基因工程,工业上有利用酶的合成。

直接对蛋白质结构进行比对的原因是由于蛋白质的三维结构比其一级结构在进化中更稳定的保留,同时也包含了较 AA 序列更多的信息。蛋白质三维结构研究的前提假设是内在的氨基酸序列与三维结构一一对应(不一定全真),物理上可用最小能量来解释,参见图 28-4。

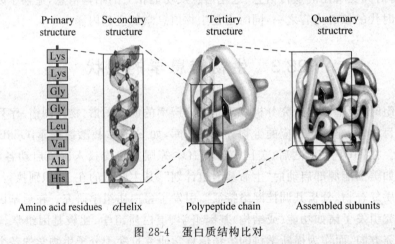

图 28-4　蛋白质结构比对

从观察和总结已知结构的蛋白质结构规律出发来预测未知蛋白的结构。同源建模用于寻找具有高度相似性的蛋白质结构(超过 30% 氨基酸相同),后者则用于比较进化族中不同的蛋白质结构。

3. 基因识别,非编码区分析研究

基因识别的基本问题是给定基因组序列后,正确识别基因的范围和在基因组序列中的精确位置。非编码区由内含子组成,一般在形成蛋白质后被丢弃,但从实验中,如果去除非编码区,又不能完成基因的复制。显然,DNA 序列作为一种遗传语言,既包含在编码区,又隐含在非编码序列中。分析非编码区 DNA 序列目前没有一般性的指导方法。在人类基因组中,并非所有的序列均被编码,即是某种蛋白质的模板,已完成编码部分仅占人类基因总序列的 3%~5%,显然,手工的搜索如此大的基因序列是难以想象的。侦测密码区的方法包括测量密码区密码子的频率、一阶和二阶马尔可夫链、ORF(Open Reading Frames)、启动子识别、HMM(Hidden Markov Model)和 GENSCAN、Splice Alignment 等。

4. 分子进化和比较基因组学

分子进化是利用不同物种中同一基因序列的异同来研究生物的进化,构建进化树。既可以用 DNA 序列也可以用其编码的氨基酸序列来做,甚至于可通过相关蛋白质的结构比对来研究分子进化,其前提假定是相似种族在基因上具有相似性。通过比较可以在基因组层面上发现哪些是不同种族中共同的,哪些是不同的。

早期研究方法常采用外在的因素,如大小、肤色、肢体的数量等作为进化的依据。近年来较多模式生物基因组测序任务的完成,人们可从整个基因组的角度来研究分子进化。

5. 序列重叠群(contigs)装配

根据现行的测序技术,每次反应只能测出 500 或更多一些碱基对的序列,如人类基因的测量就采用了短枪(shortgun)方法,这就要求把大量的较短的序列全体构成了重叠群。逐步把它们拼接起来形成序列更长的重叠群,直至得到完整序列的过程称为重叠群装配。从算法层次来看,序列的重叠群是一个 NP-完全问题。

6. 遗传密码的起源

通常对遗传密码的研究认为,密码子与氨基酸之间的关系是生物进化历史上一次偶然的事件而造成的,并被固定在现代生物的共同祖先里,一直延续至今。不同于这种"冻结"理论,有人曾分别提出过选择优化,化学和历史等三种学说来解释遗传密码。随着各种生物基因组测序任务的完成,为研究遗传密码的起源和检验上述理论的真伪提供了新的素材。

7. 基于结构的药物设计

人类基因工程的目的之一是要了解人体内约 10 万种蛋白质的结构、功能、相互作用以及与各种人类疾病之间的关系,寻求各种治疗和预防方法,包括药物治疗。基于生物大分子结构及小分子结构的药物设计是生物信息学中的极为重要的研究领域。为了抑制某些酶或蛋白质的活性,在已知其蛋白质三级结构的基础上,可以利用分子对齐算法,在计算机上设计抑制剂分子,作为候选药物。这一领域目的是发现新的基因药物,有着巨大的经济效益。

8. 其他

如基因表达谱分析,代谢网络分析;基因芯片设计和蛋白质组学数据分析等,逐渐成为生物信息学中新兴的重要研究领域;在学科方面,由生物信息学衍生的学科包括结构基因组学、功能基因组学、比较基因组学、蛋白质学、药物基因组学、中药基因组学、肿瘤基因组学、分子流行病学和环境基因组学。从现在的发展不难看出,基因工程已经进入了后基因组时代。我们也有应对与生物信息学密切相关的如机器学习和数学中可能存在的误导有一个清楚的认识。

28.4 生物信息学的发展趋势

随着 HGP 胜利完成及生命"天书"(即人类基因的各种数据库)的获得,要读懂这本"天书",人类亟须破译基因组所蕴涵的功能信息,解密生命。在后基因时代,生物信息学的作用将更加举足轻重,面对如此巨大的数据系统,仅仅依靠传统的实验观察手段无济于事,必需借助于高性能计算机和高效数据处理技术,从不同层次、全方位去处理所面对的生物分子数据系统。因此,生物信息学研究向大规模系统的方向发展是其基本发展趋势,如大规模功能表达谱的网络分析,大规模代谢网络和调控网络分析等,但都受到海量数据处理运行复杂度的困扰。因此,今后生物信息学发展的关键是什么?事实上,在后基因时代,分子生物学研究的关键正是生物信息学发展的关键所在。下面先来分析后基因时代的分子生物学主要研究方向间的关系。

目前,生物分子学主要研究方向有功能基因组学、蛋白质组学、比较基因组学、药物基因组学等。首先,从系统论角度来说,系统的功能与结构是相关的;其次,药物基因组学研究中的药物是通过与疾病相关的关键基因(组)的功能起作用的,也就是说它与关键基因(组)的结构是相关的;第三,从粒度角度来说,蛋白质组学是基因组学在较粗粒度下的功能研究,也就是说与基因组在较粗粒度下的结构相关;第四,比较基因组学是从系统生物学进行(全)基因组比较研究,以提取生物进化信息。从粒度层次来说,这是一种最细粒度系统的比较研究,其复杂度是最大的。事实上,基因组的比较性研究也可以从较粗粒度下的结构进行比较,也就是说它仍与基因组在较粗粒度下的结构是相关的;最后,世间万物所携带的遗传密码(或基因)都是由 A、C、G、T 这四种碱基构成的,只是排列的次序不同,但它们却构成了五彩缤纷、千姿百态的生命世界,究其根本原因就在于它们的基因组成结构是不同的。

综上所述,后基因时代分子生物学的主要研究方向之间的关系是相互关联、密不可分,并且都与基因组的结构密切相关。正由于基因时代侧重基因所表现的功能和特性,而后基因时代侧重于基因组、蛋白质组的功能或结构,因此建立在基因(组)、蛋白质(组)系统之上的结构、特征分析将成为生物信息学发展的趋势。这种系统的结构分析、特征分析方法包含以下两个重要内容:其一,建立按结构(或功能)分类的基因(组)或蛋白质(组)系统的最小构成集合,以研究其上一层次的构成规律。如建立了蛋白质组的最小构成集合,就可以研究染色体的结构(或功能),建立了基因组的最小构成集合,就可以研究蛋白质或 DNA 分子的结构(或功能)。这种分析方法也称为系统生物信息方法,而最小构成集合的获得是基于基因组或蛋白质组的聚类/分类技术研究;其二,是研究基因组或蛋白质组间代谢途径和链接规律,这是基于层次结构上的网络技术研究。

因此,在后基因时代,基于分层递阶结构的系统结构、特征分析方法以及相应的软件系统开发将是生物信息学发展的基本趋势之一。

背 景 材 料

1. 陈润生

陈润生,2007 年当选院士,生物信息学家。中国科学院生物物理研究所研究员。1941年 6 月生于天津市,籍贯天津。1964 年毕业于中国科学技术大学生物物理系。

陈润生院士长期从事生物信息学研究,在基因组信息学领域,完成了我国第一个完整基因组泉生热袍菌基因组的全部生物信息分析,参加了人类基因组和水稻基因组的信息分析,提出并建立了密码学方法。在非编码基因领域,以线虫为对象发现了百余个新的非编码基因。确定了两个非编码基因家族；发现了三个特异的非编码基因启动子。显示非编码基因有一套独立的转录调控系统。在生物网络研究领域，提出将图论中谱分析用于确定蛋白与蛋白相互作用网络的拓扑结构等多种新模型。这些工作为生物信息学研究做出了重要创新性贡献，参见图 28-5。

2. 张春霆教授

著名生物物理学家，1936 年 9 月出生于山东省烟台市，1961 年毕业于复旦大学物理系，同年起在复旦大学攻读理论物理专业研究生，1965 年毕业；1965—1970 年在天津工科师范学院任教，1970—1979 年在天津轻工业研究所工作，1979—1982 年在法国国立理论物理研究中心做访问学者，从 1984 年起在天津大学物理系工作至今；1995 年当选为中国科学院院士，2001 年当选第三世界科学院院士，是意大利国际理论物理研究中心境外研究员，美国科学促进协会会员，参见图 28-6。

图 28-5　作者与陈润生院士

图 28-6　张春霆

张春霆教授是我国少数生物信息学家之一。他有较强的数学、物理学和计算机技术基础，以此为背景，从 20 世纪 80 年代初开始，他转而研究计算生物学和生物信息学，先后在国外 SCI 刊物上发表论文 100 余篇，被引用 1000 余次。他的主要贡献在两个方面：一是提出用双 Sine—Gordon 偏微分方程组来模拟 DNA 分子在转录和复制过程中碱基运动的动力学机制，此工作得到 100 多次的 SCI 刊物引用。二是提出了 DNA 序列的 Z 曲线理论，开拓了一条用几何学方法分析 DNA 序列的新途径。目前，Z 曲线理论在基因组学和生物信息学中已获得了广泛的应用，成为生物信息学的一个重要的研究方向。张春霆教授的研究成果曾获国家教委科技进步奖一等奖(1996 年)，国家自然科学奖二等奖(1997 年)和天津市自然科学奖一等奖 (2007 年)，均为独自完成。2001 年又获何梁何利科技进步奖。此外，张春霆教授还获天津市劳动模范荣誉称号 (2000 年)。

3. 詹姆斯·沃森(James Watson)

1928 年 4 月 6 日，詹姆斯·杜威·沃森(James Dewey Watson)出生于美国芝加哥的一个圣公会教徒家庭。1943 年沃森提前两年中学毕业，进入芝加哥大学。1947 年在芝加哥大学毕业并获得理学学士之后，在芝加哥大学人类遗传学家斯兰德斯可夫的推荐下，印地安纳州立大学给沃森提供一个月薪 900 美元的研究工作，开始用 X 射线进行噬菌体研究，三年之后他在那里获得动物学博士学位。1951 年秋，沃森赴欧洲的哥本哈根，进行一年基因转移研究,并未获得令人振奋的结果。在国家小儿麻痹研究基金资助下转往剑桥大学卡文迪希实验室,在那里沃森结识了比他年长的弗朗西斯·克里克(Francis Crick)。1953年,在英国剑桥,25 岁的沃森和 37 岁的克里克发现遗传物质 DNA(脱氧核糖核酸)具有双螺旋构造。这项发现,是 20 世纪继爱因斯坦发现相对论之后的又一划时代发现,它标志着生物学的研究进入分子的层次。为此,他与弗朗西斯·克里克获得了 1962 年诺贝尔生理和医学奖。而后,沃森则成为哈佛大学生物实验室一员,1961 年成为教授,任职至1976 年。从 1968 年起,沃森担任纽约长岛冷泉港实验室(CSHL)主任。在美国,"冷泉港"被誉为生命科学的圣地,是分子生物学者们神往之处。1994 年起,沃森担任冷泉港实验室主席至今。沃森也是美国科学院院士及英国皇家学会会员。沃森作为杰出科学家的另一重大贡献是与其他人一起发起了由全球合作、令人震撼的"人类基因组计划(Human Genome Project,HGP)",参见图 28-7。

图 28-7　沃森

4. 弗朗西斯·克里克(Francis Crick)

克里克,1916 年 6 月 8 日出生于英国的北安普敦一个中产阶级家庭。上大学期间,克里克主修物理学,辅修数学。1937 年,他从伦敦大学毕业后继续攻读物理博士。1939 年二战爆发之后,克里克在英国海军总部实验室工作了 8 年。二战结束后,经过选择和思考,克里克很快找到感兴趣的研究方向:一是生命与非生命的界限,另一个是脑的作用。1947年,克里克在剑桥大学工作两年之后转到以结晶技术研究巨分子结构著称的剑桥大学医学研究中心实验室,在那里,他对 X 光衍射模式的解释产生了浓厚的兴趣。但直到 1951 年沃森到剑桥之后,他才真正开始进行 DNA 的研究。

当时,23 岁的沃森和 35 岁的克里克在 DNA 分子结构探索方面他们还有两个强有力的竞争小组:一是伦敦大学的威尔金斯(M. Wilkins,1916—　)和他的助手富兰克林(R. Franklin,1920—1958),另一个是美国加州理工学院的化学家鲍林(L. C. Bauling,1901—　)。威尔金斯与富兰克林根据 X 射线衍射研究,已经知道了 DNA 分子由许多亚单位堆积而成,而且 DNA 分子是长链的多聚体,其直径保持恒定不变。鲍林通过对蛋白质 α-螺旋的研究,认为大多数已知蛋白质中的多肽链会自动卷曲成螺旋状。而沃森和克里克采用了构建模型的方法来分析 DNA 分子的结构,提出了双螺旋模型。

1953 年 4 月,沃森和克里克在《自然》杂志发表了不足千字的短文《核酸的分子结构—脱氧核糖核酸的一个结构模型》,报告了这一改变世界的发现。这篇论文在科学史上蠹立了一座永久的里程碑。1962 年,沃森、克里克和威尔金斯 3 人因为在 DNA 结构方面研究的突出贡献共享了诺贝尔医学与生理学奖。

那篇著名的千字短文发表之后,克里克回到蛋白质研究工作上,在他 37 岁时获得了博士学位,并成为卡文迪希实验室的永久成员。此外,他还研究遗传密码,并提出了遗传的中心法则(central dogma)。2004 年 7 月 28 日弗朗西斯·克里克在美国圣迭戈市一家医院病逝,享年 88 岁,参见图 28-8。

图 28-8 克里克

参 考 文 献

1 唐旭清,朱平.后基因组时代生物信息学的发展趋势.生物信息学,2008,6(3).
2 王玉梅,王艳.国外生物信息学发展动态分析.科技情报开发与经济,2002 年第 12 卷第 6 期.
3 何红波,谭晓超,李斌,李义兵.生物信息学对计算机科学发展的机遇与挑战.生物信息学,2005 年 1 期.
4 钟扬,王莉,李作峰.我国生物信息学教育的发展与挑战.计算机教育,2006 年 9 期.
5 骆建新,郑崛村,马用信,张思仲.人类基因组计划与后基因组时代.中国生物工程杂志,2003,23(11).
6 陈铭.后基因组时代的生物信息学.生物信息学,2004,2(2).
7 沈世镒.生物序列突变与比对的结构分析.北京:科学出版社,2004.

第29讲

生物计算机

29.1 生物计算机概述

1. 生物计算机的概念

1) 传统计算机的瓶颈

摩尔定律是指 IC 上可容纳的晶体管数目,约每隔 18 个月便会增加一倍,性能也将提升一倍。从技术的角度看,随着硅片上线路密度的增加,其复杂性和差错率也将呈指数增长,同时也使全面而彻底的芯片测试几乎成为不可能。一旦芯片上线条的宽度达到纳米(nm)数量级时,相当于只有几个分子的大小,这种情况下材料的物理、化学性能将发生质的变化,致使采用现行工艺的半导体器件不能正常工作。目前最先进的集成电路已含有 17 亿个晶体管。再增加是很困难的,必须想别的出路。

2) 生物计算机的可能性

早在 20 世纪 70 年代,人们就发现脱氧核糖核酸(DNA)处于不同状态时可以代表"有信息"或"无信息"。于是,科学家设想:假若有机物的分子也具有这种"开"和"关"的功能,那岂不可以把它们作为计算机的基本构件,从而造出"有机物计算机"吗?后来有科学家发现,一些半醌类有机化合物的分子具备"开"和"关"两种电态功能,可以把它当成一个开关。科学家们还进一步发现,蛋白质分子中的氢也具备"开"和"关"两种电态功能,因而也可以把一个蛋白质分子当成一个开关。这一系列发现激起了科学家们研制生物电子元件的灵感,相继有一些简单的生物元件问世,如生物开关元件、生物记忆元件等。

科学家发现,一些半醌类有机化合物存在两种电态,即具备"开"、"关"功能。并且还进一步发现,蛋白质分子中的氢也有两种电态。因此,一个蛋白质分子就是一个"开关电路"。

从理论上说,只要是用半醌类有机化合物的分子或蛋白质的分子作元件,就能制造出"半醌型"或"蛋白质型"的计算机。由于有机物分子总是存在于生物体内,所以人们把这种有机物计算机称为"生物计算机"或"分子计算机"。

3) 有机分子的优点

由于有机分子构成的生物化学元件的特殊性,从而使有机计算机具有三大显著优点。

(1) 体积小、功效高。以分子水平的线路为目标的生物化学元件其大小可能达到几百埃,1平方毫米面积上可容数亿个电路,比目前的电子计算机提高了上百倍。

(2)使生物本身固有的自我修复机能得到发挥,这样即使芯片出了故障也能自我修复,所以有机计算机具有半永久性,可靠性很高。

(3)从根本上说来,由有机分子构成的生物化学元件是利用化学反应工作的,所以只需很少能量就可工作,不存在发热问题。

有机计算机目前也正处于研制阶段,它一旦制造成功,将使现有的一切电子计算机大为逊色。

4)生物计算机

生物计算机主要是以生物电子元件构建的计算机。它利用蛋白质有开关特性,用蛋白质分子作元件从而制成的生物芯片。其性能是由元件与元件之间电流启闭的开关速度来决定的。用蛋白质制成的计算机芯片,它的一个存储点只有一个分子大小,所以它的存储容量可以达到普通计算机的十亿倍。由蛋白质构成的集成电路,其大小只相当于硅片集成电路的十万分之一。而且运行速度更快,只有 10^{-11} 秒,大大超过人脑的思维速度。

5)DNA 计算机

科学家研究发现,脱氧核糖核酸(DNA)有一种特性,能够携带生物体的大量基因物质。数学家、生物学家、化学家以及计算机专家从中得到启迪,正在合作研究制造未来的液体DNA 电脑。这种 DNA 电脑的工作原理是以瞬间发生的化学反应为基础,通过和酶的相互作用,将发生过程进行分子编码,把二进制数翻译成遗传密码的片段,每一个片段就是著名的双螺旋的一个链,然后对问题以新的 DNA 编码形式加以解答。和普通的电脑相比,DNA电脑的优点首先是体积小,但存储的信息量却超过现在世界上所有的计算机。

6)分类

生物计算机是以生物界处理问题的方式为模型的计算机,目前主要有生物分子或超分子芯片、自动机模型、仿生算法、生物化学反应算法等几种类型。

2. 生物计算机的优点

由有机物分子作为开关元件而构成的生物计算机,具有以下优点。

1)密集度高

由于 DNA 生物电子元件比硅芯片上的电子元件要小很多,而且生物芯片本身具有天然独特的立体化结构,其密度要比平面型硅集成电路高 5 个数量级,因此具有巨大的存储能力。如体积为 $1m^3$ 的液体生物计算机,存储的信息比世界上所有计算机存储的信息总和还要多,而分子集成电路的密集度可以达到现有半导体超大规模集成电路的 10 万倍。

2)速度快

分子逻辑元件的开关速度比目前的硅半导体逻辑元件开关速度高出 1000 倍以上。如果让几万万亿个 DNA 分子在某种酶的作用下进行化学反应,就能使生物计算机同时运行几十亿次,这就意味着运算速度要比当今最新一代超级计算机快十万倍,能量消耗仅相当于普通计算机的十亿分之一。

3)可靠性高

由生物分子构成的分子集成电路(生物芯片)也同一般的生物体一样,具有"自我修复"机能,也就是说,即便这种芯片出了点故障也无关大局,它能够慢慢地自动恢复过来,达到

"自我修复"。所以,生物计算机的可靠性非常高,经久耐用,具有"半永久性"。这对于目前的电子计算机来说,简直是一件不可思议的事情。

4）拟人性

生物计算机的主要原材料是生物工程技术产生的蛋白质分子,生物计算机具有生物活性,能够和人体的组织有机地结合起来,尤其是能够与大脑和神经系统相连。这样,生物计算机就可直接接受大脑的综合指挥,成为人脑的辅助装置或扩充部分,并能由人体细胞吸收营养补充能量,因而不需要外界能源。它将成为能植入人体内,成为帮助人类学习、思考、创造、发明的最理想的伙伴。另外,由于生物芯片内流动电子间碰撞的可能极小,几乎不存在电阻,所以生物计算机的能耗极小。由于蛋白质分子能够自我组合,再生新的微型电路,使得生物计算机具有生物体的一些特点,比如能模仿人脑的思考机制。

29.2 生物计算机原理

1. DNA 编码

DNA 计算机利用 DNA 分子保存信息。DNA 分子是由腺嘌呤（A）、鸟嘌呤（G）、胞嘧啶（C）和胸腺嘧啶（T）四种核苷酸（碱基）组成的序列,不同的序列可用来表示不同的信息。n 位二进制数的每一位数的"0"和"1"可用不同的 DNA 序列表示,大量序列在一起时,可同时产生 $2n$ 个数。通过一系列适当的生化反应,可得出表示结果的 DNA 分子。

正像一串二进制数据用"0"和"1"编码一样,一串 DNA 用 4 个用字母 A、T、C 和 G 代表的脱氧核糖核酸基盐编码。在 DNA 分子上的脱氧核糖核酸基盐（也叫核苷酸）之间的间隙为 0.35 纳米,从而使 DNA 具有每英寸近 18Mb 的不同寻常的数据密度。在两维空间中,如果假设每平方纳米有一个核苷酸的话,数据密度超过每平方英寸 1 百万 Gb。与数据密度约为每平方英寸 7Gb 的典型高性能硬盘相比,DNA 数据密度超过它 10 万倍以上。

DNA 的另一个重要属性是其双链性质。核苷酸 A、T、C 和 G 可以黏合在一起,形成核苷酸对。因此每个 DNA 序列都具有一个天然的补序列。例如,如果序列 S 为 ATTACGTCG,那么其补序列 S′为 TAATGCAGC。S 和 S′将混合在一起（或杂交）形成双链 DNA。

这种互补性使 DNA 成为一种独特的计算结构,可以以多种方式加以利用。其中的一个例子就是纠错。由于种种因素,DNA 中会出现错误。DNA 酶偶尔也会犯错误,在不应该断开的地方断开,或在本该插入 G 的地方插入 T。太阳发出的紫外线和热量也会损坏 DNA。如果错误发生在双链 DNA 的某一段上,修复酶可以利用补序列串作为参考,恢复正确的 DNA 序列。从这个意义上说,双链 DNA 类似于一台 RAID（磁盘阵列 Redundant Array of Independent Disks）的 1 个阵列,即第二块硬盘是第一块硬盘的镜像,如果第一块硬盘发生错误,数据可以从第二块硬盘中恢复。

在生物系统中,这种纠错能力意味着错误率相当低。例如,在 DNA 复制时,每复制 10^9 个核苷酸发生一次错误,换句话说,错误率为 10^9（相比之下,采用 Reed-Solomon 纠错时,硬盘的读错误率只有 10^{13}）。

2. DNA 并行操作

在细胞中,DNA 由不同的酶以生物化学方式进行修改。酶是微小的蛋白质,它按照大自然的设计,读取和处理 DNA。这类在分子级上处理 DNA 的"运行的"蛋白质的种类和数量都非常多。例如,既有切断 DNA 的酶,又有将它们再粘在一起的酶。一些酶发挥复印机的作用,另一些酶承担修理工的职责。

分子生物学、生物化学和生物工艺学开发出了能够在试管中完成这些细胞功能的技术。正是这种细胞组织以及一些合成化学品,构成了一套可用于计算的操作。CPU 有一套加、移位、逻辑算子等基本组成的操作集合,这些操作使 CPU 可以执行最复杂的计算。正像 CPU 一样,DNA 也具有切断、复制、粘贴、修理以及其他许多操作。

需要注意的是,在试管中,酶并不是顺序地工作,一次处理一个 DNA,而是酶的很多副本同时处理许多的 DNA 分子。这正是 DNA 计算的威力所在:可以以大规模并行方式运行。

3. 与硅计算机的比较

DNA 凭借其独特的数据结构和执行很多并行操作的能力,使人们能够从不同的角度研究计算问题。基于晶体管的计算机通常以顺序方式处理操作。当然,现在出现了多处理器计算机,而且现代 CPU 具有一定的并行处理能力,但一般而言,在基本的 Von Neumann (冯·诺依曼)架构计算机中,指令是顺序执行的。一台 Von Neumann 机器(所有的现代 CPU 都属于 Von Neumann 机器)基本上一次又一次地重复同样的"读取和执行周期",它从主内存中读取指令和相应的数据,然后再执行指令。它非常非常快地、许多许多次地顺序执行这些操作。而 DNA 计算机不是 Von Neuman 机器,它是随机的机器,它在解决不同类型的问题时,以不同于普通计算机的方式进行计算。

一般来说,提高硅计算机的性能,意味着更快的时钟速度(和更宽的数据通道),此时强调的是 CPU 速度,而不是内存的大小。然而,对于 DNA 计算来说,其力量来自内存容量和并行处理。假如被迫执行顺序操作的话,DNA 将失去它的吸引力。以 DNA 的读/写速度为例。在细菌中,DNA 可以以每秒大约 500 对核苷酸的速度进行复制。从生物学角度看,速度相当快(比人类细胞快 9 倍),而且考虑到低错误率,这是个很了不起的成就。但是,这只是 1000b/s,与一般硬盘的数据吞吐量相比,等于是蜗牛爬。

复制酶甚至在完成复制第一个 DNA 串之前,就可以开始复制第二个 DNA 串。因此,数据速度猛增到了 2000b/s。DNA 串的数量指数级增加(n 次迭代后数量为 2^n)。每增加一串 DNA,数据速率就增加 1000b/s。因此在 10 次迭代后,DNA 的复制速度约为 1Mb/s,30 次迭代后,增加到 1000Gb/s。这超过了最快速硬盘的持续数据速率。

29.3 阿德勒曼生物计算机实验

1994 年美国南加州大学教授雷纳德·阿德勒曼(L. Adleman)博士,在《科学》杂志上发表一篇题为《组合问题的生物电脑解决方案》的论文,首次提出分子计算机,即用 DNA 分子构建电脑的设想。

阿德勒曼竟然利用他发明的 DNA 生物电脑,解决了一个实际的数学难题。这个题目是这样的:"由 14 条单行道连接着 7 座城市,请找出走过上述全部城市的最近路途,而且不能走回头路。"这是一个经典的数学问题,又叫"推销员问题(汉密尔顿路径问题)",该问题的叙述是这样的:"如果一个推销员要在许多个城市推销,每个城市必须而且只能经过一次,如何找到最短的路程?"经典数学中并没有公式可以回答,唯一的解决办法是找到所有可能的路程加以比较,选出最短的一种。然而,即使仅有四个城市,推销员也已面临着 12 种选择,当然比较所有的路线仍有可能,但随着城市数目的增加,路径将呈现指数增长,穷尽所有的路径变得越来越不可能,参见图 29-1。

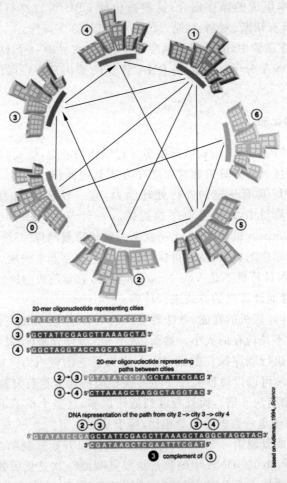

图 29-1 生物计算机实验

阿德勒曼教授设法驱使试管中的 DNA 分子来完成计算,他用 DNA 单链代表每座城市及城市之间的道路,并顺序编码。这样一来,每条道路"黏性的两端"就会根据 DNA 组合的化学规则,与两座正确的城市相连。然后,他在试管中把这些 DNA 链的几十亿个副本混合起来,让它们以无数种可能的组合连接在一起。其基本工作原理是:单条 DNA 以预定的方式和与之对应的 DNA 相配接。通过 7 天时间的系列生化反应,DNA 电脑自动找出了解决问题的唯一答案,即只经过每座城市一次且顺序最短的 DNA 分子链。这就是说,用生物学方法模拟的逻辑运算,用一个星期时间完成了电脑几年才能完成的工作,表明了用DNA技术处理高难度数学问题的巨大潜力。

阿德勒曼的成功实验表明,DNA生物电脑已经不是什么科学幻想,它不但打破了传统意义上的计算机概念,而且有助于揭示生命的本质。

美国新泽西州贝尔实验室的研究者对阿德勒曼的第一台DNA电脑进行了改进。该实验室的物理学家艾伦·米尔斯说:"我们所做的不再是连接线路,而是将大量的DNA装入罐子,加进盐和酶,然后加以培养,于是不同的DNA分子就开始互相寻找配对。"米尔斯的目标是制造一台神经网络计算机,基本构造与人的大脑相仿,不像传统计算机那样采用数字输入,而是一种类比输入。

DNA生物电脑的最大优点,还在于它惊人的存储容量和运算速度。纳米技术家认为,DNA具有在极小空间里存储海量信息的自然特性,遗传密码符号的间距仅有0.34纳米,1立方米的DNA溶液可存储1万亿亿比特数据;1立方厘米DNA溶液将超过1万亿片CD光盘的存储容量。具有生命特征的这种电脑,运算次数甚至可以达到每秒10的20次方或更高,消耗的能量却微不足道,只有普通电脑的十亿分之一。据说,十几个小时的DNA计算,就相当于人类社会所有电脑问世以来的运算总量。

29.4　生物计算机的发展

20世纪70年代人们发现脱氧核糖核酸(DNA)处在不同的状态下,可产生有信息和无信息的变化。联想到逻辑电路中的0与1、晶体管的通导或截止、电压的高或低、脉冲信号的有或无等,科学家们激发了研制生物元件的灵感。这项研究中最著名的代表就是美国著名的生物化学家、国际电子分子生物风险学会主席詹姆士·麦卡里尔博士,他不仅是生物分子电子学的创始人之一,而且他带领一个6人小组在华盛顿近郊的一座普通楼房里,进行着生物芯片和生物计算机的开拓性研究。

1982年,在法国秀丽的阿尔卑斯山上举行了首届生物计算机国际会议,来自世界各地的生物学家、化学家、物理学家、医学家、遗传学家、分子生物学家、微电子学家和计算机科学家们会聚一堂,探讨生物计算机的发展前景。

1983年,美国公布了研制生物计算机的设想之后,立即激起了发达国家的研制热潮。当前,美国、日本、德国和俄罗斯的科学家正在积极开展生物芯片的开发研究。

1994年11月美国《科学》杂志首先公布了DNA计算机的理论。它的提出者,美国南加利福尼亚大学的伦纳德·阿德拉曼博士利用DNA溶液在试管中成功地实验了运算过程。

1995年4月,世界各地的200多名数学家、分子生物学家、化学家和计算机专家汇集美国普林斯顿大学讨论这一新思想,并提出了实验计划。

1998年,美国艾菲梅特里克斯公司用DNA成功地制成生物芯片,生物计算机的研制取得进展。

在1999年举行的第五届DNA计算机国际会议上,以色列魏茨曼科学研究所计算机专家展示了他们设计的单细胞分子生物计算机模型,它的尺寸将小到只有二千五百万分之一毫米,只相当于细胞中的核糖体那么大。

1999年6月2日美国科学家最近宣布借助活的蚂蟥神经细胞初步制成了一台生物计

算机,该计算机能进行简单的加法运算。美国佐治亚理工学院科学家研制的生物计算机,主要利用了蚂蟥神经细胞的自我组织功能来进行信息处理,而不是像普通电子计算机那样通过预编程序的办法。

2000 年 1 月威斯康星大学的科学家在《自然》杂志上发表研究报告指出,他们已经发现了一种利用附着在镀金物体表面的 DNA 分子链完成简单计算的方法。以前科学家总是让 DNA 分子自由地漂浮在试管中。

2000 年普林斯顿大学生物学家劳拉·兰德韦伯领导的另一个研究小组报告了一种利用核糖核酸(RNA,DNA 的一种化学同类物)完成类似计算的方法。为了证明他们的技术确实行得通,兰德韦伯的研究小组利用 DNA 分子对解决一个经过简化的传统象棋难题的方案进行了计算。计算机必须决定棋手可以将"马"放在棋盘的哪些位置上才能使这些"马"无法相互攻击。科学家让每一条 RNA 分子链代表一种可能出现的"马"在棋盘上的布局。然后,他们在试管中完成了一系列的实验步骤——用化学药品排除那些代表错误答案的 RNA 分子链,随后他们又对剩下的 RNA 分子链进行分析,看看它们是否全都与正确的答案相对应。假定"正确"的分子链中有近 98% 确实与正确的棋子布局相对应——这一成功率对于一项初步实验来说高得有些令人吃惊。

2001 年 11 月,以色列科学家已经成功研制出世界上第一台可编程 DNA 电脑,这种电脑即使有一万亿"台",其体积也不超过一滴水的大小。然而,如何真正替代硅芯片成为普遍使用的 DNA 微处理器,科学界仍然面临着许多挑战。DNA 链的并行处理能力非常适合解决类似"推销员问题",但随着问题复杂程度的增加,DNA 数量也将呈几何级数上升。

2004 年 4 月 30 日在比利时布鲁塞尔举行的一次学术会议上,以色列魏茨曼研究所的埃胡德·夏皮罗教授和同事们勾勒出了利用 DNA 电脑在人体内自动诊断并治疗疾病的美好前景。他们正在研究把电脑植入人体内,让它们充当"私人医生"。与科幻片中把冰冷的芯片强行塞入人体内的恐怖场景不同,科学家们正在研究的是来源于人体自身的 DNA(脱氧核糖核酸)电脑。

2005 年 3 月 6 日《耶路撒冷邮报》报道,以色列科学家研制出能运行更多程序、有潜力对生物分子进行更复杂分析的"生物计算机"。这种计算机的结构和运算原理与电子计算机完全不同,它接受的是输入的生物分子信息,并能在处理之后输出与生物分子有关的数据。报道说,以色列海法理工大学的研究人员在一块镀金芯片上,使用数种酶为计算机"硬件",DNA(脱氧核糖核酸)为"软件",输入和输出的"数据"都是 DNA 链。把溶有这些成分的溶液恰当地混合,就可以使其自动发生反应,进行"运算",参见图 29-2。

2008 年 5 月 21 日《每日科学》网站报道,来自美国戴维森学院、北卡罗来纳大学和密苏里西部大学等多个高校生物和数学专业的研究人员,通过对埃希氏菌属大肠杆菌添加基因,成功创造出细菌计算机,参见图 29-3。

实验中,研究人员把 DNA 片段当做"煎饼",把从其他细菌中分离得到的基因添加到大肠杆菌中,并且设计了一个利用特异性位点进行重组的系统来实现 DNA 元件的倒置,这样大肠杆菌就可以通过 DNA 片段的移动和反向插入来进行"DNA 煎饼"的排序和翻转。一个小瓶就可以培养上百亿的细菌,每一个都能包含多个拷贝的 DNA 片段用来计算;而且这些细菌计算机能够平行工作互不干扰,这就意味着它们有可能比传统计算机更快,用更少的空间,使用更低的成本。

图 29-2　DNA 组装计算机

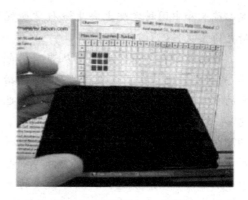

图 29-3　艾德曼 DNA 计算机

把生物学和工程学结合起来制造生物计算机已不是天方夜谭。美国南加州大学计算机科学家伦纳德·艾德曼已研制成功一台 DNA 计算机。艾德曼说："DNA 分子本质上就是数学式，用它来代表信息是非常方便的，试管中的 DNA 分子在某种酶的作用下迅速完成生物化学反应。28.3g DNA 的运行速度超过了现代超级计算机的 10 万倍。"

29.5　国内生物计算机发展

据新华社 2004 年 1 月 29 日报道，上海交通大学生命科学研究中心和中科院上海生命科学院营养科学研究所经过两年多协作攻关，已在试管中完成了 DNA 计算机的雏形研制工作，在实验中把自动机与表面 DNA 计算结合到了一起。这在我国属首次，相关论文已发表在中国《科学通报》49 卷第 1 期的英文版上。

据介绍，这一 DNA 计算机采用双色荧光标记对输入与输出分子进行同时检测，用测序仪对自动运行过程进行实时监测，用磁珠表面反应法固化反应提高可控性操作技术等，以至最终在一定程度上完成模拟电子计算机处理 0-1 信号的功能，将来通过计算芯片技术把电子计算机的计算功能进行本质上的提升，在理论上和潜在的应用上都有重大意义。

上海交通大学生命科学研究中心主任贺林教授认为，虽然目前的 DNA 计算机还不具有商业运用的价值，但是其强大的并行运算能力和以生物分子为计算物质的特征是传统的电子计算机所不具备的。他说："在不久的将来，DNA 计算机可被用来开发新一代的基因分型技术，处理基因组的信息，或用注入到人体内的 DNA 计算机进行基因治疗。如果DNA 代表生命科学，计算机代表信息科学，DNA 计算机这个典型的交叉课题或许是后基因组时代生命学科与信息学科大融合、大碰撞的一个缩影。"

背 景 材 料

1. 贺林

贺林，中国科学院院士，上海交通大学教授，遗传生物学家，1953 年出生于北京，1991 年毕业于英国佩士来大学，获理学博士学位。现任上海交通大学 Bio-X 中心主任，生命技术学

院副院长和中国科学院上海生命科学研究院营养科学
研究所室主任(见图 29-4)。

贺林教授在上海交通大学从事前沿领域"DNA 计
算"的研发。他承担了多项科研项目,包括国家自然科
学的重点项目、基金委主任特别基金等,也得到了中科
院"人类基因组"基础性研究重大项目,国家"863"、
"973"等课题和上海市科技发展基金的研究项目。逐
步成为上海交通大学生物医学重点学科——生物信息
学学科带头人,并形成了以他为核心的多学科交叉研
究团队。贺林已发表学术论文百余篇、出版学术专著 9
部,并被邀请作为国际 Psychiatric Genetics 和 Cell
Research 等杂志的编委,他作为牵头人承担国家、国际

图 29-4　贺林

研究项目多项。贺林先后荣膺国家杰出青年奖、香港"求是"杰出青年奖、上海科技精英奖、
美国国家精神分裂症与抑郁症研究联盟的"杰出研究者"奖、中国教育部"长江特聘教授"、
"何梁何利"奖等。

2. DNA 计算机与生物计算机之父——雷纳德·阿德勒曼

美国南加州大学教授雷纳德·阿德勒曼(L. Adleman)博士,1945 年 12 月 31 日生于加
州,1968 年获加州大学伯克利分校数学学士,1976 年获该校电子工程与计算机专业的博士,
擅长 DNA 计算,获 ACM 图灵奖。

参 考 文 献

1　殷海滨.第六代计算机——生物计算机.中学生物学,2007 年第 23 卷第 8 期.

2　毛磊.利用蚂蟥神经细胞美制成生物计算机.石油工业计算机应用,1999 年 4 期.

3　李刚.生物计算机呼之欲出.科技信息,1999 年 12 期.

4　马建军.生物计算机前景迷人.现代物理知识,2002 年 1 期.

5　庾晋,周洁,白木.生物计算机预示着一场革命.家庭电子,2001 年 4 期.

6　刘军.我国首台生物计算机研制成功.首都医药,2004 年 4 期.

7　晓晨.生物芯片与生物计算机.时事(时事报告中学生版),1999 年 5 期.

8　生物计算机在美诞生.中国计算机用户,2008 年 20 期.

9　什么是生物计算机.http://www.popodoo.com/space/html/86/1786-28066.html,2007-10-30.

10　生物计算机和 DNA 计算机.http://www.ehappystudy.com/html/5/289/298/2006/7/li96262048271127600221560-0.htm.

11　石炳坤.未来的计算机——生物计算机.http://www.bjkp.gov.cn/bjkpzc/kjqy/xxkx/148087.shtml.

12　生物计算机,世界科技报道,2006-11-22.

13　生物计算机:摸得着的未来.周刊,http://www.library.sh.cn/dzyd/kpyd/list.asp? id=545.

14　科学家研究将 DNA 电脑植入人体当"私人医生".http://news.QQ.com 2004 年 4 月 30 日.

人 工 生 命

30.1　生命的本质

人都会死去,有时很突然,马克思就是在打盹时去世的:一个充满智慧的头脑一下子变成了一具和土石一般无声无息的尸体。

躯体还是那个躯体,没任何明显的变化,但一刹那之间,阳忽然变成了阴,生忽然变成了死。生命是怎么离去,又是怎样产生的?

1. 传统的生命观

古人把生命的奥秘归于神秘的生命之气,东西方都一样。不管是上帝造,还是女娲造,躯体塑成之后,吹进那口气,就成了鲜活的生命。那口气还被说成是灵魂:灵魂离去,生变化成死;魂兮归来,死回复为生。人们发现,不但人和动物是有生命的,甚至植物也有生命。于是,西方植物和人、动物一样,也有灵魂;东方不但人可成仙、动物可成魅,草木亦可为妖。实验科学产生之后,甚至还有人用天平来权衡灵魂的重量。

可毕竟没有确切的证据表明确有灵魂存在。于是有人提出:生命之所以和无生命的东西不同,是因为它们含有一类能带来生机的特殊物质——有机物。

但自维勒合成尿素以来,人们已由无机物合成了极多种类的有机物,而且发现,生命所含有的所有元素在无机界都能找到。所以普通的有机物肯定不是决定性的因素。

但这不能排除是某类特殊的有机物带来了生命。恩格斯就认为,"生命是蛋白体的存在方式",是蛋白体这种特殊物质的固有属性。只要知道了蛋白体的结构,并把它合成出来,人就可以完成上帝的伟业,与此同时把生命创造出来。

自我国科学家 1965 年人工合成最小的蛋白质——胰岛素以来,很多有机大分子都可以合成,但它们中的任何一个或者它们的混合物都没有表现出丝毫的生命迹象,还没有人能从无到有把无机物变成生命。

或者,更根本的是结构?仅有物质材料是不够的,它们只有在按特定的方式组织起来后才能表现出生命;结构解散,系统崩溃,生命即停止。

2. 系统论的生命观点

作为系统论思想先驱的恩格斯也意识到了这一点。他在强调蛋白体是生命的存在方式的同时,还强调新陈代谢:蛋白体并不是简单的蛋白质,它必须和周围的环境不断地进行交换,交换一旦停止,蛋白体就会分解,生命随即终结。

交换什么?当然离不开物质和能量。可一旦站到原子的尺度,会发现为什么要交换物质和能量是个难解的问题。著名物理学家薛定谔问道:既然氮、氧、硫等的任何一个原子和它同类的任何另一个原子都是一样的,任何一个卡路里跟任何另一个卡路里的价值是一样的,我们又为什么要吸进一些物质,又排出一些物质,摄取进一个卡路里的热量,又传递出一个卡路里的热量呢?

他的解答是:生命体吃进或同化进的不是简单的物质和能量,而是负熵,它们以此而抵御热力学第二定律所描述的孤立系统不可避免的熵增。生命是一种不断从外界环境吸纳负熵、建立并维持有序状态的热力学系统。一旦新陈代谢停止或失调,生命系统就会因为熵增而死亡。

薛定谔站在热力学角度得到的这种见解激励了许多物理学家投身生物学研究。后来,随着系统科学的发展,这种负熵说还于20世纪70年代进一步发展成了"自创生说"。

30.2　人工生命概述

1. 人工生命的定义

人工生命是指用计算机和精密机械等生成或构造表现自然生命系统行为特点的仿真系统或模型系统。自然生命系统的行为特点表现为自组织、自修复、自复制的基本性质,以及形成这些性质的混沌动力学、环境适应和进化。

在现实世界中,普遍地存在着各类复杂系统,一般认为非线性、不稳定性、不确定性是造成复杂性的根源。复杂事物只能照它复杂的面貌来理解。

像许多新兴学科一样,人工生命尚无统一的定义,要给人工生命下个准确的定义是困难的。不同科学或科学背景的学者对人工生命有不同的理解。这里,我们给出一些比较典型的定义:

定义 1

研究具有自然生命系统行为的人造系统。[①]

定义 2

人工生命是研究怎样通过抽取生物现象中的基本动力规则来理解生命,并且在物理媒体如计算机上重建这些现象,使它们成为一种新的实验方式和受操纵。[②]

---

① C. G. Langton. "Artificial Life." In C. G. Langton, editor. Artificial Life, Volume VI of SFI Studies in the Sciences of Complexity, pages 1-47, Addison-Wesley, Redwood City, CA, 1989.

② C. G. Langton. "Preface." In C. G. Langton, C. Taylor, J. D. Farmer, and S. Rasmussen, editors, Artificial Life II, Volume X of SFI Studies in the Sciences of Complexity, pages xiii-xviii, Addison-Wesley, Redwood City, CA, 1992.

定义 3

在人工生命中的所有存在或将会存在的事物中,我们至少可以说这一领域从总体而言,代表了一种尝试,即加重了生物学中合成理论的分量。[1]

定义 4

人工生命模型有足够强大的功能来获取复杂系统中更多的认知。这种方式较之自然系统更容易被操纵、重复和精确控制实验。[2]

2. 对人工生命的理解

薛定谔等人的见解是深刻的,但所涉及的仍只是地球上"如吾所识的生命"(life-as-we-know-it),20 世纪 80 年代后期兴起的人工生命研究创造了几类全新的"如其可能的生命"(life-as-it-can-be),给我们理解生命提供了一个截然不同的视角。当前构建人工生命的途径主要有三类。

(1)第一类是通过软件的形式,即用编程的方法建造人工生命。由于这类人工生命主要在计算机内活动,其行为主要通过计算机屏幕表现出来,所以它们被称为虚拟人工生命或数字人工生命。

大家熟悉的计算机病毒就是一种较为低等的数字人工生命。但美国生物学家托马斯·雷 1990 年编写的 Tierra(西班牙语,意为地球)模型所创造的生命更具典型性。它们由一系列能够自我复制的程序组成,由于运行中有时会出错,所以它们能突变。刚开始时,Tierra 模型中只有一个简单的祖先"生物",经过 526 万条指令的计算后,Tierra 模型中出现了 366 种大小不同的数字生物,仿佛寒武纪大爆发在区区几小时内发生了。经过 25.6 亿条指令后,演化出了 1180 种不同的数字生物,其中有一些在别的数字生物体内寄生,有一些对寄生生物具有免疫能力。Tierra 中还演化出了间断平衡现象,甚至还出现了社会组织。总之,差不多自然演化过程中的所有特征,以及与地球生命相近的各类功能行为组织,全都出现在 Tierra 中。

(2)第二类是通过硬件的形式,即通过电线、硅片、金属板、塑料等各种硬件的方法在现实环境中建造类似动物或人类的人工生命。它们被称为"现实的人工生命"或"机器人版本的人工生命"。

美国的赫德·利普森和乔丹·波拉克于 2000 年研制出来的进化的机器人是这类人工生命的代表。他们先在计算机上设计出由硬杆、传动装置、球状关节和电路组成的、非常简单、不会活动的机器人模型,然后为它设计"进化"程序,使得计算机每隔一段时间对设计模型进行一些修改。新模型中最灵活的被保留下来继续"进化",不灵活的则被除掉。经过几百代的"进化",计算机选择了最成功的几种模型,并控制自动生产机械制造出一些会爬或跳,能越过障碍物的机器人。

(3)第三类是通过"湿件"的方式,即在试管中通过生物化学或遗传工程的方法合成或

---

① C. G. Langton. "Editor's introduction." Artificial Life Journal, Volume 1, Number 1/2, pages v-viii, 1994. The MIT Press, Cambridge, MA.

② C. Taylor and D. Jefferson. "Artificial life as a tool for biological inquiry." Artificial Life Journal, Volume 1, Number 1/2, pages 1-13, 1994. The MIT Press, Cambridge, MA.

创造人工的生命。不过这种方法在目前并不能从头开始,即完全从无生命物质开始合成生命,而只能对现有的生命进行改造创造人工生命,比如克隆羊就是如此。因为这种工作基本运用的仍然是传统的生物学的方法,所以,作为一个新的研究领域的人工生命目前还属于计算机科学的一个分支,主要由一些计算机专家在进行研究。

3. 生命的信息定义

人工生命可以遗传、变异、进化,拥有传统描述性定义所描画的生命的多种特征。虽然人参与了部分设计,但它们的行为并不是人工的,而是它们自己产生的。所以,人工生命奠基人兰顿和其他一些研究者认为,人工生命确实是真正的生命。

如果我们承认这一点,那么,一些传统观念就必须改变。生命当然得有物质基础,但它最核心的东西将不再是具体的物质,而是控制生命的逻辑。如果甲物质构成的生命的逻辑能在乙物质中完全体现出来,乙物质就是不同材料的另外一种生命。

在控制生命的逻辑中起关键作用的是自我繁殖信息系统。这类系统有两种作用:"一方面,它起到类似计算机程序的作用,在繁殖下一代的过程中它的表达产生出与自己基本相同的新个体,另一方面,它还起到被动数据的作用,在繁殖下一代的过程时可以基本不变地传递给下一代。"

学过生物学的人都知道,DNA 所携带的遗传信息所起到的正是这两方面的作用。也就是说,生命的本质在于信息,它在以 DNA(有时候是 RNA)为主的物质系统中表达出来时,就形成了地球上"如吾所识的生命";如果它物化在别的形式中,就形成别的"如其可能的生命"。

30.3　人工生命的发展历史

20 世纪 20 年代初,逻辑在算术机械运算中的运用,导致过程的抽象形式化。

20 世纪 40 年代末至 20 世纪 50 年代初,冯·诺依曼提出了机器自增长的可能性理论。以计算机为工具,迎来了信息科学的发展。

20 世纪 70 年代以来,科拉德(Conrad)和他的同事研究人工仿生系统中的自适应、进化和群体动力学,提出了不断完善的"人工世界"模型。

20 世纪 80 年代,人工神经网络又兴起,出现了许多神经网络模型和学习算法。与此同时,人工生命的研究也逐渐兴起。1987 年召开了第一届国际人工生命会议。

自从 1987 年兰顿提出人工生命的概念以来,人工生命研究已走过了 13 年的历程。人工生命的独立研究领域的地位已被国际学术界所承认。

到目前为止,人工生命学术界举办了 7 次里程碑式的国际学术会议,这几次人工生命会议构成了该学科发展轨迹在时间维上的重要坐标点。

人工生命的这 7 次学术会议简要评述如下:

(1)"人工生命——关于生命系统合成与模拟的跨学科研讨会"。本次会议于 1987 年 9 月在美国新墨西哥的罗斯阿拉莫斯举行。这次会议一般被简称为"A LIFE I"。本次会议的论文集共收录了 24 篇论文,内容主要分布在:人工生命研究的理论、生命现象的仿真、细胞自动机(简称 CA)、遗传算法、进化仿真等 5 个方面,兰顿发表了题为"人工生命"的开拓性论文,他在文中提出了人工生命的概念,并讨论了它作为一门新兴的研究领域或学科存在的意义。兰顿被公认为人工生命研究的创立者。这次会议标志着人工生命研究领域的诞生。

(2)"人工生命Ⅱ——人工生命研讨会"。本次会议于1990年2月在美国新墨西哥的圣菲举行,简称ALIFEⅡ。该会议论文集共收录了31篇论文,内容分为概貌、自组织、进化动力学、开发、学习与进化、计算、哲学与突现、未来等8部分。其中兰顿的"混沌边缘的生命"、约翰·科赞(John Koza)的"遗传进化和计算机程序的共进化"属于经典之作。

(3)"人工生命Ⅲ——人工生命研讨会",1992年6月在美国新墨西哥的圣菲举行,简称为ALIFEⅢ。本次会议的论文集共收录了26篇论文,内容除涉及遗传算法、进化仿真、突现行为、适应度概貌图、群体动力学和混沌机制等人工生命经典内容之外,还讨论了机器人规划应用问题。科赞的"人工生命:自我复制的自发突现与进化的自改进计算机程序"堪称杰作,从遗传编程算法方面探讨了在人工生命研究中关键的突现机理。

(4)"人工生命Ⅳ——第四届国际生命系统合成与模拟研讨会",1994年7月在美国麻省理工学院举行,简称为ALIFEⅣ。本次会议的论文集共收录了56篇论文,内容分为特邀报告、长文和短文3个部分,它覆盖了协同进化、遗传算子、进化与其他方法(如神经网络等)的综合、AL算法、关于混沌边缘和分岔的研究、AL建模、学习能力、进化动力学、细胞自动机、DNA非均衡学说研究、人工生命在字符识别、机器人等方面的应用等较为广泛的内容。

(5)"人工生命Ⅴ——第五届国际生命系统合成与模拟研讨会",1996年5月16~18日,在日本古城奈良举行,来自世界各地的500多名学者参加了会议。这是人工生命首次在亚洲召开的国际会议。人工生命概念刚提出,就引起日本学者的关注,第一次人工生命国际会议就有日本学者参加。这次会议在日本的召开,标志着日本成为亚洲人工生命研究的中心。

(6)"人工生命Ⅵ——第六届国际人工生命研讨会",1998年6月26~29日在美国洛杉矶加利福尼亚大学举行。这次会议的主题是"生命和计算:变化着的边界"。本次会议收到大约100篇提交的论文,其中39篇作为完整论文在这次会议的论文集中得到介绍。有9篇论文被认为是人工生命的新的高质量工作。这次会议主要的论文涉及的是计算的分子和细胞生物学。会议提供了许多新的关于发育过程、细胞分化机理和免疫反应模型制造的新见解。这些论文把人工生命扩展到令人兴奋的新方向。

(7)"人工生命Ⅶ——回顾过去,展望未来",于2000年8月1日—6日在美国波特兰的里德学院举行。本次会议的主题是:"回顾过去,展望未来"。具体讨论的问题有以下几个方面:生命的起源、自组织和自复制问题,包括人工化学进化、自催化系统、虚拟新陈代谢等;发育和分化问题,包括人工的和自然的形态发生,多细胞分化与生物进化,基因调节网络等;进化和适应动力学问题,包括人工进化生态学,可进化性及其对生物组织的影响,进化计算等;机器人和智能主体,包括进化机器人,自主适应机器人和软件智能体等;通信、协作和集体行为,包括突现集体行为,通信和协作的进化,语言系统、社会系统、经济系统和社会-技术系统等;人工生命技术和方法的应用,包括工业和商业的应用,可进化硬件、自修复硬件和分子计算,金融和经济学,计算机游戏,医疗应用,教育应用等;认识论和方法论基础问题,包括人工生命的本体论、认识论以及伦理和社会影响等。

除了这些会议之外,一些地区性的国际会议也不断地被组织。"欧洲人工生命会议"

(European Conference on Artificial Life,ECAL)已连续举办 5 次会议,每次会议都有论文集出版。ECAL 是国际人工生命研究的一个重要论坛。

1996 年,我国举行了第一届人工生命研讨会,由中科院自动化研究所与中科院系统研究所联合举办,邀请参加的专家来自美国的 SFI、MIT、加拿大、日本与中国。

在 1994 年创刊并在世界著名学府麻省理工学院出版的国际刊物《人工生命》(Artificial Life),是该研究领域内的权威刊物。网络上的人工生命资源非常丰富,人工生命的网上园地 Zooland 曾在《科学》杂志上得到专门的报道。人工生命的研究进展一度成为《科学》(Science)杂志和《科学美国人》杂志报道的热点。

30.4　人工生命的研究

1. 生物形态发生和自我繁殖的逻辑

人工生命和人工智能是两门相近的学科。虽然它们的目标不同,发展先后也不一样,但它们智慧的种子几乎都是在相同的时代由相同的人播种的。它们共同的智力先驱就是阿兰·图灵和冯·诺依曼。

阿兰·图灵是人工科学的第一个先驱。他在 20 世纪 50 年代早期发表了一篇蕴意深刻的论形态发生(生物学形态发育)的数学论文(1952 年)。在这篇论文中,他提出了人工生命的一些萌芽思想。他证明相对简单的化学过程可以从均质组织产生出新的秩序。两种或更多的化学物质以不同的速率扩散可以产生不同密度的“波纹”,这如果是在一个胚胎或生长的有机体中,很可能以后产生重复的结构,比如腺毛、叶芽、分节等。扩散波纹可以在一维、二维或三维中产生有序的细胞分化。在三维空间中,它们比如可以产生原肠胚,其中,球形的均质细胞发育出一个空心(最终变为管状)。就像图灵自己所强调的那样,进一步发展他的思想需要更好的计算机,而他自己只有很原始的计算机帮助,所以,他的论文尽管对分析生物学是一个重大的贡献,但并没有立刻产生作为一门计算学科的人工生命。

冯·诺依曼也是人工科学的先驱。20 世纪 40 年代和 20 世纪 50 年代,他在数字计算机设计和人工智能领域做了很多开创性的工作。与图灵一样,他也试图用计算的方法揭示出生命最本质的方面。但与图灵关注生物的形态发生不同,他则试图描述生物自我繁殖的逻辑形式。在发现 DNA 和遗传密码好几年之前,他已认识到,任何自我繁殖系统的遗传物质,无论是自然的还是人工的,都必须具有两个不同的基本功能:一方面,它必须起到计算机程序的作用,是一种在繁衍下一代过程中能够运行的算法;另一方面,它必须起到被动数据的作用,是一个能够复制和传到下一代的描述。为了避免当时电子管计算机技术的限制,他提出了细胞自动机(简称 CA)的设想:把一个长方形平面分成很多个网格,每一个格点表示一个细胞或系统的基元,每一个细胞都是一个很简单、很抽象的自动机,每个自动机每次处于一种状态,下一次的状态由它周围细胞的状态、它自身的状态以及事先定义好的一组简单规则决定。冯诺依曼证明,确实有一种能够自我繁殖的细胞自动机存在,虽然它复杂到了当时的计算机都不能模拟的程度。冯·诺依曼的这项工作表明:一旦把自我繁衍视为生命的独特特征,机器也能做到这一点。

冯·诺依曼的人工生命观念,与图灵关于形态发生的观念一样,被研究者忽视了许多年。这些人主要把他们的注意力集中在人工智能、系统理论和其他一些研究上,因为这些领域的内容在早期计算技术的帮助下可以得到发展。而探讨图灵和冯诺依曼的人工生命研究的进一步含义则需要相当的计算能力,由于当时没有这样的计算能力,它的发展不可避免地受到了限制。

2. "生命游戏"和"混沌的边缘"

冯·诺依曼未完成的工作,在他去世多年后由康韦(John Conway)、沃弗拉姆(Stephen Wolfram)和兰顿(Chris Langton)等人进一步发展。1970年,剑桥大学的约翰·康韦编制了一个名为"生命"的游戏程序,该程序由几条简单的规则控制,这几条简单的规则的组合就可以使细胞自动机产生无法预测的延伸、变形和停止等复杂的模式。这一意想不到的结果吸引了一大批计算机科学家研究"生命"程序的特点。最终证明细胞自动机与图灵机等价。也就是说,给定适当的初始条件,细胞自动机可以模拟任何一种计算机。因此,康韦不无自信地说,"在足够大的规模上,你将真正看到活的配置。真正的生命,无论什么理性的定义你愿意给予它。演化,复制,为了领土而斗争,变得越来越聪明,撰写学术上的Ph.D论文。毫无疑问,在一个足够大的板子上,在我心里有这种事物将发生。"

20世纪80年代,斯蒂芬·沃弗拉姆对细胞自动机(CA)做了全面的研究(1984年)。他将细胞自动机分成四种类型:类型Ⅰ,CA演化到一个均质的状态;类型Ⅱ,CA演化到周期性循环的模式;类型Ⅲ,CA的行为变成混沌,没有明显的周期性呈现,并且后续的模式表现为随机的,随着时间的变化,没有内在的或持续的结构;类型Ⅳ,CA的行为呈现出没有明显周期的复杂模式,但是,展现出局域化的和持续的结构,特别是,其中有些结构具有通过CA的网格传播的能力。

类型Ⅰ和Ⅱ的CA产生的行为,在生物学的模型建构中显得太平淡而失去了研究兴趣。虽然种类Ⅲ的CA产生了丰富的模式,但是,那里没有突现的行为,就是说,没有连贯、持久的、超出单一细胞层次的结构出现。在类型Ⅳ的CA中,我们确实发现了突现的行为:从纯粹局部相互作用的规则中突现出秩序。

为什么有些细胞自动机能够产生很有意义的结构,而另外一些却不能呢?这个问题吸引了当时还在读研究生的克里斯·兰顿。兰顿定义了一个参数λ作为细胞自动机活动性的一个测量。λ的值越高,细胞自动机的细胞转换为活的状态的概率也就越高,反之,细胞自动机转为活的状态的概率就越低。兰顿用不同的λ值做了一系列试验,结果发现,沃弗拉姆的四类细胞自动机倾向于完全落入参数λ的某些确定范围。他发现,当$0.0 < \lambda < 0.2$时,类型Ⅰ的细胞自动机发生;当$0.2 < \lambda < 0.4$时,类型Ⅱ和类型Ⅳ的细胞自动机发生;当$0.4 < \lambda < 1.0$时,类型Ⅲ的细胞自动机发生。这就是说,当活动水平非常低时,细胞自动机倾向于收敛到单一的、稳定的模式;如果活动性非常高,无组织的、混沌的行为就会发生;只有对于中间层次的活动性,局域化的结构和周期的行为(类型Ⅱ和类型Ⅳ)发生。类型Ⅱ和类型Ⅳ的差别是,类型Ⅱ中的局域化的、周期性的结构并不在空间中移动,而类型Ⅳ的局域化的结构可以通过网格传播。兰顿推测,在类型Ⅳ中,传播结构的存在意味着局域化的周期性结构和传播性的周期结构之间可能有任意复杂的相互作用。

兰顿因此把类型Ⅳ的CA视为表达了部分发展了的混沌行为,并因此把具有这种行为状态的CA称为处于"混沌边缘"的CA。在混沌的边缘,既有足够的稳定性来存储信息,又有足够的流动性来传递信息,这种稳定性和流动性使得计算成为可能。在此基础上,兰顿作了一个更为大胆的假设,认为生命或者智能就起源于混沌的边缘。兰顿构造了一些具体的第四类 CA,它们非常像"真实的"生命的一些方面。例如,在 $\lambda = 0.218$ 的一个模拟中,两个相互作用的物种形成一种"催化周期",其中两个物种都图谋维护彼此的群体水平。

为了能够用计算机进一步探索生命的规律,兰顿认识到应当有一门专门的研究领域或学科来做这方面的工作。这个新的研究领域或学科,兰顿把它命名为"人工生命"。

3. 生命模拟游戏

其实,关于生命模拟的尝试早在 20 世纪 70 年代就已经出现,例如最初向世人展现人工生命的英国数学家约翰·康卫(John Horton Conway)开发了一个"生命游戏"软件,这个软件流行广泛,因为其具有不可抗拒的诱惑力,它像是一个演化中的微型宇宙。开始时,计算机屏幕上只出现这个宇宙的一个影像:一个平面坐标方格上布满了"活着的"黑方块和"死了的"白方块,最初的图案可以任你摆布。但一旦你开始运作这个游戏后,这些方块就会根据很少几条简单规律活过来或死过去。每一代的每一个方块首先要环顾其四周的近邻,如果近邻中就有太多活着的方块了,则这个方块的下一代就会因为数额过剩而死去。如果近邻中存活者过少,则这个方块就会因为孤独而死去。但如果其邻近中存有两到三个"活着的"方块,比例恰到好处,则这个方块的下一代就能存活下去。也就是说,要么是这一代已经活着,能够继续存活下去,如果不是这样,就会产生新的一代。虽然这些规则只是一些简单的漫画式的生物学,但是人们发现了很多有趣的图案,就像一个复杂的世界。

4. 人工生命的基本思想

兰顿关于"混沌的边缘"和人工生命的想法得到了美国洛斯阿拉莫斯非线性研究中心的多伊恩·法默(J. Doyne Farmer)的赞赏,在他的支持下,兰顿筹备并主持了 1987 年 9 月的第一次国际人工生命会议。会议得到了广泛的反响,150 多名来自世界各地从事相关研究的学者、科学记者参加了会议。这次会议的成功召开标志着人工生命这个崭新的研究领域的正式诞生。提交的会议论文经过严格的同行评议,以《人工生命》为题出版。兰顿把参加人工生命研讨会的人们的思想提炼成该书的前言和长达 47 页的概论,在这些文字中,他为人工生命的主要思想撰写了一份清晰的宣言。

人工生命的主要思想主要包括以下一些观念:

(1) 人工生命所用的研究方法是集成的方法。人工生命不是用分析的方法,即不是用分析解剖现有生命的物种、生物体、器官、细胞、细胞器的方法来理解生命,而是用综合集成的方法,即在人工系统中将简单的零部件组合在一起使之产生似生命的行为的方法来研究生命。传统的生物学研究一直强调根据生命的最小部分分析生命并解释它们,而人工生命研究试图在计算机或其他媒介中合成似生命的过程和行为。

(2) 人工生命是关于一切可能生命形式的生物学。人工生命并不特别关心我们知道的地球上的特殊的以水和碳为基础的生命,这种生命是"如吾所识的生命"(life-as-we-know-it),是传统的生物学的主题。人工生命研究的则是"如其所能的生命"(life-as-it-could-be)。因为生物学仅仅是建立在一种实例,即地球上的生命的基础上的,因此它在经验上太受限制而无助于创立真正普遍的理论。这里,一种新的思路就是人工生命。我们像我们这样出现,并不是必然的,这仅仅是因为原先地球上存在的那些物质和进化的结果。然而,进化可能建立在更普遍的规律之上,但这些规律我们可能还没有认识到。所以,今天的生物学仅仅是实际生命的生物学。我们只有在"生命如其所能"的广泛内容中考察"生命如吾所识",才会真正理解生物的本质。因此,生物学必须成为任何可能生命形式的生物学。

(3) 生命的本质在于形式而不在于具体的物质。不管实际的生命还是可能的生命都不由它们所构成的具体物质决定。生命当然离不开物质,但是生命的本质并不在于具体的物质。生命是一个过程,恰恰是这一过程的形式而不是物质才是生命的本质。人们因此可以忽略物质,从它当中抽象出控制生命的逻辑。如果我们能够在另外一种物质中获得相同的逻辑,我们就可以创造出不同材料的另外一种生命。因此,生命在根本上与具体的媒质无关。

(4) 人工生命中的"人工"是指它的组成部分,即硅片、计算规则等是人工的,但它们的行为并不是人工的。硅片、计算规则等是由人设计和规定的,人工生命展示的行为则是人工生命自己产生的。

(5) 自下而上的建构。人工生命的合成的实现,最好的方法是通过以计算机为基础的被称为"自下而上编程"的信息处理原则来进行:在底层定义许多小的单元和几条关系到它们内部的、完全是局部的相互作用的简单规则,从这种相互作用中产生出连贯的"全体"行为,这种行为不是根据特殊规则预先编好的。自下而上的编程与人工智能(AI)中主导的编程原则是完全不同的。在人工智能中,人们试图根据从上到下的编程手段建构智力机器:总体的行为是先验地通过把它分解成严格定义的子序列编程的,子序列依次又被分成子程序、子子程序……直到程序自己的机器语言。人工生命中的自下而上的方法则相反,它模仿或模拟自然中自我组织的过程,力图从简单的局部控制出发,让行为从底层突现出来。按兰顿的说法,生命也许确实是某种生化机器,但要启动这台机器,不是把生命注入这台机器,而是将这台机器的各个部分组织起来,让它们产生互动,从而使其具有"生命"。

(6) 并行处理。经典的计算机信息处理过程是接续发生的,在人工智能中可以发现类似的"一个时间单元一个逻辑步骤"的思维;而在人工生命中,信息处理原则是基于发生在实际生命中的大量并行处理过程的。在实际生命中,大脑的神经细胞彼此并行工作,不用等待它们的相邻细胞"完成工作";在一个鸟群中,是很多鸟的个体在飞行方向上的小的变化给予鸟群动态特征的。

(7) 突现是人工生命的突出特征。人工生命并不像人们在设计汽车或机器人那样在平庸的意义上是预先设计好的。人工生命最有趣的例子是展示出"突现"的行为。"突现"一词用来指称在复杂的(非线性的)形态中许多相对简单单元彼此相互作用时产生出来的引人注目的整体特性。在人工生命中,系统的表现型不能从它的基因型中推倒出来。这里,基因型是指系统运作的简单规则,比如,康韦"生命"游戏中的两个规则;表现型是指系统的整体突现行为,比如"滑翔机"在生命格子中沿对角线方向往下扭动。用计算机的语言来说,正是自下而上的方法,允许在上层水平突现出新的不可预言的现象,这种现象对生命系统来说是关键的。

(8) 真正"活的"人工生命总有一天会诞生。在兰顿的人工生命"宣言"中,他虽然非常谨慎地避免宣称人工生命研究人员所研究的实体"真正"是活的,但是,如果生命真的只是组织问题,那么组织完善的实体,无论它是由什么做的,都应当是活的。因此,兰顿确信,"真正的"人工生命总有一天会诞生，而且会很快地诞生。

5. 人工鱼

中国青年学者涂晓媛在 1996 年获美国计算学会 ACM 最佳博士论文奖，她的获奖论文题目是"人工动物的计算机动画"（artificial animals for computer animation：biomechanics，locomotion，perception and behavior）。涂晓媛是第一位也是迄今唯一一位获此殊荣的中国学者。涂晓媛博士研究开发的新一代计算机动画"人工鱼"被学术界称之为"晓媛的鱼"（xiaoyuan's fish），被英语国家通用的数学教科书引用，被许多西方国家的学术刊物广泛介绍。晓媛研究开发的"人工鱼"（artificial fish）是基于生物物理和智能行为模型的计算机动画新技术，是在虚拟海洋中活动的人工鱼社会群体。"人工鱼"不同于一般的计算机"动画鱼"之处在于："人工鱼"具有"人工生命"的特征，具有"自然鱼"的某些生命特征，如意图、习性、感知、动作、行为等。晓媛的"人工鱼"是由工程技术路径研究开发的"人工生命"，是基于生物物理和智能行为模型的，用计算机动画技术在屏幕上画出来的"人工鱼"，是具有自然鱼生命特征的计算机动画。而"人工羊"多莉是由生命科学途径，用基于生物化学和遗传工程的无性繁殖方法，在胚胎中生出来的"人工生命"，是自然羊的同类生物，参见图 30-1。

图 30-1 涂晓媛的人工鱼

6. 在生活中的应用

用人工生命技术创造生活在计算机屏幕上的生物，它们可以生长、繁殖，并与人类交流。

由于人工生命是计算机与生命及有关的学科相互渗透与交叉形成的，因此研究人工生命的计算机理论与算法，有助于揭示生命的全貌及探索生命的起源，为生物学研究提供新的途径。美国苹果计算机公司研究人员，利用软件表现一种能进行移动和生殖的简单生物进化过程。这是一种以多角形体来表现的生物，它的动作可通过图形在计算机画面上表现出来。它拥有神经网格和眼睛，按照遗传算法进行进化，能够从眼睛看到的周围事务中学习，能够移动和转动，还能吃东西，能和别的多角体进行交配后生"孩子"。这种计算机生物经过进化，目前已出现了 3 种现象：在眼睛看到障碍物时会迅速躲开；当捕食者靠近时会赶快逃跑；会发起群体攻击。

　　日本一家公司已开发出售一种可体验热带鱼食饵和繁殖等饲养情况的软件。把计算机的显示屏当成水槽,显示屏上可出现逼真的"热带鱼",它们游来游去,忠实地再现了水草的光合作用和水质变化等水槽内的环境(见图30-2)。人工生命可以理解人的态度。你对它严肃时它也严肃(见图30-3)。如果你对人工生命微笑或好言好语,它就会活跃起来。

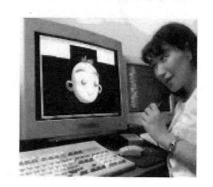

图30-2　电子娃娃严肃图　　　　　　　　图30-3　电子娃娃快乐图

背 景 材 料

1. 涂晓媛

　　博士,祖籍江西南昌,出生于北京,1989年以优良学习成绩毕业于清华大学自动化系,在校期间,多次受到奖励和表扬,是清华大学五四青年奖获得者,1990年加拿大McMaster大学获硕士学位,并获安大略州教学奖,1994年获加拿大多媒体艺术科学院的技术优秀奖,1996年加拿大多伦多大学获博士学位,论文获国际计算学会最佳博士论文奖。目前,是Intel公司的图形研究小组的科学家。

2. 李建会

　　1964年生于河南南阳,北京大学哲学博士,曾在美国威斯康星大学哲学系和哈佛大学哲学系、科学史系访问学习,现为北京师范大学哲学与社会学学院教授、科学与人文研究中心副主任,北京师范大学研究生院培养处副处长。当前的主要研究兴趣为生命科学哲学、科学史和科学技术与社会。

参 考 文 献

1　熊卫民. 人工生命与生命的本质. http://www.sciencetimes.com.cn/20021208/f1.htm.
2　李建会. 人工生命:探索新的生命形式. 自然辩证法研究,2001年第7期.
3　李建会 著. 走向计算主义. 北京:中国书籍出版社,2004.
4　涂晓媛. 人工鱼——计算机动画的人工生命方法. 北京:清华大学出版社,2001.
5　班晓娟. 艾冬梅等. 人工鱼. 北京:科学出版社,2007.

人 工 智 能

31.1　人工智能的概念

人工智能(Artificial Intelligence,AI)是一门综合了计算机科学、生理学、哲学的交叉学科。人工智能的研究课题涵盖面很广,从机器视觉到专家系统,包括了许多不同的领域。其中特点是让机器学会"思考"。为了区分机器是否会"思考",有必要给出"智能"的定义。究竟"会思考"到什么程度才叫智能?

人工智能学科是计算机科学中涉及研究、设计和应用智能机器的一个分支。它的近期主要目标在于研究用机器来模仿和执行人脑的某些智力功能,并开发相关理论和技术。

人工智能是智能机器所执行的通常与人类智能有关的智能行为,如判断、推理、证明、识别、感知、理解、通信、设计、思考、规划、学习和问题求解等思维活动。

31.2　人工智能的发展历史

1. 人工智能的历史

人工智能的发展并非一帆风顺,它经历了以下几个阶段:

第一阶段:20世纪50年代人工智能的兴起和冷落。人工智能概念首次提出后,相继出现了一批显著的成果,如机器定理证明、跳棋程序、通用问题求解程序、LISP表处理语言等。但由于消解法推理能力有限,以及机器翻译等的失败,使人工智能走入了低谷。

第二阶段:20世纪60年代末到20世纪70年代,专家系统使人工智能研究出现新高潮。DENDRAL化学质谱分析系统、MYCIN疾病诊断和治疗系统、PROSPECTIOR探矿系统、Hearsay-Ⅱ语音理解系统等专家系统的研究和开发,将人工智能引向了实用化。并且,1969年成立了国际人工智能联合会议(International Joint Conferences on Artificial Intelligence)。

第三阶段:20世纪80年代,第五代计算机使人工智能得到了很大发展。日本1982年开始了"第五代计算机研制计划",即"知识信息处理计算机系统(KIPS)",其目的是使逻辑推理达到数值运算那么快。虽然此计划最终失败,但它的开展形成了一股研究人工智能的热潮。

第四阶段：20世纪80年代末，神经网络飞速发展。1987年，美国召开第一次神经网络国际会议，宣告了这一新学科的诞生。此后，各国在神经网络方面的投资逐渐增加，神经网络迅速发展起来。

第五阶段：20世纪90年代，人工智能再次出现新的研究高潮。互联网技术的发展，人工智能由单个智能主体转向基于网络环境下的分布式人工智能研究。不仅研究基于同一目标的分布式问题求解，而且研究多个智能主体的多目标问题求解，将人工智能更面向实用。另外，由于Hopfield多层神经网络模型的提出，使人工神经网络研究与应用出现了欣欣向荣的景象。

2. 人工智能的发展

在定义智慧时，英国科学家图灵做出了贡献，如果一台机器能够通过图灵实验，那它就是智慧的，图灵实验的本质就是让人在不看外形的情况下不能区别是机器的行为还是人的行为时，这个机器就是智慧的。

科学家早在计算机出现之前就已经希望能够制造出可能模拟人类思维的机器了，杰出的数学家，哲学家布尔，通过对人类思维进行数学化精确地刻画，他和其他杰出的科学家一起奠定了智慧机器的思维结构与方法，计算机内使用的逻辑基础正是他所创立的。

1949年发明了可以存储程序的计算机，计算机理论的发展导致了人工智能理论的产生。人们找到一个存储信息和自动处理信息的方法了。

20世纪50年代人们把人类智力和计算机联系起来。维纳(Norbert. Wiener)在反馈理论上提出了一个论断，所有人类智力的结果都是一种反馈的结果，通过不断地将结果反馈给机体而产生的动作，进而产生了智能。这种想法对人工智能有重大影响(见图31-1)。

1955年香农与人一起开发了The Logic Theorist程序，它是一种采用树状结构的程序，程序运行时在树中搜索，寻找与可能答案最接近的树分支进行探索，以得到正确答案。这个程序在人工智能历史上有重要地位，它在学术上和社会上引起的巨大的影响，以至于我们现在所采用的思想方法有许多还是来自于此程序。

1956年夏天在美国达特茅斯(Dartmouth)大学麦卡希召集了一次会议，在这次会议上第一次正式使用了"人工智能"术语，标志着人工智能这一新兴学科的正式诞生(见图31-2)。

图 31-1　维纳

图 31-2　麦卡希

1957 年香农和另一些人又开发了一个程序 General Problem Solver(GPS),它对维纳的反馈理论有一个扩展,并能够解决一些比较普遍的问题。与此同时,麦卡希(John. McCarthy)创建了表处理语言 LISP,直到现在许多人工智能程序还在使用这种语言,它几乎成了人工智能的代名词,到了今天,LISP 仍然在发展。

1963 年,麻省理工学院受到了美国政府和国防部的支持进行人工智能的研究,结果是使人工智能得到了巨大的发展。其后发展出的许多程序十分引人注目,麻省理工大学开发出了 SHRDLU 系统。STUDENT 可以解决代数问题,而 SIR 系统则开始理解简单的英文句子了,SIR 的出现导致了新学科的出现:自然语言处理。

20 世纪 70 年代专家系统出现,让人知道计算机可以代替人类专家进行一些工作了,如统计分析数据,参与医疗诊断等。在理论方面,计算机有了简单的思维和视觉,另一个人工智能语言 Prolog 语言诞生了,它和 LISP 一起几乎成了人工智能工作者不可缺少的工具。

20 世纪 80 年代对 AI 工业来说不是好年景。1986—1987 年社会对 AI 系统的需求下降,业界损失了近 5 亿美元。像 Teknowledge 和 Intellicorp 两家公司共损失超过 6 百万美元,大约占利润的三分之一。巨大的损失迫使许多研究削减经费。另一个项目是国防部高级研究计划署支持的"智能卡车"。它是一种能完成许多战地任务的机器人。由于项目缺陷和成功无望,项目经费停了。

尽管经历了这些受挫,AI 仍在慢慢恢复发展,新的技术在日本被开发出来,如在美国首创的模糊逻辑,它可以从不确定的条件作出决策;还有神经网络,被视为实现人工智能的可能途径。总之,20 世纪 80 年代 AI 被引入了市场,并显示出实用价值。

20 世纪 90 年代,在"沙漠风暴"行动中军方的智能设备经受了战争的检验。人工智能技术被用于导弹系统和预警显示以及其他先进武器。AI 技术也进入了家庭。智能电脑吸引了公众兴趣;一些面向苹果机和 IBM 兼容机的应用软件例如语音和文字识别已可买到;使用模糊逻辑,AI 技术简化了摄像设备。对人工智能相关技术更大的需求促使新的进步不断出现。

31.3　人工智能的学派发展

人工智能自诞生以来,从符号主义、联结主义到行为主义变迁,这些研究从不同角度模拟人类智能,在各自研究中都有取得了很大的成就。

1. 符号主义

符号主义,又称为逻辑主义、心理学派或计算机学派,其原理主要为物理符号系统假设和有限合理性原理。符号主义认为,人工智能源于数学逻辑,人的认知基元是符号,而且认知过程即符号操作过程,通过分析人类认知系统所具备的功能和机能,然后用计算机模拟这些功能,来实现人工智能。符号主义主要困难主要表现在机器博弈的困难;机器翻译不完善;人的基本常识问题表现的不足。

符号主义经历了几个阶段:1955—1965 年的知识表达和搜索阶段;1965—1975 年的建构微型世界阶段;1975 年求极小常识知识集合的阶段至今。符号主义代表人物是纽厄尔(A. Newell)和西蒙(H. A. Simon),早期的人工智能主要研究下棋、逻辑和数学定理的机器证明、问题求解和机器翻译等问题。1956 年纽厄尔和西蒙编制成功"逻辑理论机 LT",该系统是第一个处理符号计算机程序,1960 年他们又成功编制"通用问题求解程序 GPS 系统",这两个系统都是第一次在计算机上运行的启发式程序。到了 20 世纪 70 年代,符号主义取得了进一步发展,科学家提出各种新的知识表示技术,人工智能进入研究的新高潮。DENDRAL 系统的问世,标志着人工智能开始向实用化阶段迈进,同时标志着一个新的研究领域——专家系统的正式诞生。后来发展起来的专家系统和知识工程则是人工智能的重要应用领域,接着开发出许多著名的专家系统,为工矿数据分析处理、医疗诊断、计算机设计、符号运算和定理证明等提供了强有力的工具。

2. 联结主义

联结主义,又称为仿生学派或生理学派,其原理主要为神经网络及神经网络间的连接机制与学习算法。联结主义认为,人工智能源于仿生学,特别是人脑模型的研究,人的思维基元是神经元,而不是符号处理过程,因而人工智能应着重于结构模拟,也就是模拟人的生理神经网络结构,功能、结构和智能行为是密切相关的,不同的结构表现出不同的功能和行为。所谓人工神经网络模拟,也即通过改变神经元之间的连接强度来控制神经元的活动,以之模拟生物的感知与学习能力,可用于模式识别、联想记忆等。联结主义主要困难主要表现在对知识获取在技术上的困难;模拟人类心智方面的局限。

20 世纪 40 年代神经生理学家麦卡洛克(W. S. MeCulloeh)与数学家皮兹(W, Pirts)合作,对神经系统特别是神经元的活动机理、图灵的可计算数理论、罗素和怀特海的命题逻辑理论进行综合研究,提出形式神经元的数学模型。20 世纪 50 年代末罗森布拉特(Rosenblatt)设计了感知机,试图用人工神经网络模拟动物和人的感知和学习能力,形成人工智能的一个分支——模式识别,创立了学习的决策论方法,从而引起了感知器机的研究的高潮。20 世纪 60 年代末人工智能大师明斯基(M. Minsky)和帕波特(Papert)从数学上分析了感知机的原理,认为感知机存在局限性,再加上当时联结主义的理论模型、生物原型和技术条件的限制,因而,后来研究队伍很快解体,脑模型的研究陷入低潮。尽管遇到种种困难,但是神经网络的一些学者及其后继者并没有放弃努力,直到 1982 年和 1984 年,Hophfield 教授经很多年潜心研究,提出用硬件模拟神经网络,联结主义又一次取得了进展。当时计算机硬件技术的飞快得到发展,1986 年鲁梅尔哈特等人提出多层网络中的反向传播(BP)算法,人工神经网络在声音识别和图像处理等方面取得很大成功,神经网络迅速崛起,又一次进入高潮。

3. 行为主义

行为主义,又称进化主义或控制论学派,他们认为,人工智能源于控制论,智能取决于感知和行动,提出了智能行为的"感知-动作"模式(M-P),智能不需要知识、表示和推理;人工智能可以像人类智能一样逐步进化;智能行为只能在现实世界中与周围环境交互作用而表现出来。行为主义学派的代表人物是布鲁克斯(R. Brooks),他认为智能行为可以在没有明显的推理系统的情况下产生。行为主义者认为智能不需要知识、不需要表示、不需要推理;人工智能可以像人类智能一样逐步进化(所以称为进化主义);智能行为只能在现实世界中与周围环境交互作用而表现出来。早期的研究工作重点是模拟人在控制过程中的智能行为和作用,对自寻优、自适应和自校正等进行研究,也对"控制动物"进行研究,20 世纪 60—70 年代,这些研究取得一定进展,并在 20 世纪 80 年代诞生了智能控制和智能机器人系统。鲁克斯的六足机器人被视为新一代的"控制论动物",是一个基于感知——动作模式的模拟昆虫行为的控制系统。行为主义主要困难主要表现在几个方面,研究纲领的模型的不完善性;对人类心智的隐形认知把握能力困难,机器人类的很多知识和能力是很难把握的,例如人的情感、动机等;行为对心理的解释问题,进化对行为的解释问题。

31.4 人工智能的热点

近年,AI 研究出现了新的高潮,这一方面是因为在人工智能理论方面有了新的进展,另一方面也是因为计算机硬件突飞猛进的发展。随着计算机速度的不断提高、存储容量的不断扩大、价格的不断降低以及网络技术的不断发展,许多原来无法完成的工作现在已经能够实现。目前人工智能研究的三个热点是智能接口、数据挖掘、主体及多主体系统。

(1) 智能接口技术是研究如何使人们能够方便自然地与计算机交流。为了实现这一目标,要求计算机能够看懂文字、听懂语言、说话表达,甚至能够进行不同语言之间的翻译,而这些功能的实现又依赖于知识表示方法的研究。因此,智能接口技术的研究既有巨大的应用价值,又有基础的理论意义。目前,智能接口技术已经取得了显著成果,文字识别、语音识别、语音合成、图像识别、机器翻译以及自然语言理解等技术已经开始实用化。

(2) 数据挖掘就是从大量的、不完全的、有噪声的、模糊的、随机的实际应用数据中提取隐含在其中的、人们事先不知道的、但又是潜在有用的信息和知识的过程。数据挖掘和知识发现的研究目前已经形成了三根强大的技术支柱:数据库、人工智能和数理统计。主要研究内容包括基础理论、发现算法、数据仓库、可视化技术、定性定量互换模型、知识表示方法、发现知识的维护和再利用、半结构化和非结构化数据中的知识发现以及网上数据挖掘等。

(3) 主体系统是具有信念、愿望、意图、能力、选择、承诺等心智状态的实体,比对象的粒度更大,智能性更高,而且具有一定自主性。主体试图自治地、独立地完成任务,而且可以和环境交互,与其他主体通信,通过规划达到目标。多主体系统主要研究在逻辑上或物理上分离的多个主体之间进行协调智能行为,最终实现问题求解。多主体系统试图用主体来模拟人的理性行为,主要应用在对现实世界和社会的模拟、机器人以及智能机械等领域。目前对主体和多主体系统的研究主要集中在主体和多主体理论、主体的体系结构和组织、主体语言、主体之间的协作和协调、通信和交互技术、多主体学习以及多主体系统应用等方面。

31.5 人工智能的研究与应用领域

1. 问题求解

人工智能的第一个大成就是发展了能够求解难题的下棋(如国际象棋)程序,它包含问题的表示、分解、搜索与归纳等。

2. 逻辑推理与定理证明

逻辑推理是人工智能研究中最持久的子领域之一,特别重要的是要找到一些方法,只把注意力集中在一个大型数据库中的有关事实上,留意可信的证明,并在出现新信息时适时修正这些证明。我国人工智能大师吴文俊院士提出并实现了几何定理机器证明的方法,被国际上承认为"吴氏方法",是定理证明的又一标志性成果。

3. 自然语言理解

语言处理也是人工智能的早期研究领域之一,并引起了进一步的重视。语言的生成和理解是一个极为复杂的编码和解码问题。一个能理解自然语言信息的计算机系统看起来就像一个人一样需要有上下文知识以及根据这些上下文知识和信息用信息发生器进行推理的过程。理解口头的和书写语言的计算机系统所取得的某些进展,其基础就是有关表示上下文知识结构的某些人工智能思想以及根据这些知识进行推理的某些技术。

4. 自动程序设计

对自动程序设计的研究不仅可以促进半自动软件开发系统的发展,而且也使通过修正自身数码进行学习(即修正它们的性能)的人工智能系统得到发展。程序理论方面的有关研究工作对人工智能的所有研究工作都是很重要的。自动程序设计研究的重大贡献之一是作为问题求解策略的调整概念。已经发现,对程序设计或机器人控制问题,先产生一个不费事的有错误的解,然后再修改它(使它正确工作),这种做法一般要比坚持要求第一个解就完全没有缺陷的做法有效得多。

5. 专家系统

一般地说,专家系统是一个智能计算机程序系统,其内部具有大量专家水平的某个领域知识与经验,能够利用人类专家的知识和解决问题的方法来解决该领域的问题。发展专家系统的关键是表达和运用专家知识,即来自人类专家的并已被证明对解决有关领域内的典型问题是有用的事实和过程。

6. 机器学习

机器学习是使计算机具有智能的根本途径;机器学习还有助于发现人类学习的机理和揭示人脑的奥秘。

7. 神经网络

神经网络处理直觉和形象思维信息具有比传统处理方式好得多的效果。神经网络已在模式识别、图像处理、组合优化、自动控制、信息处理、机器人学和人工智能的其他领域获得日益广泛的应用。

8. 机器人学

机器人学包括对操作机器人装置程序的研究。这个领域所研究的问题,从机器人手臂的最佳移动到实现机器人目标的动作序列的规划方法,无所不包。目前已经建立了一些比较复杂的机器人系统。机器人和机器人学的研究促进了许多人工智能思想的发展。智能机器人的研究和应用体现出广泛的学科交叉,涉及众多的课题,机器人已在各领域获得越来越普遍的应用。

9. 模式识别

人工智能所研究的模式识别是指用计算机代替人类或帮助人类感知模式,是对人类感知外界功能的模拟,研究的是计算机模式识别系统,也就是使一个计算机系统具有模拟人类通过感官接受外界信息、识别和理解周围环境的感知能力。

10. 机器视觉

机器视觉或计算机视觉已从模式识别的一个研究领域发展为一门独立的学科;在视觉方面,已经给计算机系统装上电视输入装置以便能够"看见"周围的东西。机器视觉的前沿研究领域包括实时并行处理、主动式定性视觉、动态和时变视觉、三维景物的建模与识别、实时图像压缩传输和复原、多光谱和彩色图像的处理与解释等。

11. 智能控制

人工智能的发展促进自动控制向智能控制发展。智能控制是一类无需(或需要尽可能少的)人干预就能够独立地驱动智能机器实现其目标的自动控制。智能控制是同时具有以知识表示的非数学广义世界模型和数学公式模型表示的混合控制过程,也往往是含有复杂性、不完全性、模糊性或不确定性以及不存在已知算法的非数学过程,并以知识进行推理,以启发来引导求解过程。

12. 智能检索

"知识爆炸"对智能检索系统提出了要求。现在的问题是:首先,建立一个能够理解以自然语言陈述的询问系统本身就存在不少问题。其次,即使能够通过规定某些机器能够理解的形式化询问语句来回避语言理解问题,但仍然存在一个如何根据存储的事实演绎出答案的问题。第三,理解询问和演绎答案所需要的知识都可能超出该学科领域数据库所表示的知识。

13. 智能调度与指挥

确定最佳调度或组合的问题是人们感兴趣的又一类问题,求解这类问题的程序会产生一种组合爆炸的可能性,这时,即使是大型计算机的容量也会被用光。人工智能学家们曾经研究过若干组合问题的求解方法。他们的努力集中在使"时间-问题大小"曲线的变化尽可能缓慢地增长,即使是必须按指数方式增长。有关问题域的知识再次成为比较有效的求解方法的关键。为处理组合问题而发展起来的许多方法对其他组合上不甚严重的问题也是有用的。

14. 分布式人工智能与 Agent

分布式人工智能是分布式计算与人工智能结合的结果。DAI 系统以鲁棒性作为控制系统质量的标准,并具有互操作性,即不同的异构系统在快速变化的环境中具有交换信息和协同工作的能力。分布式人工智能的研究目标是要创建一种能够描述自然系统和社会系统的精确概念模型。多 agent 系统更能体现人类的社会智能,具有更大的灵活性和适应性,更适合开放和动态的世界环境,因而备受重视,已成为人工智能以至计算机科学和控制科学与工程的研究热点。

15. 计算智能与进化计算

计算智能涉及神经计算、模糊计算、进化计算等研究领域。进化计算是指一类以达尔文进化论为依据来设计、控制和优化人工系统的技术和方法的总称,它包括遗传算法、进化策略和进化规划。

16. 数据挖掘与知识发现

知识获取是知识信息处理的关键问题之一。数据挖掘是通过综合运用统计学、粗糙集、模糊数学、机器学习和专家系统等多种学习手段和方法,从大量的数据中提炼出抽象的知识,从而揭示出蕴涵在这些数据背后的客观世界的内在联系和本质规律,实现知识的自动获取。数据挖掘和知识发现技术已获广泛应用。

17. 人工生命

人工生命旨在用计算机和精密机械等人工媒介生成或构造出能够表现自然生命系统行为特征的仿真系统或模型系统。自然生命系统行为具有自组织、自复制、自修复等特征以及形成这些特征的混沌动力学、进化和环境适应。人工生命学科的研究内容包括生命现象的仿生系统、人工建模与仿真、进化动力学、人工生命的计算理论、进化与学习综合系统以及人工生命的应用等。

18. 系统与语言工具

除了直接瞄准实现智能的研究工作外,开发新的方法也是人工智能研究的一个重要方面。人工智能对计算机界的某些贡献以派生的形式表现出来。计算机系统的一些概念,如分时系统、编目处理系统和交互调试系统等,已经在人工智能研究中得到发展。

31.6 对人工智能的展望

1. 更新的理论框架

人工智能研究存在不少问题。比如,宏观与微观隔离,全局与局部割裂和理论和实际脱节。这类问题说明,人脑的结构和功能比人们想象的复杂得多,人工智能研究面临的困难要比我们估计的大得多,人工智能研究的任务要比我们讨论过的艰巨得多。同时也说明,要从根本上了解人脑的结构和功能,解决面临的难题,完成人工智能的研究任务,需要寻找和建立更新的人工智能框架和理论体系,打下人工智能进一步发展的理论基础。我们至少需要经过几代人的持续奋斗,进行多学科联合协作研究,才可能基本上解开"智能"之谜,使人工智能理论达到一个更高的水平。

2. 更好的技术集成

人工智能技术是智能技术与各种信息处理技术及相关学科技术的集成。要集成的信息技术除数字技术外,还包括计算机网络、远程通信、数据库、计算机图形学、语音与听觉、机器人学、过程控制、并行计算、量子计算、光计算和生物信息处理等技术。智能系统不仅包括心理学、语言学、现代计算技术、认知科学和计算语言学,而且还包括社会学、人类学以及哲学和系统科学等。计算不仅是智能系统支持结构的重要部分,而且是智能系统的活力所在,就像血液对于人体一样重要。

3. 更成熟的应用方法

人工智能的实现固然需要硬件作保证,然而,软件依然是人工智能的核心技术。许多人工智能应用问题需要开发复杂的软件系统,这有助于促进软件工程学科发展。软件工程能为一定类型的问题求解提供标准化程序;知识软件则能为人工智能问题求解提供有效的编程手段。由于人工智能应用问题的复杂性和广泛性,传统的软件设计方法显然是不够用和不适用的。人工智能方法必须支持人工智能系统的开发实验,并允许系统有组织地从一个较小的核心原型逐渐发展为一个完整的应用系统。更高级的 AI 通用语言、更有效的 AI 专用语言与开发环境或工具以及人工智能开发专用机器将会不断出现及更新,为人工智能研究和开发提供有力的工具。最终能研究出使人工智能成功地应用于更多领域和更成熟的方法。

4. 值得注意的方向

人工智能的推理功能已获突破,学习及联想功能正在研究之中,下一步就是模仿人类右脑的模糊处理功能和整个大脑的并行化处理功能。

情感是智能的一部分,不能与之分离,因此人工智能领域的下一个突破可能在于赋予计算机情感能力。情感能力对于计算机与人的自然交往至关重要。

对多种方法混合技术、多专家系统技术、机器学习(尤以神经网络学习和知识发现)方法、硬件软件一体化技术,以及对人脑机理的研究。

背 景 材 料

1. 图灵

阿兰·麦席森·图灵(Alan Mathison Turing),1912 年生于英国伦敦,英国数学家、逻辑学家,被称为人工智能之父。他是计算机逻辑的奠基者,许多人工智能的重要方法也源自于这位伟大的科学家。1931 年图灵进入剑桥大学国王学院,毕业后到美国普林斯顿大学攻读博士学位。1936年图灵向伦敦权威的数学杂志投了一篇论文,题为"论数字计算在决断难题中的应用"。在这篇开创性的论文中,图灵给"可计算性"下了一个严格的数学定义,并提出著名的"图灵机"的设想。"图灵机"不是一种具体的机器,而是一种思想模型,可制造一种十分简单但运算能力极强的计算装置,用来计算所有能想象得到的可计算函数。"图灵机"与"冯·诺依曼机"齐名,被永远载入计算机的发展史中。1950年10月,图灵又发表了另一篇题为"机器能思考吗"的论文,这篇文章是他成为"人工智能之父"。1954年在英国的曼彻斯特辞世,参见图31-3。

2. 布尔

布尔(Boole·George)英国数学家及逻辑学家。1815年11月2日生于林肯,1864年12月8日因为肺炎死于爱尔兰的科克。他16岁时在私立学校教数学,1849年,他被任命为科克的女王学院的数学教授。布尔的发现是用一套符号来进行逻辑演算。1854年,他出版了《思维规律的研究》一书,其中圆满地讨论了这个主题并奠定了现在所谓的符号逻辑的基础,参见图31-4。

图31-3　图灵

图31-4　布尔

3. 克劳德·香农

克劳德·香农(Claude Elwood Shannon)1916年4月30日诞生于美国密歇根州的Petoskey。1936年香农在密西根大学获得数学与电气工程学士学位,然后进入MIT念研究生。1938年香农在MIT获得电气工程硕士学位,硕士论文题目是"A Symbolic Analysis of Relay and Switching Circuits"(继电器与开关电路的符号分析)。当时他已经注意到电话交换电路与布尔代数之间的类似性,即把布尔代数的"真"与"假"和电路系统的"开"与"关"对应起来,并用1和0表示。于是他用布尔代数分析并优化开关电路,这就奠定了数字电路的理论基础。1940年香农在MIT获得数学博士学位,而他的博士论文却是关于人类遗传学的,题目是《An Algebra for Theoretical Genetics》(理论遗传学的代数学)。1941年香农以数学研究员的身份进入新泽西州的AT&T贝尔电话公司,并在贝尔实验室工作到1972年,从24岁到55岁,整整31年。1956年他担任MIT访问教授,1958年成为正式教授,1978年退休。2001年2月24日,香农在马塞诸塞州Medford辞世。克劳德·香农是美国科学院院士、美国工程院院士、英国皇家学会会员,参见图31-5。

4. 蔡自兴

蔡自兴,福建莆田人。1962年7月毕业于西安交通大学工业电气自动化专业。中南大学信息科学与工程学院首席教授,博士生导师。兼任中国人工智能学会常务理事,智能机器人学会理事长,国家自然科学基金委学科评议组成员。此外,蔡教授还先后兼任中国科学院自动化研究所客座研究员,北京大学信息中心客座研究教授,美国伦塞勒理工学院(RPI)客座教授,以及北京航空航天大学、北方工业大学、湘潭大学、南京化工大学等8校兼职教授等职。1983—1985年及1992年曾两次赴美国,先后在内华达大学,普度大学和伦塞勒理工学院从事人工智能,机器人和智能控制研究。他发表论文400多篇,主持和参加国家自然科学基金等科技和教学研究10多项,获全国一等奖一项,省部级一等奖一项,二等奖一项,三等奖两项,省优秀论文一等奖三项,二等奖一项,其他奖励四项,参见图31-6。

图 31-5 香农

图 31-6 蔡自兴

参 考 文 献

1 陈庆霞.人工智能研究纲领的发展历程和前景.科技信息,2008年第33期.
2 毛毅.人工智能研究热点及其发展方向.技术与市场,2008年3期.
3 田金萍.人工智能发展综述.科技广场,2007年1期.
4 田金萍.人工智能发展综述.科技广场,2007年1期.
5 汪敬贤.浅谈人工智能的应用与发展.科技信息,2006年第2期.
6 蔡自兴.人工智能对人类的深远影响.高技术通讯,1995年第6期.
7 蔡自兴.人工智能控制.北京:化学工业出版社,2005.
8 林尧瑞,马少平.人工智能导论.北京:清华大学出版社,1989.
9 杨宪泽.人工智能与机器翻译.成都:西南交通大学出版社,2006.
10 杨建刚,储庆中.对人工智能未来发展的几点思考.甘肃科技纵横,2006年(第35卷)第6期.

人机接口与一体化

32.1 人机对话

1. 人机对话的概念与发展阶段

人机对话是计算机的一种工作方式,即计算机操作员或用户与计算机之间,通过控制台或终端显示屏幕,以对话方式进行工作。操作员可用命令或命令过程告诉计算机执行某一任务。在对话过程中,计算机可能要求回答一些问题,给定某些参数或确定选择项。通过对话,人对计算机的工作给以引导或限定,监督任务的执行。该方式有利于将人的意图、判断和经验,纳入计算机工作过程,增强计算机应用的灵活性。

亚略特公司的知名生物识别专家杨若冰提出,人机对话发展分三个时期。

第一代人机对话时代,指的是字符命令时代,即以 DOS 和 UNIX 为代表的字符操作时代。人机交流使用的语言是经过定义并有数量限制,由字符集组成的,被双方牢记的密码式语言,在此体系外的人基本不了解语言含义。

第二代人机对话时代,则采用的是接近人类自然思维的"所见即所得"的图形式交流方式,在交流的内容上已经非常接近人类的自然交流习惯,但其交流方式主要通过按键(键盘、鼠标等)实现,而不是按照人类本来得交流方式进行。苹果 OS 和微软 Windows 操作系统就是属于第二代图形操作方式。

第三代人机对话则完全与第一第二代人机对话方式不同,人机交流的内容主要是人习惯的自然交流语言,交流方式也是人习惯的自然语言交流方式(包括语音和手写等,甚至包括人的表情、手势、步态等)。

新一代的智能人机交互模式正在逐步形成。智能人机交互技术融合了人工智能、语音处理、计算机视觉、图形学、自然语言处理、多媒体技术等众多研究领域,同时它也是心理学、语言学、社会学等方向的研究分支,具有很强的交叉性和综合性。

2. 人机工程学

所谓人机工程学,亦即是应用人体测量学、人体力学、劳动生理学、劳动心理学等学科的研究方法,对人体结构特征和机能特征进行研究,提供人体各部分的尺寸、重量、体表面积、比重、重心以及人体各部分在活动时的相互关系和可及范围等人体结构特征参数；还提供人体各部分的出力范围、活动范围、动作速度、动作频率、重心变化以及动作时的习惯等人体机能特征参数，分析人的视觉、听觉、触觉以及肤觉等感觉器官的机能特性；分析人在各种劳动时的生理变化、能量消耗、疲劳机理以及人对各种劳动负荷的适应能力；探讨人在工作中影响心理状态的因素以及心理因素对工作效率的影响等。

在认真研究人、机、环境三个要素本身特性的基础上，人机工程学不单着眼于个别要素的优良与否，而是将使用"物"的人和所设计的"物"以及人与"物"所共处的环境作为一个系统来研究。

系统设计的方法，是在明确系统总体要求的前提下，着重分析和研究人、机、环境三个要素对系统总体性能的影响，如系统中人和机的职能如何分工；如何配合；环境如何适应人；机对环境又有何影响等问题，经过不断修正和完善三要素的结构方式，最终确保系统最优组合方案的实现。

32.2　人机通信的工具

1. 鼠标的历史与现状

在鼠标发明以前，人们操作电脑只能依靠键盘。鼠标的出现让我们轻轻滑动它就可以操作电脑，实现人机交流。鼠标发明曾被 IEEE 列为计算机诞生 50 年来最重大的事件之一。

1）鼠标发明

最早的鼠标诞生于 1964 年，由美国人道格·恩格尔巴特（Doug Engelbart）发明的。鼠标发明 4 年后，在 1968 年 12 月 9 日，恩格尔巴特在全球最大的专业技术学会 IEEE 会议上，展示了世界上第一个鼠标，那是一个木质的小盒子，只有一个按钮，里面有两个互相垂直的滚轮，它的工作原理是由滚轮带动轴旋转，并使变阻器改变阻值，阻值的变化就产生了位移信号，经电脑处理后屏幕上指示位置的光标就可以移动了，参见图 32-1。

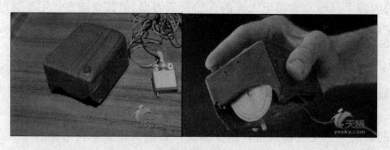

图 32-1　世界上最早的木头鼠标

2）鼠标的应用过程

1964 年，世界上第一个鼠标的诞生年；1968 年，恩格尔巴特向世人展示了他的发明鼠标；1973 年 4 月，施乐公司推出世界上第一部采用图形界面的 Alto 电脑，这是世界上第一台使用鼠标的电脑。1981 年 4 月 27 日，世界上第一款商业化的鼠标出现了，它随施乐公司的 Xerox Star 8010 电脑一起推出。1983 年,苹果公司推出世界上第一台采用图形界面的个人计算机——LISA,同时配置鼠标。1984 年,苹果公司推出 Macintosh 计算机,Mouse(鼠标)成为电脑的忠实伴侣,参见图 32-2 和图 32-3。

图 32-2　图形操作系统鼻祖 Alto

图 32-3　Macintosh 电脑

3）罗技（Logitech）鼠标发展史

罗技公司是瑞士的外设厂商,成立于 1981 年,可以说罗技的发展史就是一部鼠标的发展史,罗技创造了鼠标行业无数个"第一",它为今天鼠标被普遍认可和广泛使用作出了不可磨灭的贡献:1983 年发布了第一只光学机械式鼠标;1984 年发布了第一只无线鼠标;1996 年第一次将 Marble 光学技术应用于全线轨迹球产品;2001 年发布了第一款无线光电鼠标;2002 年发布第一只采用蓝牙技术的无线鼠标。

4）无线鼠标

无线鼠标是指无线缆直接连接到主机的鼠标。一般采用红外线技术,27MHz ISM 频带技术、2.4GHz ISM 技术、蓝牙技术实现与主机的无线通信。红外线技术最早应用无线鼠标通信,由于红外线发射频率低,发射角度小,且与接收器间不能有任何障碍物,实用性不佳,目前市面上已几乎未见此类产品。RF 27MHz 技术是目前主流的无线鼠标通信技术,较为成熟,传输距离在 2 米左右。2.4GHz 非联网解决方案是近年来新兴的无线传输技术,由于采用了自调频技术,使干扰的影响大为降低,传输距离也达到了 10 米左右。蓝牙是较早采用 2.4GHz 频段的无线技术,传输距离在 9～10 米,参见图 32-4。

图 32-4　无线鼠标

2. 软件界面的发展趋势

（1）命令语言用户界面的发展。根据其语言的特点及人机交互的形式的分为：形式语言、自然语言和类自然语言。

（2）图形用户界面的广泛应用。图形用户界面和人机交互过程极大地依赖视觉和手动控制的参与,因此具有强烈的直接操作特点。

（3）直接操纵用户界面技术的成熟。用户最终关心的是他欲控制和操作的对象,他只关心任务语义,而不用过多为计算机语义和句法而分心。对于大量物理的、几何空间的以及形象的任务,直接操纵已表现出巨大的优越性。

　　（4）多媒体用户界面及多通道用户界面的发展，大大丰富了计算机信息的表现形式。

　　（5）虚拟现实技术的应用。虚拟现实系统向用户提供身临其境和多感觉通道体验，作为一种新型人机交互形式，虚拟现实技术比以前任何人机交互形式都有希望彻底实现和谐的、"以人为中心"的人机界面。

3. 文字识别

　　光学文字识别（Optical Character Recognition，OCR）的概念产生于1929年，由德国的科学家Tausheck首先提出。它可以将图形中的文字转换为一个个的字元，并保留其格式，最后达成图像文档转成文字文档的目的，免去重新打字输入的技术。

　　文字识别的过程就是借助扫描仪将文字内容以图片形式扫描存入电脑，然后可利用OCR文字识别软件将图形中的文字直接识别为文字文档。一般扫描仪驱动盘中都附送了文字识别软件，目前市场上较常见的文字识别软件有尚书、汉王、紫光、丹青等。Readiris是一套光学文字识别（OCR）软件，可识别中文、荷兰文、英文、德文、西班牙文等128种文字语言。

4. 语音识别

　　与机器进行语音交流，让机器明白你说什么，这是人们长期以来梦寐以求的事情。语音识别技术就是让机器通过识别和理解过程把语音信号转变为相应的文本或命令的高技术。语音识别技术所涉及的领域包括信号处理、模式识别、概率论和信息论、发声机理和听觉机理、人工智能等。语音识别是一门交叉学科。近二十年来，语音识别技术取得显著进步，开始从实验室走向市场。人们预计，未来10年内，语音识别技术将进入工业、家电、通信、汽车电子、医疗、家庭服务、消费电子产品等各个领域。语音识别听写机在一些领域的应用被美国新闻界评为1997年计算机发展十件大事之一。很多专家都认为语音识别技术是2000—2010年间信息技术领域十大重要的科技发展技术之一，参见图32-5。

图32-5　语音识别

5. 意念控制电脑

　　可以像纸一样卷起来的显示器，用大脑控制电脑，这些听起来匪夷所思的新技术离我们其实并不遥远。根据德国科学家的预测，它们即将进入大众生活的时间都是2010年。最近一本名为《未来世界的100种变化》的书由科学出版社出版发行。

　　2006年6月8日在巴黎举行的欧洲研究和创新展上，带着24对电极帽的美国科学家布鲁纳（Peter Brunner），当场用意念通过眼睛传达给笔记本电脑，在巨大屏幕上一字字写出信息B-O-N-J-O-U-R，惊诧四座科学家和观众。将"精神控制物质"从科幻带入现实，是布鲁纳及其同事在美国纽约州政府的基金赞助下，发展的令人惊讶的人脑电脑连接界面（Brain Computer Interface，BCI）技术，它可将人脑信息数字化然后以电子脉冲形式传输到电击上，传达指令。这绝对是以精神控制物质的例子。研究员赛勒斯（Theresa Sellers）解释道：不需要依赖肌肉或者是神经，BCI"就可以让全瘫患者不通过讲话或动作，达到沟通及控制的目的。"BCI估计可使全球1亿有特殊需要的人受益，包括1600万名脑瘫患者、脑疾病造成的功能退化者和至少500万脊椎神经伤者，以及1000万名因脑干中风而四肢瘫痪者。20年来，科学家一直试图将思维直接转换成动作，但BCI最近从实验室走入四肢不灵患者的日常生活。赛勒斯认为，从用意念写字到用意念做其他身体动作，只是时间问题。这种技术已被用来启动装有发动机的轮椅。

目前无论是键盘还是鼠标都需要人首先学会使用，然后才能执行相应的操作。未来人类将完全摆脱这种束缚，实现用大脑控制电脑。并且这样的电脑操作将更快速更精确。你脑中想到的文字会自动出现在电脑屏幕上，写完整篇文章都不需要动用键盘，并且想要电脑执行打印、存储等任何操作，只要大脑里念头一动就可以实现。这就是未来的人机接口技术。

在柏林大脑计算机接口研究项目中，人们校准电脑，使电脑可以解释被测人员的大脑电流，电脑接受到相应信号后，就可以赶在被测者之前完成相应的动作。在德国弗劳恩霍夫计算机结构和软件技术研究所，科学们已经实现了这一功能。例如，在被试验者伸出手指之前，计算机已经通过阅读大脑信号作出相应动作，按下了某个键，参见图32-6。

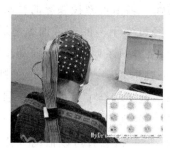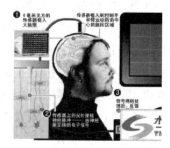

图 32-6　人与计算机连接

32.3　人机一体化

1. 研究现状

"人机一体化"不是梦。物理学家、美国科学院院士斯蒂文·霍金认为，应该从遗传学角度对人进行完善，否则将来机器人会超过人。霍金认为，如果想让生物体优于电子体，只有两条出路：一是人类不得不考虑通过基因工程来完善自己的基因，二是想出将计算机和人类大脑融为一体的办法。

目前，科学家想出的最佳办法是在人的神经系统植入电子芯片。

1998年8月，英国雷丁大学控制论教授凯文·瓦威克成功地将其RFID（Radio Frequency Identification，即无限射频识别技术，利用无线电波对记录媒体进行读写，射频识别的距离可达几十厘米至几米，可以输入数千字节的信息，而且具有极高的保密性）芯片植入自己手臂内获得成功，成为世界上第一个体内携带芯片的人。这个芯片内含有64条指令，这些指令可通过特殊信号发出。传感器接收指令后传入一台主控计算机，计算机便能根据指令进行房门或电灯的开关，调节办公室内温度等操作。

2002 年 3 月,凯文·瓦威克再次将微型芯片移植到手臂内,并成功实现人体神经系统和电脑系统之间的通信。这就是用神经系统控制外接设备,以电脑代替人的反射系统读取神经指令的"电子人理论"实验。瓦威克的"人机一体化"实验还得到了他妻子埃文娜的支持。埃文娜将与丈夫都将微型芯片移植进自己的手臂。手术后仅一天,瓦威克就与妻子进行了人类历史上首次的"电子人的交流"——夫妻俩蒙住眼睛感受对方的举动。夫妻俩的"第一次直接接触",就是由他们手臂内的芯片通过电脑传达各自的神经信号而实现的。当瓦威克微微动了一下手指时,根本看不见他举动的埃文娜立即说,她感受到仿佛有一道闪电穿过她的手掌,直扑指尖,显示瓦威克似乎动了动手指。瓦威克说:"对我而言,这就像是我太太在跟我交流。"

2004 年 7 月,继科学家将微型芯片移植进手臂之后,政府官员也加入了"电子人"大军。墨西哥总检察长拉斐尔·马塞多 12 日对外宣布,他的一只胳膊的皮肤下已植入一块电脑芯片。这块芯片不仅是他进入墨西哥全国司法中心数据库的唯一识别手段,还能在他发生任何意外时锁定他的方位。墨西哥检察院系统的 168 名高级官员也都植入了这种电脑芯片。

从 2004 年起,美国布朗大学的神经动力学专家约翰·多诺古教授领导的科研小组陆续针对 4 名瘫痪患者进行了"大脑之门"系统植入试验。经过半年多的刻苦训练之后,瘫痪患者可以借助大脑内植入的一块电子芯片通过意念控制、从事一系列以前"望而却步"的动作,包括移动电脑屏幕上的一个光标、在屏幕中央画出一个圆形轮廓、模拟打开电子邮件、玩简单的电脑游戏、调节电视音量、切换电视频道等。他们甚至还学会了通过意念控制开启和关闭一只假手的手指、控制一条机械臂抓住和移动物体这样的高难度动作。多诺古教授表示:"这一实验结果的成功预示着一个光明的前景:即未来某一天,患者可以借助一套物理神经系统,利用脑电波信号刺激肢体肌肉,恢复大脑对于肌肉的控制。"

2. 反对意见

然而,也有一些专家警告称"美国'大脑门'科技的快速发展,可能有着更险恶的用途"。美国目前有至少 12 个实验室都在发展大脑和计算机交互界面科技,许多实验室的研究都受到了美国军方的资助,获得了超过 2500 万美元的研究资助。美国军方显然希望能发展出一种可由士兵大脑控制的"杀手机器人",打造出一种所向无敌的"超级机器人战士"。

人机一体化时代似乎已经来临。如今许多种人体芯片已经实用化,何时走进人体只是时间问题。很多媒体认为,除了技术问题,许多可能出现的法律和隐私问题,有可能成为人体芯片技术普及的主要障碍。但是,无论何种障碍,都无法阻止人体芯片进入人体的步伐,人体芯片在人体内"安营扎寨"的日子并不遥远。

3. 未来应用

您能想象到吗? 去商场买东西,买单时不用找钱包,也不用刷信用卡,只要挥动一下手臂就可以了。这听起来有点像是科幻梦想,但是或许,不用多久,购物者就可以通过一块植入体内的芯片来买单了。将芯片植入购物者手臂皮下后,只要快速扫描手臂相应位置,就会立即连接上购物者的个人银行账户,迅速实现资金转划。就是说,只要挥一挥手臂,就可以轻轻松松买单了。

这种设想在今天使用 iPod 长大的一代人中具有很大吸引力。据英国零售业"商品销售学会"发表的一份研究报告称,有将近十分之一的青少年和近二十分之一的成年人,都愿意在体内植入芯片以便在商场买单,同时省去信用卡或身份被盗的麻烦。"商品零售学会"高级分析师帕德贝莉承认,很多消费者担心人体芯片会泄露他们的隐私,但她表示,现在的青少年购物者,对于使用人体芯片的担心将大大减少。

目前世界上已经有一个地方通过人体芯片买单。在西班牙巴塞罗那的巴贾沙滩贵宾俱乐部中,会员们身穿比基尼和短裤,身上都没有地方装钱包,使用人体芯片显然更加方便。这家俱乐部提供给会员一种微型芯片,可以植入手臂皮肤下,芯片大小如同一粒大米,是一种玻璃胶囊;芯片中储存有一个 10 位数的个人号码,可以连接会员本人的银行账号。凭借芯片会员可以进入俱乐部活动,在俱乐部的酒吧里买单。人体芯片在该俱乐部的应用颇为成功。

不过,帕德贝莉也认为,在不久的将来,商场超市会更多注重使用指纹识别和虹膜识别技术。根据"商品零售学会"的调查,1/5 的青少年和 1/9 的成年人都明确表示,他们将乐于使用这些生物遗传学技术买单。它们比使用手机购物更受欢迎,因为手机更容易被盗。

在英国牛津大学,一种接触式买单的试验正在进行;试验中,一个指纹扫描仪可以与购物者的银行账户进行连接。这种系统在美国已有超过 230 万购物者使用,还可以让使用者在商场兑现支票。随着科技的进步和人们生活方式的改变,"信用卡"功成身退将是必然。

背 景 材 料

道格·恩格尔巴特(Doug Engelbart)于 1925 年 1 月 30 日出生在俄勒冈州波特兰市附近的一个小农场,1942 年,他在俄勒冈州立大学学习电气工程。二战期间,恩格尔巴特中断了学业去参军,在 Phillipines 作为一名电子雷达兵服了两年兵役。1948 年,拿到电气工程学士学位后,他留在旧金山半岛 NACA Ames 实验室(NASA 美国国家航天局的前身)做一名电子工程师。在专利证书上,鼠标的正式名称叫"显示系统纵横位置指示器",但斯坦福研究所的某人把它称为鼠标颇具讽刺意味的是,恩格尔巴特并没有因为他的发明而成为百万富翁乃至亿万富翁。因为鼠标的发明是用美国政府的资金在斯坦福研究所完成的,所以鼠标的专利权属于政府,参见图 32-7。

图 32-7　鼠标之父道格·恩格尔巴特

参 考 文 献

1 道格·恩格尔巴特. http：//baike. baidu. com/view/671305. htm.

2 人机工程学. http：//baike. baidu. com/view/46875. htm.

3 无线鼠标. baike. baidu. com/view/15633. htm.

4 人机对话. baike. baidu. com/view/413661. htm.

5 鼠标历史. http：//bbs. lznews. cn/viewthread. php？ tid＝170350.

6 鼠标的历史. http：//blog. sina. com. cn/s/blog_4a8e198a0100bxr4. html.

7 罗技鼠标历史回顾. http：//hi. baidu. com/％EA％BC％BB％A8％D4％D9％CF％D6％CA％B1/blog/
   item/fc5967b4c24f0ec637d3ca75. html.

8 用意念控制电脑. http：//www. yeeyan. com/articles/view/ht/7546.

9 人可通过意念控制电脑. 2004 年 12 月，http：//www. networkchinese. com/tech/ruecomp. html.

10   2010 年用意念控制电脑. http：//tieba. baidu. com/f？ kz＝136505769.

"合成人"计划

33.1 半人半机器的趋势

1. 电子器官植入人体

据英国 2008 年 10 月 29 日《每日电讯报》报道,巴黎蓬皮杜医院负责心脏移植和假体研究的阿兰·卡朋提埃教授昨天展示了他研制的世界上第一颗完全可移植式人造心脏。这个人造心脏与人类心脏大小相当,上面覆盖有经过特殊处理的组织以避免引起人类免疫系统的排异反应。人造心脏的跳动与真正的心脏类似,重约 1 公斤,体外部分是一个有 5 小时使用期限的电池。

40 年前,工程学和医学在相互接触过程中加深了彼此的了解和结合产生了一门新的边缘学科——生物医学工程学。它利用科学技术的相应理论和方法,深入研究人体结构和功能,用人造器官取代人体的病残部分。医用电子技术不仅用于检查,诊断人体的疾病,还开辟了制作人体"零件"的新领域。今天一些人已经在尝试将机器植入人体,代替人的部分器官,比如人造心脏,"肌电手"、电子耳、电子鼻、"电子眼"与"电子喉"(见图 33-1 和图 33-2)。

图 33-1　美军假肢卫兵

图 33-2　美国批准重病患可植入人造心脏

1)肌电手

如今,电子假肢能够按照大脑的意识完成七八个动作,能举起 1 公斤的重量,接近于真肢体的功能。肌电手有 7 个微型电机,肩部到肘部装有 5 个,手腕和手指装有两个,从脊部和胸部引出的电流经微处理机处理并放大 100 倍后传输给微型电机,微型电机带动杠杆动作,它的动作形式与控制电流相对应。随着科学技术的进一步发展,肌电手将更加完善,使之产生"感觉"电流反馈于人脑,它就不仅能受大脑控制,还具备真手一样的"神经感觉",完成真手所能担负的 27 个复杂技能。

2)电子眼

所谓"电子眼"就是在盲人眼镜的两个框上装有两个微型摄像机和一个处理机,用许多电极导线将微处理机的输出端和大脑视觉中枢连接起来。带着盲人"电子眼"的人就如同有了真正的眼睛一样,可以重见光明了。一位美国盲人曾接受了一次大胆的实验:工程技术人员用导线把电视摄影机与这个盲人的视觉中枢连接起来,当摄像机把被摄物体转变成电脉冲通过导线传入盲人的大脑视觉中枢时,这位盲人的脑中就出现了被摄物体的简单轮廓。这个实验使工程技术人员的思路豁然开朗,他们又从电视图像扫描原理得到启发:扫描像素越多,图像就越清晰。若是增加插在人脑视觉中枢上的电极数,视觉图像就会更加清晰。于是,他们把电极数增加到了 64~80 个,将这个由电极组成的小格栅固定于盲人头上。奇迹果然发生了,当摄像机把外界景物强弱不等的光信号变成电脉冲,又经微处理机处理提取有用信息,并将这些信息经电极传入大脑视觉中枢时,发生了盲人脑中浮现出了清晰的外界景物图像。之后,工程技术人员在实验的基础上,研制出了小型轻便的"电子眼"。

3)电子喉

电子喉是利用人造的发音装置代替声带振动而发音,再经鼻、咽、口、舌、齿、唇加工形成语言。机械人工喉是利用内呼的空气,振动金属簧片或薄膜发音,声音借一根管子经口导入咽。电子喉为一种半导体装置的人工喉,使用时手持人工喉在颈前侧的最佳发音点上,将声音传入咽部构成语言。用以代替声带和喉头振动的电子喉,它的频率可以任意调整,男的可以将频率调低,女的则可以把频率调高。

4)电子耳

电子耳分为两个部分。体外部分有一个麦克风来接收外界的声音,将此声音传到语音处理器,语音处理器将此外界的声音分解,在将此分解之后的语音信息经由感应线圈传到体内部分。体内部分有一个接受/刺激器来接收体外感应线圈传来的信号,在将此信号经由电极线传到内耳耳蜗里面,直接刺激听觉神经末端。

人工电子耳的研究开始于 1950 年,最初使用单一电极刺激,病人可以听到声音,但是对于语音的分辨能力不是很好。后来的研究多采用多极刺激,对语音的分辨能力大为提高。目前全世界有三大人工电子耳的厂牌:分别为澳洲的 Nucleus、奥地利的 Med-El 以及美国的 Clarion。

5)电子鼻

电子鼻是模拟人类的嗅觉系统,设计研制的一种智能电子仪器,可适用于许多系统中测量一种或多种气味物质的气体敏感系统。其基本结构包括三个部分。一是气体传感器阵列,由具有广谱响应特性、较大的交叉灵敏度以及对不同气体有不同灵敏度的气敏元件组成。工作时气敏元件对接触的气体能产生响应并产生一定的响应模式。类似于人鼻子的嗅觉受体细胞。二是信号预处理单元,对传感器的响应模式进行预加工,以达到漂移补偿、信息压缩和降低信号(随样品)起伏的目的,完成特征提取的任务。三是模式识别单元,对信号预处理单元所发出的信号做进一步的处理,完成对气体信号定性和定量的识别,包括数据处理分析器、智能解释器和知识库。

2. 半人半机器诞生

2002 年 3 月 22 日,48 岁的控制论教授凯文·沃尔维克(Kevin Warwick)成了"第一个电子人",参见图 33-3。

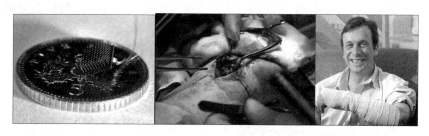

图 33-3 3 毫米的芯片移植进沃尔维克的左腕

在沃尔维克的积极要求下,医生们为他进行了一次"具有革命意义的"外科手术,将一个 3 毫米宽的方形芯片植入到了沃尔维克的左腕内,并连接上了 100 个电极,使他的神经系统通过芯片线路与计算机相连,沃尔维克因此成了世界上第一个"半人半机器"——人类有机组织与机械部件的混合体。沃尔维克表示,他希望计算机能够读出在他神经系统内传导的电子脉冲,从而解开手指运动和一些感觉的产生机理。这些电子脉冲信号包括手指的摆动以及触觉和疼痛等,它们将首次被传送至计算机进行记录和分析。

33.2 伦理面对科技挑战

在焦虑和梦想中,人们企盼着科学技术的每一项进步;在欣喜与探索中,人们体验着科技发展推动着人类文明的前进。然而,进入新世纪,面对着克隆人、人造子宫、芯片植入等生物医学技术成果的冲击时,人类的社会伦理、道德、法律却遭遇着前所未有的尴尬与困惑。

1. 克隆人:我到底是谁

1997 年 2 月 22 日世界上第一头用体细胞克隆的绵羊"多莉"在英国诞生,这一事件令全世界瞩目。此后,科学家们又先后克隆出牛、老鼠、山羊、猪、兔子和猫等 6 种动物。

2002 年 12 月 27 日,法国女科学家布瓦瑟利耶宣布世界首个克隆婴儿已经降临人世。目前克隆女婴的真实性尚无有关的科学证据,但克隆人俨然已经来到的现实,让各国政府无法忽视采取应对措施的紧迫性。

事实上,从克隆技术问世之日起,克隆人就一直是人们争论激烈的话题。克隆技术固然可以在抢救濒危珍稀物种、利用相同基因背景的动物进行医学研究等方面发挥重要作用,但克隆人对社会伦理道德的冲击,克隆技术本身的安全性,以及克隆人的生理与心理健康问题,都是人类以前从未面对的生物技术挑战。克隆技术一旦被滥用,所导致的各种混乱,将使人类无所适从。

从伦理道德角度看,克隆人将对现有的家庭、婚姻、情感等社会基本准则带来根本性的冲击。即便克隆人发育正常,他(她)们与被复制者能否算是父母与子女的关系? 还是拥有相同的身份定位,分享生活、荣誉、财产或共同承担犯罪过错? 克隆人在现实生活中是否会被视为异类而遭受歧视?

2. 人造子宫:生命从哪里来

2002 年初,美国研究人员宣称研制出世界上第一个人造子宫,为人体胚胎在母体外生长发育创造了可能。继克隆技术后,人类的自然繁殖功能面临又一次重大挑战,参见图 33-4。

图 33-4 人造子宫

这一试验将子宫内膜细胞置入一个由生物分解原料制成的模拟子宫内部形状的框架内。框架随着细胞的繁殖衍化而形成组织,在注入荷尔蒙等养分后形成"人造子宫"。由于美国体外受精条例的限制,胚胎植入"人造子宫"6 天后不得不终止试验。英国媒体报道说,此项科研受到一些无儿女家庭的热烈欢迎,甚至有一些男人狂呼:"我们不需要女人来生孩子啦!"但这项技术同样也遭遇到传统伦理的尴尬。人造子宫可以使人类繁衍的过程从根本上改变,导致性与生殖从根本上分离,男女两性结合目的何在? 家庭的基础会不会动摇?

如果说克隆人的诞生仍需要母亲十月怀胎,而"人造子宫"技术将打破人类繁殖后代的男女性别分工,省略母亲亲自孕育生命的过程。人们担心,在人造子宫里生长起来的婴儿无法像正常婴儿一样与母亲进行感情交流并形成亲密的关系,这可能会对其心理、智力等方面产生不良影响。

更有甚者,如果将人造子宫与克隆技术相结合,那么,人类生殖的全过程将大为简化。只要从任何男人或女人身上取下一个体细胞克隆成人类胚胎,再放到人造子宫里孕育就可以了。母亲居然变得可有可无,婴儿的孕育诞生会像订购商品一样简单轻松。

3. 芯片人:半人半机器

2002 年 5 月 10 日,电影《黑客帝国》中的科幻情节在现实生活中上演,美国佛罗里达州一家庭 3 名成员,雅各布斯夫妇和他们 14 岁的儿子分别在体内植入包含着身份认证和药物治疗史信息的米粒大小的计算机芯片,成为首批"芯片人"。芯片上的信息可由扫描仪读出,不仅便于监控病情,还可以通过定位系统防止携带者走失。

尽管设计生产该芯片的美国公司称,人体内植入芯片在急诊和安全认证等领域将会非常有用,芯片中包含的医疗资料,对早老性痴呆症患者等无法自己提供有关信息的人,将尤其具有价值。但这一消息仍引发了人们对隐私的担心。如果人人体内都有这种芯片,那么人类还有什么隐私可言? 这种芯片一旦被犯罪集团利用来对芯片携带者的行踪进行监控,后果不堪设想。

有人质疑,如果高科技继续向这样的方向发展下去,也许有一天,人的记忆也将可以用芯片储存的数据来代替,那么人类固有的能力恐怕就只剩下"思考能力"了。

33.3 "合成人"的基础研究

1. 人类基因的破译

世界科学家于 2000 年公布"破译"了人类基因组。一年之后,这本人们称之为基因的"生命之书"被完稿。不过,要想真正读懂"生命之书",依旧是当前科学界所面临的最最迫切的问题。已破译的 3 万 3 千个基因目前还仅仅是"字母",是组成 DNA 结构的第一批砖头。现在是得想法将它们组成"词",再从这些词得出有意义的句子。可这是件相当复杂而困难的工程。不过,由此人们可以看到人类的未来。

2. 纳米分子工程

第一个思考制造纳米级东西的人在 20 世纪 50 年代提出了他的想法。在 20 世纪 90 年代,他的想法被接受,并且每个月都在进步。核心的想法是,原子可以被放置在特定的位置来制造分子级别的机器,也就是说,微型分子级机器人选择原子并且把它们放置在合适的位置来制造分子级机构。

纳米科技受青睐的原因是:当人死亡就将其头或身体冷冻,基于的假设是在一个世纪后,修复死亡脑,让他复活,在技术上是可能的。纳米机器,从理论上来说,可以进入死亡的组织并修复它们。

分子级机器人具有自我复制能力。它们可以自我复制并且以指数级增长,1,2,4,8,16,32,64,等等。经过大约 20 次这样的倍增,数字会变为几百万。如果能够发现一种方法让这些纳米机器人合作来制造人类级别的产品的话,那么传统的经济将会有革命性的变化。制造大量的纳米机器人将几乎不需要任何费用,然后它们可以去制造产品。产品的价格将基本上等同于原材料的价格。商品将变得令人惊讶的便宜,实际上几乎没有任何生产花费。

3. 虚拟细胞

虚拟细胞(virtual cell)亦称电子细胞(e-cell)。它是应用信息科学的原理和技术,通过数学的计算和分析,对细胞的结构和功能进行分析、整合和应用,以模拟和再现细胞和生命的现象的一门新兴学科。因此,虚拟细胞亦称人工细胞或人工生命。

虚拟细胞是芯片上的生命科学,它将开辟 21 世纪生命科学的新纪元。虚拟细胞不仅具有重要的理论意义,亦具有极其广阔的应用前景。它不仅可以模拟人体细胞结构和功能,阐明生命活动的反应和规律,了解疾病发病的过程和机理,进行疾病的辅助诊断和治疗;而且可以用于药物设计和虚拟试验,还可以用于能源的开发和利用,推动仿生科学的进展,应对内外界环境的变化,改变和完善人们的生存条件,推动社会和经济的发展。因此,虚拟细胞和人工生命具有极其重要的研究价值,参见图 33-5。

美国 NIH、日本以及国际上著名的大公司如 IBM、COMPAQ 以投入巨资从事此项研究。美国能源部还将电子细胞列入继人类基因组计划后最重要的计划之一。现在,国际上已有两个虚拟细胞问世,一个是日本的原核虚拟细胞模型,一个是美国的真核虚拟细胞模型。

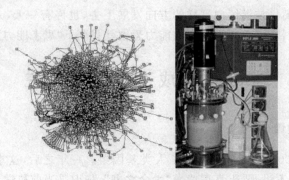

图 33-5　虚拟细胞模型

4. 人工物

人工物是一个抽象概括人类劳动的产物，它的名称很多，如人工物、人造物、器具、器件、物件、物品、产品、人工制品。英语里对应的也有许多表示此类的词如 artifacts、technical artifacts、useful things、products、goods、manufactured objects 等。

人工物构成要素有三个，即人工物材料、人工物能量和人工物信息。所谓人工物材料，就是承载和发挥人工物功能的物质，它可能是自然物，也可能是人造物。所谓人工物能量是指生产人工物所须消耗的最小能量。如制造玻璃制品所消耗的能量。所谓人工物信息就是指人工物在设计和制造中凝聚的活劳动和物化劳动的状态和方式。而人类劳动的状态和方式又必然受到科学、技术、经济和社会文化知识的影响和左右，所以，人工物信息主要指能使人工物获得满足需要功能的科技知识、经济知识和社会文化知识。

人工物的类型有以下几种类型：具体人工物与抽象人工物、人文人工物与技术人工物、材料人工物和制品人工物、有生命人工物与无生命人工物。

2001 年 2 月 12 日，参加绘制人类基因组图谱的美、英、日、法、德、中 6 国科学家公布了完整的人类基因组图谱，还有 Y 染色体图谱、生殖细胞形成过程中染色体交换基因序列的方式、人体单核苷多态性数据等。这表明，人类按工厂化的方式生产有生命的人工物从理论上已经解决。

33.4　合成生命

1. 美国人工制造生命并已进入实验阶段

据美国《国家科学院学报》2004-12-23 报道，美国洛克菲勒大学的研究人员已经开始尝试创造人造生命，并且他们的计划已经进入实验阶段。这项研究由生物学家埃尔伯特·里勃切特博士领导。研究人员把这种人工生物叫做"囊生物反应器"（vesicle bioreactors），很像某种低级的生物细胞，它的组成部分来自不同生物的不同部分。

柔软的细胞壁是用蛋清中的脂肪分子制成的。细胞构成是从诸如大肠杆菌之类的活着的生物中得到的。所有的提取物在被用于合成囊之前，它自身所具有的遗传密码都被破坏掉了。要成为一种生命体,就必须有一套生物系统来生成蛋白质,这是生命必不可少的特征之一。于是,研究人员从微生物中提取出一种酶,帮助这个合成囊破解DNA密码。当合成囊中加入遗传因子时,它就开始制造蛋白质了,一切都像是一个正常细胞的所作所为。

科学家首先尝试从一个水母中提取的基因放置于合成囊,这个基因是用于产生绿荧光蛋白的。最终,合成囊成功将它转录。

里勃切特博士说,从实验结果看来,我们似乎成功制造出了一个人造细胞,但实际上,这些实验中的生物反应器并不能说活着,因为这些简单的化学反应即使在没有细胞的生物液中也能够进行。而且合成囊只能生活在配置好的化合物中,仅仅存活数天而已。但是这项研究距离合成生物这个新领域只有一河之隔,合成生物的目的是制成新的生物体。

两年前,一个科学工作组发现polio病毒能够在试管中的化学合成物中自动复制。一些化学家由此得到启发,开始寻找是否有某种化学反应能够产生生命形式。里勃切特希望能够制造出微小的生物体,它有着人造细胞壁,而且像一个活着的细胞一样可以自己生长。如果这一切成为可能,我们就该重新思考一下生命究竟是什么,或许人们会有不同的看法,就像对于克隆技术一样。

里勃切特博士说:"与其说这是个科学上的问题,不如说是一个哲学问题。对我来说,生命就像一个机器,一个由电脑程序控制的机器,仅此而已,但并不是所有的人都这么认为。"他还强调说,这个实验没有什么危险。细胞是人工制造的,而且只能在配置好的营养液中生存。假如把它拿出营养液,它的一切功能都将失去。

2. Greengoo 的人体组装

1) 新想法

美国未来学家德雷克斯勒创造了一个"灰色黏质"(greygoo)的古怪概念。这是一种由纳米机器人组成的东西,柯南在《南方周末》上发表的一篇文章中说:这种机器人可以通过移动单个原子制造出任何人们想要的东西,土豆、服装或者是计算机芯片等任何人工产品,而不必使用传统的制造方式。但是德雷克斯勒担心,这样一种能够自我复制的机器人可能会失去控制:他们疯狂地复制自身,在最短的时间内就把地球变成了一大团完全由纳米机器人组成的"灰色黏质"。

更有人提出了"绿色黏质"(greengoo)的概念。这是生物技术和纳米技术的结合,用于制造新的生物物种。"绿色黏质"的失控会导致环境、人类健康和生物多样性的破坏。

这些"黏质"似乎意味着世界末日的到来,然而,只要科学地分析一下,就可以看出灰色黏质的可行性究竟如何,这个噩梦要变成现实面临多少困难。"灰色黏质"或"绿色黏质"都具有繁殖能力,个体可以复制自己;并且有新陈代谢的能力,满足了这两个条件,是货真价实的人工生命。但是,人工生命能够成为现实吗?

2) 问题

一位美籍华人教授曾做过一个"没有免费午餐定理"的讲座,讲的是在信息处理领域中,我们无法找到一种万能通用的算法处理一切问题,而只能运用对特定对象的具体知识来获得高效而专用的算法。这个定理也可以这样表示:万能工具的效率永远比不上专用工具,可以说，什么都能吃的动物必定什么都消化不好。

如果这个"灰色黏质"可以靠吃任何有能量的东西获得能量，无论是铜、铁、有机物一概通吃，它就必须准备好几套消化道，毕竟消化铁与消化汽油的化学反应是不同的。

应该说"绿色黏质"的提案是对"灰色黏质"的一个改进，基本的想法是利用太阳获得能量，以摆脱食物的束缚。但是太阳光的能量密度很低，肯定会导致能量获取效率大减。况且，除了能量之外，物质也是繁殖必不可少的。无论是让"灰色黏质"制造土豆、服装、芯片还是繁殖它自己，各种原子少一种也不行。所以如果我们设计不出用任何材料都可以制造的黏质，估计它们离开我们配制的培养基就活不成，更没有能力吞下整个世界，也没人能设计出不受材料束缚的纳米机器人。

3) 展望

如果上述困难都能克服，人们就要驱使"灰色黏质"干活，比如让它们生产土豆，现在遇到的问题是，土豆的图纸放在哪里？土豆的设计图如果精确到原子水平，图纸存在存储器里，由于一个原子不足以存储一个比特的信息，显然存储器要比土豆大得多。这样大的图纸当然是纳米机器人所背不动的。同样的道理，如果纳米机器人也用搭原子积木的办法来繁殖自己的话。那么它自己的图纸也是它所背不动的。于是乎这些灰色黏质只能自己带一个无线电台，随时接受一台大计算机的指令，当它们远离计算机而收不到信号时，一切工作只好停止，连繁殖自己也不行，更谈不上吞下整个世界。

如果"灰色黏质"背不动自己的图纸，那么"失控"之后就无法繁殖。如果他们有办法繁殖，那么很容易设计出另一种专吃"灰色黏质"的"灰色黏质老虎"，因为"老虎"的任务专一，当然比通用的"灰色黏质"更有效率。如果发现"灰色黏质"要吞掉地球，就把"老虎"放出来，它们只会吃"灰色黏质"并且用"灰色黏质"的材料复制自己。所以一旦把"灰色黏质"吃光，"老虎"也就都饿死了。

这里所说的困难比起真正设计"灰色黏质"实际可能遇到的困难还只是九牛一毛，但是仅仅这些就足以说明制造"灰色黏质"是绝无可能的。

背 景 材 料

凯文·沃尔维克（Kevin Warwick）英国雷丁大学的控制论教授，从事人工智能、控制论，机器人和生物医学工程方面的研究。他生于英格兰中部的城市考文垂，16 岁离开学校后加入英国电信公司，22 岁在阿斯顿大学（Aston University）本科毕业，然后获得博士学位，并在帝国理工大学做博士后，随后在牛津大学（Oxford），纽卡斯尔大学（Newcastle University），华威大学（Warwick University）任职。他获得帝国理工大学和捷克科学院的荣誉博士，以及麻省理工学院、圣彼得堡科学院和 IEE 的一些荣誉称号（见图 33-6）。

图 33-6 凯文·沃尔维克

参 考 文 献

1 神经与电脑相通 半人半机器人首次诞生.北京晚报,2002 年 4 月 5 日.

2 王羽中.施手术将芯片植入人体,"电子人"横空出世.http://www.sina.com.cn 2002 年 3 月 22 日.

3 马恒利.半人半机器人首次诞生.科学咨询(科技信息)2002 年 07 期.

4 丁智勇,常烨.伦理尴尬面对科技挑战.北京青年报,2003 年 1 月 02 日.

5 孙冬泳,汤健,尚彤,赵明生.虚拟细胞——人工生命的模型.中华医学杂志,2001 年 21 期.

6 人工生命能够成为现实吗? 毁灭世界的纳米技术.http://www.people.com.cn/GB/keji/1059/2780801.html.

7 骆昌芹.电子器官.http://www.student.gov.cn/zxkj/jjxy/220794.shtml.

8 千夫长.电子器官.深圳晚报,2005 年 1 月 18 日.

9 王德伟.识别人工物是如何可能的.科学研究,2003(03).

10 肖飒.人工物技术创造过程中的隐蔽场所理论.云南社会科学,2005(03).

11 D. H. Wlkinson,李醒民.作为人工制品的宇宙.世界科学,1992(02).

12 肖峰.什么是人工制品?.自然辩证法研究,2004(06).

13 阴训法,陈凡.论"技术人工物"的三重性.自然辩证法研究,2004(07).

14 王德伟.现代人工物发展的特点及问题.黑龙江社会科学,2003(03).

15 王德伟.试论人工物的基本概念.自然辩证法研究,2003(05).

16 王德伟.从人工物的进化过程看技术发展的文化模式.哈尔滨工业大学学报(社会科学版),2003(02).

17 王德伟.初探现代人工物的发展走向.学术交流,2003(07).

18 王德伟.试论人工物的基本概念.自然辩证法研究,2003(05).

19 王德伟.识别人工物是如何可能的.科学学研究,2003(03).

20 王德伟.从人工物的进化过程看技术发展的文化模式.哈尔滨工业大学学报(社会科学版),2003(02).

21 雷毅.论人工物的社会化.晋阳学刊,2005(06).

22 王德伟.人工物引论(An Introduction to Artifacts).哈尔滨:黑龙江人民出版社,2004.

第五部分

计算机应用

计算可视化与虚拟现实

34.1　科学计算可视化概述

1. 科学计算可视化的产生背景

早期,由于计算机软硬件技术水平的限制,科学计算只能以批处理方式进行,而不能进行交互处理,对于大量的输出数据,只能用人工方式处理,或者用绘图仪输出二维图形。这种处理方式不仅效率低下,而且丢失了大量信息。

近年来,随着计算机应用的普及和科学技术的迅速发展,来自超级计算机、卫星遥感、CT、天气预报以及地震勘测等领域的数据量越来越大,由于没有有效的处理和观察理解手段,科学家和工程师们惊呼"我们可以做的仅仅是将数据收集和存放起来"。

随着科学的发展,对传统实验设备和实验精度的要求也越来越高,这直接导致了传统实验方法费用的持续增长。另一方面,由于计算机技术的高速发展,使得计算成本不断下降,计算精度和速度不断提高。这使得对复杂问题的数值模拟成为一种更直接、更有效的方法。

三维大规模数值模拟动辄产生吉字节(GB)的海量数据,已无法用传统的方法来理解大量科学数据中包含的复杂现象和规律。因此,科学计算可视化技术已经成为科学研究中的必不可少的手段。它是科学工作者以及工程技术人员洞察数据内含信息,确定内在关系与规律的有效方法,使科学家和工程师以直观形象的方式揭示理解抽象科学数据中包含的客观规律,从而摆脱直接面对大量无法理解的抽象数据的被动局面。

借助航天航空、遥感、加速器、CT(计算机断层扫描)、MRI(核磁共振)、计算机模拟(如核爆炸)等手段,人类获取数据的能力飞速提高,每天产生的数据以"海量"为计。一项统计表明,人类每天需要处理的数据量,20世纪80年代为百万字节数量级,20世纪90年代则已增加1000倍以上,而且增加的趋势还在加强。面对"海量"数据,及时解读,获取有用的信息已为人类面临的巨大挑战。传统的数字或字符形式的处理显然无法满足需要。可视化技术,在这个意义上就成为了"科学技术之眼",它是科学发现和工程设计的工具。

2. 科学计算可视化的意义

(1) 可大大加快数据的处理速度,使每天产生的庞大数据得到有效利用。

（2）实现人与人和人与机之间的图像通信，而不是目前的文字或数字通信，从而使人们观察到传统方法难以观察到的现象和规律。

（3）使科学家不仅被动地得到计算结果，而且知道在计算过程中发生了什么现象，并可改变参数，观察其影响，对计算过程实现引导和控制。

（4）可提供在计算机辅助下的可视化技术手段，从而为在网络分布环境下的计算机辅助协同设计打下了基础。

总之，科学计算可视化技术的发展将使科学研究工具和环境进一步现代化。

研究表明，人类获得外界信息 80％以上来自视觉通道。人类视觉信息处理具有高速、大容量、并行工作的特点。常言说"百闻不如一见"。可视化可提供形象化的表达方法，有助于人们对抽象数据的理解。

3. 科学计算可视化的定义

科学计算可视化（visualization in scientific computing）是发达国家 20 世纪 80 年代后期提出并发展起来的一门新兴技术。它将科学计算过程中及计算结果的数据转换为几何图形及图像信息在屏幕上显示出来并进行交互处理，成为发现和理解科学计算过程中各种现象的有力工具。科学计算可视化将图形生成技术和图像理解技术结合在一起，它既可理解送入计算机的图像数据，也可以从复杂的多维数据中产生图形。它涉及下列相互独立的几个领域：计算机图形学、图像处理、计算机视觉、计算机辅助设计及交互技术等。实际上，目前科学计算可视化技术已经不仅用于显示科学计算的中间结果和最终结果，而且还用于工程计算及测量数据的显示。

所谓"可视化"，就是将科学计算的中间数据或结果数据，转换为人们容易理解的图形图像形式。随着计算机、图形图像技术的飞速发展，人们现在已经可以用丰富的色彩、动画技术、三维立体显示及仿真（虚拟现实）等手段，形象地显示各种地形特征和植被特征模型，也可以模拟某些还未发生的物理过程（如天气预报）、自然现象及产品外形（如新型飞机）。

目前，科学计算可视化已广泛应用于流体计算力学、有限元分析、医学图像处理、分子结构模型、天体物理、空间探测、地球科学、数学等领域。从可视化的数据上来分，有点数据、标量场、矢量场等；有二维、三维，以至多维。从可视化实现层次来分，有简单的结果后处理、实时跟踪显示、实时交互处理等。通常一个可视化过程包括数据预处理、构造模型、绘图及显示等几个步骤。随着科学技术的发展，人们对可视化的要求不断提高，可视化技术也向着实时、交互、多维、虚拟现实及因特网应用等方面不断发展，参见图 34-1。

科学计算可视化的基本含义是运用计算机图形学或者一般图形学的原理和方法，将科学与工程计算等产生的大规模数据转换为图形、图像，以直观的形式表示出来。它涉及计算机图形学、图像处理、计算机视觉、计算机辅助设计及图形用户界面等多个研究领域，已成为当前计算机图形学研究的重要方向。

信息可视化技术主要包括可视化变量研究、

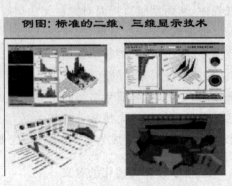

图 34-1　二维和三维可视化图

可视化时空模型研究、符号系统研究、心理学与认知科学研究、非空间数据可视化处理研究、信息可视化在知识管理领域的应用研究,仿真技术和虚拟技术在信息可视化领域的应用研究。

4. 科学计算可视化分类

科学计算可视化包括数据可视化、信息可视化、知识可视化等分支。

(1)数据可视化是运用计算机图形学和图像处理技术,将数据转换为图形或图像在屏幕上显示出来,并进行交互处理的理论、方法和技术。它是可视化技术在非空间数据领域的应用,使人们不再局限于通过关系数据来观察和分析数据信息,还能以更直观的人方式看到数据及其结构关系。数据可视化技术的基本思想是将数据库中每一个数据项作为单个图元元素表示,大量的数据集构成数据图像,同时将数据的各个属性值以多维数据的形式表示,可以从不同的维度观察数据,从而对数据进行更深入的观察和分析。

(2)信息可视化就是利用计算机支撑的、交互的、对抽象数据的可视表示,来增强人们对这些抽象信息的认知。信息可视化技术将为人们发现规律、辅助决策、解释现象提供强有力的工具。其目的是观察数据、发现信息、做出决策或解释数据。其关键是将数据用有意义的图形表示出来。可用于知识发现、决策制定、信息理解、信息检索、信息系统界面设计、数字图书馆、数据库、文献检索等。它是一门边缘学科,它涉及计算机科学、信息科学、心理学、教育学和其他多个应用领域。

(3)知识可视化是在上述基础上发展起来的新兴研究领域,其应用视觉表征手段,促进群体知识的传播和创新,研究视觉表征在提高群体之间知识传播和创新的作用;其目标在于传播见解、经验、态度、价值观、期望、观点、意见、预测等,并帮助他人正确的重构、记忆和应用这些知识。

5. 科学计算可视化的发展历史

可视化技术由来已久,早在 20 世纪初期,人们已经将图表和统计等原始的可视化技术应用于科学数据分析当中。随着人类社会的飞速发展,人们在科学研究和生产实践中,越来越多地获得大量科学数据,参见图 34-2。

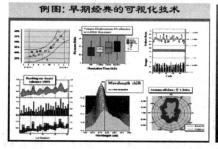
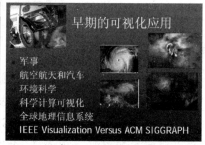

图 34-2 早期的可视化结果

计算机的诞生和普及应用,使得人类社会进入了一个信息时代,它给人类社会提供了全新的科学计算和数据获取手段,使人类社会进入了一个"数据的海洋",而人们进行科学研究的目的不仅仅是为了获取数据,而是要通过分析数据去探索自然规律。传统的纸、笔可视化技术与数据分析手段的低效性,已严重制约着科学技术的进步。随着计算机软硬件性能的不断提高和计算机图形学的蓬勃发展,促使人们将这一新技术应用于科学数据的可视化中。

作为学科术语,"可视化"一词正式出现在 1987 年 2 月美国国家科学基金会(National Science Foundation)召开的一个专题研讨会上。研讨会后发表的正式报告给出了科学计算可视化的定义,覆盖的领域以及近期和长期研究的方向。这标志着"科学计算可视化"作为一个学科在国际范围内已经成熟。

1995 年前后,随着网络信息技术的发展,一批可视技术有了新的突破。1995 年开始的 InfoVis 年会是信息可视化领域的一个里程碑。每年 10 月在美国举办的 IEEE Symposium on Information Visualization 和从 1997 年开始每年 7 月在英国伦敦举办 International Conference on Information Visualization 研讨会集中体现了当代该领域的研究水平。美国科学院 2003 年举办知识领域可视化专题讨论会。IEEE Visualization 2004 会议,总结了 15 年来的可视化方面的成就,提出三个重要研究热点:分子可视化、面向工程的可视化和信息可视化。

6. 我国可视化技术方面发展与应用情况

我国科学信息可视化技术研究始于 20 世纪 90 年代中期,由于条件关系,起初,主要在国家级研究中心、一流大学和大公司的研发中心进行。近年来,随着 PC 功能的提高,各种图形显示卡以及可视化软件的发展,IV(信息可视化)技术已扩展到科学研究、工程、军事、医学、经济等各个领域。随着 Internet 兴起,IV 技术方兴未艾。至今,我国不论在算法方面,还是在油气勘探、气象、计算力学、医学等领域的应用都取得了一大批可喜成果。如"数字中国"、"数字长江"、"数字黄河"、"数字城市"等工程的进展,IV 技术在我国得到了广泛应用。但从总体上来说,与国外先进水平相比差距甚大,特别是商业软件方面还是空白。因此,组织力量开发 IV 商业软件已成为当务之急。

34.2　科学计算可视化技术

1. 科学计算可视化的过程

在科学研究领域,研究的主要目的是理解自然的本质。科学家要达到这个目的,要经过从观察自然现象到模拟自然想象并分析模拟结果的过程。在分析实验结果的过程中,可视化是一个十分重要的辅助手段。可视化的过程可进一步细化为以下四个步骤。

(1) 过滤:对原始数据进行预处理,可以转换数据形式、滤掉噪声、抽取感兴趣的数据等。

(2) 映射:将过滤得到的数据映射为几何元素,常见的几何元素有点、线、面图元、三维立体图元和更高维的特征图标等。

(3) 绘制:几何元素绘制,得到结果图像。

（4）反馈：显示图像，并分析得到的可视结果。

可视化的上述四个步骤是一个周而复始的循环迭代的过程。由于研究人员并不知道原始数据集中那些部分对分析更重要，得靠实践探索，因此整个分析过程是一个反复求精的过程。

2. 科学计算可视化研究的内容

可视化的研究主要分为两大部分，可视化工具的研究和可视化应用的研究。科学计算可视化研究的重点是有关可视化参考模型的内涵，即可视化过程的组成内容，其中包括以下几个方面。

（1）数据预处理：可视化的数据来源十分丰富，数据格式也是多种多样的，这一步将各种各样的数据转换为可视化工具可以处理的标准格式。

（2）映射：映射就是运用各种各样的可视化方法对数据进行处理，提取出数据中包含的各种科学规律、现象等，将这些抽象的、甚至是不可见的规律和现象用一些可见的物体点、线、面等表示出来的。

（3）绘制：将映射的点、线、面等用各种方法绘制到屏幕上，在绘制中有些物体可能是透明的，有些物体可能被其他物体遮挡。

（4）显示：显示模块除了完成可视信息的显示，还要接受用户的反馈输入信息，其研究的重点是三维可视化人机交互技术。

34.3 科学计算可视化的应用

从可视化技术的诞生之日起，便受到了各行各业的欢迎。在过去的十年里，可视化的应用范围已从最初的科研领域走到了生产领域，到今天它几乎涉及所有能应用计算机的部门，参见图 34-3。

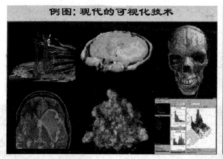
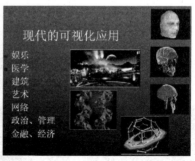

图 34-3 可视化在各个领域的应用

1. 医学

在医学上由核磁共振、CT 扫描等设备产生的人体器官密度场，对于不同的组织，表现出不同的密度值。通过在多个方向多个剖面来表现病变区域，或者重建为具有不同细节程度的三维真实图像,使医生对病灶部位的大小、位置,不仅有定性的认识,而且有定量的认识,尤其是对大脑等复杂区域,数据场可视化所带来的效果尤其明显。借助虚拟现实的手段,医生可以对病变的部位进行确诊,制定出有效的手术方案,并在手术之前模拟手术。在临床上也可应用在放射诊断、制定放射治疗计划等,参见图34-4。

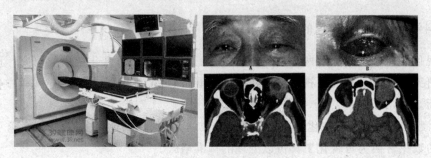

图 34-4　医学成像设备和检查结果

2. 生物、分子学

在对蛋白质和 DNA 分子等复杂结构进行研究时,可以利用电镜、光镜等辅助设备对其剖片进行分析、采样获得剖片信息,利用这些剖片构成的体数据可以对其原形态进行定性和定量分析,因此可视化是研究分子结构必不可少的工具,参见图34-5。

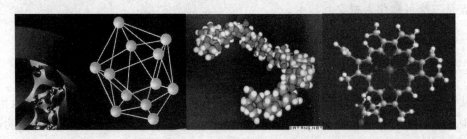

图 34-5　分子模拟可视图

3. 航天工业

飞行器运动情况和飞行器表现在可视化技术下,可以非常直观地展现出来。借助可视化技术,许多意想不到的困难都可以迎刃而解了,参见图34-6。

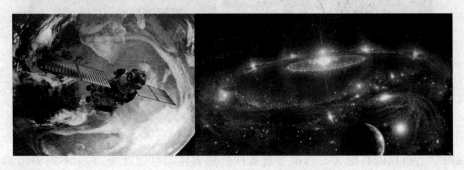

图 34-6　卫星运动飞行图和宇宙星座模拟图

4. 工业无损探伤

在工业无损探伤中,可以用超声波探测,在不破坏部件的情况下,不仅可以清楚地认识其内部结构,而且对发生变异的区域也可以准确地探出。显然,能够及时检查出有可能发生断裂等具有较大破坏性的隐患是有极大现实意义的,参见图34-7。

图 34-7　工业无损探伤设备和可视化结果

5. 人类学和考古学

在考古过程中找到古人类化石的若干碎片,由此重构出古人类的骨架结构。传统的方法是按照物理模型,用黏土来拼凑而成。现在,利用基于几何建模的可视化系统,人们可以从化石碎片的数字化数据完整地恢复三维人体结构,甚至模拟人的表情,向研究人员提供了既可以作基于计算机几何模型的定量研究,又可以实施物理上可塑考古原址,参见图34-8。

图 34-8　模拟考古建筑和人体面部图

6. 地质勘探

利用模拟人工地震的方法,可以获得地质岩层信息。通过数据特征的抽取和匹配,可以确定地下的矿藏资源。用可视化方法对模拟地震数据的解释,可以大大地提高地质勘探的效率和安全性,参见图34-9。

7. 立体云图显示

气象分析和预报要处理大量的测量或计算数据,气象云图是其中一种非常重要的气象数据,也常用于发布天气预报。气象研究中,地形和云层的高度是影响天气演变的重要因素,运用可视化技术,将三维立体地形图和三维立体云图合成显示输出,能给人更形象、直观的认识,参见图34-10。

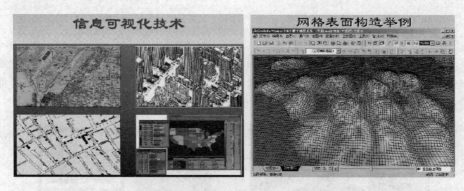

图 34-9　数字城市地图和模拟地形图

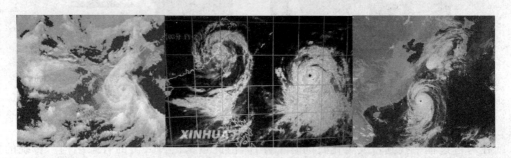

图 34-10　合成云图

34.4　信息可视化技术领域的研究热点

1. 层次信息可视化

抽象信息之间的关系最普遍的一种就是层次关系,而层次信息的可视化结构最直观的方式就是树状结构。由于当层次结构增多或者节点增多时,该结构需要占据大量的可视化空间。因此,如何利用计算机屏幕所能提供的非常有限的可视化空间,来查找某个节点或者获得整个结构的信息,并将更多的可视化空间给予当前层次结构中当前关注的部分,同时又能把整个层次结构显示出来,就成为层次信息可视化研究重点,参见图 34-11。

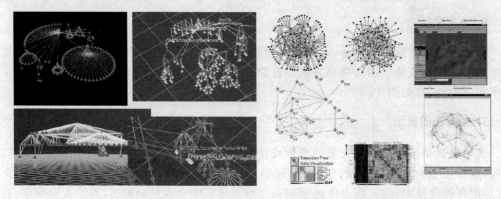

图 34-11　层次立体图

2. 多维信息可视化

需要解决的绝大多数抽象信息是三维以上的多维信息,而我们生活在一个三维物理空间世界中,因此,如何可视化三维以上的多维信息,是信息可视化的一个重要目标,参见图 34-12。

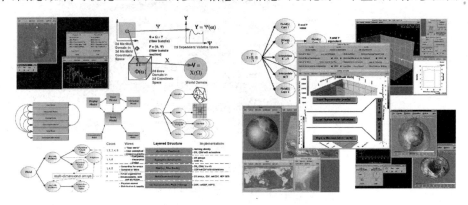

图 34-12　多维可视图

3. 文本信息可视化

由于需要处理的信息中绝大多数是文本信息,且各种文本信息堆积如山,如何利用可视化快速地从浩如烟海的文本信息中获取所需的内容和知识,也是信息可视化需要关注的目标。文本信息可视化可分为两类:一类是对单个文本本身的可视化;另一类是对大型文本集合的可视化。对于大型文本集合而言,文本之间的主题或内容相关性对于可视化是非常重要的,参见图 34-13。

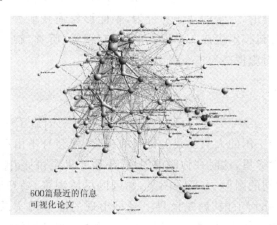

600篇最近的信息
可视化论文

图 34-13　论文分类可视化图

4. 万维网可视化

目前,网络发展迅速,网上的信息无以数计,且这些信息分布在遍及世界各地的上百万个不同的网站上,网站又通过文本之间的超链彼此交织在一起。并且,不论 Web 的规模有多大,它仍将继续膨胀。所以,如何方便地利用 Web 上的信息,成为一个迫切需要解决的问题。信息可视化在帮助人们理解信息空间的结构,快速发现所需信息等方面将能扮演重要角色,参见图34-14。

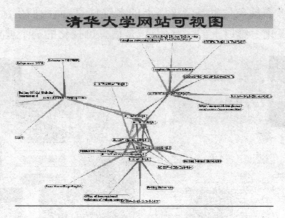

图34-14   清华大学网站可视图

34.5   虚 拟 现 实

仿真技术和虚拟技术在信息可视化领域的应用研究,通过采用虚拟现实系统,实现了信息可视化符号系统的压缩,导致了一种优化的、更加有效的信息表达方式的产生。仿真技术和虚拟现实技术都是在可视化技术基础上发展起来的,是由计算机进行科学计算和多维表达显示的。仿真技术是虚拟现实技术的核心。仿真技术的特点是用户对可视化的对象只有视觉和听觉,而没有触觉;不存在交互作用;用户没有身临其境的感觉;操纵计算机环境的物体,不会产生符合物理的、力学的动作和行为,不能形象逼真地表达地理信息。而虚拟现实技术则是指运用计算机技术生成一个逼真的,具有视觉、听觉、触觉等效果的、可交互的、动态的世界,人们可以对虚拟对象进行操纵和考察。

1. 技术起源和发展

30年前,美国有一位名叫艾万·萨斯兰的计算机专家创造了一个世界上并不存在的"几何王国"。参观这个王国的人只要戴上特制的头盔,就会身不由己的穿行徜徉在一个由各种几何图形组成的世界里,这时在你眼前闪过、头顶上飘浮和身边掠过的都是一些大大小小、形状和颜色各不相同的圆形、方形等图案,你可以尽情浏览,随意欣赏,品味这个虚幻世界带来的乐趣。这个"几何王国"就是世界上最早出现的虚拟现实系统。虚拟现实是人类"进入"虚拟空间的一种上佳手段。它可以让人有一种"真实空间"的感受。目前,虚拟现实技术在其他行业和领域得到了广泛的应用,但在信息可视化方面仍处于研究状态。

2. 虚拟现实的概念

虚拟现实技术将计算机、传感器、图文声像等多种设置结合在一起,创造出一个虚拟的"真实世界"。在这个世界里,人们看到、听到和触摸到的,都是一个并不存在的虚幻,是现代高超的模拟技术使我们产生了"身临其境"的感觉。

　　虚拟现实是一种三维的、由计算机制造的模拟环境。在这个环境里,用户可以操纵机器,与机器相互影响,并完全沉浸于其中。因此,从这个定义上看,"虚拟"是从计算机的"虚拟记忆"这个概念派生出来的。虚拟现实提供了一个与现实生活极为相似的虚幻世界。

　　虚拟现实不仅仅是一种设计,而且还是一个表达和交流的媒体。借助头盔显示器、数字手套和其他传感设备,一个人可以与另外一个"虚拟人"进行交流,虚拟现实中的虚拟人可以是机器,也可以是现实人的"虚影",参见图 34-15。

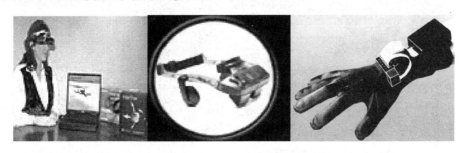

图 34-15　虚拟现实系统、3D 头盔和数据手套

　　虚拟现实(Virtual Reality,VR)是近年来出现的高新技术。VR 是一项综合集成技术,涉及计算机图形学、人机交互技术、传感技术、人工智能等领域,它用计算机生成逼真的三维视、听、嗅觉等感觉,使人作为参与者通过适当装置,自然地对虚拟世界进行体验和交互作用。VR 主要有三方面的含义:第一,虚拟现实是借助于计算机生成逼真的实体,"实体"是对于人的感觉(视、听、触、嗅)而言的;第二,用户可以通过人的自然技能与这个环境交互,自然技能是指人的头部转动、眼动、手势等其他人体的动作;第三,虚拟现实往往要借助于一些三维设备和传感设备来完成交互操作。近年来,VR 已逐渐从实验室的研究项目走向实际,在军事、航天、建筑设计、旅游、医疗和文化娱乐及教育方面得到不少应用。图 34-16 给出了 VB 系统的框图。

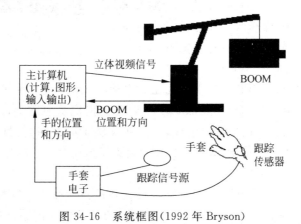

图 34-16　系统框图(1992 年 Bryson)

3. 虚拟现实技术的应用

　　虚拟现实是未来最重要的技术之一,它将带动许多领域的进步。目前,虚拟现实在许多领域都得到了应用,比如娱乐、艺术、商业、通信、设计、教育、工程、医学、航空、科学计算等。

1) 建筑领域

虚拟现实已经展示了它在雕塑和建筑工业方面的潜能。一座建筑在它还处于设计阶段时,就可以被模拟出来,人们修改它,并可以身临其境地体验它的建筑风格。建筑师和业主可以在建筑开工之前就可看到建筑的外部造型、内部结构及装饰,通风和温控效果,灯光、视屏及声响感官舒适度,从而及时完善原有设计(见图 34-17)。

图 34-17　这是美国 UCLA 城市仿真小组(http://www.ust.ucla.edu/ustweb/ust.html)致力于
　　　　　"虚拟洛杉矶"项目。应用软件:Multigen Creator/Vega(左)。这是深圳规划国土局
　　　　　致力于深圳中心区仿真。应用软件:Multigen Creator/Vega(右)

2) 艺术

目前,我们可以通过 Internet 虚拟地参观真实的艺术画廊和博物馆。美国和一些欧洲国家博物馆已经具备了虚拟现实艺术品特殊展览的能力。虚拟现实将改变我们关于艺术构成的概念。一件艺术品有可能成为一个可操作、可人机对话并令人沉浸其中的经历。你也许会在虚拟油画中漫游,这里实际上成了你探索的迷你世界。你可以影响画中的某些要素,甚至可以进行涂改。你可以走进一个雕塑画廊,然后对其中的艺术品进行修改。在你这样做的时候,你的思想实际上已经融入艺术品中,参见图 34-18。

图 34-18　艺术变形

3) 教育和技能培训

今后,学生们可以通过虚拟世界学习到他们想学的知识。化学专业的学生不必冒着爆炸的危险却可以做试验;天文学专业的学生可以在虚拟星系中遨游,以掌握它们的性质;历史专业的学生可以观看不同的历史事件,甚至可以参与历史人物的行动,英语专业的学生可以在世界剧院看莎士比亚戏剧,如同这些剧目首次上演一样。

4) 工程设计

许多工程师已经在利用虚拟现实模拟器制造和检验样品了。在航空工业,首次利用虚拟现实技术设计、试验的飞机是新型的波音777 飞机。实物样品的生产需要许多时间和经费。而改用电子样品或模拟样品则可以省时、省钱,缩短新产品的推出周期。因为提出意见与改进的过程都可以在计算机内完成,参见图 34-19。

图 34-19　工业设计

5）航天

虚拟现实技术近年来在航空业也得到了长足的发展。美国宇航局埃姆斯研究中心的科学家将探索火星的数据进行处理，得到了火星的虚拟现实图像。研究人员可以看到全方位的火星表面景象；高山、平川、河流以及纵横的沟壑里被风化得斑斑驳驳的巨石，都显得十分清晰逼真，而且不论你从哪个方向看这些图，视野中的景象都会随着你头的转动而改变，就好像真的置身于火星上漫游、探险一样，参见图 34-20。

6）娱乐业

虚拟现实已经在娱乐领域得到了广泛应用。在一些大城市的娱乐中心或游戏机室，虚拟现实娱乐节目已经随处可见。不久的将来，几乎所有的录像厅和电影院都将会变成虚拟现实娱乐中心。随着虚拟现实的不断发展，虚拟现实游戏将会进入家庭。想象一下，您正沉浸在冒险游戏的三维世界里。在这个游戏里，您可以和其他同伴相互影响。它可以成为一个真实的、由真人在其中扮演角色的一个事件，参见图 34-21。

图 34-20　航天

图 34-21　游戏

7）医学

一些公司制作的模拟人体，这是一种电子化的人体，它将满足医学院教学和培训的需要。国内一些医学院也正在进行电子化的人体的项目。今后，医学院的学生将通过解剖模拟尸体学习解剖学，这是一种了解人体的有效的途径。医学专业的学生和外科医生可以尝试在一个新手术前进行模拟手术，参见图 34-22。

8）军事

虚拟现实技术最先应用的领域之一就是战斗模拟。如今，这些应用不仅用于飞机模拟，而且还用于船舰、坦克通信及步兵演习。今后，战争的任何侧面都将在实战之前进行模拟演练，模拟演练将变得十分真实，完全可以达到乱真的地步。也许我们可以用模拟战争代替实战，参见图 34-23。

图 34-22　医学

图 34-23　军事

9）科学表达

科学计算可能会产生的大规模数据，运用可视化技术将其形象化表达出来，可帮助人们理解其科学含义，参见图 34-24。

图 34-24　分形图

参 考 文 献

1　陈鲸.可视化技术发展应用与展望.第 19 届计算机技术与应用(CACIS·2008)学术会议.

2　刘晓强.科学可视化的研究现状与发展趋势.工程图学学报，1997(1).

3　胡厚连.浅谈空间可视化的发展与应用.测绘与空间地理信息，2005 年 2 期.

4　童劲松，蔡青.科学计算可视化现状及发展趋势.计算机科学，1995 年 4 期.

5　唐伏良，张向明，茅及愚，刘令勋.科学计算可视化的研究现状和发展趋势.计算机应用，1997 年 3 期.

6　刘晓强.科学可视化的研究现状与发展趋势.工程图学学报，1997 年 1 期.

7　刘慎权，李华，唐卫清，王大昌，张其松.可视化技术及其发展前景述评.CT 理论与应用研究，1995 年 1 期.

8　徐新萍，来欣，王晓民，胡文华，彭瑞云，王德文.信息可视化的发展现状与研究热点.第十一届中国体视学与图像分析学术会议论文集，2006 年.

9　科学计算可视化.http://www.cgn.net.cn/wsdj/z7.htm.

10　http://xcer.net/course/graphics/ch18/ch18-1.htm.

11　唐荣锡.现代图形技术.济南：山东科学技术出版社，2001.

核磁共振成像与CT

35.1 核磁共振的概述

1. 核磁共振与核磁共振成像

核磁共振（Nuclear Magnetic Resonance，NMR）全名是核磁共振成像（Nuclear Magnetic Resonance Imaging，NMRI），又称磁共振成像（Magnetic Resonance Imaging，MRI）。

MRI 是磁矩不为零的原子核，在外磁场作用下自旋能级发生塞曼分裂，共振吸收某一定频率的射频辐射的物理过程。核磁共振是处于静磁场中的原子核在另一交变磁场作用下发生的物理现象。通常人们所说的核磁共振指的是利用核磁共振现象获取分子结构、人体内部结构信息的技术。MRI 是一种生物磁自旋成像技术，它是利用原子核自旋运动的特点，在外加磁场内，经射频脉冲激后产生信号，用探测器检测并输入计算机，经过处理转换在屏幕上显示图像。MRI 是后继 CT 后医学影像学的又一重大进步（见图 35-1）。

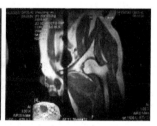

图 35-1　核磁共振成像及检查结果

并不是所有原子核都能产生这种现象，原子核能产生核磁共振现象是因为具有核自旋。原子核自旋产生磁矩，当核磁矩处于静止外磁场中时产生进动核和能级分裂。在交变磁场作用下，自旋核会吸收特定频率的电磁波，从较低的能级跃迁到较高能级。这种过程就是核磁共振。

2. 核磁共振成像的意义

医疗卫生领域中的第一台 MRI 产生于 20 世纪 80 年代。到了 2002 年，全球已经大约有 22 000 台 MRI 照相机在使用,而且完成了 6000 多万例 MRI 检查。MRI 的最大优点是无伤害性。与 1901 年获得诺贝尔物理学奖的普通 X 线或 1979 年获得诺贝尔生理或医学奖的计算机 X 线断层照相术(CT)相比,MRI 并非利用电离辐射成像。但是,体内有磁金属或起搏器的病人却不能用 MRI 检查,因为他们的磁场太强。而且,患幽闭症的人也难以经受 MRI 检查(见图 35-2)。

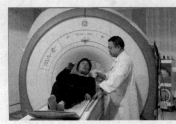

图 35-2　核磁共振成像仪器

MRI 的特别价值是在大脑和骨髓的检查上,因为它不伤害组织和器官。MRI 已用于检查几乎所有的人体器官。它的特殊性体现在提供大脑和骨髓清晰的图像方面,以帮助对这些部位疾病的确诊,如肿瘤。几乎所有大脑疾病都导致大脑水含量的变化,这种变化就可在 MRI 图像中表现出来。低于一定百分比的不同水含量足以被用来查出大脑的病理变化。比如,对于多发性硬化症的诊断及其随访,MRI 是最好的检查方式。大脑和脊髓的局部炎症可以引起与多发性硬化症相关的许多症状。利用 MRI 就可能看清神经系统的炎症位于什么部位,有多严重,而且治疗对这些炎症产生了多大效果。不仅如此,MRI 还是外科手术的重要工具。由于 MRI 可以产生清晰的三维图像,便可以用来查清受损部位的位置,这样的信息在手术前弥足珍贵。MRI 也存在不足之处。它的空间分辨率不及 CT,带有心脏起搏器的患者或有某些金属异物的部位不能作 MRI 的检查,另外价格比较昂贵。

35.2　核磁共振成像原理

MRI 是将人体置于特殊的磁场中,用无线电射频脉冲激发人体内氢原子核,引起氢原子核共振,并吸收能量。在停止射频脉冲后,氢原子核按特定频率发出射电信号,并将吸收的能量释放出来,被体外的接收器收录,经电子计算机处理获得图像,这就叫做核磁共振成像(见图 35-3)。

核磁共振现象来源于原子核的自旋角动量在外加磁场作用下的进动。根据量子力学原理,原子核与电子一样,也具有自旋角动量,其自旋角动量的具体数值由原子核的自旋量子数决定,实验结果显示,不同类型的原子核自旋量子数也不同:质量数和质子数均为偶数的原子核,自旋量子数为 0,质量数为奇数的原子核,自旋量子数为半整数,质量数为偶数,质子数为奇数的原子核,自旋量子数为整数迄今为止,只有自旋量子数等于 1/2 的原子核,其核磁共振信号才能够被人们利用,经常为人们所利用的原子核有 1H、11B、13C、17O、19F、31P,由于原子核携带电荷,当原子核自旋时,会由自旋产生一个磁矩,这一磁矩的方向与原子核的自旋方向相同,大小与原子核的自旋角动量成正比。将原子核置于外加磁场中,若原子核磁矩与外加磁场方向不同,则原子核磁矩会绕外磁场方向旋转,这一现象类似陀螺在旋

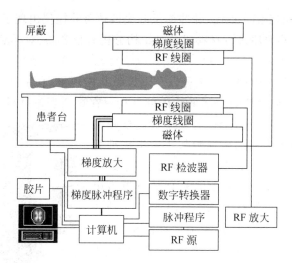

图 35-3　核磁共振成像的原理

转过程中转动轴的摆动,称为进动。进动具有能量也具有一定的频率。

原子核运动的频率由外加磁场的强度和原子核本身的性质决定,也就是说,对于某一特定原子,在一定强度的外加磁场中,其原子核自旋运动的频率是固定不变的。原子核发生运动的能量与磁场、原子核磁矩以及磁矩与磁场的夹角相关,根据量子力学原理,原子核磁矩与外加磁场之间的夹角并不是连续分布的,而是由原子核的磁量子数决定的,原子核磁矩的方向只能在这些磁量子数之间跳跃,而不能平滑的变化,这样就形成了一系列的能级。当原子核在外加磁场中接受其他来源的能量输入后,就会发生能级跃迁,也就是原子核磁矩与外加磁场的夹角会发生变化。这种能级跃迁是获取核磁共振信号的基础。

为了让原子核自旋的进动发生能级跃迁,需要为原子核提供跃迁所需的能量,这一能量通常是通过外加射频场来提供的。根据物理学原理当外加射频场的频率与原子核自旋运动的频率相同的时候,射频场的能量才能够有效地被原子核吸收,为能级跃迁提供助力。因此某种特定的原子核,在给定的外加磁场中,只吸收某一特定频率射频场提供的能量,这样就形成了一个核磁共振信号。

35.3　核磁共振技术的历史与现状

1930 年,物理学家伊西多·拉比发现在磁场中的原子核会沿磁场方向呈正向或反向有序平行排列,而施加无线电波之后,原子核的自旋方向发生翻转。这是人类关于原子核与磁场以及外加射频场相互作用的最早认识。由于这项研究,拉比于 1944 年获得了诺贝尔物理学奖。

1946 年两位美国科学家布洛赫和珀塞尔发现,将具有奇数个核子(包括质子和中子)的原子核置于磁场中,再施加以特定频率的射频场,就会发生原子核吸收射频场能量的现象,这就是人们最初对核磁共振现象的认识。为此他们获得了 1952 年度诺贝尔物理学奖。

早期核磁共振主要用于对核结构和性质的研究,如测量核磁矩、电四极距及核自旋等,后来广泛应用于分子组成和结构分析,生物组织与活体组织分析,病理分析、医疗诊断、产品无损监测等方面。20世纪70年代,脉冲傅里叶变换核磁共振仪出现了,它使C13谱的应用也日益增多。用核磁共振法进行材料成分和结构分析有精度高、对样品限制少、不破坏样品等优点。

医学家们发现水分子中的氢原子可以产生核磁共振现象,利用这一现象可以获取人体内水分子分布的信息,从而精确绘制人体内部结构。在这一理论基础上,1969年纽约州立大学南部医学中心的医学博士达马迪安通过测核磁共振的弛豫时间成功地将小鼠的癌细胞与正常组织细胞区分开来,在达马迪安新技术的启发下纽约州立大学石溪分校的物理学家保罗·劳特布尔于1973年开发出了基于核磁共振现象的成像技术(MRI),并且应用他的设备成功地绘制出了一个活体蛤蜊地内部结构图像。他的实验(见图35-4)立刻引起了广泛重视,短短10年间就进入了临床应用阶段。之后,MRI技术日趋成熟,应用范围日益广泛,成为一项常规的医学检测手段,广泛应用于帕金森氏症、多发性硬化症等脑部与脊椎病变以及癌症的治疗和诊断。

图35-4　世界上第一台核磁共振成像

由于人们对大脑组织,对大脑如何工作以及为何有如此高级的功能知之甚少。美国贝尔实验室于1988年开始了对人脑的功能和高级思维活动进行功能性核磁共振成像的研究,美国政府还将20世纪90年代确定为"脑的十年"。用核磁共振技术可以直接对生物活体进行观测,而且被测对象意识清醒,还具有无辐射损伤、成像速度快、时空分辨率高(可分别达到100微米和几十毫秒)、可检测多种核素、化学位移有选择性等优点。美国威斯康星医院已拍摄了数千张人脑工作时的实况图像,有望在不久的将来揭开人脑工作的奥秘。

35.4　2003年诺贝尔医学奖

1. 2003年诺贝尔医学奖

2003年10月6日,瑞典卡罗林斯卡医学院宣布,2003年诺贝尔生理学或医学奖授予美国化学家保罗·劳特布尔(Paul C Lauterbur)和英国物理学家彼得·曼斯菲尔德(Peter Mansfield)爵士,以表彰他们在磁共振成像技术领域的突破性成就。因为他们发明了磁共振成像技术(MRI),而这项技术使得人类能看清自己和生物体内的器官,从而有利于诊断和治疗疾病(见图35-5)。

劳特布尔今年74岁,他获奖是因为他完成的实验研究证明了如何从质子在磁共振时所处的相对位置获得2D图像,研究论文发表在1973年3月出版的《自然》杂志上,当时,他在纽约州立大学(Stony Brook)任教,他现在是伊利诺伊大学生物医学磁共振实验室主任。20世纪70年代初期,劳特布尔发现,在一个均匀稳定的磁场

劳特布尔　　　　彼得·曼斯菲尔德

图35-5　2003年两位诺贝尔医学奖获得者

中再加上一个梯度磁场后,就能进行定位判断,也就是说,通过这种方法,能对处于磁场中物质的原子核进行定位。因为原子核的共振频率与磁场强度的比例关系,通过实验研究,他证实了原子核以不同的频率共振所发生的改变可以被转化成图像。

彼得·曼斯菲尔德今年69岁,他的研究成果发表于1973年,主要是通过应用梯度磁场获得了结晶物质的结构,他进一步验证和改进了劳特布尔提出的方法,还证明了可以用数学方法分析所获得的数据,为计算机快速绘制图像奠定了基础,曼斯菲尔德于1976年率先提出了回波平面脉冲序列磁共振成像采集方法,他曾是英国诺丁汉大学MRI扫描仪研究小组负责人,为英国EMI公司开发出了拥有梯度线圈系统和全身扫描的MRI样机。他是诺丁汉大学物理学荣誉教授。

2. 诺贝尔医学奖的争议

每年,诺贝尔的评选都会引起一些争议,2003年的生理学或医学奖就不例外。卡罗林斯卡医学院宣布获奖人后,立即引起美国另一位在磁共振成像领域作出重要贡献的科学家的不满,这人就是发明家、Fonar公司的CEO雷蒙·达曼定博士,他的研究论文发表在1971年3月的《科学》杂志,他提出了磁场信号强度的变化可以帮助人们鉴别正常组织和肿瘤组织。

远在1988年,他与劳特布尔就获得了美国总统颁发的国家技术奖,以表彰他们将MR技术引进医学领域中各自独立作出的贡献。后来,他还因MRI专利与GE对簿公堂,并获得1.28亿美元的赔偿。

2002年5月召开的国际医学磁共振协会年会上,劳特布尔认为,是达曼定提出了"利用弛豫时间的不同实现无创诊断癌症"这一观点。达曼定在1996年接受采访时称,劳特布尔通过他本人的数学推导(Numeric Findings),将它们转化成像素,这才获得了MRI图像。

35.5 计算机X射线断层扫描技术CT

1. CT简介

CT(Computed Tomography)是一种功能齐全的病情探测仪器,它是电子计算机X射线断层扫描技术简称。

CT的工作程序是根据人体不同组织对X线的吸收与透过率的不同,应用灵敏度极高的仪器对人体进行测量,然后将测量所获取的数据输入电子计算机,电子计算机对数据进行处理后,就可摄下人体被检查部位的断面或立体的图像,发现体内任何部位的细小病变(见图35-6)。

CT检查对中枢神经系统疾病的诊断价值较高,应用普遍。对颅内肿瘤、脓肿与肉芽肿、寄生虫病、外伤性血肿与脑损伤、脑梗塞与脑出血以及椎管内肿瘤与椎间盘脱出等病诊断效果好,诊断较为可靠。因此,脑的X线造影除脑血管造影仍用以诊断颅内动脉瘤、血管发育异常和脑血管闭塞以及了解脑瘤的供血动脉以外,其他如气脑、脑室造影等均已少用。螺旋CT扫描,可以获得比较精细和清晰的血管重建图像,即CTA,而且可以做到三维实时显示,有希望取代常规的脑血管造影。

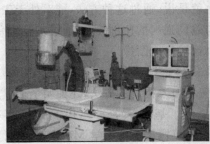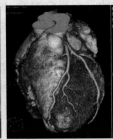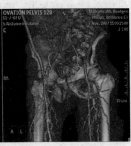

图 35-6　CT 机及人体内部结构成像图

2. CT 的发明史

自从 X 射线发现后,医学上就开始用它来探测人体疾病。但是,由于人体内有些器官对 X 线的吸收差别极小,因此 X 射线对那些前后重叠的组织的病变就难以发现。于是,美国与英国的科学家开始了寻找一种新的东西来弥补用 X 射线技术检查人体病变的不足。

1963 年,美国物理学家科马克发现人体不同的组织对 X 射线的透过率有所不同,在研究中还得出了一些有关的计算公式,这些公式为后来 CT 的应用奠定了理论基础。

1967 年,英国电子工程师亨斯费尔德在并不知道科马克研究成果的情况下,也开始了研制一种新技术的工作。他首先研究了模式的识别,然后制作了一台能加强 X 射线放射源的简单的扫描装置,即后来的 CT,用于对人的头部进行实验性扫描测量。后来,他又用这种装置去测量全身,获得了同样的效果。

1971 年 9 月,亨斯费尔德又与一位神经放射学家合作,在伦敦郊外一家医院安装了他设计制造的这种装置,开始了头部检查。10 月 4 日,医院用它检查了第一个病人。患者在完全清醒的情况下朝天仰卧,X 射线管装在患者的上方,绕检查部位转动,同时在患者下方装一计数器,使人体各部位对 X 射线吸收的多少反映在计数器上,再经过电子计算机的处理,使人体各部位的图像从荧屏上显示出来。这次试验非常成功。

1972 年 4 月,亨斯费尔德在英国放射学年会上首次公布了这一结果,正式宣告了 CT 的诞生。这一消息引起科技界的极大震动,CT 的研制成功被誉为自伦琴发现 X 射线以后,放射诊断学上最重要的成就。

由于对计算机 X 射线断层扫描技术 CT 的突出贡献,亨斯费尔德和科马克共同获取 1979 年诺贝尔生理学或医学奖。

3. CT 的成像基本原理

CT 是用 X 线束对人体某部一定厚度的层面进行扫描,由探测器接收透过该层面的 X 线,转变为可见光后,由光电转换变为电信号,再经模拟/数字转换器转为数字,输入计算机处理。图像形成的处理有如对选定层面分成若干个体积相同的长方体,称之为体素。扫描所得信息经计算而获得每个体素的 X 线衰减系数或吸收系数,再排列成矩阵,即数字矩阵,数字矩阵可存储于磁盘或光盘中。经数字/模拟转换器把数字矩阵中的每个数字转为由黑到白不等灰度的小方块,即像素,并按矩阵排列,构成 CT 图像。所以,CT 图像是重建图像。每个体素的 X 线吸收系数可以通过不同的数学方法算出。

CT设备主要有以下三部分：

（1）扫描部分由X线管、探测器和扫描架组成；

（2）计算机系统，将扫描收集到的信息数据进行存储运算；

（3）图像显示和存储系统，将经计算机处理、重建的图像显示在电视屏上或用多架照相机或激光照相机将图像摄下。

4. X刀计划系统

X刀放射治疗机是一种新型的医疗设备，它利用一些高精度的定位手段，用大剂量、能量集中的X射线束，一次性杀死肿瘤。但X刀放射治疗计划参数的精度要求非常高，一旦参数设置不合理，大剂量射线对人的损伤将是难以挽救的。因此仅靠医生的经验进行放疗计划的设定是不够的，必需配备相应的三维立体定向放射治疗计划系统。三维立体定向放射治疗计划系统的目的是为医生提供一个直接在三维空间中进行放射治疗计划制定的辅助设计手段，并提供一种放射治疗计划的正确性的辅助检查手段，在对病人进行实际治疗以前，在计算机上对放射治疗的效果进行模拟检查，它把CT机诊断和X刀放疗机的治疗有机地结合起来。与X刀放射治疗设备配套的三维立体定向放射治疗计划系统，又称为X刀计划系统（见图35-7）。

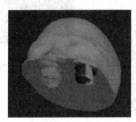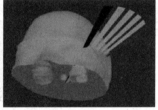

图35-7 病灶与X射线扫描

背 景 材 料

1. 保罗·克里斯琴·劳特布尔

保罗·劳特布尔（Paul Lauterbur），美国科学家。1929年5月6日生于美国俄亥俄州小城悉尼，1951年获凯斯理工学院理学士，1962年获费城匹兹堡大学化学博士。1963年至1984年间，劳特布尔作为化学和放射学系教授执教于纽约州立大学石溪分校。在此期间，他致力于核磁共振光谱学及其应用的研究。他发现了一种磁共振成像运用的可能性，即通过在磁场中加入梯度线圈产生梯度场而创造二维图像。通过分析发射出来的无线电波的特点，他能确定这些电波的来源，这使得建立可视的二维图像成为可能。劳特布尔还把核磁共振成像技术推广应用到生物化学和生物物理学领域。1985年至今，他担任美国伊利诺伊大学生物医学核磁共振实验室主任。因在核磁共振成像技术领域的突破性成就，而和英国科学家彼得·曼斯菲尔德（Peter Mansfield）共同获得2003年度诺贝尔生理学或医学奖。因肾病于2007年3月27日在家中去世，享年77岁（见图35-8）。

2. 皮特·曼斯菲尔德

曼斯菲尔德 1933 年出生于英国伦敦，1959 年获伦敦大学玛丽女王学院理学士，1962 年获伦敦大学物理学博士学位。1962 年到 1964 年担任美国伊利诺伊大学物理系助理研究员，1964 年到英国诺丁汉大学物理系担任讲师，现为该大学物理系教授。除物理学之外，曼斯菲尔德还对语言学、阅读和飞行感兴趣，并拥有飞机和直升机两用的飞行员执照。他进一步开拓了磁场梯度的利用价值。他证明了如何对磁场信号进行数学分析，这使得磁场信号能转变成有用的图像技术。同时，曼斯菲尔德还证明，图像是能够以较快速度获得的，这些发现为 10 年后在医学领域中发展出极其有用的技术——MRI 奠定了基础(见图 35-9)。

图 35-8　保罗·劳特布尔　　　　　　　　图 35-9　皮特·曼斯菲尔德

参 考 文 献

1　张允宏,林敏鹤.核磁共振成像及其发展.临床放射学杂志,1985(05).

2　金宗达,朱建民.医用核磁共振及其发展.上海生物医学工程,1993(03).

3　吴振华.磁共振成像的基本原理和临床应用(一).中国临床医学影像杂志,1990(01).

4　董雪峰.核磁共振在肺癌诊断中的应用.中原医刊,1993(02).

5　石庆林.核磁共振成像扫描机的论证与考察.医疗卫生装备,1993(04).

6　周述志.介绍研究人体的一种新方法—核磁共振成像.滨州医学院学报,1986(01).

7　杨建国.彩色 CT 技术获进展.医学信息,1995(11).

8　于明涛,唐东生.64 层 CT 技术及发展趋势.医疗卫生装备,2005(04).

9　张涛,宋涛,王建.射频治疗肝癌中 CT 技术应用(英文).中国现代医学杂志,2004(03).

10　张国桢,CT 技术的新进展,上海医学影像,1992(01).

11　吴万龙,李元景,桑斌,何文俊,李玉兰.CT 技术在安检领域的应用.CT 理论与应用研究,2005(01).

12　王晔,宗鹤年.CT 技术员对设备的校准方法.中日友好医院学报,1999(04).

13　张志勇,周康荣,洪应中.高分辨率 CT 技术.实用放射学杂志,1995(12).

14　谢宝昇.临床医生 CT 读片 第 22 讲 介入性 CT 技术.中国医刊,2004(11).

15　王林,曹旭东.CT 技术在种植中的应用.现代口腔医学杂志,2002(01).

16　高丽娜,陈文革.CT 技术的应用发展及前景.CT 理论与应用研究,2009 年 01 期.

17　2003 年诺贝尔医学奖、争议及其他.http://www.tech-ex.com/equipment/news/industries/00307119.html.

18　http://www.baidu.com.

第36讲

电子成像技术

36.1　电子显微镜的概述

1. 电子显微镜

　　电子显微镜(electron microscope),简称电镜,是使用电子来展示物件的内部或表面的显微镜。高速的电子的波长比可见光的波长短(波粒二象性),而显微镜的分辨率受其使用的波长的限制,因此电子显微镜的分辨率(约 0.1 纳米)远高于光学显微镜的分辨率(约 200 纳米)。电子显微镜的分辨能力以它所能分辨的相邻两点的最小间距来表示。可见光的波长约为 300~700 纳米。当加速电压为 50~100 千伏时,电子束波长约为 0.0053~0.0037 纳米。这样的电子束的波长远远小于可见光的波长,所以电子显微镜的分辨本领仍远远优于光学显微镜。但电子显微镜因需在真空条件下工作,所以很难观察活的生物,而且电子束的照射也会使生物样品受到辐照损伤,参见图 36-1、图 36-2 和图 36-3。

图 36-1　透射式电子显微镜　　　图 36-2　扫描式电子显微镜　　　　　图 36-3　观察的结果

　　电子显微镜由镜筒、真空系统和电源柜三部分组成。镜筒主要有电子枪、电子透镜、样品架、荧光屏和照相机构等部件,这些部件通常是自上而下地装配成一个柱体;真空系统由机械真空泵、扩散泵和真空阀门等构成,并通过抽气管道与镜筒相连接;电源柜由高压发生器、励磁电流稳流器和各种调节控制单元组成。

　　电子透镜是电子显微镜镜筒中最重要的部件,它用一个对称于镜筒轴线的空间电场或磁场使电子轨迹向轴线弯曲形成聚焦,其作用与玻璃凸透镜使光束聚焦的作用相似,所以称为电子透镜。现代电子显微镜大多采用电磁透镜,由很稳定的直流励磁电流通过带极靴的线圈产生的强磁场使电子聚焦。

电子枪是由钨丝热阴极、栅极和阴极构成的部件。它能发射并形成速度均匀的电子束，所以加速电压的稳定度要求不低于万分之一。

电子显微镜按结构和用途可分为透射式电子显微镜、扫描式电子显微镜、反射式电子显微镜和发射式电子显微镜等，其中前两种应用较为普遍。

2. 发展历史

1931 年，德国的 M. 诺尔和 E. 鲁斯卡，用冷阴极放电电子源和三个电子透镜改装了一台高压示波器，并获得了放大十几倍的图像，发明的是透射电镜，证实了电子显微镜放大成像的可能性。

1932 年，经过鲁斯卡的改进，电子显微镜的分辨能力达到了 50 纳米，约为当时光学显微镜分辨本领的十倍，突破了光学显微镜分辨极限，于是电子显微镜开始受到人们的重视。

20 世纪 40 年代，美国的希尔用消像散器补偿电子透镜的旋转不对称性，使电子显微镜的分辨本领有了新的突破。

20 世纪 70 年代，透射式电子显微镜的分辨率约为 0.3 纳米（人眼的分辨本领约为 0.1 毫米）。现在电子显微镜最大放大倍率超过 300 万倍，而光学显微镜的最大放大倍率约为 2000 倍，所以通过电子显微镜就能直接观察到某些重金属的原子和晶体中排列整齐的原子点阵。

1958 年中国研制成功透射式电子显微镜，其分辨本领为 3 纳米，1979 年又制成分辨本领为 0.3 纳米的大型电子显微镜。现代世界上最好的透射电子显微镜线分辨本领可达 0.14 纳米，可摄出某些分子像或原子像。

36.2　射电望远镜的概述

1. 射电望远镜的概念

射电望远镜（radio telescope）是指观测和研究来自天体的射电波的基本设备，可以测量天体射电的强度、频谱及偏振等量。包括收集射电波的定向天线、放大射电信号的高灵敏度接收机、信息记录、处理和显示系统等（见图 36-4）。

图 36-4　射电望远镜

　　射电望远镜与光学望远镜不同,它既没有高高竖起的望远镜镜筒,也没有物镜和目镜,它由天线和接收系统两大部分组成。巨大的天线是射电望远镜最显著的标志,它的种类很多,有抛物面天线、球面天线、半波偶极子天线、螺旋天线等。最常用的是抛物面天线。天线对射电望远镜来说,就好比是它的眼睛,它的作用相当于光学望远镜中的物镜。它要把微弱的宇宙无线电信号收集起来,然后通过一根特制的管子(波导)把收集到的信号传送到接收机中去放大。接收系统的工作原理和普通收音机差不多,但它具有极高的灵敏度和稳定性。接收系统将信号放大,从噪音中分离出有用的信号,并传给后端的计算机记录下来。记录的结果为许多弯曲的曲线,天文学家分析这些曲线,得到天体送来的各种宇宙信息。

2. 基本原理

　　经典射电望远镜的基本原理和光学反射望远镜相似,投射来的电磁波被一精确镜面反射后,同相到达公共焦点。用旋转抛物面作镜面易于实现同相聚焦,因此,射电望远镜天线大多是抛物面。射频信号功率首先在焦点处放大 $10\sim1000$ 倍,并变换成较低频率(中频),然后用电缆将其传送至控制室,在那里再进一步放大、检波,最后以适于特定研究的方式进行记录、处理和显示(见图 36-5)。

图 36-5　美国新墨西哥州的综合孔径射电望远镜甚大天线阵

　　表征射电望远镜性能的基本指标是空间分辨率和灵敏度,前者反映区分两个天球上彼此靠近的射电点源的能力,后者反映探测微弱射电源的能力。射电望远镜通常要求具有高空间分辨率和高灵敏度。

　　根据天线总体结构的不同,射电望远镜按设计要求可以分为连续和非连续孔径射电望远镜两大类。前者的主要代表是采用单盘抛物面天线的经典式射电望远镜,后者是以干涉技术为基础的各种组合天线系统。20 世纪 60 年代产生了两种新型的非连续孔径射电望远镜——甚长基线干涉仪和综合孔径射电望远镜,前者具有极高的空间分辨率,后者能获得清晰的射电图像。世界上最大的可跟踪型经典式射电望远镜其抛物面天线直径长达 100 米,安装在德国马克斯·普朗克射电天文研究所;世界上最大的非连续孔径射电望远镜是甚大天线阵,安装在美国国立射电天文台。

36.3 射电望远镜简史和现状

1. 射电望远镜历史

1931 年美国新泽西州贝尔实验室的 KG 杨斯基发现：有一种每隔 23 小时 56 分 04 秒出现最大值的无线电干扰。他经过仔细分析断言：这是来自银河系中射电辐射。由此,杨斯基开创了用射电波研究天体的新纪元。

1937 年美国人 G·雷伯制造成功第一架抛物面型射电望远镜。它的抛物面天线直径为 9.45 米,可测到了太阳以及其他一些天体发出的无线电波。

1946 年,英国曼彻斯特大学开始建造直径 66.5 米的固定抛物面射电望远镜,1955 年建成当时世界上最大的 76 米直径的可转抛物面射电望远镜。与此同时,澳、美、苏、法、荷等国也竞相建造大小不同和形式各异的早期射电望远镜

20 世纪 60 年代以来,相继建成的有美国国立射电天文台的 42.7 米、加拿大的 45.8 米、澳大利亚的 64 米全可转抛物面、美国的直径 305 米固定球面、工作于厘米和分米波段的射电望远镜以及一批直径 10 米左右的毫米波射电望远镜。1962 年 Ryle 发明了综合孔径射电望远镜并获得了 1974 年诺贝尔物理学奖。

20 世纪 50~60 年代,随着射电技术的发展和提高,人们研究成功了射电干涉仪,甚长基线干涉仪,综合孔径望远镜等新型的射电望远镜射电干涉技术使人们能更有效地从噪声中提取有用的信号;甚长基线干涉仪通常是相距上千公里的。几台射电望远镜作干涉仪方式的观测,极大地提高了分辨率。

20 世纪 60 年代末至 70 年代初,不仅建成了一批技术上成熟、有很高灵敏度和分辨率的综合孔径射电望远镜,还发明了有极高分辨率的甚长基线干涉仪这种所谓现代射电望远镜。另一方面还在计算技术基础上改进了经典射电望远镜天线的设计,德意志联邦共和国在波恩附近建成直径 100 米的大型精密可跟踪抛物面射电望远镜。

20 世纪 80 年代以来,欧洲的 VLBI 网、美国的甚大天线阵、日本的空间 VLBI 相继投入使用,这是新一代射电望远镜的代表,它们的灵敏度、分辨率和观测波段上都大大超过了以往的望远镜。

美国的甚大天线阵(Very Large Array,缩写为 VLA)是由 27 台 25 米口径的天线组成的射电望远镜阵列,位于美国新墨西哥州的圣阿古斯丁平原上,海拔 2124 米,是世界上最大的综合孔径射电望远镜。甚大天线阵每个天线重 230 吨,架设在铁轨上,可以移动,所有天线呈 Y 形排列,每臂长 21 千米,组合成的最长基线可达 36 千米。甚大天线阵隶属于美国国家射电天文台(NRAO),于 1981 年建成,工作于 6 个波段,最高分辨率可以达到 0.05 角秒。天文学家使用甚大天线阵做出了一系列重要的发现,例如发现银河系内的微类星体、遥远星系周围的爱因斯坦环、伽马射线暴的射电波段对应体等,参见图 36-5。

2. 现状与展望

今天射电的分辨率高于其他波段几千倍,能更清晰地揭示射电天体的内核;综合孔径技术的研制成功使射电望远镜具备了方便的成像能力,综合孔径射电望远镜相当于工作在

射电波段的照相机。当代先进射电望远镜有：以德意志联邦共和国100米望远镜为代表的大、中型厘米波可跟踪抛物面射电望远镜；以美国国立射电天文台、瑞典翁萨拉天文台、日本东京天文台的设备为代表的毫米波射电望远镜；以及即将完成的美国甚大天线阵。

　　把造价和效能结合起来考虑，今后直径100米那样的大射电望远镜大概只能有少量增加，而单个中等孔径厘米波射电望远镜的用途越来越少。主要单抛物面天线将更普遍地并入或扩大为甚长基线、连线干涉仪和综合孔径系统工作。随着设计、工艺和校准技术的改进，将会有更多、更精密的毫米波望远镜出现。综合孔径望远镜会得到发展以期获得更大的空间、时间和频率覆盖。甚长基线干涉系统除了增加数量外，预期最终将能利用定点卫星实现实时数据处理，大大提高，随着低噪声天线设计方法的成熟，把综合孔径技术同甚长基线独立本振干涉仪技术结合起来的甚长基线干涉仪网和干涉仪阵的试验，很可能孕育出新一代的射电望远镜。

36.4　我国的射电望远镜

　　为实现跨越式发展，中国天文界提出建造世界最大的500米口径球面射电天文望远镜（FAST）。它具有3项自主创新：利用贵州天然的喀斯特洼坑作为台址；洼坑内铺设由数千块单元组成500米球冠状主动反射面；采用轻型索拖动机构和并联机器人，实现望远镜接收机的高精度定位。全新的设计思路，加之得天独厚的台址优势，FAST突破了望远镜的百米工程极限，开创了建造巨型射电望远镜的新模式（见图36-6）。

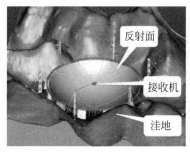

图 36-6　FAST 设计图和被选的基坑

　　FAST作为一个多学科基础研究平台，有能力将中性氢观测延伸至宇宙边缘，观测暗物质和暗能量，寻找第一代天体。能用一年时间发现约7000颗脉冲星，研究极端状态下的物质结构与物理规律；有希望发现奇异星和夸克星物质；发现中子星——黑洞双星，无须依赖模型精确测定黑洞质量；通过精确测定脉冲星到达时间来检测引力波；作为最大的台站加入国际甚长基线网，为天体超精细结构成像；还可能发现高红移的巨脉泽星系，实现银河系外第一个甲醇超脉泽的观测突破；用于搜寻识别可能的星际通信信号，寻找地外文明等。

　　FAST将把我国空间测控能力由地球同步轨道延伸至太阳系外缘，将深空通信数据下行速率提高100倍。脉冲星到达时间测量精度由目前的120纳秒提高至30纳秒，成为国际上最精确的脉冲星计时阵，为自主导航这一前瞻性研究制作脉冲星钟。进行高分辨率微波巡视,以1Hz的分辨率诊断识别微弱的空间信号,作为被动战略雷达为国家安全服务。作为"子午工程"的非相干散射雷达接收系统,提供高分辨率和高效率的地面观测;跟踪探测日冕物质抛射事件,服务于太空天气预报。

36.5 雷 达

1. 雷达的概念

雷达概念形成于20世纪初。雷达是英文radar的音译,为radio detection and ranging的缩写,意为无线电检测和测距,是利用微波波段电磁波探测目标的电子设备。各种雷达的具体用途和结构不尽相同,但基本形式是一致的,包括五个基本组成部分(发射机、发射天线、接收机、接收天线以及显示器),还有电源设备、数据录取设备、抗干扰设备等辅助设备,参见图36-7。

图 36-7 雷达

雷达所起的作用和眼睛相似,其原理是雷达设备的发射机通过天线把电磁波能量射向空间某一方向,处在此方向上的物体反射碰到的电磁波;雷达天线接收此反射波,送至接收设备进行处理,提取有关该物体的某些信息(目标物体至雷达的距离,距离变化率或径向速度、方位、高度等)。

雷达的优点是白天黑夜均能探测远距离的目标,且不受雾、云和雨的阻挡,具有全天候、全天时的特点,并有一定的穿透能力。因此,它不仅成为军事上必不可少的电子装备,而且广泛应用于社会经济发展(如气象预报、资源探测、环境监测等)和科学研究(天体研究、大气物理、电离层结构研究等)。星载和机载合成孔径雷达已经成为当今遥感中十分重要的传感器。以地面为目标的雷达可以探测地面的精确形状。其空间分辨力可达几米到几十米,且与距离无关。雷达在洪水监测、海冰监测、土壤湿度调查、森林资源清查、地质调查等方面显示了很好的应用潜力。

2. 雷达分类

雷达种类很多,可按多种方法分类:按定位方法可分为有源雷达、半有源雷达和无源雷达。按装设地点可分为地面雷达、舰载雷达、航空雷达、卫星雷达等。按辐射种类可分为脉冲雷达和连续波雷达。按工作被长波段可分米波雷达、分米波雷达、厘米波雷达和其他波段雷达。按用途可分为目标探测雷达、侦察雷达、武器控制雷达、飞行保障雷达、气象雷达、导航雷达等,参见图 36-8。

图 36-8　舰船雷达,球形雷达,汽车测速雷达

3. 雷达的历史

1842 年多普勒(Christian Andreas Doppler)率先提出多普勒式雷达。1904 年侯斯美尔(Christian Hulsmeyer)发明电动镜(telemobiloscope),利用无线电波回声探测的装置,防止海上船舶相撞。到 1971 年加拿大伊朱卡等 3 人发明全息矩阵雷达,雷达在有条不紊的发展。20 世纪 70 年代以后,电子计算机和大规模数字集成电路等技术的出现,并应用到雷达上,使雷达性能大大提高,同时减小了体积和重量,提高了可靠性。

4. 发展趋势

现代雷达正在向小型化、轻型化和固态化方向发展,一部新型雷达的研制成功,总是伴随着需要新工艺、新元器件和新材料的相应突破。

相控阵雷达特别是固态相控阵雷达具有极高的可靠性,它的天线有可能与装载雷达的飞机或卫星等载体的形状完全贴合(称为共形天线),是受到人们重视的新型雷达。动目标检测和脉冲多普勒雷达具有在极强杂波中检测小的动目标的能力,已得到进一步发展。雷达波长将向更短的方向扩展,从 3 毫米直至激光波段。毫米波雷达和激光雷达的信号虽然在大气层内有严重衰减,但更适于装在卫星或宇宙飞船上工作,只用很小的天线就能得到极高的定位精度和分辨力。为了提高军用雷达的抗干扰性能和生存能力,除改进雷达本身设计外,把多种雷达组合成网,则可获得更多的自由度。天线和信息处理的自适应技术,导弹真假弹头和飞机机型、架数的识别技术,也是雷达技术的重要研究课题。

5. 中国雷达

中国的雷达技术从 20 世纪 50 年代初才开始发展起来。中国研制的雷达已装备军队。中国已经研制成防空用的二坐标和三坐标警戒引导雷达、地-空导弹制导雷达、远程导弹初始段靶场测量雷达和再入段靶场测量与回收雷达。中国研制的大型雷达还用于观测中国和其他国家发射的人造卫星。在民用方面,远洋轮船的导航和防撞雷达、飞机场的航行管制雷达以及气象雷达等均已生产和应用。中国研制成的机载合成孔径雷达已能获得大面积清晰的测绘地图。中国研制的新一代雷达均已采用计算机或微处理器,并应用了中、大规模集成电路的数字式信息处理技术,频率已扩展至毫米波段。

背 景 材 料

中国的单口径射电望远镜(FAST)

1993 年 8 月 26 日,在第 24 届国际无线电科联京都大会上,澳、加、中、法、德、印、荷、俄、英、美 10 国天文学家根据对射电望远镜综合性能发展趋势的预测,联合建议筹建接收面积为 1 平方公里的大射电望远镜阵(Large Telescope,LT,1999 年易名 SKA)。

1994 年,以北京天文台为核心,包括中科院、教育部、原电子工业部、航天工业总公司、贵州省等 22 个相关单位组成了 LT(SKA)中国推进委员会。1994 年 4 月,北京天文台开始在贵州进行 LT(SKA)选址。1998 年 2 月,FAST 建议得到了陈芳允、杨嘉墀、王绶琯、陈建生等院士的支持,并联名致信中科院院长路甬祥,路院长批示:"FAST 可作为中科院'十五'大型国家装置的候选"。2000 年 7 月 9 日,FAST 的两项关键技术"主动球反射面"和"馈源支撑"取得突破。2001 年 4 月 25 日,中国科学院国家天文台正式成立。

2006 年 9 月 29 日,中科院将 FAST 立项建议书正式上报国家发改委。2007 年 7 月 10 日,国家发展和改革委员会原则同意将 FAST 项目列入国家高技术产业发展项目计划。FAST 工程投资 7 亿元,建设周期 5 年半,由中国科学院和贵州省人民政府共同建设。2008 年 12 月 26 日已在中国贵州省平塘县正式启动。FAST 是世界上正在建造及计划建造中口径最大、探测能力最强的单天线射电望远镜。与号称"地面最大的机器"德国波恩 100 米望远镜相比,其灵敏度提高约 10 倍,综合性能比美国 Arecibo 300 米望远镜提高约 10 倍。

参 考 文 献

1　姚骏恩.电子显微镜的最近进展.电子显微学报,1982,1(1).

2　郭可信.晶体电子显微学与诺贝尔奖.电子显微学报,1983,2(2).

3　梁显鉴.电子显微镜的现状及其发展趋势[J].仪表技术与传感器,1989,(2).

4　中国架设全球最大单口径射电望远镜.科学网,2008.12.26.

5　李芝萍.倾听宇宙秘密的"大耳朵".知识就是力量,1994,(11).

6　中国架设全球最大单口径射电望远镜.物理通报,2009,(1).

7　吴盛殷.从 URSI 第 21 届大会看射电望远镜的发展及趋势.天文学进展,1985,(2).

8　程景全.朱含枢.澳大利亚射电望远镜的特色.天文学进展,1988,(1).

9　吴鑫基.世界上口径最大的可跟踪射电望远镜——观天巨眼 400 年系列之二十二.太空探索,2003,(12).

10　余婷.面向学生的射电望远镜计划继续进行.激光与光电子学进展,2002,(7).

11　吴鑫基.美国大耳朵射电望远镜——观天巨眼 400 年系列之二十四.太空探索,2004,(2).

12　吴盛殷,南仁东.射电望远镜的发展和前景.天文学进展,1998,(3).

13　禾刚,谭贤四,王红,曲智国.三种不同体制雷达的比较.舰船电子对抗,2008,(1).

14　尹永刚,黄德永,李建勋.基于神经网络的雷达抗干扰方法综述.雷达与对抗,2008,(1).

15　余新友.浅谈新中国雷达的发展概况.中国西部科技,2004,(5).

16　王德纯.宽带相控阵雷达系统分析.现代雷达,2008,(3).

17　袁东海,郭宜忠,夏敏学.雷达抗干扰能力的模糊评估.舰船电子对抗,2008,(1).

18　赵立志,韩建辉.现代雷达的发展趋势.民营科技,2008 年 3 期.

普 适 计 算

37.1 普适计算的概述

1. 计算的历程

综观计算机技术的发展历史,计算模式经历了第一代的主机(大型机)计算模式和第二代的 PC(桌面)计算模式,即将到来的下一轮计算则为普适计算(Pervasive Computing 或 Ubiquitous Computing)。普适计算是当前计算技术的研究热点,也被称为第三种计算模式,参见图 37-1。

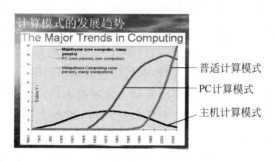

图 37-1 三种计算模式的发展趋势

在主机计算时代,计算机是稀缺的资源,人与计算机的关系是多对一的关系,计算机安装在为数不多的计算中心里,人们必须用生涩的机器语言与计算机打交道。此时,信息空间与人们生活的物理空间是脱节的,计算机的应用也局限于科学计算领域。

20 世纪 80 年代,PC 开始流行,计算模式也随之跨入桌面计算时代。这时,人与计算机的关系演变为一对一的关系。随后,图形用户界面和多媒体技术的发展使计算机使用者的范围从计算机专业人员扩展到其他行业的从业人员和家庭用户,计算机也从计算中心步入办公室和家庭,人们能够方便地获得计算服务。现在,伴随着人类社会进入 21 世纪的脚步,计算模式也开始跨入普适计算时代。

随着计算机及相关技术的发展,通信能力和计算能力的价格正变得越来越便宜,所占用的体积也越来越小,各种新形态的传感器、计算/联网设备蓬勃发展;同时由于人类对生产效率、生活质量的不懈追求，人们开始希望能随时、随地、无困难地享用计算能力和信息服务，由此带来了计算模式的新变革，这就是计算模式的第三个时代——普适计算时代。

从图 37-1 中可以看出，主机计算模式经过了一个高峰后，多年来已呈下降趋势；PC 计算模式这几年也开始呈下降趋势，而普适计算模式这些年在呈上升趋势。

在普适计算时代，各种具有计算和联网能力的设备将变得像现在的水、电、纸、笔一样，随手可得，人与计算机的关系将发生革命性的改变，变成一对多、一对数十甚至数百，同时，计算机的受众也将从必须具有一定计算机知识的人员普及到普通百姓。计算机不再局限于桌面，它将被嵌入到人们的工作、生活空间中，变为手持或可穿戴的设备，甚至与人们日常生活中使用的各种器具融合在一起。此时，信息空间将与物理空间融合为一体，这种融合体现在两方面：首先，物理空间中的物体将与信息空间中的对象互相关联，例如，一张挂在墙上的油画将同时带有一个 URL，指向与这幅油画相关的 Web 站点；其次，在操作物理空间中的物体时，可以同时透明地改变相关联的信息空间中对象的状态，反之亦然。

2. 普适计算定义

普适计算是指在普适环境下使人们能够使用任意设备、通过任意网络、在任意时间都可以获得一定质量的网络服务的技术。

普适计算的含义十分广泛，所涉及的技术包括移动通信技术、小型计算设备制造技术、小型计算设备上的操作系统技术及软件技术等。

间断连接与轻量计算（即计算资源相对有限）是普适计算最重要的两个特征。普适计算的软件技术就是要实现在这种环境下的事务和数据处理。

在信息时代，普适计算可以降低设备使用的复杂程度，使人们的生活更轻松、更有效率。实际上，普适计算是网络计算的自然延伸，它使得不仅个人电脑，而且其他小巧的智能设备也可以连接到网络中，从而方便人们即时地获得信息并采取行动。

普适计算是在网络技术和移动计算的基础上发展起来的，其重点在于提供面向客户的、统一的、自适应的网络服务。普适环境主要包括网络、设备和服务，其中的网络环境包括 Internet、移动网络、电话网、电视网和各种无线网络等。普适计算设备更是多种多样，包括计算机、手机、汽车、家电等能够通过任意网络上网的设备；服务内容包括计算、管理、控制、资源浏览等，参见图 37-2。

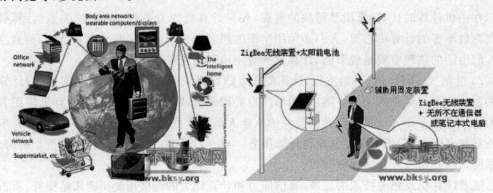

图 37-2　普适计算系统

实现普适计算的目标需要以下一些关键技术：场景识别、资源组织、人机接口、设备无关性技术、设备自适应技术等。

普适计算具有以下环境特点：在任何时间、任何地点、任何方式的方便服务，不同的网络(不同协议、不同带宽)、不同的设备(屏幕、平台、资源)、不同的个人喜好等。

3. 对普适计算的理解

国际上针对普适计算的研究还包括游牧计算(nomadic computing)、平静计算(calm computing)、日常计算(everyday computing)等，见图 37-3。

图 37-3　Mark Weiser

从概念上说，普适计算是虚拟计算的反面。虚拟计算致力于把人置于计算机所创造的虚拟世界里，而普适计算则是反其道而行之——使计算机融入人的生活空间，形成一个"无时不在、无处不在而又不可见"(anytime, anywhere, invisible)的计算环境。在这样的环境中，计算不再局限于桌面，用户可以通过手持设备、可穿戴设备或其他常规、非常规计算设备无障碍地享用计算能力和信息资源。普适计算模式将对人们享用计算和信息的方式带来另一场变革。

普适计算可包括移动计算，但普适计算不是移动计算，前者更强调环境驱动性。从技术上来说，这就要求普适计算对环境信息具有高度的可感知性，人机交互更自然化，设备和网络的自动配置和自适应能力更强，所以普适计算的研究涵盖中间件、移动计算、人机交互、嵌入式技术、传感器、网络技术等领域。普适计算要解决的问题包括：扩展性、异构性、不同构件的集成、上下文感知和不可见性(invisibility)。其中不可见性对普适计算来说是至关重要的，因为它要求系统无须用户干预或只需要最少干预，也就是要求系统具有自动和动态的配置机制。

37.2　普适计算的发展历史

1. 概念的提出

被称为普适计算之父的是施乐公司 PALOATO 研究中心的首席技术官 Mark Weiser(见图 37-3)，他最早在 1991 年提出：21 世纪的计算将是一种无所不在的计算(ubiquitous computing)模式。他认为，最深刻和强大的技术是"看不见的"技术，是那些融入日常生活并消失在日常生活中的技术。Mark Weiser 受到了该研究中心社会学家、哲学家和人类学家的影响后，重新审视了网络计算模式，提出了这一属于后现代主义产物的概念。

施乐公司 Palo Alto 研究中心的首席技术官 Mark Weiser 曾经说过，最深刻和强大的技术应该是"看不见"的技术，是那些融入日常生活并消失在日常生活中的技术。这个被称为"普适计算之父"的人在 20 世纪 90 年代初就声称：受社会学家、哲学家和人类学家的影响，他重新审视了网络计算模式。他指出，21 世纪的计算将是一种无所不在的计算。

Mark Weiser 及其同行在施乐公司的实验室搭建了普适计算系统的原型，但由于当时软、硬件技术的条件,这一系统并没有产生所期待的影响。随着定位传感器、无线通信尤其Internet 的普及和分布式计算技术的进步,普适计算的实现条件越来越成熟,普适计算的概念得到了更多的认可。已有越来越多的普适计算应用系统问世。

2. 最初的研究

1999 年,IBM 提出普适计算(又叫普及计算)的概念。目前,IBM 已将普适计算确定为电子商务之后的又一重大发展战略,并开始了端到端解决方案的技术研发。IBM 认为,实现普适计算的基本条件是计算设备越来越小,方便人们随时随地佩带和使用。在计算设备无时不在、无所不在的条件下,普适计算才有可能实现。1999 年开始的 Ubicomp 国际会议、2000 年开始的 Pervasive Computing 国际会议、2002 年 IEEE Pervasive Computing 期刊的创刊。

早在 20 世纪 90 年代中期,作为普适计算研究的发源地,Xerox Parc 研究室的科学家就曾预言普适计算设备(智能手机、PDA 等)的销量将在 2003 年前后超过代表桌面计算模式的 PC,这一点已经得到了验证。据 IDC 统计,2001 年美国和西欧的 PC 销量已经开始进入平稳期,甚至开始下滑,而在同期,手机、PDA 的销量却大幅度攀升,在很多国家,手机的拥有量已经超过了 PC。

37.3 普适计算的技术

1. 现有技术的不足

每一种计算模式都会带动适合其特点的计算机科学技术的发展。主机计算模式促进了分时操作系统的发展;而桌面计算模式则带动了个人操作系统、图形用户界面、多媒体等技术的发展。同样地,普适计算势必要求发展与其相适应的计算机科学理论和技术,而这绝不是对目前桌面计算模式孕育的现有理论和技术的简单线性扩展,因为现有的计算机技术还存在一些不足,因此难以满足普适计算模式的要求。

1) 不足之一:以计算机为中心而不是以人为中心

在桌面计算模式下,计算机占据主导地位,从某种程度上说,人是计算机的"仆人",这主要表现在以下三方面:第一,人必须主动使用计算机才能获得计算和信息服务;第二,人机之间的交互方式更适合机器而不是人;第三,人必须处理各种计算任务的细节才能获得所需结果,比如配置软件、硬件、记住数据的存放地点等。

然而,在普适计算时代,这种人机关系将是不可忍受的,因为到那时,人很可能需要同时面对数十台计算设备,如果每台机器都需要人投入如此多的精力,那么人的注意力将完全被计算设备而不是要完成的任务所占据。要知道,人的注意力与计算资源不同,它不受摩尔定律的支配,所以在普适计算时代,人的注意力将成为计算机科学需要关注的稀缺资源。计算机科学需要研究如何实现人机关系的逆转,使计算机真正成为人的"仆人"。

2) 不足之二:计算资源是私有的,而不是共享的

在桌面计算模式下,用户与计算机是一对一和直接占有的关系。此外,一台计算机的计算环境(所连接的设备、可利用的服务)是事先绑定和固定的,由此发展起来的各种计算机技

术也都以此为隐含假设。而在普适计算模式下,计算资源和各种设备将趋向于公用和共享化,就像放在办公室里的纸和笔一样,谁都可以拿起来就用。为了充分地利用这些无所不在的服务和资源,计算机科学必须建立与之相适应的新计算环境模型,这种模型没有固定形态和边界,可以随着用户所在环境中可利用设备和服务的变化而动态调整,同时又能保证安全性和私密性。

3) 不足之三:计算是固定的,而不是随时可移动的

移动性的提高是人类文明进步的重要标志,但目前的桌面计算模式对移动性的支持甚少。这包括缺乏对任务上下文在不同计算环境中迁移的支持,以及缺乏对网络条件、计算能力、输入输出能力的变化和差异的处理机制。例如,尽管用户在办公室有一台 PC、家里有一台 PC 和一台 Pocket PC,但如果希望能在上下班的过程中连续地完成一个任务,却是一件十分困难的事情,它需要用户自己去关心网络配置、应用程序的启动/关闭、数据文件的拷贝或网络映射等底层细节。因此,为了满足普适计算的要求,真正实现任何地点、任何时间、任何设备访问任何服务和信息,就应把移动性作为一个基本因素进行考虑。

4) 不足之四:应用程序缺乏互通性

在程序中,功能层往往被隐藏在表示层之下,没有直接的对外接口,应用之间缺乏互相发现和利用其他应用程序的功能和服务的机制。为了完成一个任务,用户往往需要在多个设备上启动多个应用,然后分别与它们进行交互,以便把它们组织到一个工作流中,这种模式不适合普适计算。为了充分利用无所不在的计算资源和服务,应用程序在开发时就必须考虑到与其他应用程序和服务的交互,Sun 公司的科学家曾预言:"在普适计算时代,计算实体(设备、对象、服务、代理)之间自主的交互将超过由人直接驱动的交互,成为 Internet 上的主要数据流。"

2. 关键性技术

简单地对桌面计算模式下的理论和技术进行线性扩展已经不能满足普适计算模式的要求,必须建立一整套与之相适应的计算理论和技术,包括硬件、网络、中间件、人机交互、应用软件等。通过国际上各研究团体几年的探索,普适计算模式中一些关键性的研究课题已经逐渐明确,包括以下一些:

1) 课题一:开发针对普适计算的软件平台和中间件

在普适计算时代,人们关注的是如何让多个计算实体(进程或设备)互相协作,共同为人类提供服务。屏蔽计算任务是由哪个计算实体具体执行的细节而展现出一个统一的服务界面,这是支持普适计算的软件平台和中间件研究要完成的任务。具体来说,这方面的研究内容包括:服务的描述、发现和组织机制、计算实体间通信和协作的模型、开发接口等。

2) 课题二:建立新型的人与计算服务的交互通道

在普适计算时代,人与计算服务的交互通道将变得更加多样化、透明和无处不在。例如,"可穿戴计算"提出把计算设备和交互设备穿戴在身上,如此一来,人们就可以随时随地获得计算和信息服务,这对于在各种复杂和未知环境中工作的人来说是十分有用的。而信息设备的研究则通过在日常生活中的各种器具中嵌入与其用途相适应的计算和感知能力,使我们在使用这些器具时可以直接获得计算服务,而不必依赖桌面计算机。交互空间的研究则试图把计算和感知能力嵌入人们的生活和工作环境中,使人可以不必离开工作和生活

的现场,也不必佩带任何辅助设备就可以通过自然的方式(如语音、手势等)获取计算服务,同时环境也可以主动地观察用户、推断其意图而提供合适的服务,这就是所谓的"伺候式服务"。

3) 课题三:建立面向普适计算模式的新型应用模型

当一个人需要面对多个计算实体的时候,人的注意力就成为最重要的资源。在这种情况下,如果各种应用还是延续桌面计算下的模型,这些应用模块的启动、连接、配置、基于GUI的对话本身等就会耗费大量的注意力资源,从而降低人的工作效率。所以我们必须建立新的、关注人的注意力资源的应用模型。为此,研究者们提出了感知上下文(context-awareness)的计算、无缝移动(seamless mobility)等概念。在普适计算模式下,无处不在的传感器和感知模块完全可以提供这些上下文信息,而支持普适计算的软件平台也使得这些信息的发布和获取变得十分容易,这就为开发感知上下文的应用提供了可能。该领域的研究课题包括上下文的表示、综合、查询机制以及相应的编程模型。无缝移动重点关注的是如何使人在移动中可以透明、连续地获得计算服务,而无需频繁地配置系统。普适计算的基础设施为此提供了一个很好的基础,例如,用户手持设备可以通过与用户所处的交互空间的交互获得该空间中可以使用的服务列表以及用户的移动位置等信息。

4) 课题四:提供适合普适计算时代需求的新型服务

在普适计算时代,由于计算资源、网络连接和人与计算服务的交互通道变得无所不在,因此可以提出一些在桌面计算时代无法实现的新型服务。例如,有人提出了"移动会议(mobile meeting)"概念,即一个项目组的讨论可以不局限于一个固定的地方,而是可以通过各种手持设备或交互空间来随时随地地举行。还有人提出"灵感捕捉"概念,即可以随时随地地把人们脑海中闪现的灵感火花或经历的事件(如一堂课、一次会议)快速和方便地记录下来,并在以后根据时间、地点、参加者和场景等上下文线索进行快速检索。此外还有"普遍交互"概念,即所有家电的控制都可以通过基于 Web 的界面来完成,这样人们就可以随时随地对家里的设备进行操作。

3. 目前的典型项目

众多业界主流对推动普适计算技术的发展所做的努力是引人注目的。无论是中间件平台还是原型应用系统的推出,都是在从不同的角度诠释普适计算的概念,向人们展示了这一后现代主义概念所能达到的境界。目前,业界和高校的实验室均有普适计算项目推出,其原型系统通常由一些可移动的手持设备动态构成邻近网络,以提供各种普适计算应用。一些较为典型的项目如下。

麻省理工学院(MIT)的 Oxygen 项目:其寓意是未来计算像氧气一样无处不在并可自由获取。该项目将固定计算设备和移动设备通过可自动配置的网络连接起来。系统采用了包括休眠环境的自动转换等 8 种环境驱动技术。

Microsoft 公司的 Easy Living 研究项目:致力于智能环境的体系开发,涉及中间件、几何世界建模、定位感知、服务描述等技术。其关键特点是机器视觉、多传感器的自动和半自动校准,以及独立于设备的通信。

AT&T 实验室和英国剑桥大学合作的研究项目 Sentient Computing:通过用户接口、传感器,以及建立资源数据等手段,为系统提供基于用户和位置的数据更新能力,系统可无缝扩展到整个建筑物。

卡内基·梅隆大学的 Aura 项目：强调普适计算的中间件技术和应用设计，该项目包括 3 个子项目。Darwin 智能网络，是 Aura 的核心；Coda 分布式文件管理系统；Odyssey 为资源自适应提供操作系统支持。该系统可容纳桌面、手持和可穿戴系统。

而 IBM 的 WebSphere Everyplace 项目的努力目标是使企业应用更易于在移动设备上发布。该技术的核心是一个基于 WebSphere 的扩展服务，该扩展服务是一个中间件，可嵌入其他应用软件，使软件开发商、设备制造商和企业在手持设备中扩展 IBM 的 WebSphere 平台和基于 Java 的应用。利用该技术，开发人员无须为移动设备重新编写程序，也无须利用微浏览器去访问信息，终端用户可以按需随时下载所需的应用和数据完成安全交易。IBM 宣布已有一些软件厂商将基于 Tivoli 的 WebSphere 设备管理软件嵌入其应用之中。

此外，还有惠普公司的 Cool Town 项目、Everyday Computing 项目；华盛顿大学的 Portolano 项目等。

37.4 普适计算的未来应用前景

1. 应用前景设想

1）场景一

凯利，一个丢三落四的六年级小学生，常常会把他的滑板车落在学校里。而一种称之为 SPEC 的小小的无线个人日常计算机可帮助他解决这个问题。将一个 SPEC 做在戴起来的项链上，一个 SPEC 拴在双肩背书包上，把 SPEC 固定在跑车上，还有一个 SPEC 固定在家中车库的墙上。SEPC 之间可以互相发现和识别，通过事先设定和加载的事件模式，一旦某件东西在特定的时段被丢失，其他 SPEC 便可发现并发出提醒信号。

这便是 HP 实验室的 Everyday computing 项目所描述的未来应用场景。SPEC 是其研制的一种大小只有 $4.0cm \times 1.5cm \times 1.4cm$ 的无线小型个人日常计算机，它采用 IR 检测、IR 发射技术，包含了微处理器、I2C 头、Debug 头、实时时钟、内存、一个缓冲和一个 LED。

SPEC 的最大技术特点在于，相互之间可以互相发现。这是通过使用一种称之为 Rudimentary 的对等(P2P)发现机制来实现的，每个 SPEC 在每秒钟会发出一个 32 位的 ID 信标，并不断地监听附近其他 SPEC 的 ID 信标。每当 SPEC 发现另一个信标时，则利用微控制器和实时时钟产生一个带有时戳的事件记录，存入 32KB 的内存中，每个记录在 ID 生存期不断被刷新。

SPEC 之间通信的速率是 $40 \times 32b/s$，通信范围是 $4 \sim 8m$，该 SPEC 采用家电遥控常用的红外收发器芯片，具有简单和低功耗的特点。SPEC 的应用界面则无比简单，仅仅采用一个绿色的 LED 以吸引用户的注意力，而输入只通过一个按键完成。

2）场景二

在一个智能教室环境下，如果投影设备的显示效果不是很理想的话，教师可以通过自己的 PDA 向学生的 PDA 发送电子课件。当教师走近学生讨论组时，其 PDA 会动态加入该组，下载该组的讨论材料。

这便是 Arizona State University 的智能教室环境，其普适环境由投影机、教师 PDA、学生 PDA 组成，该系统通过可重新配置的上、下文敏感中间件，突出了对环境的感知和动态自组网络通信的支持。

3）场景三

一个普适医疗服务系统，提供一种任何时间、任何地点的医疗服务访问———一辆配备有无线定位系统的急救车，可准确定位突发事故现场，利用无线网络获取实时的交通信息。在事故现场，通过便携式和移动式设备监测病人的脉搏、血压、呼吸等数据，通过无线网络访问分布式的医疗服务系统，下载有关病历数据等必要信息。除了基于定位系统的应急响应机制，该系统的功能还包括基于移动设备和无线网络的远程医疗诊断、远程病人监护以及远程访问具有患者病历信息的医疗数据库。

如上所述，只是目前人们就普适计算所能预料的几个小小场景。而实际上，普适计算将以其"无时不在、无处不在而又不可见"的强大优势，迅速渗透到人们生活的方方面面，并带来计算模式的全新变革。

2. 问题、条件与境界

虽然构造普适计算的各种构件都存在：嵌入式技术、网络技术（包括移动计算和自组网络）、中间件技术和传感器技术，但将其无缝集成仍是很大的挑战。考虑到大量日常和消费类设备的接入，由于设备的智能程度的差别（如实验室的 PC 与街边的自动售货机），普适计算系统的中间件必须找到途径以屏蔽这种不均衡。

智能环境是普适计算的先决条件，依应用不同，需要感知的可以是用户位置、环境温度、光线、甚至用户的动作、表情、心跳、血压等。这个目标引入了更多的复杂性：位置监控、不确定建模、实时信息处理和融合来自不同传感器的数据，这些均构成了技术瓶颈。

我们更愿意把计算模式的演变视为是一个进化的过程。随着相关技术的发展，将会有更多的普适计算应用系统投入实用。移动计算技术的成熟和嵌入式设备的普及，比如，PDA、消费电子设备（包括无线电话、呼机、机顶盒等）、其他嵌有智能芯片的设备（售货机、冰箱、洗衣机等），这些设备通过普适计算网络相连。

尽管问题和挑战依然存在，Mark Weiser 的"林中漫步"的理想却比任何时候都更接近我们，"只有当机器进入人们生活环境而不是强迫人们进入机器世界时，机器的使用才能像林中漫步一样新鲜有趣，"Mark Weiser 表示。"无时不在、无处不在而又不可见"是计算发展的必然趋势。

37.5　国内普适计算研究

清华大学计算机系从 1999 年开始对该领域进行探索，并结合中国的具体国情，提出了以研究普适计算在工作空间和远程教育中的应用为依托的思路，在交互空间、交互空间的软件平台、感知上下文的计算等领域开展了相应的研究，并取得了初步的成果，开发出了可以融合远程教育和课堂教育的 Smart Classroom 系统以及面向交互空间的软件平台 Smart Platform。

我国在普适计算的关键技术方面也已经取得了一些成果，通用 X86 系列 32 位微处理器、RISC 处理器、多媒体应用处理器、操作系统等诸多关键技术领域都已经有中国自主知识产权的产品面市。此外，由计算机、家电和通信设备制造商组成的闪联标准工作组的正式成员已经达到 30 多家,联想、TCL、康佳、海信、长城和长虹都已分别发布了自己的首款闪联平板电视、闪联光显背投电视、闪联电脑、闪联投影仪、闪联笔记本、闪联媒体中心等品,这标志着中国在信息家电的互联互通方面已迈出了坚实的步伐。这些进步为中国在普适计算领域建立自己的核心产业奠定了基础。

　　目前中国面临的一个主要挑战是自主开发的技术和产品尚不足以形成完全的产业链以满足普适计算在国内应用的需求;另一个主要挑战是中国 IT 业缺乏对普适计算领域的基础研究,在系统框架、应用模式和理念以及产业合作等方面都缺乏有效的支撑。与已经成熟发展的 PC 产业相比,普适计算还是一个全新的产业,尽管全球各种主要的产业力量都在不断研制和推出自己的技术标准和产品,但目前普适计算领域尚未形成主流标准和带有垄断性的技术合作模式。因此中国整机企业在当前情形下积极开发普适计算市场,一方面可以摆脱在 PC 应用领域形成的跟着国外技术走的被动局面,另一方面也可为中国自主研发的 IC/SoC、OS 应用软件提供一个发展的空间和应用的市场,促进中国自主技术的产业化。

背 景 材 料

　　马克·维瑟(Mark Weiser,1952 年 7 月 23 日—1999 年 4 月 27 日)是施乐公司帕洛阿尔托研究中心的首席科学家,被公认为是普适计算之父。Weiser 出生于芝加哥,于密歇根州立大学研读通信科学专业,1977 年获硕士学位,1979 年获博士学位,并在马里兰州大学教了 12 年的计算机科学;在 Weiser 从事了初期的多种计算机相关工作后,1987 年 Weiser 加入帕洛阿尔托研究中心后不久,萌生了普适计算的概念,1996 年成为计算机实验室的首席技术官,在这期间他发布了 70 多部技术出版物。

参 考 文 献

1　普适计算.http://www.sina.com.cn 2003 年 12 月 28 日.

2　谢伟凯,徐光佑,史元春.普适计算.计算机学报,2003 年第 26 卷第 9 期.

3　徐磊.普适计算技术:融入生活却"看不见"的技术.互联网周刊 2004-07-11.

4　高岫.普适计算.icrc.hitsz.edu.cn/data/普适计算.ppt,2004-05-28.

5　Mark Weiser.普适计算.www.laizhe.net/upload/UbiquitousComputing.ppt,1991.

6　刘晓红.浅析普适计算的现状与发展.广西医科大学学报,2008 年 1 期.

7　曾宪权,裴洪文.普适计算技术研究综述.计算机时代,2007 年 2 期.

8　王曙霞,郑艳君.浅议普适计算的发展.福建电脑,2007 年 3 期.

9　王海涛,宋丽华.普适计算面临的机遇和挑战.数据通信,2007 年 5 期.

10　Weiser,Mark. The computer for the 21st Century. Scientific American,September 1991,265(3):66-75.

11　沈理.普适计算.计算机工程与科学,2005,27(7).

12　吴朝晖,潘纲.普适计算.中国计算机学会文集.北京:清华大学出版社,2006 年 8 月:175-187.

13　郑增威,吴朝晖.普适计算综述.计算机科学,2003,30(4):18-23.

14　中国在普适计算时代的机遇和挑战.http://www.cndzz.com/tech/Article/qr/bytea/200605/9702.html.

第38讲

虚拟仪器与数字制造

38.1 虚 拟 仪 器

1. 虚拟仪器的概念

虚拟仪器(virtual instrument)是基于计算机的仪器。计算机和仪器结合的产物。说这种结合有两种方式,一种是将计算机装入仪器,其典型的例子就是所谓智能化的仪器,参见图 38-1。另一种是将仪器装入计算机。以通用的计算机硬件及操作系统为依托,实现各种仪器功能,参见图 38-2。

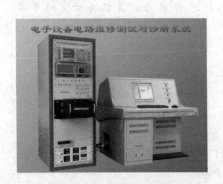

图 38-1 第一种虚拟仪器

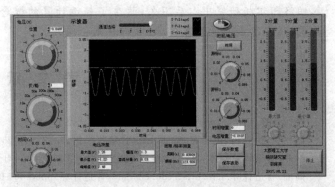

图 38-2 第二种虚拟仪器

与传统仪器相比,虚拟仪器是一种全新的仪器概念,是仪器与计算机深层次结合的产物。虚拟仪器把计算机资源(处理器、存储器、显示器)、仪器硬件(A/D 转换器、D/A 转换器、数字输入输出、定时和信号处理)及用于数据分析、数据计算、过程通信及仪器界面软件有效结合起来。这种仪器系统不仅保留了传统仪器的基本功能,而且提供了传统仪器所不能及的各种高级功能。虚拟仪器的工作过程受控于软件,仪器功能的实现在很大程度上取决于应用软件的功能设计,因此仪器的功能是用户而不是厂家定义的,一套虚拟仪器硬件可以实现多种不同仪器功能。

虚拟仪器技术就是利用高性能的模块化硬件,结合高效灵活的软件来完成各种测试、测量和自动化的应用。灵活高效的软件能帮助您创建完全自定义的用户界面,模块化的硬件能方便地提供全方位的系统集成,标准的软硬件平台能满足对同步和定时应用的需求。只有同时拥有高效的软件、模块化 I/O 硬件和用于集成的软硬件平台这三大组成部分,才能发挥虚拟仪器高性能、易扩展、开发时间短,高度集成的优势。

美国国家仪器公司 NI(National Instruments)提出的虚拟测量仪器(VI)概念,引发了传统仪器领域的一场重大变革,使得计算机和网络技术得以长驱直入仪器领域,和仪器技术结合起来,从而开创了"软件即是仪器"的先河。"软件即是仪器"这是 NI 公司提出的虚拟仪器理念的核心思想。从这一思想出发,基于电脑或工作站、软件和 I/O 部件来构建虚拟仪器。

2. LabVIEW 软件

LabVIEW(Laboratory Virtual instrument Engineering)是一种图形化的编程语言,它被广泛用于工业界、学术界和研究实验室的虚拟仪器设计,是一套标准的数据采集和仪器控制软件。LabVIEW 集成了与满足 GPIB、VXI,RS-232 和 RS-485 协议的硬件及数据采集卡通信的全部功能。它还内置了便于应用 TCP/IP、ActiveX 等软件标准的库函数。这是一个功能强大且灵活的软件。利用它可以方便地建立自己的虚拟仪器。

使用这种语言编程时,基本上不写程序代码,取而代之的是流程图。它利用技术人员、科学家、工程师所熟悉的术语、图标和概念,因此,LabVIEW 是一个面向最终用户的工具。使用它进行原理研究、设计、测试并实现仪器系统时,可大大提高效率。利用 LabVIEW,可产生独立运行的文件,LabVIEW 有 Windows、UNIX、Linux、Macintosh 等多种版本。

3. 虚拟仪器分类

虚拟仪器的发展可分为五种类型。

(1) PC 总线——插卡型虚拟仪器。这种方式借助于插入计算机内的数据采集卡与专用的软件如 LabVIEW 相结合来实现虚拟仪器的功能。

(2) 并行口式虚拟仪器。连接到计算机并行口的测试装置,把仪器硬件集成在一个采集盒内。仪器软件装在计算机上,可以完成各种测量测试仪器的功能。

(3) GPIB 总线方式的虚拟仪器。典型的 GPIB 系统由一台 PC、一块接口卡和可连接若干台仪器的电缆。

(4) VXI 总线方式虚拟仪器。VXI 总线是一种高速计算机总线 VME 总线在 VI 领域的扩展,它具有稳定的电源,强有力的冷却能力和严格的 RFI/EMI 屏蔽。

(5) PXI 总线方式虚拟仪器。PXI 总线方式是 PCI 总线内核技术增加了成熟的技术规范和要求形成的,增加了多板同步触发总线的技术规范和要求形成的,增加了多板发总线,以使用于相邻模块的高速通信的局总线。台式 PC 的性能价格比和 PCI 总线面向仪器领域的扩展优势结合起来,将形成虚拟仪器平台。

4. 虚拟仪器的发展过程

(1) GPIB→VXI→PXI 总线方式(适合大型高精度集成系统)GPIB 于 1978 年问世,VXI 于 1987 年问世,PXI 于 1997 年问世。

(2) PC 插卡→并口式→串口 USB 方式(适合于普及型的廉价系统,有广阔的应用发展前景)PC 插卡式于 20 世纪 80 年代初问世,并行口方式于 1995 年问世,串口 USB 方式于

1999 年问世。

综上所述,虚拟仪器的发展取决于三个重要因素。计算机是载体,软件是核心,高质量的 A/D 采集卡及调理放大器是关键。

5. 虚拟仪器系统的结构原理

虚拟仪器由硬件设备与接口、设备驱动软件和虚拟仪器面板组成。其中,硬件设备与接口可以是各种以 PC 为基础的内置功能插卡、通用接口总线接口卡、串行口、VXI 总线仪器接口等设备,或者是其他各种可程控的外置测试设备,设备驱动软件是直接控制各种硬件接口的驱动程序,虚拟仪器通过底层设备驱动软件与真实的仪器系统进行通信,并以虚拟仪器面板的形式在计算机屏幕上显示与真实仪器面板操作元素相对应的各种控件。用户用鼠标操作虚拟仪器的面板就如同操作真实仪器一样真实与方便。

6. 虚拟仪器的应用

1) 虚拟仪器在测量方面的应用

虚拟仪器系统开放、灵活,可与计算机技术保持同步发展,将之应用在测量方面可以提高精确度,降低成本,并大大节省用户的开发时间,因此已经在测量领域得到广泛的应用。

2) 虚拟仪器在电信方面的应用

虚拟仪器具有灵活的图形用户接口,强大的检测功能,同时又能与 GPIB 和 VXI 仪器兼容,因此很多工程师和研究人员都把它用于电信检测和场测试方面。

3) 虚拟仪器在监控方面的应用

用虚拟仪器系统可以随时采集和记录从传感器传来的数据,并对之进行统计、数字滤波、频域分析等处理,从而实现监控功能。

4) 虚拟仪器在检测方面的应用

在实验室中,利用虚拟仪器开发工具开发专用虚拟仪器系统,可以把一台个人计算机变成一组检测仪器,用于数据 II 图像采集、控制与模拟。比如用于胸双极立体心电图及其三维可视化。

5) 虚拟仪器在教育方面的应用

随着虚拟仪器系统的广泛应用,越来越多的教学部门也开始用它来建立教学系统,不仅大大节省开支,而且由于虚拟仪器系统具有灵活、可重用性强等优点,使得教学方法也更加灵活了。

7. 虚拟仪器的展望

虚拟仪器作为新兴的仪器仪表,其优势在于用户可自行定义仪器的功能和结构等,且构建容易、转灵活,它已广泛应用于电子测量、振动分析、声学分析、故障诊断、航天航空、机械工程、建筑工程、铁路交通、生物医疗、教学及科研等诸多方面。

随着计算机软硬件技术、通信技术及网络技术的发展,给虚拟仪器的发展提供了广阔的天地,国内外器界正看中这块大市场。测控仪器将会向高效、高速、高精度和高可靠性以及自动化、智能化和网络化的向发展。开放式数据采集标准将使虚拟仪器走上标准化、通用化、系列化和模块化的道路。

虚拟仪器作为教学的新手段，已慢慢地走进了电子技术的课堂和实验室，正在改变着电子技术教学传统模式，这也是现代教育技术发展的必然。

此外，手持式、更轻便的小型化的嵌入式 PC（如 PC104）及掌上电脑与 DSP、AD∏DA、LCD、调理放大、电盘加软件组合的一体机也是一个未来发展方向，它使虚拟仪器更方便地深入到测试现场。虚拟仪器向节能省电、轻便、小型化发展也是一个方向。

总之，虚拟仪器有很广阔的发展空间，并最终要取代大量的传统仪器成为仪器领域的主流产品，成为量、分析、控制、自动化仪表的核心。

38.2　数字设计与制造

1. 数字设计与制造的概念

如今，从基于产品设计和基于管理的数字制造观出发，可以清楚地看到，数字制造是在虚拟现实、计算机网络、数据库、快速原型制造和多媒体等关键技术的支持下，根据用户的需求，迅速收集资源信息，对产品信息、工艺信息和资源信息进行分析、规划和重组，实现对产品设计和功能的仿真以及原形制造，进而快速生产出满足用户要求产品的整个制造过程。

数字制造是用数字化定量、表述、存储、处理和控制方法，支持产品全生命周期和企业的全局优化运作，以制造过程的知识融合为基础、以数字化建模仿真与优化为特征；它是在虚拟现实、计算机网络、快速原型、数据库等技术支撑下，根据用户的需求，对产品信息、工艺信息和资源信息进行分析、规划和重组，实现对产品设计和功能的仿真以及原型制造，进而快速生产出达到用户要求性能的产品的整个制造过程。

数字制造技术是数字化技术和制造技术的融合，且以制造工程科学为理论基础的重大革新，是先进制造技术的核心。数字制造在领域和过程两个方面扩展了传统的制造概念。在领域方面，制造从机械领域扩展到了除第一产业和第三产业以外的几乎所有工业领域；在过程方面，制造从单纯的机械加工过程扩展到了产品整个生命周期过程。从内容上看，数字制造与传统制造不同在于它力图从离散的、系统的、动力学的、非线性的和时变的观点研究制造工艺、装备、技术、组织、管理、营销等问题，以获取更大的投入增值。传统制造中许多定性的描述，都要转化为数字化定量描述，在这一基础上逐步建立不同层面的系统的数字化模型，并进行仿真，使制造从部分量化和部分经验化、定性化逐步转向全面数字定量化，参见图 38-3。

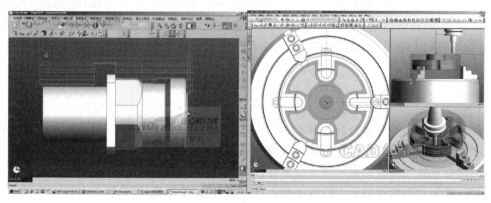

图 38-3　数字设计与制造

2. 数字设计与制造的发展历程

(1) 直接数字控制。数字制造的概念，最早源于数控技术与数控机床。随着数控技术的发展，出现了对多台机床用一台(或几台)计算机数控装置进行集中控制的方式。

(2) 柔性制造单元。为适应多品种、小批量生产的自动化，发展了若干台计算机数控机床和一台工业机器人协同工作，以便加工一组或几组结构形状和工艺特征相似的零件。

(3) 基于产品设计的数字制造。由于计算机图形学与机械设计技术的结合日趋紧密，产生了以数据库为核心，以交互式图形系统为手段，以工程分析计算为主体的计算机辅助设计系统，将包括制造、检测、装配等方面的所有规划，以及面向产品设计、制造、工艺、管理、成本核算等所有信息数字化，转换为计算机能够理解的，并被制造过程全阶段共享的 CAD/CAPP/CAM 系统。

(4) 基于管理的数字制造。为了支持制造业经营生产过程，随市场需求快速重构和集成，出现了能覆盖整个企业从产品的市场需求、研究开发、产品设计等生命周期中信息的产品数据管理系统，从而实现以"产品"和"供需链"为核心的过程集成。

3. 数字制造的关键技术

(1) 虚拟现实。利用虚拟现实技术提供的语音识别和手势等输入设备，以及立体视觉、声音和触觉等反馈系统，可以实现设计者和设计对象的多感知交互，可节省用于形状描述和尺寸定义的时间，为数字制造的大规模数据可视化提供了新的描述方法，缩短产品开发时间，降低开发费用，有利于实现数字制造的快速设计与开发。

(2) 计算机网络。计算机网络技术的发展使数字制造在三维环境下实现异地协同设计和仿真成为现实，网络编程语言提供了对三维世界及其内部基本对象的描述，并把它们与二维页面链接起来，加入行为功能如动作、动画模拟、声音和多用户环境，使网上的三维制造系统更加生动。

(3) 数据库。数据库是数字制造的数据集散中心，产品设计部门开发产品的图样信息是制造部门确定工艺方案和制造设备的数据源，它可以用于建设数字制造的数据库。

(4) 快速原形制造。直接由三维计算机模型逐层制造复杂的三维零件，而无须工装、模具等工艺过程，称为快速原形制造。

(5) 多媒体。多媒体技术作为信息和知识交换的载体，利用 Internet 将分散的资源快速联结起来，使各制造企业可以不记地域和时差的限制，共享各种资源、知识、信息、技术和设备，并通过网上电子交流论坛实现异地的人与人之间的交流，促进数字制造向敏捷化、网络化和全球化发展。

4. 数字制造的应用

数字制造的典型应用包括以 IGES、STEP、CAD、CAPP、CAM、CAE、RP 和数字样机等为代表的面向产品开发和仿真为主的数字制造技术群，以 MRPII、ERP、MIS、PDM 等为代表的面向制造管理为主的数字制造技术群，以 NC、CNC、DNC、MC、FMC、FMS 等为代表的面向加工控制和物流控制为主的数字制造技术群，以网络制造、客户关系管理和供应链管理为代表的面向企业间协作和联盟为主的数字制造技术群。

5. 发展趋势

精密化、柔性化、网络化、虚拟化、数字化、智能化、清洁化、集成化及管理创新是先进制造技术发展的趋势。随着计算机技术的不断提高,Internet 网络技术的普及,以及用户的不同需求,CAD/CAE/CAPP/CAM/PDM(C4P)等技术本身也在不断发展,集成技术在向前推进,其发展趋势主要有以下几个方向:基于网络的 C4P 集成技术,可实现产品全数字化设计与制造;C4P 技术与企业资源计划、供应链管理、客户关系管理相结合,形成制造企业信息化的总体构架;虚拟设计、虚拟制造、虚拟企业、动态企业联盟、敏捷制造、网络制造以及制造全球化,将成为数字化设计与制造技术发展的重要方向;以提高对市场快速反应能力为目标的制造技术将得到超速发展和应用;制造工艺、设备和工厂的柔性可重构性将成为企业装备的显著特点。

背 景 材 料

1. 美国国家仪器公司

National Instruments(美国国家仪器有限公司,简称 NI)创立于 1976 年,总部设于 Texas 州首府 Austin,是一家测量行业的上市公司（纳斯达克挂牌代号 NATI）,在世界各地设有 50 多个分公司、办事处和众多系统联盟成员。

2. 熊有伦院士

机械工程专家,湖北枣阳人,1962 年毕业于西安交通大学机械工程系,1966 年西安交通大学制造自动化专业研究生毕业,1980—1982 年为赴英国 Sheffield 大学控制工程系的访问学者,1988—1989 年为英国 Salford 大学航空和机械工程系客座教授、华中理工大学教授,长期致力于机械工程机电控制与自动化及其有关理论和技术的研究,在机器人学、精密测量理论、智能制造和计算机几何等方面作出了突出贡献;主要著作有《精密测量的数学方法》和《机器人学》及论文 100 余篇。获国家科技进步二等奖、三等奖各 1 项,省部级一等奖 3 项、二等奖 5 项,1995 年当选为中国科学院院士,参见图 38-4。

图 38-4　熊有伦院士

参 考 文 献

1　周祖德,李刚炎.数字制造的现状与发展.中国机械工程,2002 年 06 期.

2　周祖德,余文勇,陈幼平.数字制造的概念与科学问题.中国机械工程,2001(01).

3　周祖德,谭跃刚,王汉熙.探讨数字制造科学内涵 展望制造全球化未来.国际学术动态,2007(04).

4　罗垂敏.数字化制造技术.电子工艺技术,2007(01).

5　戴国洪,张友良.实现数字化设计与制造的关键技术.机床与液压,2004(03).

6　张秀娟.数字制造的概念与关键技术.现代制造工程,2005(09).

7　陈立平.数字化设计的发展与创新.中国机电工业,2007(08).

8　潘紫微.数字化设计与制造的进程与发展.安徽工业大学学报(自然科学版),2003(04).

9　张秀娟.数字制造的概念与关键技术.现代制造工程,2005(09).

10　张曙.数字设计、数字制造和数字企业.机电产品开发与创新,2005(06).

11　周宝东.数字化制造技术.电气制造,2006(11).

12　季韶红,盛立峰,侯天伟.虚拟仪器的构成与发展.吉林广播电视大学学报,2008(02).

13　韩强,苏中义.虚拟仪器简介.上海电机技术高等专科学校学报,2004(02).

14　黄昆.虚拟仪器——仪器发展的新时代.攀枝花学院学报,2004(03).

15　黄望军.浅谈虚拟仪器及其发展前景.中国高新技术企业,2008年19期.

16　刘萍,曹慧,邱鹏.虚拟仪器的发展过程及应用.山东科学,2009年2月.

17　应怀樵.虚拟仪器的过去、现在和将来.中国信息导报,2003(11):48-51.

18　江伟,袁芳.虚拟仪器技术的应用.煤矿机电,2005(1):83.

19　尹念东.虚拟仪器技术及其应用前景.计量与测试技术,2002(6):34-37.

20　杨乐平,李海涛,肖凯等.虚拟仪器技术概论.北京:电子工业出版社,2003.

21　陈定方,罗亚波.虚拟设计.北京:机械工业出版社,2002.

22　肖田元等.虚拟制造.北京:清华大学出版社,2004.

数字地球与数字城市

39.1 数 字 地 球

1. 数字地球的概念

数字地球是以计算机技术、多媒体技术和大规模存储技术为基础,以宽带网络为纽带运用海量地球信息对地球进行多分辨率、多尺度、多时空和多种类的三维描述,并利用它作为工具来支持和改善人类活动和生活质量,参见图 39-1。

图 39-1　数字地球

通俗地讲,就是用数字的方法将地球、地球上的活动及整个地球环境的时空变化装入电脑中,实现在网络上的流通,并使之最大限度地为人类的生存、可持续发展和日常的工作、学习、生活、娱乐服务。

数字地球是美国副总统戈尔于 1998 年 1 月在加利福尼亚科学中心开幕典礼上发表的题为"数字地球——新世纪人类星球之认识"演说时,提出的一个与 GIS、网络、虚拟现实等高新技术密切相关的概念。在戈尔的文章内,数字地球学是关于整个地球、全方位的 GIS 与虚拟现实技术、网络技术相结合的产物。

面对如此一个浩大的工程,任何一个政府组织、企业或学术机构,都是无法独立完成的,它需要成千上万的个人、公司、研究机构和政府组织的共同努力。数字地球要解决的技术问题,包括计算机科学、海量数据存储、卫星遥感技术、互操作性、元数据等。

2. 数字地球中的"3S"技术

数字地球的核心是地球空间信息科学,地球空间信息科学的技术体系中的技术核心是"3S"技术及其集成。所谓 3S 是全球定位系统(GPS)、地理信息系统(GIS)和遥感(RS)的统称。

1) 全球定位技术

GPS 作为一种全新的现代定位方法,已逐渐在越来越多的领域得到应用。20 世纪80 年代,特别是 20 世纪 90 年代以来,GPS 卫星定位和导航技术与现代通信技术相结合,在空间定位技术方面引起了革命性的变化。GPS 测定三维坐标的方法从陆地和近海扩展到整个海洋和外层空间,从静态扩展到动态,从单点定位扩展到局部与广域差分,从事后处理扩展到实时定位与导航。不久,人们可以佩戴 GPS 手表,移动电话,进入数字地球漫游。

2) 地理信息系统技术

从二维向多维动态以及网络方向发展是地理信息系统发展的趋势。在技术发展方面,一个发展是基于 Client/Server 结构。另一个发展是通过互联网络发展 Internet GIS 或 Web-GIS,可以实现远程寻找所需要的各种地理空间数据,以便进行数据挖掘,从空间数据中发现知识。

3) 遥感技术

近年遥感的发展具有多传感器、高分辨率和多时相的特征。遥感信息的应用已从单一遥感资料向多时相、多数据源的融合,从静态分析向动态监测过渡,从对资源与环境的定性调查向计算机辅助的定量自动制图过渡,从对各种现象的表面描述向软件分析和计量探索过渡。

4) 3S 集成技术

3S 集成是指上述三种对地观测新技术及其他相关技术有机地集成在一起。3S 集成包括空基 3S 集成与地基 3S 集成。空基 3S 集成是用空-地定位模式实现直接对地观测,主要目的是在无地面控制点(或有少量地面控制点)的情况下,实现航空航天遥感信息的直接对地定位、侦察、制导、测量等。地基 3S 集成是车载、舰载定位导航和对地面目标的定位、跟踪、测量等实时作业。

3. 数字地球的应用

在人类所接触到的信息中有 80% 与地理位置和空间分布有关,数字地球不仅包括高分辨率的地球卫星图像,还包括数字地图,以及经济、社会和人口等方面的信息。

(1) 对人类社会可持续发展的作用。人类社会可持续发展是当今世界关注的重要问题,数字地球为解决这一问题提供了便利条件。利用数字地球可以对全球变化的过程、规律、影响以及对策进行各种模拟和仿真,从而提高人类应付全球变化的能力。数字地球可以广泛地应用于对全球气候变化,海平面变化,荒漠化,生态与环境变化,土地利用变化的监测。与此同时,还可以对社会可持续发展的许多问题进行综合分析与预测,如自然资源与经济发展、人口增长与社会发展、灾害预测与防御等。

(2) 对经济生活的影响。数字地球包括大量行业部门、企业和私人的信息,比如国家基础设施建设的规划,全国铁路、交通运输的规划,城市发展的规划等。从人们的生活看,房地产公司可以将房地产信息链接到数字地球上;旅游公司可以将酒店、旅游景点,包括风景照片和录像放入数字地球上;世界著名的博物馆和图书馆可以将其收藏以图像、声音、文字形式放入数字地球中;甚至商店也可以将货架上的商店制作成多媒体或虚拟产品放入数字地球中。因此,数字地球进程的推进必将对社会经济发展与人民生活产生巨大的影响。

(3) 对农业的影响。依托数字地球,农民可以从计算机网络获得农田庄稼的生长趋势图,通过GIS分析,他们可制定出计划,在车载GPS和电子地图指引下,实施农田作业,预防病虫害。

(4) 对智能交通的影响。智能运输系统是基于数字地球而建立国家和省市、自治区的路面管理系统、桥梁管理系统、交通阻塞、交通安全以及高速公路监控系统。它可以有效地集成管理交通运输,使路网上的交通流运行处于最佳状态,改善交通拥挤和阻塞,最大限度地提高路网的通行能力,提高整个公路运输系统的机动性、安全性和生产效率。

(5) 对数字城市建设的影响。基于高分辨率影像、城市地理信息系统、建筑CAD,建立虚拟城市和数字化城市,实现三维和多时相的城市漫游、查询分析和可视化。数字地球服务于城市规划、市政管理、城市环境、城市通信与交通、公安消防、保险与银行、旅游与娱乐等,为城市的可持续发展和提高市民的生活质量等。

(6) 对科学技术研究的影响。数字地球是用数字方式为研究地球及其环境、地壳运动、地质现象、地震预报、气象预报、土地动态监测、资源调查、灾害预测和防治、环境保护等都要数字地球的支持。

(7) 对现代化战争的影响。建立战略、战术和战役的各种军事地理信息系统,并运用虚拟现实技术建立数字化战场,这些都离不开数字地球的支撑。其中地形地貌侦察、军事目标跟踪监视、飞行器定位、导航、武器制导、打击效果侦察、战场仿真、作战指挥等都对空间信息的采集、处理、更新提出了较高的要求。

39.2　数字城市

1.“数字城市”的概念

“数字城市”是综合运用地理信息系统、遥感、遥测、多媒体及虚拟仿真等技术,对城市的基础设施、功能机制进行自动采集、动态监测管理和辅助决策服务的技术系统。它指在城市规划建设与运营管理以及城市生产与生活中,利用数字化信息处理技术和多媒体技术,将城市的各种数字信息及各种信息资源加以整合并充分利用。城市规划者和管理者可以在有准确坐标、时间和对象属性的五维虚拟城市环境中,进行规划、决策和管理,其感觉就像漫步于现实的街道上或是乘坐直升机俯瞰城市一样,参见图39-2和图39-3。

图 39-2　数字城市

图 39-3　数字社区

　　"数字城市"包括下述内容：第一是信息基础设施的建设，要有高速宽带网络和支撑的计算机服务系统和网络交换系统；第二是城市基础数据的建设。

　　数据涉及的内容包括城市基础设施（建筑设施、管线设施、环境设施），交通设施（地面交通、地下交通、空中交通），金融业（银行、保险、交易所），文教卫生（教育、科研、医疗卫生、博物馆、科技馆、运动场、体育馆、名胜古迹），安全保卫（消防、公安、环保），政府管理（各级政府、海关税务、户籍管理与房地产），城市规划与管理的背景数据（地质、地貌、气象、水文及自然灾害等），城市监测、城市规划等。

　　"数字城市"有企业、社区和个人这三个层次。将来"数字城市"的核心可能是企业和社区，传统企业，通过信息技术进行改造升级，新型的信息服务企业大量产生，形成城市的新的经济增长点。社区是连接政府与个人的纽带，也是城市走向文明，走向现代化的关键，在社区精神文明建设中，"数字化社区"将起重要作用。个人是信息化服务的主体，也是社会消费主体。"数字城市"建设要引导个人的信息消费。

　　我国的"数字城市"建设受到政府、专家学者的极大关注。"十五"计划中，建设部把"城市规划、建设、管理和服务数字化工程"作为一项重要内容。国内各先进城市积极投入到数字城市建设之中，纷纷提出了数字北京、数字上海、数字广州、数字厦门、智能济南、香港数码港、澳门网络等口号，制定了相应的行动目标和实施方案，进行了各具特色的实践。"十一五"期间，数字城市中的城市基础设施建设被列为战略重点。我国的数字城市建设初步进入理智阶段。

2. 关键技术

　　(1) 宽带网络。"数字城市"涉及大量图形、影像、视频等多媒体数据，数据量非常大，目前的因特网难以胜任，必须使用宽带网络。城市宽带网技术发展很快，据报道，国内已有城市开始建立 10Gb/s 的宽带网络。这种宽带网络可以满足"数字城市"的需要。

　　(2) 海量存储。由于"数字城市"涉及地理数据，数据量大，一个大中型城市的数据可能以 TB 计算。

（3）数据库。"数字城市"中的数据一般包含五种类型：二维矢量图形数据、影像数据、数字高程模型数据、属性表格数据、城市三维图形与纹理数据。由于城市各部门的应用不同，它们可能还是多比例尺的和分布式的。所以，"数字城市"需要用到"邦联数据库"的概念。

（4）数据共享与互操作。数据共享是"数字城市"建设需要解决的核心问题，除了政策和行政协调方面需要解决的问题外，技术上仍有大量的问题需要解决。建立"数字城市"应该是直接的实时的数据共享，就是说用户可以任意调入"数字城市"各系统的数据，进行查询和分析，实现不同数据类型、不同系统之间的互操作。

（5）可视化与虚拟现实。"数字城市"的基础之一是地理空间数据，这就为空间数据的可视化提供了一个展示丰富多彩的现实世界的一个机会。"数字城市"的空间数据包括二维数据和三维数据。二维数据的可视化问题已基本解决，剩余的问题属于艺术加工的范畴，三维数据的可视化或者说虚拟现实技术目前仍是一个难点。如何高效逼真地显示"数字城市"是需要解决的一个问题。

（6）超链接技术。"数字城市"将来也有很多的系统，或者说很多网站，需要把它们超链接起来。从硬件技术和网络协议上说，超文本链接的问题已经解决，但是"数字城市"涉及图形、图像等数据，远没有超文本链接那么简单。这里需要涉及前面所说的许多技术，特别是互操作技术。

背 景 材 料

李德仁院士，江苏镇江丹徒人，1939 年出生，中学时就读于江苏泰州中学，在那儿李教授度过了自己清贫又愉快的童年时代，1963 年毕业于武汉测绘学院航空摄影测量系，1981 年获该校硕士学位，1985 年获联邦德国斯图加特大学博士学位，至今仍保持着德国斯图加特大学博士论文得分的最高记录；曾任武汉测绘科技大学校长，现为武汉大学测绘学院教授、博士生导师、中国科学院院士（1991 年当选）、中国工程院院士（1994 年当选）、欧亚科学院院士。

20 世纪 80 年代，李德仁教授主要从事测量误差理论与处理方法研究。1982 年，他首创从验后方差估计导出粗差定位的选权迭代法，被国际测量学界称之为"李德仁方法"。1985 年，他提出包括误差可发现性和可区分性在内的基于两个多维备选假设的扩展的可靠性理论，科学地"解决了测量学上一个百年来的问题"。该成果获 1988 年联邦德国摄影测量与遥感学会最佳论文奖"汉莎航空测量奖"。

20 世纪 90 年代，李德仁教授主要从事以遥感（RS）、全球卫星定位系统（GPS）和地理信息系统（GIS）为代表的空间信息科学与多媒体通信技术的科研和教学工作，并致力于高新技术的产业化发展。

参 考 文 献

1　李德仁,李清泉.地球空间信息科学的兴起与跨学科发展.科技进步与学科发展.北京:中国科学技术出版社,1998.

2　李德仁,龚健雅,朱欣焰等.我国地球空间数据框架的设计思想与技术路线.武汉测绘科技大学学报,1998,23(4).

3　李德仁.信息高速公路、空间数据基础设施与数字地球.测绘学报,1999,28(1).

4　杨崇俊.数字地球是什么.http://159.226.117.45/Digitalearth/,1999.

5　李德仁,李清泉.论地球空间信息科学的形成.地球科学进展,13(4).

6　周小玲.虚拟地球 无限空间.世界科学,2006(04).

7　王春.虚拟地球开发空间想象力.世界科学,2006(04).

8　王春.无限延伸的虚拟世界.世界科学,2006,(04).

9　孙卫红.数字地球综述.无线电通信技术,2002,(02).

10　马岩巍,杨磊.我国数字城市建设现状、存在问题及对策,山东行政学院/山东省经济管理干部学院学报,2006(05).

11　周均清,王乘,杨叔子.我国数字城市研究与建设之现状.城市规划汇刊,2003(06).

12　邱需恩.我国城市数字化建设面临的问题与建议.新视野,2006(06).

13　彭学君,李志祥.数字城市及其系统架构探讨.商业时代,2007(08).

14　彭笑一.中国数字城市的发展阶段与趋势.数码世界,2008(02).

15　刘树全,王树敏.数字城市概论.中国城市经济,2004(02).

16　马娟,秦凯.数字城市建设的初步探讨.科技咨询导报,2007(01).

17　郝力.中外数字城市的发展.国外城市规划,2001(03).

18　张文娟.浅谈数字城市的发展.城市与减灾,2006(06).

19　数字城市.www.baidu.com.

20　数字地球.www.baidu.com.

智 能 交 通

40.1 智能交通概述

1. 智能交通的概念

智能交通是一个基于现代电子信息技术面向交通运输的服务系统。其突出特点是以信息的收集、处理、发布、交换、分析、利用为主线，为交通参与者提供多样性的服务。

智能交通技术，是指将先进的信息技术、数据通信传输技术、电子控制技术、计算机处理技术等应用于交通运输行业从而形成的一种信息化、智能化、社会化的新型运输系统，它使交通基础设施能发挥最大效能。

智能交通系统(ITS)是 21 世纪交通事业发展的必然选择，是交通事业的一场革命。通过先进的信息技术、通信技术、控制技术、传感技术、计算机技术和系统综合技术有效的集成及应用，使人、车、路之间的相互作用关系以新的方式呈现，从而实现实时、准确、高效、安全、节能的目标。在该系统中，车辆靠自己的智能在道路上自由行驶，公路靠自身的智能将交通流量调整至最佳状态，借助于这个系统，管理人员对道路、车辆的行踪了如指掌，参见图 40-1。

图 40-1　智能交通系统

2. ITS 发展的背景

工业化国家在市场经济的驱动下，汽车有了长足的发展，然而，汽车化社会带来的诸如交通阻塞、交通事故、能源消费和环境污染等社会问题日趋恶化，交通阻塞造成的经济损失巨大,使道路设施发达的国家不得不从以往只靠供给来满足需求的思维模式转向采取供、需两方面共同管理的技术和方法来改善日益尖锐的交通问题。

20世纪60—70年代,石油危机及环境恶化,工业化国家开始采取以提高效益和节约能源为目的的交通系统管理(TSM)和交通需求管理(TDM)同时大力发展大运量轨道及实施工交优先政策,在社会可持续化发展的目标下调整运输结构,建立对能源均衡利用和环境保护最优化的交通运输体系。

20世纪80年代后期,冷战结束,工业化国家用于军事和国防领域的卫星导航系统,信息采集与提供系统,计算机控制与管理系统,电子与电子通信技术等高新技术转向民用化,军事上的投入也大部分转移到民用技术的开发和应用上。

20世纪90年代,信息产业应运而生,ITS以信息技术为先导,将相关技术应用到交通运输智能管理上有着广泛的市场,工业化国家和民营企业纷纷投入到这一新兴的产业。美国政府于1991年开始投资对ITS的开发研究,仅美国高速公路安全局1993年的投资预算就达2010万美元;欧洲19个国家投资50亿美元到EUREKA项目。

40.2　智能交通的原理

智能交通是一个综合性体系,它包含的子系统大体可分为以下几个方面:

(1) 车辆控制系统。指辅助驾驶员驾驶汽车或替代驾驶员自动驾驶汽车的系统。该系统通过安装在汽车前部和旁侧的雷达或红外探测仪,可以准确地判断车与障碍物之间的距离,遇紧急情况,车载电脑能及时发出警报或自动刹车避让,并根据路况自己调节行车速度,称为"智能汽车",参见图40-2。

(2) 交通监控系统。该系统类似于机场的航空控制器,它将在道路、车辆和驾驶员之间建立快速通信联系。哪里发生了交通事故。哪里交通拥挤,哪条路最为畅通,该系统会以最快的速度提供给驾驶员和交通管理人员,见图40-3。

图 40-2　智能汽车

图 40-3　交通监控系统

(3) 运营车辆管理系统。该系统通过汽车的车载电脑、管理中心计算机与全球定位系统卫星联网,实现驾驶员与调度管理中心之间的双向通信,来提供商业车辆、公共汽车和出租汽车的运营效率。

(4) 旅行信息系统。是专为外出旅行人员提供各种交通信息的系统。该系统提供信息的媒介是多种多样的,如电脑、电视、电话、路标、无线电、车内显示屏等,任何一种方式都可以。无论你是在办公室、大街上、家中、汽车上,只要采用其中任何一种方式,都能从信息系统中获得所需要的信息。

40.3 国外现状与发展

美、欧、日是世界上经济水平较高的国家,也是世界上 ITS 开发应用的较好国家。ITS 的发展已不限于解决交通拥堵、交通事故、交通污染等问题,也成为缓解能源短缺、培育新兴产业、增强国际竞争力、提升国家安全的战略措施。

1. 世界 ITS 发展历程

经过 30 余年发展,ITS 的开发应用已取得巨大成就。美、欧、日等发达国家基本上完成了 ITS 体系框架,关键技术研发已取得突破性进展,并在重点发展领域大规模应用。ITS 的研发应用大致经过了三个阶段。

(1)起步阶段。ITS 发展史可追溯到 20 世纪 60 年代。20 世纪 60 年代后期,美国运输部和通用汽车公司研发电子路线诱导系统,利用道路和车载电子装置进行路、车之间的交通情报交流,提供高速公路网路线指南,尝试构筑路、车之间情报通信系统。但 5 年的研发和小规模试验后,便处于了停止状态。1973 年至 1979 年,日本通产省进行路、车双向通信汽车综合控制系统研发。欧洲原西德 1976 年进行高速公路网诱导系统研发计划,但在此期间因实用化技术难于实现及通信基础设施费用过于庞大等原因,均未能实现实用化和市场化。

(2)关键技术研发和试点推广阶段。20 世纪 80 年代的信息技术革命,不仅带来了技术进步,还对交通发展传统理念产生了冲击。ITS 概念被正式提出。由此开始,美、欧、日等发达国家都先后加大了 ITS 研发力度,并根据自己的实际情况确定了研发重点和计划,形成较为完整的技术研发体系。在此阶段,各国通过立法或其他形式,逐渐明确了发展 ITS 战略规划、发展目标、具体推进模式及投融资渠道等。

(3)产业形成和大规模应用阶段。美、欧、日等发达国家在推动 ITS 研发和试点应用的同时,从拓展产业经济视角,不断促进 ITS 产业形成,注重国际层面竞争,大规模应用研发成果。如美国,参与 ITS 研发公司达 600 多家。日本,在四省一厅联合推动 ITS 研发活动后,一直在加速 ITS 实际应用进程,积极推动如车辆信息通信系统、电子收费系统等应用。车辆信息通信系统系统已进入国家范围内实施阶段并迅速扩展。

2. 现状

"9·11"恐怖事件引发了美国政府和交通界人士反思,认为 ITS 应该而且能够有效预防恐怖袭击,加强基础设施和出行者安全并可用于评价灾难程度与加快交通恢复,实现快速疏散和隔离。因此,美国 ITS 今后建设趋势之一就是研究 ITS 在美国安全体系中维护地面交通安全作用,重点集中在安全防御、用户服务、系统性能和交通安全管理方面。

日本注重 ITS 诱导设施建设,建设省组织以丰田公司为首的 25 家公司联合研发自动公路系统。近几年,日本还投入 15 亿日元开发全国公路电子地图系统,打开了车辆电子导航市场,已有近 400 万套车内导航系统在市场上应用。日本的 ITS 建设主要集中在交通信息提供、电子收费、公共交通、商业车辆管理及紧急车辆优先等方面。

欧洲注重构建 ITS 基础平台,ITS 建设进展介于日本和美国之间。日前正在全面应用开发远程信息处理技术,计划在全欧洲建立专门交通(以道路交通为主)无线数据通信网,ITS 的主要功能和交通管理、导航和电子收费等都围绕远程信息处理技术及全欧洲无线数据通信网来实现。目前,开发先进的旅行信息系统、车辆控制系统、商业车辆运行系统、电子收费系统等方面。

40.4　国内现状与发展

20 世纪 70 年代中至 20 世纪 80 年代初,主要试验研究城市交通信号控制。20 世纪 80 年代中至 20 世纪 90 年代初,一些大城市如北京、天津、上海引进消化了城市信号控制系统,北京引进了英国 SCOOT 系统,天津、上海引进了澳大利亚 SCATS 系统等。一些大城市逐渐建设交通监控系统,一些高速或高等级公路建设监控及电子收费系统。GIS、GPS 等技术也在管理、运营等领域应用。

我国在制定科技发展"九五"计划和 2010 年长期规划时,交通部将发展 ITS 列入计划,开展了 ITS 发展战略研究。"九五"期间,国家有关部委已成立了全国 ITS 协调小组,并完成了"中国 ITS 体系框架"、"中国 ITS 标准体系框架研究"、"智能运输系统发展战略研究"等一批关系中国 ITS 发展的重点项目,还完成了重大"ITS 关键技术开发和示范工程"。

"十五"期间,ITS 投入资金达 15 亿元以上。科技部在"十五"国家科技攻关重大专项中安排了"智能交通系统关键技术开发和示范工程"项目。该项目包括共性关键技术、关键产品和技术开发、ITS 工程示范和相关基础研究四大类 16 个课题。已验收课题,获国家发明专利 23 项,制定企业标准 7 项,建立跨省市国道主干线联网电子收费、高等级公路综合管理、城市交通信息采集与融合等示范点 15 个,车载安全装置等中试线 3 条,生产线 4 条,成果转让合同 27 项。应该说,"十五"期间,我国 ITS 发展取得明显成效。但各城市 ITS 建设各子系统尚无法有效协同整合,集成度较低,技术上处于分隔独立状态。

背 景 材 料

2008 北京奥运交通体系

2008 年北京市开发了智能交通系统体系。该项目对智能化的交通控制系统、智能化的综合交通管理系统以及道路交通监测、通信和信息系统。在 2008 年北京奥运会期间,奥运路线、奥运场馆周边将有 120 处系统控制交通信号。此外,还建设了交通综合监控系统,该系统包括视频监控、交通流检测和交通违法检测三个子系统。同时,在奥运会场馆周边和相关道路上还建设了 80 处电视监控点、15 套交通事件自动检测系统、80 套数字化视频系统,参见图 40-4。

图 40-4　北京智能交通系统

参 考 文 献

1　鲍晓东.智能交通系统的现状及发展.北京工业职业技术学院学报,2007(02).

2　Shelley Lee.国外智能交通系统简介,数字社区 & 智能家居,2007(05).

3　薛艳丽.国外的智能交通系统.交通与运输,2007(04).

4　陈艳,何春明.智能交通系统应用现状及其存在问题分析.交通标准化,2007(08).

5　澳大利亚智能交通系统新动向.城市交通,2008(01).

6　王笑京.智能交通系统研发历程与动态述评.城市交通,2008(01).

7　王辉,刘治昌,周为钢.关于整合智能交通系统之浅见——浅谈建立我国智能交通系统学会的问题.ITS 通讯,2006(02).

8　娄红菊,孙淑英.我国智能交通发展对策探析.决策探索,2007(01).

9　张可.智能交通的国际技术发展动向及其在中国的发展.公路交通科技(应用技术版),2007(08).

10　高速公路智能交通系统——采用工业级网络设备实现的自动收费系统.国内外机电一体化技术, 2006(04).

11　隋亚刚.北京奥运智能交通管理系统建设与应用.道路交通与安全,2008 年 5 期.

12　智能交通.www.baidu.com.

全书思考题

一、名词解释

1. 超级计算机。
2. 量子计算机。
3. 生物计算机。
4. 分子机器。
5. 纳米器件。
6. 软件产品线。
7. 网格计算。
8. 虚拟现实。
9. 计算可视化。
10. 普适计算。
11. 卫星通信。
12. 人工生命。
13. 计算机病毒。
14. 软件产品线。
15. 机器人。
16. 网构软件。
17. 软件产品线。
18. 4GL。
19. 知件。
20. 光纤。
21. 电子纸张。
22. LED。
23. 网络生态。
24. 全光网络。
25. 分子机器。
26. 生物芯片。
27. 基因芯片。
28. 蛋白质芯片。
29. 核磁共振成像。
30. CT。
31. 电子显微镜。
32. 射电望远镜。
33. 虚拟仪器。
34. 数字制造。
35. 数字地球。
36. 数字城市。
37. 智能交通。
38. SoC。
39. CMOS。
40. 光纤通信。
41. 卫星通信。
42. "软件人"。
43. "智幻体"。
44. 人工智能。

二、简答题

1. 电子计算机的发展经过几个阶段？
2. 生物信息学主要研究什么？
3. 电子计算机的发展经过几个阶段？
4. 计算机病毒发展的历史分几个阶段？
5. 简述计算机的发展历史。
6. 简述软件工程研究的内容。
7. 介绍机器人发展的几个阶段。
8. 简述人工生命的三种形式。
9. 简述机器人的发展阶段。
10. 简述机器人分类。
11. 简述我国的计算机史。
12. 简述计算机发展的三个趋势。
13. 简述有机光盘的种类。
14. 简述芯片与 CPU 的结构。
15. 超级计算机有几种什么结构？
16. 量子技术有哪些应用？

17. 什么是软件危机？

18. 简单介绍 CMM。

19. 简介敏捷软件设计思想。

20. 介绍软件产品线的结构。

21. 简述软件工程发展历程。

22. 简述可信计算的发展历程。

23. 什么是演化计算？

24. 什么是遗传算法？

25. 什么是遗传程序设计？

26. 什么是基因表达式程序设计？

27. 简介软件基因编程方式。

28. 什么是软件开发工具酶？

29. 介绍 LED 的应用。

30. 卫星通信发展历史。

31. 简介"铱"星系统。

32. 什么是超高速网络？

33. 超高速网络发展前景。

34. 介绍人工免疫的思想。

35. 什么是信息对抗？

36. 简介空间信息对抗。

37. 简介人工智能发展历史。

38. 简介人类智能学派发展。

39. 简介人工智能的应用。

40. 什么是人机一体化？

41. 简介普适计算的发展历史。

42. 简介普适计算的未来应用前景。

三、论述题

1. 论述计算机的小型化、网络化和多样化的发展趋势。

2. 论述磁性材料和有机光存储材料的发展趋势。

3. 论述集成电路和芯片进入纳米级后的发展趋势。

4. 论述超级计算机与网格计算的必然关系。

5. 论述量子计算机的可能性。

6. 从纳米器件和分子机器的角度，论述机器人的微型化趋势。

7. 论述将 CMM 与敏捷软件设计思想结合的可能性。

8. 从软件产品线与网构软件的角度，论述未来软件开发的趋势。

9. 论述光通信和全球无线通信的结合后，个人通信如何发展。

10. 论述青少年上网的问题与对策。

11. 如何预防计算机病毒。

12. 论述你对人工生命怎么理解。

13. 从人机一体化的角度，论述你对"合成人"的理解。

14. 论述现代成像技术的发展趋势。

15. 论述计算机未来服务的无处不在。

四、深层思考题

1. 从软件基因的角度看，直接从大脑读取二进制需求代码，然后转化为计算机二进制执行码，你觉得有这个可能性吗？

2. 从人工生命的角度看，你认为软件也会像生物一样进化吗？

3. 你认为软件开发工具也会发展成为像生物酶一样吗？

4. 从"软件分子"到"软件细胞"，再到"软件器官"，你觉得"软件脑"和"软件人"能实现吗？

5. 知件是"死的"知识集合，思想是"活在"人脑中的体系，你认为人的思想体系能被移植到其他载体(非活着的人体)中,并生存发展吗?

6. 集体智慧是多人智慧的有机结合,可个人的思想有时是有冲突的。你认为有没有可能把众人的智慧和思想有机地结合起来,"养活"在某一个人工物载体中,构成所谓的"智幻体",并像一个人一样思考和解决问题吗?

7. 幻想一下,分子机器与纳米器件结合的微型机器人能很好地构建我们需要的未来世界吗?

8. 除小型化、网络化和多样化外,你觉得计算机在近一些年的发展有什么特点?

9. 你对计算机与生物技术的结合前途如何看?

10. 你认为人类的智慧在计算机、生物和材料技术的帮助下会如何发展?

读者意见反馈

亲爱的读者：

感谢您一直以来对清华版计算机教材的支持和爱护。为了今后为您提供更优秀的教材，请您抽出宝贵的时间来填写下面的意见反馈表，以便我们更好地对本教材做进一步改进。同时如果您在使用本教材的过程中遇到了什么问题，或者有什么好的建议，也请您来信告诉我们。

地址：北京市海淀区双清路学研大厦 A 座 602 室 计算机与信息分社营销室　收

邮编：100084　　　　　　　　　　电子邮箱：jsjjc@tup. tsinghua. edu. cn

电话：010-62770175-4608/4409　　　邮购电话：010-62786544

教材名称：计算机科学技术前沿选讲

ISBN　978-7-302-21307-9

个人资料

姓名：_____　　年龄：_____所在院校/专业：_____

文化程度：_____　通信地址：_____

联系电话：_____　电子信箱：_____

您使用本书是作为：□指定教材 □选用教材 □辅导教材 □自学教材

您对本书封面设计的满意度：

□很满意 □满意 □一般 □不满意　改进建议_____

您对本书印刷质量的满意度：

□很满意 □满意 □一般 □不满意　改进建议_____

您对本书的总体满意度：

从语言质量角度看　□很满意 □满意 □一般 □不满意

从科技含量角度看　□很满意 □满意 □一般 □不满意

本书最令您满意的是：

□指导明确 □内容充实 □讲解详尽 □实例丰富

您认为本书在哪些地方应进行修改？（可附页）

_____

_____

您希望本书在哪些方面进行改进？（可附页）

_____

_____

_____

电子教案支持

敬爱的教师：

为了配合本课程的教学需要，本教材配有配套的电子教案(素材)，有需求的教师可以与我们联系，我们将向使用本教材进行教学的教师免费赠送电子教案(素材)，希望有助于教学活动的开展。相关信息请拨打电话 010-62776969 或发送电子邮件至 jsjjc@tup. tsinghua. edu. cn 咨询，也可以到清华大学出版社主页(http://www. tup. com. cn 或 http://www. tup. tsinghua. edu. cn)上查询。

高等学校教材·计算机科学与技术
系列书目